中国排污许可制度系列丛书

排污许可制改革实施进展及政策解读

——“全覆盖”工作成果汇编

生态环境部环境影响评价与排放管理司
生 态 环 境 部 环 境 工 程 评 估 中 心 编著

中国环境出版集团·北京

图书在版编目（CIP）数据

排污许可制改革实施进展及政策解读：“全覆盖”工作成果汇编/生态环境部环境影响评价与排放管理司，生态环境部环境工程评估中心编著.—北京：中国环境出版集团，2021.7
（中国排污许可制度系列丛书）
ISBN 978-7-5111-4791-2

Ⅰ.①排… Ⅱ.①生…②生… Ⅲ.①排污许可证—许可证制度—研究—中国 Ⅳ.①X-652

中国版本图书馆 CIP 数据核字（2021）第 137901 号

出 版 人 武德凯
责任编辑 董蓓蓓
责任校对 任 丽
封面设计 彭 杉

出版发行 中国环境出版集团
（100062 北京市东城区广渠门内大街 16 号）
网　　址：http：//www.cesp.com.cn
电子邮箱：bjgl@cesp.com.cn
联系电话：010-67112765（编辑管理部）
发行热线：010-67125803，010-67113405（传真）
印　　刷 北京建宏印刷有限公司
经　　销 各地新华书店
版　　次 2021 年 7 月第 1 版
印　　次 2021 年 7 月第 1 次印刷
开　　本 787×1092 1/16
印　　张 29.5
字　　数 590 千字
定　　价 118.00 元

前 言

“排污许可证”早在20世纪80年代后期就已提出并付诸实践，1988—1989年，国家环保局制定了《水污染物排放许可证管理暂行办法》《排放大气污染物许可证制度试点工作方案》，并下达了排污许可试点工作通知，累计有20多个省（区、市）向约24万家企业颁发了排污许可证。然而，排污许可试点工作所取得的效果并不理想。环境保护部门依证监管不到位，使得企业事业单位治污责任未有效落实，管理制度效能难以充分发挥。为解决这些问题，作为生态文明体制大改革之一的排污许可制度改革积极酝酿并逐步开展。

党的十八届三中全会将“完善污染物排放许可制”写入《中共中央关于全面深化改革若干重大问题的决定》后，党的十八届五中全会通过的《中共中央关于制定国民经济和社会发展第十三个五年规划的建议》以及中共中央、国务院印发的《生态文明体制改革总体方案》均明确要求完善污染物排放许可制。2016年11月10日，国务院发布《控制污染物排放许可制实施方案》，全面启动排污许可制度改革。党的十八届三中、五中全会要求，要建立统一公平、覆盖所有固定污染源的排污许可制度。《生态文明体制改革总体方案》、《控制污染物排放许可制实施方案》等提出“完成覆盖所有固定污染源的排污许可证核发工作”重要改革目标任务，既是推动落实环境质量改善要求的重要举措、全面支撑打好污染防治攻坚战的重要基础，也是强化企业主体责任、着力解决突出环境问题、改善区域生态环境质量的重要抓手。

从2016年开始，排污许可制改革的步伐便从重点行业开始，在建成并稳定运行全国排污许可管理信息平台的基础上，在各行业技术规范的指导下全面落实“一企一证一编码”。同时，地方环保部门实践探索推动制度不断完善，正在逐步落实依证监管，实现依证监督和执法省时省力，提升管理效能。在 2019 年 1 月 18 日召开的 2019 年全国生态环境保护工作会议和 1 月 31 日的生态环境部部务会上，生态环境部时任部长李干杰强调，要以改善环境质量为目标，加快推进固定污染源环境管理全覆盖，抓紧组织实施清理整顿，实现“核发一个行业、清理一个行业、规范一个行业、达标一个行业”，进一步明确了改革的“全覆盖”目标。

2020 年 10 月 22 日，黄润秋部长主持召开生态环境部控制污染物排放许可制实施工作领导小组会议，强调排污许可制改革重点工作总体顺利，基本实现《控制污染物排放许可制实施方案》明确提出的固定污染源排污许可全覆盖。

本书重点整理了排污许可在固定污染源全覆盖工作过程中指导排污许可制改革的政策文件、2018 年 10 月以后出台的技术文件以及地方经验做法，作为“全覆盖”阶段工作的完结篇，期望能更好地指导排污许可相关工作，并为环境管理提供更好的服务和支持。书中难免有不足之处，敬请斧正！

目　录

一、管理政策类

（一）政策文件

（二）政策解读

二、技术规范类

（一）重点内容解读

（二）常见问题解析

三、地方实践类

一

管理政策类

（一）政策文件

国务院办公厅关于印发
控制污染物排放许可制实施方案的通知

（国办发〔2016〕81号）

各省、自治区、直辖市人民政府，国务院各部委、各直属机构：

《控制污染物排放许可制实施方案》已经国务院同意，现印发给你们，请认真贯彻执行。

国务院办公厅

2016年11月10日

控制污染物排放许可制实施方案

控制污染物排放许可制（以下称排污许可制）是依法规范企事业单位排污行为的基础性环境管理制度，环境保护部门通过对企事业单位发放排污许可证并依证监管实施排污许可制。近年来，各地积极探索排污许可制，取得初步成效。但总体看，排污许可制定位不明确，企事业单位治污责任不落实，环境保护部门依证监管不到位，使得管理制度效能难以充分发挥。为进一步推动环境治理基础制度改革，改善环境质量，根据《中华人民共和国环境保护法》和《生态文明体制改革总体方案》等，制定本方案。

一、总体要求

（一）指导思想。全面贯彻落实党的十八大和十八届三中、四中、五中、六中全会精神，深入学习贯彻习近平总书记系列重要讲话精神，紧紧围绕统筹推进“五位一体”总体布局和协调推进“四个全面”战略布局，牢固树立“创新、协调、绿色、开放、共享”

的发展理念，认真落实党中央、国务院决策部署，加大生态文明建设和环境保护力度，将排污许可制建设成为固定污染源环境管理的核心制度，作为企业守法、部门执法、社会监督的依据，为提高环境管理效能和改善环境质量奠定坚实基础。

（二）基本原则。

精简高效，衔接顺畅。排污许可制衔接环境影响评价管理制度，融合总量控制制度，为排污收费、环境统计、排污权交易等工作提供统一的污染物排放数据，减少重复申报，减轻企事业单位负担，提高管理效能。

公平公正，一企一证。企事业单位持证排污，按照所在地改善环境质量和保障环境安全的要求承担相应的污染治理责任，多排放多担责、少排放可获益。向企事业单位核发排污许可证，作为生产运营期排污行为的唯一行政许可，并明确其排污行为依法应当遵守的环境管理要求和承担的法律责任义务。

权责清晰，强化监管。排污许可证是企事业单位在生产运营期接受环境监管和环境保护部门实施监管的主要法律文书。企事业单位依法申领排污许可证，按证排污，自证守法。环境保护部门基于企事业单位守法承诺，依法发放排污许可证，依证强化事中事后监管，对违法排污行为实施严厉打击。

公开透明，社会共治。排污许可证申领、核发、监管流程全过程公开，企事业单位污染物排放和环境保护部门监管执法信息及时公开，为推动企业守法、部门联动、社会监督创造条件。

（三）目标任务。到 2020 年，完成覆盖所有固定污染源的排污许可证核发工作，全国排污许可证管理信息平台有效运转，各项环境管理制度精简合理、有机衔接，企事业单位环保主体责任得到落实，基本建立法规体系完备、技术体系科学、管理体系高效的排污许可制，对固定污染源实施全过程管理和多污染物协同控制，实现系统化、科学化、法治化、精细化、信息化的“一证式”管理。

二、衔接整合相关环境管理制度

（四）建立健全企事业单位污染物排放总量控制制度。改变单纯以行政区域为单元分解污染物排放总量指标的方式和总量减排核算考核办法，通过实施排污许可制，落实企事业单位污染物排放总量控制要求，逐步实现由行政区域污染物排放总量控制向企事业单位污染物排放总量控制转变，控制的范围逐渐统一到固定污染源。环境质量不达标地区，要通过提高排放标准或加严许可排放量等措施，对企事业单位实施更为严格的污染物排放总量控制，推动改善环境质量。

（五）有机衔接环境影响评价制度。环境影响评价制度是建设项目的环境准入门槛，排污许可制是企事业单位生产运营期排污的法律依据，必须做好充分衔接，实现从污染预防到污染治理和排放控制的全过程监管。新建项目必须在发生实际排污行为之前申领排污许可证，环境影响评价文件及批复中与污染物排放相关的主要内容应当纳入排污许可证，其排污许可证执行情况应作为环境影响后评价的重要依据。

三、规范有序发放排污许可证

（六）制定排污许可管理名录。环境保护部依法制订并公布排污许可分类管理名录，考虑企事业单位及其他生产经营者，确定实行排污许可管理的行业类别。对不同行业或同一行业内的不同类型企事业单位，按照污染物产生量、排放量以及环境危害程度等因素进行分类管理，对环境影响较小、环境危害程度较低的行业或企事业单位，简化排污许可内容和相应的自行监测、台账管理等要求。

（七）规范排污许可证核发。由县级以上地方政府环境保护部门负责排污许可证核发，地方性法规另有规定的从其规定。企事业单位应按相关法规标准和技术规定提交申请材料，申报污染物排放种类、排放浓度等，测算并申报污染物排放量。环境保护部门对符合要求的企事业单位应及时核发排污许可证，对存在疑问的开展现场核查。首次发放的排污许可证有效期三年，延续换发的排污许可证有效期五年。上级环境保护部门要加强监督抽查，有权依法撤销下级环境保护部门作出的核发排污许可证的决定。环境保护部统一制定排污许可证申领核发程序、排污许可证样式、信息编码和平台接口标准、相关数据格式要求等。各地区现有排污许可证及其管理要按国家统一要求及时进行规范。

（八）合理确定许可内容。排污许可证中明确许可排放的污染物种类、浓度、排放量、排放去向等事项，载明污染治理设施、环境管理要求等相关内容。根据污染物排放标准、总量控制指标、环境影响评价文件及批复要求等，依法合理确定许可排放的污染物种类、浓度及排放量。按照《国务院办公厅关于加强环境监管执法的通知》（国办发〔2014〕56号）要求，经地方政府依法处理、整顿规范并符合要求的项目，纳入排污许可管理范围。地方政府制定的环境质量限期达标规划、重污染天气应对措施中对企事业单位有更加严格的排放控制要求的，应当在排污许可证中予以明确。

（九）分步实现排污许可全覆盖。排污许可证管理内容主要包括大气污染物、水污染物，并依法逐步纳入其他污染物。按行业分步实现对固定污染源的全覆盖，率先对火电、造纸行业企业核发排污许可证，2017 年完成《大气污染防治行动计划》和《水污染防治行动计划》重点行业及产能过剩行业企业排污许可证核发，2020 年全国基本完成排污许可证核发。

四、严格落实企事业单位环境保护责任

（十）落实按证排污责任。纳入排污许可管理的所有企事业单位必须按期持证排污、按证排污，不得无证排污。企事业单位应及时申领排污许可证，对申请材料的真实性、准确性和完整性承担法律责任，承诺按照排污许可证的规定排污并严格执行；落实污染物排放控制措施和其他各项环境管理要求，确保污染物排放种类、浓度和排放量等达到许可要求；明确单位负责人和相关人员环境保护责任，不断提高污染治理和环境管理水平，自觉接受监督检查。

（十一）实行自行监测和定期报告。企事业单位应依法开展自行监测，安装或使用监测设备应符合国家有关环境监测、计量认证规定和技术规范，保障数据合法有效，保证设备正常运行，妥善保存原始记录，建立准确完整的环境管理台账，安装在线监测设备的应与环境保护部门联网。企事业单位应如实向环境保护部门报告排污许可证执行情况，依法向社会公开污染物排放数据并对数据真实性负责。排放情况与排污许可证要求不符的，应及时向环境保护部门报告。

五、加强监督管理

（十二）依证严格开展监管执法。依证监管是排污许可制实施的关键，重点检查许可事项和管理要求的落实情况，通过执法监测、核查台账等手段，核实排放数据和报告的真实性，判定是否达标排放，核定排放量。企事业单位在线监测数据可以作为环境保护部门监管执法的依据。按照“谁核发、谁监管”的原则定期开展监管执法，首次核发排污许可证后，应及时开展检查；对有违规记录的，应提高检查频次；对污染严重的产能过剩行业企业加大执法频次与处罚力度，推动去产能工作。现场检查的时间、内容、结果以及处罚决定应记入排污许可证管理信息平台。

（十三）严厉查处违法排污行为。根据违法情节轻重，依法采取按日连续处罚、限制生产、停产整治、停业、关闭等措施，严厉处罚无证和不按证排污行为，对构成犯罪的，依法追究刑事责任。环境保护部门检查发现实际情况与环境管理台账、排污许可证执行报告等不一致的，可以责令作出说明，对未能说明且无法提供自行监测原始记录的，依法予以处罚。

（十四）综合运用市场机制政策。对自愿实施严于许可排放浓度和排放量且在排污许可证中载明的企事业单位，加大电价等价格激励措施力度，符合条件的可以享受相关环保、资源综合利用等方面的优惠政策。与拟开征的环境保护税有机衔接，交换共享企事

业单位实际排放数据与纳税申报数据，引导企事业单位按证排污并诚信纳税。排污许可证是排污权的确认凭证、排污交易的管理载体，企事业单位在履行法定义务的基础上，通过淘汰落后和过剩产能、清洁生产、污染治理、技术改造升级等产生的污染物排放削减量，可按规定在市场交易。

六、强化信息公开和社会监督

（十五）提高管理信息化水平。2017 年建成全国排污许可证管理信息平台，将排污许可证申领、核发、监管执法等工作流程及信息纳入平台，各地现有的排污许可证管理信息平台逐步接入。在统一社会信用代码基础上适当扩充，制定全国统一的排污许可证编码。通过排污许可证管理信息平台统一收集、存储、管理排污许可证信息，实现各级联网、数据集成、信息共享。形成的实际排放数据作为环境保护部门排污收费、环境统计、污染源排放清单等各项固定污染源环境管理的数据来源。

（十六）加大信息公开力度。在全国排污许可证管理信息平台上及时公开企事业单位自行监测数据和环境保护部门监管执法信息，公布不按证排污的企事业单位名单，纳入企业环境行为信用评价，并通过企业信用信息公示系统进行公示。与环保举报平台共享污染源信息，鼓励公众举报无证和不按证排污行为。依法推进环境公益诉讼，加强社会监督。

七、做好排污许可制实施保障

（十七）加强组织领导。各地区要高度重视排污许可制实施工作，统一思想，提高认识，明确目标任务，制定实施计划，确保按时限完成排污许可证核发工作。要做好排污许可制推进期间各项环境管理制度的衔接，避免出现管理真空。环境保护部要加强对全国排污许可制实施工作的指导，制定相关管理办法，总结推广经验，跟踪评估实施情况。将排污许可制落实情况纳入环境保护督察工作，对落实不力的进行问责。

（十八）完善法律法规。加快修订建设项目环境保护管理条例，制定排污许可管理条例。配合修订水污染防治法，研究建立企事业单位守法排污的自我举证、加严对无证或不按证排污连续违法行为的处罚规定。推动修订固体废物污染环境防治法、环境噪声污染防治法，探索将有关污染物纳入排污许可证管理。

（十九）健全技术支撑体系。梳理和评估现有污染物排放标准，并适时修订。建立健全基于排放标准的可行技术体系，推动企事业单位污染防治措施升级改造和技术进步。完善排污许可证执行和监管执法技术体系，指导企事业单位自行监测、台账记录、执行报告、信息公开等工作，规范环境保护部门台账核查、现场执法等行为。培育和规范咨询与监测服务市场，促进人才队伍建设。

（二十）开展宣传培训。加大对排污许可制的宣传力度，做好制度解读，及时回应社会关切。组织各级环境保护部门、企事业单位、咨询与监测机构开展专业培训。强化地方政府环境保护主体责任，树立企事业单位持证排污意识，有序引导社会公众更好参与监督企事业单位排污行为，形成政府综合管控、企业依证守法、社会共同监督的良好氛围。

排污许可管理办法（试行）

（环境保护部令　第 48 号）

《排污许可管理办法（试行）》已于 2017 年 11 月 6 日由环境保护部部务会议审议通过，现予公布，自公布之日起施行。

环境保护部部长 李干杰

2018 年 1 月 10 日

排污许可管理办法（试行）

第一章　总 则

第一条　为规范排污许可管理，根据《中华人民共和国环境保护法》《中华人民共和国水污染防治法》《中华人民共和国大气污染防治法》以及国务院办公厅印发的《控制污染物排放许可制实施方案》，制定本办法。

第二条　排污许可证的申请、核发、执行以及与排污许可相关的监管和处罚等行为，适用本办法。

第三条　环境保护部依法制定并公布固定污染源排污许可分类管理名录，明确纳入排污许可管理的范围和申领时限。

纳入固定污染源排污许可分类管理名录的企业事业单位和其他生产经营者（以下简称排污单位）应当按照规定的时限申请并取得排污许可证；未纳入固定污染源排污许可分类管理名录的排污单位，暂不需申请排污许可证。

第四条　排污单位应当依法持有排污许可证，并按照排污许可证的规定排放污染物。

应当取得排污许可证而未取得的，不得排放污染物。

第五条 对污染物产生量大、排放量大或者环境危害程度高的排污单位实行排污许可重点管理，对其他排污单位实行排污许可简化管理。

实行排污许可重点管理或者简化管理的排污单位的具体范围，依照固定污染源排污许可分类管理名录规定执行。实行重点管理和简化管理的内容及要求，依照本办法第十一条规定的排污许可相关技术规范、指南等执行。

设区的市级以上地方环境保护主管部门，应当将实行排污许可重点管理的排污单位确定为重点排污单位。

第六条 环境保护部负责指导全国排污许可制度实施和监督。各省级环境保护主管部门负责本行政区域排污许可制度的组织实施和监督。

排污单位生产经营场所所在地设区的市级环境保护主管部门负责排污许可证核发。地方性法规对核发权限另有规定的，从其规定。

第七条 同一法人单位或者其他组织所属、位于不同生产经营场所的排污单位，应当以其所属的法人单位或者其他组织的名义，分别向生产经营场所所在地有核发权的环境保护主管部门（以下简称核发环保部门）申请排污许可证。

生产经营场所和排放口分别位于不同行政区域时，生产经营场所所在地核发环保部门负责核发排污许可证，并应当在核发前，征求其排放口所在地同级环境保护主管部门意见。

第八条 依据相关法律规定，环境保护主管部门对排污单位排放水污染物、大气污染物等各类污染物的排放行为实行综合许可管理。

2015 年 1 月 1 日及以后取得建设项目环境影响评价审批意见的排污单位，环境影响评价文件及审批意见中与污染物排放相关的主要内容应当纳入排污许可证。

第九条 环境保护部对实施排污许可管理的排污单位及其生产设施、污染防治设施和排放口实行统一编码管理。

第十条 环境保护部负责建设、运行、维护、管理全国排污许可证管理信息平台。

排污许可证的申请、受理、审核、发放、变更、延续、注销、撤销、遗失补办应当在全国排污许可证管理信息平台上进行。排污单位自行监测、执行报告及环境保护主管部门监管执法信息应当在全国排污许可证管理信息平台上记载，并按照本办法规定在全国排污许可证管理信息平台上公开。

全国排污许可证管理信息平台中记录的排污许可证相关电子信息与排污许可证正本、副本依法具有同等效力。

第十一条 环境保护部制定排污许可证申请与核发技术规范、环境管理台账及排污许可证执行报告技术规范、排污单位自行监测技术指南、污染防治可行技术指南以及其他排污许可政策、标准和规范。

第二章　排污许可证内容

第十二条　排污许可证由正本和副本构成，正本载明基本信息，副本包括基本信息、登记事项、许可事项、承诺书等内容。

设区的市级以上地方环境保护主管部门可以根据环境保护地方性法规，增加需要在排污许可证中载明的内容。

第十三条　以下基本信息应当同时在排污许可证正本和副本中载明：

（一）排污单位名称、注册地址、法定代表人或者主要负责人、技术负责人、生产经营场所地址、行业类别、统一社会信用代码等排污单位基本信息；

（二）排污许可证有效期限、发证机关、发证日期、证书编号和二维码等基本信息。

第十四条　以下登记事项由排污单位申报，并在排污许可证副本中记录：

（一）主要生产设施、主要产品及产能、主要原辅材料等；

（二）产排污环节、污染防治设施等；

（三）环境影响评价审批意见、依法分解落实到本单位的重点污染物排放总量控制指标、排污权有偿使用和交易记录等。

第十五条　下列许可事项由排污单位申请，经核发环保部门审核后，在排污许可证副本中进行规定：

（一）排放口位置和数量、污染物排放方式和排放去向等，大气污染物无组织排放源的位置和数量；

（二）排放口和无组织排放源排放污染物的种类、许可排放浓度、许可排放量；

（三）取得排污许可证后应当遵守的环境管理要求；

（四）法律法规规定的其他许可事项。

第十六条　核发环保部门应当根据国家和地方污染物排放标准，确定排污单位排放口或者无组织排放源相应污染物的许可排放浓度。

排污单位承诺执行更加严格的排放浓度的，应当在排污许可证副本中规定。

第十七条　核发环保部门按照排污许可证申请与核发技术规范规定的行业重点污染物允许排放量核算方法，以及环境质量改善的要求，确定排污单位的许可排放量。

对于本办法实施前已有依法分解落实到本单位的重点污染物排放总量控制指标的排污单位，核发环保部门应当按照行业重点污染物允许排放量核算方法、环境质量改善要求和重点污染物排放总量控制指标，从严确定许可排放量。

2015 年 1 月 1 日及以后取得环境影响评价审批意见的排污单位，环境影响评价文件和审批意见确定的排放量严于按照本条第一款、第二款确定的许可排放量的，核发环保部门应当根据环境影响评价文件和审批意见要求确定排污单位的许可排放量。

地方人民政府依法制定的环境质量限期达标规划、重污染天气应对措施要求排污单位执行更加严格的重点污染物排放总量控制指标的，应当在排污许可证副本中规定。

本办法实施后，环境保护主管部门应当按照排污许可证规定的许可排放量，确定排污单位的重点污染物排放总量控制指标。

第十八条 下列环境管理要求由核发环保部门根据排污单位的申请材料、相关技术规范和监管需要，在排污许可证副本中进行规定：

（一）污染防治设施运行和维护、无组织排放控制等要求；

（二）自行监测要求、台账记录要求、执行报告内容和频次等要求；

（三）排污单位信息公开要求；

（四）法律法规规定的其他事项。

第十九条 排污单位在申请排污许可证时，应当按照自行监测技术指南，编制自行监测方案。

自行监测方案应当包括以下内容：

（一）监测点位及示意图、监测指标、监测频次；

（二）使用的监测分析方法、采样方法；

（三）监测质量保证与质量控制要求；

（四）监测数据记录、整理、存档要求等。

第二十条 排污单位在填报排污许可证申请时，应当承诺排污许可证申请材料是完整、真实和合法的；承诺按照排污许可证的规定排放污染物，落实排污许可证规定的环境管理要求，并由法定代表人或者主要负责人签字或者盖章。

第二十一条 排污许可证自作出许可决定之日起生效。首次发放的排污许可证有效期为三年，延续换发的排污许可证有效期为五年。

对列入国务院经济综合宏观调控部门会同国务院有关部门发布的产业政策目录中计划淘汰的落后工艺装备或者落后产品，排污许可证有效期不得超过计划淘汰期限。

第二十二条 环境保护主管部门核发排污许可证，以及监督检查排污许可证实施情况时，不得收取任何费用。

第三章 申请与核发

第二十三条 省级环境保护主管部门应当根据本办法第六条和固定污染源排污许可分类管理名录，确定本行政区域内负责受理排污许可证申请的核发环保部门、申请程序等相关事项，并向社会公告。

依据环境质量改善要求，部分地区决定提前对部分行业实施排污许可管理的，该地区省级环境保护主管部门应当报环境保护部备案后实施，并向社会公告。

第二十四条 在固定污染源排污许可分类管理名录规定的时限前已经建成并实际排污的排污单位，应当在名录规定时限申请排污许可证；在名录规定的时限后建成的排污单位，应当在启动生产设施或者在实际排污之前申请排污许可证。

第二十五条 实行重点管理的排污单位在提交排污许可申请材料前，应当将承诺书、基本信息以及拟申请的许可事项向社会公开。公开途径应当选择包括全国排污许可证管理信息平台等便于公众知晓的方式，公开时间不得少于五个工作日。

第二十六条 排污单位应当在全国排污许可证管理信息平台上填报并提交排污许可证申请，同时向核发环保部门提交通过全国排污许可证管理信息平台印制的书面申请材料。

申请材料应当包括：

（一）排污许可证申请表，主要内容包括：排污单位基本信息，主要生产设施、主要产品及产能、主要原辅材料，废气、废水等产排污环节和污染防治设施，申请的排放口位置和数量、排放方式、排放去向，按照排放口和生产设施或者车间申请的排放污染物种类、排放浓度和排放量，执行的排放标准；

（二）自行监测方案；

（三）由排污单位法定代表人或者主要负责人签字或者盖章的承诺书；

（四）排污单位有关排污口规范化的情况说明；

（五）建设项目环境影响评价文件审批文号，或者按照有关国家规定经地方人民政府依法处理、整顿规范并符合要求的相关证明材料；

（六）排污许可证申请前信息公开情况说明表；

（七）污水集中处理设施的经营管理单位还应当提供纳污范围、纳污排污单位名单、管网布置、最终排放去向等材料；

（八）本办法实施后的新建、改建、扩建项目排污单位存在通过污染物排放等量或者减量替代削减获得重点污染物排放总量控制指标情况的，且出让重点污染物排放总量控制指标的排污单位已经取得排污许可证的，应当提供出让重点污染物排放总量控制指标的排污单位的排污许可证完成变更的相关材料；

（九）法律法规规章规定的其他材料。

主要生产设施、主要产品产能等登记事项中涉及商业秘密的，排污单位应当进行标注。

第二十七条 核发环保部门收到排污单位提交的申请材料后，对材料的完整性、规范性进行审查，按照下列情形分别作出处理：

（一）依照本办法不需要取得排污许可证的，应当当场或者在五个工作日内告知排污单位不需要办理；

（二）不属于本行政机关职权范围的，应当当场或者在五个工作日内作出不予受理的决定，并告知排污单位向有核发权限的部门申请；

（三）申请材料不齐全或者不符合规定的，应当当场或者在五个工作日内出具告知单，告知排污单位需要补正的全部材料，可以当场更正的，应当允许排污单位当场更正；

（四）属于本行政机关职权范围，申请材料齐全、符合规定，或者排污单位按照要求提交全部补正申请材料的，应当受理。

核发环保部门应当在全国排污许可证管理信息平台上作出受理或者不予受理排污许可证申请的决定，同时向排污单位出具加盖本行政机关专用印章和注明日期的受理单或者不予受理告知单。

核发环保部门应当告知排污单位需要补正的材料，但逾期不告知的，自收到书面申请材料之日起即视为受理。

第二十八条 对存在下列情形之一的，核发环保部门不予核发排污许可证：

（一）位于法律法规规定禁止建设区域内的；

（二）属于国务院经济综合宏观调控部门会同国务院有关部门发布的产业政策目录中明令淘汰或者立即淘汰的落后生产工艺装备、落后产品的；

（三）法律法规规定不予许可的其他情形。

第二十九条 核发环保部门应当对排污单位的申请材料进行审核，对满足下列条件的排污单位核发排污许可证：

（一）依法取得建设项目环境影响评价文件审批意见，或者按照有关规定经地方人民政府依法处理、整顿规范并符合要求的相关证明材料；

（二）采用的污染防治设施或者措施有能力达到许可排放浓度要求；

（三）排放浓度符合本办法第十六条规定，排放量符合本办法第十七条规定；

（四）自行监测方案符合相关技术规范；

（五）本办法实施后的新建、改建、扩建项目排污单位存在通过污染物排放等量或者减量替代削减获得重点污染物排放总量控制指标情况的，出让重点污染物排放总量控制指标的排污单位已完成排污许可证变更。

第三十条 对采用相应污染防治可行技术的，或者新建、改建、扩建建设项目排污单位采用环境影响评价审批意见要求的污染治理技术的，核发环保部门可以认为排污单位采用的污染防治设施或者措施有能力达到许可排放浓度要求。

不符合前款情形的，排污单位可以通过提供监测数据予以证明。监测数据应当通过使用符合国家有关环境监测、计量认证规定和技术规范的监测设备取得；对于国内首次采用的污染治理技术，应当提供工程试验数据予以证明。

环境保护部依据全国排污许可证执行情况，适时修订污染防治可行技术指南。

第三十一条 核发环保部门应当自受理申请之日起二十个工作日内作出是否准予许可的决定。自作出准予许可决定之日起十个工作日内，核发环保部门向排污单位发放加盖本行政机关印章的排污许可证。

核发环保部门在二十个工作日内不能作出决定的，经本部门负责人批准，可以延长十个工作日，并将延长期限的理由告知排污单位。

依法需要听证、检验、检测和专家评审的，所需时间不计算在本条所规定的期限内。核发环保部门应当将所需时间书面告知排污单位。

第三十二条 核发环保部门作出准予许可决定的，须向全国排污许可证管理信息平台提交审核结果，获取全国统一的排污许可证编码。

核发环保部门作出准予许可决定的，应当将排污许可证正本以及副本中基本信息、许可事项及承诺书在全国排污许可证管理信息平台上公告。

核发环保部门作出不予许可决定的，应当制作不予许可决定书，书面告知排污单位不予许可的理由，以及依法申请行政复议或者提起行政诉讼的权利，并在全国排污许可证管理信息平台上公告。

第四章 实施与监管

第三十三条 禁止涂改排污许可证。禁止以出租、出借、买卖或者其他方式非法转让排污许可证。排污单位应当在生产经营场所内方便公众监督的位置悬挂排污许可证正本。

第三十四条 排污单位应当按照排污许可证规定，安装或者使用符合国家有关环境监测、计量认证规定的监测设备，按照规定维护监测设施，开展自行监测，保存原始监测记录。

实施排污许可重点管理的排污单位，应当按照排污许可证规定安装自动监测设备，并与环境保护主管部门的监控设备联网。

对未采用污染防治可行技术的，应当加强自行监测，评估污染防治技术达标可行性。

第三十五条 排污单位应当按照排污许可证中关于台账记录的要求，根据生产特点和污染物排放特点，按照排污口或者无组织排放源进行记录。记录主要包括以下内容：

（一）与污染物排放相关的主要生产设施运行情况；发生异常情况的，应当记录原因和采取的措施；

（二）污染防治设施运行情况及管理信息；发生异常情况的，应当记录原因和采取的措施；

（三）污染物实际排放浓度和排放量；发生超标排放情况的，应当记录超标原因和采取的措施；

（四）其他按照相关技术规范应当记录的信息。

台账记录保存期限不少于三年。

第三十六条 污染物实际排放量按照排污许可证规定的废气、污水的排污口、生产设施或者车间分别计算，依照下列方法和顺序计算：

（一）依法安装使用了符合国家规定和监测规范的污染物自动监测设备的，按照污染物自动监测数据计算；

（二）依法不需安装污染物自动监测设备的，按照符合国家规定和监测规范的污染物手工监测数据计算；

（三）不能按照本条第一项、第二项规定的方法计算的，包括依法应当安装而未安装污染物自动监测设备或者自动监测设备不符合规定的，按照环境保护部规定的产排污系数、物料衡算方法计算。

第三十七条 排污单位应当按照排污许可证规定的关于执行报告内容和频次的要求，编制排污许可证执行报告。

排污许可证执行报告包括年度执行报告、季度执行报告和月执行报告。

排污单位应当每年在全国排污许可证管理信息平台上填报、提交排污许可证年度执行报告并公开，同时向核发环保部门提交通过全国排污许可证管理信息平台印制的书面执行报告。书面执行报告应当由法定代表人或者主要负责人签字或者盖章。

季度执行报告和月执行报告至少应当包括以下内容：

（一）根据自行监测结果说明污染物实际排放浓度和排放量及达标判定分析；

（二）排污单位超标排放或者污染防治设施异常情况的说明。

年度执行报告可以替代当季度或者当月的执行报告，并增加以下内容：

（一）排污单位基本生产信息；

（二）污染防治设施运行情况；

（三）自行监测执行情况；

（四）环境管理台账记录执行情况；

（五）信息公开情况；

（六）排污单位内部环境管理体系建设与运行情况；

（七）其他排污许可证规定的内容执行情况等。

建设项目竣工环境保护验收报告中与污染物排放相关的主要内容，应当由排污单位记载在该项目验收完成当年排污许可证年度执行报告中。

排污单位发生污染事故排放时，应当依照相关法律法规规章的规定及时报告。

第三十八条 排污单位应当对提交的台账记录、监测数据和执行报告的真实性、完整性负责，依法接受环境保护主管部门的监督检查。

第三十九条 环境保护主管部门应当制定执法计划，结合排污单位环境信用记录，确定执法监管重点和检查频次。

环境保护主管部门对排污单位进行监督检查时，应当重点检查排污许可证规定的许可事项的实施情况。通过执法监测、核查台账记录和自动监测数据以及其他监控手段，核实排污数据和执行报告的真实性，判定是否符合许可排放浓度和许可排放量，检查环境管理要求落实情况。

环境保护主管部门应当将现场检查的时间、内容、结果以及处罚决定记入全国排污许可证管理信息平台，依法在全国排污许可证管理信息平台上公布监管执法信息、无排污许可证和违反排污许可证规定排污的排污单位名单。

第四十条 环境保护主管部门可以通过政府购买服务的方式，组织或者委托技术机构提供排污许可管理的技术支持。

技术机构应当对其提交的技术报告负责，不得收取排污单位任何费用。

第四十一条 上级环境保护主管部门可以对具有核发权限的下级环境保护主管部门的排污许可证核发情况进行监督检查和指导，发现属于本办法第四十九条规定违法情形的，上级环境保护主管部门可以依法撤销。

第四十二条 鼓励社会公众、新闻媒体等对排污单位的排污行为进行监督。排污单位应当及时公开有关排污信息，自觉接受公众监督。

公民、法人和其他组织发现排污单位有违反本办法行为的，有权向环境保护主管部门举报。

接受举报的环境保护主管部门应当依法处理，并按照有关规定对调查结果予以反馈，同时为举报人保密。

第五章 变更、延续、撤销

第四十三条 在排污许可证有效期内，下列与排污单位有关的事项发生变化的，排污单位应当在规定时间内向核发环保部门提出变更排污许可证的申请：

（一）排污单位名称、地址、法定代表人或者主要负责人等正本中载明的基本信息发生变更之日起三十个工作日内；

（二）因排污单位原因许可事项发生变更之日前三十个工作日内；

（三）排污单位在原场址内实施新建、改建、扩建项目应当开展环境影响评价的，在取得环境影响评价审批意见后，排污行为发生变更之日前三十个工作日内；

（四）新制修订的国家和地方污染物排放标准实施前三十个工作日内；

（五）依法分解落实的重点污染物排放总量控制指标发生变化后三十个工作日内；

（六）地方人民政府依法制定的限期达标规划实施前三十个工作日内；

（七）地方人民政府依法制定的重污染天气应急预案实施后三十个工作日内；

（八）法律法规规定需要进行变更的其他情形。

发生本条第一款第三项规定情形，且通过污染物排放等量或者减量替代削减获得重点污染物排放总量控制指标的，在排污单位提交变更排污许可申请前，出让重点污染物排放总量控制指标的排污单位应当完成排污许可证变更。

第四十四条 申请变更排污许可证的，应当提交下列申请材料：

（一）变更排污许可证申请；

（二）由排污单位法定代表人或者主要负责人签字或者盖章的承诺书；

（三）排污许可证正本复印件；

（四）与变更排污许可事项有关的其他材料。

第四十五条 核发环保部门应当对变更申请材料进行审查，作出变更决定的，在排污许可证副本中载明变更内容并加盖本行政机关印章，同时在全国排污许可证管理信息平台上公告；属于本办法第四十三条第一款第一项情形的，还应当换发排污许可证正本。

属于本办法第四十三条第一款规定情形的，排污许可证期限仍自原证书核发之日起计算；属于本办法第四十三条第二款情形的，变更后排污许可证期限自变更之日起计算。

属于本办法第四十三条第一款第一项情形的，核发环保部门应当自受理变更申请之日起十个工作日内作出变更决定；属于本办法第四十三条第一款规定的其他情形的，应当自受理变更申请之日起二十个工作日内作出变更许可决定。

第四十六条 排污单位需要延续依法取得的排污许可证的有效期的，应当在排污许可证届满三十个工作日前向原核发环保部门提出申请。

第四十七条 申请延续排污许可证的，应当提交下列材料：

（一）延续排污许可证申请；

（二）由排污单位法定代表人或者主要负责人签字或者盖章的承诺书；

（三）排污许可证正本复印件；

（四）与延续排污许可事项有关的其他材料。

第四十八条 核发环保部门应当按照本办法第二十九条规定对延续申请材料进行审查，并自受理延续申请之日起二十个工作日内作出延续或者不予延续许可决定。

作出延续许可决定的，向排污单位发放加盖本行政机关印章的排污许可证，收回原排污许可证正本，同时在全国排污许可证管理信息平台上公告。

第四十九条 有下列情形之一的，核发环保部门或者其上级行政机关，可以撤销排污许可证并在全国排污许可证管理信息平台上公告：

（一）超越法定职权核发排污许可证的；

（二）违反法定程序核发排污许可证的；

（三）核发环保部门工作人员滥用职权、玩忽职守核发排污许可证的；

（四）对不具备申请资格或者不符合法定条件的申请人准予行政许可的；

（五）依法可以撤销排污许可证的其他情形。

第五十条 有下列情形之一的，核发环保部门应当依法办理排污许可证的注销手续，并在全国排污许可证管理信息平台上公告：

（一）排污许可证有效期届满，未延续的；

（二）排污单位被依法终止的；

（三）应当注销的其他情形。

第五十一条 排污许可证发生遗失、损毁的，排污单位应当在三十个工作日内向核发环保部门申请补领排污许可证；遗失排污许可证的，在申请补领前应当在全国排污许可证管理信息平台上发布遗失声明；损毁排污许可证的，应当同时交回被损毁的排污许可证。

核发环保部门应当在收到补领申请后十个工作日内补发排污许可证，并在全国排污许可证管理信息平台上公告。

第六章 法律责任

第五十二条 环境保护主管部门在排污许可证受理、核发及监管执法中有下列行为之一的，由其上级行政机关或者监察机关责令改正，对直接负责的主管人员或者其他直接责任人员依法给予行政处分；构成犯罪的，依法追究刑事责任：

（一）符合受理条件但未依法受理申请的；

（二）对符合许可条件的不依法准予核发排污许可证或者未在法定时限内作出准予核发排污许可证决定的；

（三）对不符合许可条件的准予核发排污许可证或者超越法定职权核发排污许可证的；

（四）实施排污许可证管理时擅自收取费用的；

（五）未依法公开排污许可相关信息的；

（六）不依法履行监督职责或者监督不力，造成严重后果的；

（七）其他应当依法追究责任的情形。

第五十三条 排污单位隐瞒有关情况或者提供虚假材料申请行政许可的，核发环保部门不予受理或者不予行政许可，并给予警告。

第五十四条 违反本办法第四十三条规定，未及时申请变更排污许可证的；或者违反本办法第五十一条规定，未及时补办排污许可证的，由核发环保部门责令改正。

第五十五条 重点排污单位未依法公开或者不如实公开有关环境信息的，由县级以上环境保护主管部门责令公开，依法处以罚款，并予以公告。

第五十六条 违反本办法第三十四条，有下列行为之一的，由县级以上环境保护主管部门依据《中华人民共和国大气污染防治法》《中华人民共和国水污染防治法》的规定，责令改正，处二万元以上二十万元以下的罚款；拒不改正的，依法责令停产整治：

（一）未按照规定对所排放的工业废气和有毒有害大气污染物、水污染物进行监测，或者未保存原始监测记录的；

（二）未按照规定安装大气污染物、水污染物自动监测设备，或者未按照规定与环境保护主管部门的监控设备联网，或者未保证监测设备正常运行的。

第五十七条 排污单位存在以下无排污许可证排放污染物情形的，由县级以上环境保护主管部门依据《中华人民共和国大气污染防治法》《中华人民共和国水污染防治法》的规定，责令改正或者责令限制生产、停产整治，并处十万元以上一百万元以下的罚款；情节严重的，报经有批准权的人民政府批准，责令停业、关闭：

（一）依法应当申请排污许可证但未申请，或者申请后未取得排污许可证排放污染物的；

（二）排污许可证有效期限届满后未申请延续排污许可证，或者延续申请未经核发环保部门许可仍排放污染物的；

（三）被依法撤销排污许可证后仍排放污染物的；

（四）法律法规规定的其他情形。

第五十八条 排污单位存在以下违反排污许可证行为的，由县级以上环境保护主管部门依据《中华人民共和国环境保护法》《中华人民共和国大气污染防治法》《中华人民共和国水污染防治法》的规定，责令改正或者责令限制生产、停产整治，并处十万元以上一百万元以下的罚款；情节严重的，报经有批准权的人民政府批准，责令停业、关闭：

（一）超过排放标准或者超过重点大气污染物、重点水污染物排放总量控制指标排放水污染物、大气污染物的；

（二）通过偷排、篡改或者伪造监测数据、以逃避现场检查为目的的临时停产、非紧急情况下开启应急排放通道、不正常运行大气污染防治设施等逃避监管的方式排放大气污染物的；

（三）利用渗井、渗坑、裂隙、溶洞，私设暗管，篡改、伪造监测数据，或者不正常运行水污染防治设施等逃避监管的方式排放水污染物的；

（四）其他违反排污许可证规定排放污染物的。

第五十九条 排污单位违法排放大气污染物、水污染物，受到罚款处罚，被责令改正的，依法作出处罚决定的行政机关组织复查，发现其继续违法排放大气污染物、水污染物或者拒绝、阻挠复查的，作出处罚决定的行政机关可以自责令改正之日的次日起，依法按照原处罚数额按日连续处罚。

第六十条 排污单位发生本办法第三十五条第一款第二、三项或者第三十七条第四款第二项规定的异常情况，及时报告核发环保部门，且主动采取措施消除或者减轻违法行为危害后果的，县级以上环境保护主管部门应当依据《中华人民共和国行政处罚法》相关规定从轻处罚。

排污单位应当在相应季度执行报告或者月执行报告中记载本条第一款情况。

第七章 附 则

第六十一条 依照本办法首次发放排污许可证时，对于在本办法实施前已经投产、运营的排污单位，存在以下情形之一，排污单位承诺改正并提出改正方案的，环境保护主管部门可以向其核发排污许可证，并在排污许可证中记载其存在的问题，规定其承诺改正内容和承诺改正期限：

（一）在本办法实施前的新建、改建、扩建建设项目不符合本办法第二十九条第一项条件；

（二）不符合本办法第二十九条第二项条件。

对于不符合本办法第二十九条第一项条件的排污单位，由核发环保部门依据《建设项目环境保护管理条例》第二十三条，责令限期改正，并处罚款。

对于不符合本办法第二十九条第二项条件的排污单位，由核发环保部门依据《中华人民共和国大气污染防治法》第九十九条或者《中华人民共和国水污染防治法》第八十三条，责令改正或者责令限制生产、停产整治，并处罚款。

本条第二款、第三款规定的核发环保部门责令改正内容或者限制生产、停产整治内容，应当与本条第一款规定的排污许可证规定的改正内容一致；本条第二款、第三款规定的核发环保部门责令改正期限或者限制生产、停产整治期限，应当与本条第一款规定的排污许可证规定的改正期限的起止时间一致。

本条第一款规定的排污许可证规定的改正期限为三至六个月、最长不超过一年。

在改正期间或者限制生产、停产整治期间，排污单位应当按证排污，执行自行监测、台账记录和执行报告制度，核发环保部门应当按照排污许可证的规定加强监督检查。

第六十二条 本办法第六十一条第一款规定的排污许可证规定的改正期限到期，排污单位完成改正任务或者提前完成改正任务的，可以向核发环保部门申请变更排污许可证，核发环保部门应当按照本办法第五章规定对排污许可证进行变更。

本办法第六十一条第一款规定的排污许可证规定的改正期限到期，排污单位仍不符合许可条件的，由核发环保部门依据《中华人民共和国大气污染防治法》第九十九条或者《中华人民共和国水污染防治法》第八十三条或者《建设项目环境保护管理条例》第二十三条的规定，提出建议报有批准权的人民政府批准责令停业、关闭，并按照本办法第五十条规定注销排污许可证。

第六十三条 对于本办法实施前依据地方性法规核发的排污许可证，尚在有效期内的，原核发环保部门应当在全国排污许可证管理信息平台填报数据，获取排污许可证编码；已经到期的，排污单位应当按照本办法申请排污许可证。

第六十四条 本办法第十二条规定的排污许可证格式、第二十条规定的承诺书样本和本办法第二十六条规定的排污许可证申请表格式，由环境保护部制定。

第六十五条 本办法所称排污许可，是指环境保护主管部门根据排污单位的申请和承诺，通过发放排污许可证法律文书形式，依法依规规范和限制排污行为，明确环境管理要求，依据排污许可证对排污单位实施监管执法的环境管理制度。

第六十六条 本办法所称主要负责人是指依照法律、行政法规规定代表非法人单位行使职权的负责人。

第六十七条 涉及国家秘密的排污单位，其排污许可证的申请、受理、审核、发放、变更、延续、注销、撤销、遗失补办应当按照保密规定执行。

第六十八条 本办法自发布之日起施行。

固定污染源排污许可分类管理名录（2019 年版）

（生态环境部令 第 11 号）

《固定污染源排污许可分类管理名录（2019 年版）》已于 2019 年 7 月 11 日经生态环境部部务会议审议通过，现予公布，自公布之日起施行。2017 年 7 月 28 日原环境保护部发布的《固定污染源排污许可分类管理名录（2017 年版）》同时废止。

部长 李干杰

2019 年 12 月 20 日

第一条 为实施排污许可分类管理，根据《中华人民共和国环境保护法》等有关法律法规和《国务院办公厅关于印发控制污染物排放许可制实施方案的通知》的相关规定，制定本名录。

第二条 国家根据排放污染物的企业事业单位和其他生产经营者（以下简称排污单位）污染物产生量、排放量、对环境的影响程度等因素，实行排污许可重点管理、简化管理和登记管理。

对污染物产生量、排放量或者对环境的影响程度较大的排污单位，实行排污许可重点管理；对污染物产生量、排放量和对环境的影响程度较小的排污单位，实行排污许可简化管理。对污染物产生量、排放量和对环境的影响程度很小的排污单位，实行排污登记管理。

实行登记管理的排污单位，不需要申请取得排污许可证，应当在全国排污许可证管理信息平台填报排污登记表，登记基本信息、污染物排放去向、执行的污染物排放标准以及采取的污染防治措施等信息。

第三条 本名录依据《国民经济行业分类》（GB/T 4754—2017）划分行业类别。

第四条 现有排污单位应当在生态环境部规定的实施时限内申请取得排污许可证或者填报排污登记表。新建排污单位应当在启动生产设施或者发生实际排污之前申请取得排污许可证或者填报排污登记表。

第五条 同一排污单位在同一场所从事本名录中两个以上行业生产经营的，申请一张排污许可证。

第六条 属于本名录第 1 至 107 类行业的排污单位，按照本名录第 109 至 112 类规定的锅炉、工业炉窑、表面处理、水处理等通用工序实施重点管理或者简化管理的，只需对其涉及的通用工序申请取得排污许可证，不需要对其他生产设施和相应的排放口等申请取得排污许可证。

第七条 属于本名录第 108 类行业的排污单位，涉及本名录规定的通用工序重点管理、简化管理或者登记管理的，应当对其涉及的本名录第 109 至 112 类规定的锅炉、工业炉窑、表面处理、水处理等通用工序申请领取排污许可证或者填报排污登记表；有下列情形之一的，还应当对其生产设施和相应的排放口等申请取得重点管理排污许可证：

（一）被列入重点排污单位名录的；

（二）二氧化硫或者氮氧化物年排放量大于 250 吨的；

（三）烟粉尘年排放量大于 500 吨的；

（四）化学需氧量年排放量大于 30 吨，或者总氮年排放量大于 10 吨，或者总磷年排放量大于 0.5 吨的；

（五）氨氮、石油类和挥发酚合计年排放量大于 30 吨的；

（六）其他单项有毒有害大气、水污染物污染当量数大于 3 000 的。污染当量数按照《中华人民共和国环境保护税法》的规定计算。

第八条 本名录未做规定的排污单位，确需纳入排污许可管理的，其排污许可管理类别由省级生态环境主管部门提出建议，报生态环境部确定。

第九条 本名录由生态环境部负责解释，并适时修订。

第十条 本名录自发布之日起施行。《固定污染源排污许可分类管理名录（2017 年版）》同时废止。

序号	行业类别	重点管理	简化管理	登记管理
一、畜牧业 03				
1	牲畜饲养 031，家禽饲养 032	设有污水排放口的规模化畜禽养殖场、养殖小区（具体规模化标准按《畜禽规模养殖污染防治条例》执行）	/	无污水排放口的规模化畜禽养殖场、养殖小区，设有污水排放口的规模以下畜禽养殖场、养殖小区
2	其他畜牧业 039	/	/	设有污水排放口的养殖场、养殖小区

序号	行业类别	重点管理	简化管理	登记管理
二、煤炭开采和洗选业 06				
3	烟煤和无烟煤开采洗选 061，褐煤开采洗选 062，其他煤炭洗选 069	涉及通用工序重点管理的	涉及通用工序简化管理的	其他
三、石油和天然气开采业 07				
4	石油开采 071，天然气开采 072	涉及通用工序重点管理的	涉及通用工序简化管理的	其他
四、黑色金属矿采选业 08				
5	铁矿采选 081，锰矿、铬矿采选 082，其他黑色金属矿采选 089	涉及通用工序重点管理的	涉及通用工序简化管理的	其他
五、有色金属矿采选业 09				
6	常用有色金属矿采选 091，贵金属矿采选 092，稀有稀土金属矿采选 093	涉及通用工序重点管理的	涉及通用工序简化管理的	其他
六、非金属矿采选业 10				
7	土砂石开采 101，化学矿开采 102，采盐 103，石棉及其他非金属矿采选 109	涉及通用工序重点管理的	涉及通用工序简化管理的	其他
七、其他采矿业 12				
8	其他采矿业 120	涉及通用工序重点管理的	涉及通用工序简化管理的	其他
八、农副食品加工业 13				
9	谷物磨制 131	/	/	谷物磨制 131*
10	饲料加工 132	/	饲料加工 132（有发酵工艺的）*	饲料加工 132（无发酵工艺的）*
11	植物油加工 133	/	除单纯混合或者分装以外的*	单纯混合或者分装的*
12	制糖业 134	日加工糖料能力 1 000 吨及以上的原糖、成品糖或者精制糖生产	其他*	/
13	屠宰及肉类加工 135	年屠宰生猪 10 万头及以上的，年屠宰肉牛 1 万头及以上的，年屠宰肉羊 15 万头及以上的，年屠宰禽类 1 000 万只及以上的	年屠宰生猪 2 万头及以上 10 万头以下的，年屠宰肉牛 0.2 万头及以上 1 万头以下的，年屠宰肉羊 2.5 万头及以上 15 万头以下的，年屠宰禽类 100 万只及以上 1 000 万只以下的，年加工肉禽类 2 万吨及以上的	其他*

序号	行业类别	重点管理	简化管理	登记管理
14	水产品加工 136	/	年加工 10 万吨及以上的水产品冷冻加工 1361、鱼糜制品及水产品干腌制加工 1362、鱼油提取及制品制造 1363、其他水产品加工 1369	其他*
15	蔬菜、菌类、水果和坚果加工 137	涉及通用工序重点管理的	涉及通用工序简化管理的	其他*
16	其他农副食品加工 139	年加工能力 15 万吨玉米或者 1.5 万吨薯类及以上的淀粉生产或者年产 1 万吨及以上的淀粉制品生产，有发酵工艺的淀粉制品	除重点管理以外的年加工能力 1.5 万吨及以上玉米、0.1 万吨及以上薯类或豆类、4.5 万吨及以上小麦的淀粉生产、年产 0.1 万吨及以上的淀粉制品生产（不含有发酵工艺的淀粉制品）	其他*
九、食品制造业 14				
17	方便食品制造 143，其他食品制造 149	/	米、面制品制造 1431*，速冻食品制造 1432*，方便面制造 1433*，其他方便食品制造 1439*，食品及饲料添加剂制造 1495*，以上均不含手工制作、单纯混合或者分装的	其他*
18	焙烤食品制造 141，糖果、巧克力及蜜饯制造 142，罐头食品制造 145	涉及通用工序重点管理的	涉及通用工序简化管理的	其他*
19	乳制品制造 144	年加工 20 万吨及以上的（不含单纯混合或者分装的）	年加工 20 万吨以下的（不含单纯混合或者分装的）*	单纯混合或者分装的*
20	调味品、发酵制品制造 146	有发酵工艺的味精、柠檬酸、赖氨酸、酵母制造，年产 2 万吨及以上且有发酵工艺的酱油、食醋制造	除重点管理以外的调味品、发酵制品制造（不含单纯混合或者分装的）*	单纯混合或者分装的*
十、酒、饮料和精制茶制造业 15				
21	酒的制造 151	酒精制造 1511，有发酵工艺的年生产能力 5 000 千升及以上的白酒、啤酒、黄酒、葡萄酒、其他酒制造	有发酵工艺的年生产能力 5 000 千升以下的白酒、啤酒、黄酒、葡萄酒、其他酒制造*	其他*

序号	行业类别	重点管理	简化管理	登记管理
22	饮料制造 152	/	有发酵工艺或者原汁生产的*	其他*
23	精制茶加工 153	涉及通用工序重点管理的	涉及通用工序简化管理的	其他*
十一、烟草制品业 16				
24	烟叶复烤 161，卷烟制造 162，其他烟草制品制造 169	涉及通用工序重点管理的	涉及通用工序简化管理的	其他*
十二、纺织业 17				
25	棉纺织及印染精加工 171，毛纺织及染整精加工 172，麻纺织及染整精加工 173，丝绢纺织及印染精加工 174，化纤织造及印染精加工 175	有前处理、染色、印花、洗毛、麻脱胶、缫丝或者喷水织造工序的	仅含整理工序的	其他*
26	针织或钩针编织物及其制品制造 176，家用纺织制成品制造 177，产业用纺织制成品制造 178	涉及通用工序重点管理的	涉及通用工序简化管理的	其他*
十三、纺织服装、服饰业 18				
27	机织服装制造 181，服饰制造 183	有水洗工序、湿法印花、染色工艺的	/	其他*
28	针织或钩针编织服装制造 182	涉及通用工序重点管理的	涉及通用工序简化管理的	其他*
十四、皮革、毛皮、羽毛及其制品和制鞋业 19				
29	皮革鞣制加工 191，毛皮鞣制及制品加工 193	有鞣制工序的	皮革鞣制加工 191（无鞣制工序的）	毛皮鞣制及制品加工 193（无鞣制工序的）
30	皮革制品制造 192	涉及通用工序重点管理的	涉及通用工序简化管理的	其他*
31	羽毛（绒）加工及制品制造 194	羽毛（绒）加工 1941（有水洗工序的）	/	羽毛（绒）加工 1941（无水洗工序的）*，羽毛（绒）制品制造 1942*
32	制鞋业 195	纳入重点排污单位名录的	除重点管理以外的年使用 10 吨及以上溶剂型胶黏剂或者 3 吨及以上溶剂型处理剂的	其他*

序号	行业类别	重点管理	简化管理	登记管理
十五、木材加工和木、竹、藤、棕、草制品业 20				
33	人造板制造 202	纳入重点排污单位名录的	除重点管理以外的胶合板制造 2021（年产 10 万立方米及以上的）、纤维板制造 2022、刨花板制造 2023、其他人造板制造 2029（年产 10 万立方米及以上的）	其他*
34	木材加工 201，木质制品制造 203，竹、藤、棕、草等制品制造 204	涉及通用工序重点管理的	涉及通用工序简化管理的	其他*
十六、家具制造业 21				
35	木质家具制造 211，竹、藤家具制造 212，金属家具制造 213，塑料家具制造 214，其他家具制造 219	纳入重点排污单位名录的	除重点管理以外的年使用 10 吨及以上溶剂型涂料或者胶黏剂（含稀释剂、固化剂）的、年使用 20 吨及以上水性涂料或者胶黏剂的、有磷化表面处理工艺的	其他*
十七、造纸和纸制品业 22				
36	纸浆制造 221	全部	/	/
37	造纸 222	机制纸及纸板制造 2221、手工纸制造 2222	有工业废水和废气排放的加工纸制造 2223	除简化管理外的加工纸制造 2223*
38	纸制品制造 223	/	有工业废水或者废气排放的	其他*
十八、印刷和记录媒介复制业 23				
39	印刷 231	纳入重点排污单位名录的	除重点管理以外的年使用 80 吨及以上溶剂型油墨、涂料或者 10 吨及以上溶剂型稀释剂的包装装潢印刷	其他*
40	装订及印刷相关服务 232，记录媒介复制 233	涉及通用工序重点管理的	涉及通用工序简化管理的	其他*
十九、文教、工美、体育和娱乐用品制造业 24				
41	文教办公用品制造 241，乐器制造 242，工艺美术及礼仪用品制造 243，体育用品制造 244，玩具制造 245，游艺器材及娱乐用品制造 246	涉及通用工序重点管理的	涉及通用工序简化管理的	其他*
二十、石油、煤炭及其他燃料加工业 25				
42	精炼石油产品制造 251	原油加工及石油制品制造 2511，其他原油制造 2519，以上均不含单纯混合或者分装的	/	单纯混合或者分装的
43	煤炭加工 252	炼焦 2521，煤制合成气生产 2522，煤制液体燃料生产 2523	/	煤制品制造 2524，其他煤炭加工 2529
44	生物质燃料加工 254	涉及通用工序重点管理的	涉及通用工序简化管理的	其他*

序号	行业类别	重点管理	简化管理	登记管理
二十一、化学原料和化学制品制造业 26				
45	基础化学原料制造 261	无机酸制造 2611，无机碱制造 2612，无机盐制造 2613，有机化学原料制造 2614，其他基础化学原料制造 2619（非金属无机氧化物、金属氧化物、金属过氧化物、金属超氧化物、硫黄、磷、硅、精硅、硒、砷、硼、碲），以上均不含单纯混合或者分装的	单纯混合或者分装的无机酸制造 2611、无机碱制造 2612、无机盐制造 2613、有机化学原料制造 2614、其他基础化学原料制造 2619（非金属无机氧化物、金属氧化物、金属过氧化物、金属超氧化物、硫黄、磷、硅、精硅、硒、砷、硼、碲）	其他基础化学原料制造 2619（除重点管理、简化管理以外的）
46	肥料制造 262	氮肥制造 2621，磷肥制造 2622，复混肥料制造 2624，以上均不含单纯混合或者分装的	钾肥制造 2623，有机肥料及微生物肥料制造 2625，其他肥料制造 2629，以上均不含单纯混合或者分装的；氮肥制造 2621（单纯混合或者分装的）	其他*
47	农药制造 263	化学农药制造 2631（包含农药中间体，不含单纯混合或者分装的），生物化学农药及微生物农药制造 2632（有发酵工艺的）	化学农药制造 2631（单纯混合或者分装的），生物化学农药及微生物农药制造 2632（无发酵工艺的）	/
48	涂料、油墨、颜料及类似产品制造 264	涂料制造 2641，油墨及类似产品制造 2642，工业颜料制造 2643，工艺美术颜料制造 2644，染料制造 2645，以上均不含单纯混合或者分装的	单纯混合或者分装的涂料制造 2641、油墨及类似产品制造 2642，密封用填料及类似品制造 2646（不含单纯混合或者分装的）	其他*
49	合成材料制造 265	初级形态塑料及合成树脂制造 2651，合成橡胶制造 2652，合成纤维单（聚合）体制造 2653，其他合成材料制造 2659（陶瓷纤维等特种纤维及其增强的复合材料的制造）	/	其他合成材料制造 2659（除陶瓷纤维等特种纤维及其增强的复合材料的制造以外的）

序号	行业类别	重点管理	简化管理	登记管理
50	专用化学产品制造 266	化学试剂和助剂制造 2661，专项化学用品制造 2662，林产化学产品制造 2663（有热解或者水解工艺的），以上均不含单纯混合或者分装的	林产化学产品制造 2663（无热解或者水解工艺的），文化用信息化学品制造 2664，医学生产用信息化学品制造 2665，环境污染处理专用药剂材料制造 2666，动物胶制造 2667，其他专用化学产品制造 2669，以上均不含单纯混合或者分装的	单纯混合或者分装的
51	炸药、火工及焰火产品制造 267	涉及通用工序重点管理的	涉及通用工序简化管理的	其他
52	日用化学产品制造 268	肥皂及洗涤剂制造 2681（以油脂为原料的肥皂或者皂粒制造），香料、香精制造 2684（香料制造），以上均不含单纯混合或者分装的	肥皂及洗涤剂制造 2681（采用高塔喷粉工艺的合成洗衣粉制造），香料、香精制造 2684（采用热反应工艺的香精制造）	肥皂及洗涤剂制造 2681（除重点管理、简化管理以外的），化妆品制造 2682，口腔清洁用品制造 2683，香料、香精制造 2684（除重点管理、简化管理以外的），其他日用化学产品制造 2689
二十二、医药制造业 27				
53	化学药品原料药制造 271	全部	/	/
54	化学药品制剂制造 272	化学药品制剂制造 2720（不含单纯混合或者分装的）	/	单纯混合或者分装的
55	中药饮片加工 273，药用辅料及包装材料制造 278	涉及通用工序重点管理的	涉及通用工序简化管理的	其他[*]
56	中成药生产 274	/	有提炼工艺的	其他[*]
57	兽用药品制造 275	兽用药品制造 2750（不含单纯混合或者分装的）	/	单纯混合或者分装的
58	生物药品制品制造 276	生物药品制造 2761，基因工程药物和疫苗制造 2762，以上均不含单纯混合或者分装的	/	单纯混合或者分装的
59	卫生材料及医药用品制造 277	/	/	卫生材料及医药用品制造 2770

序号	行业类别	重点管理	简化管理	登记管理
二十三、化学纤维制造业 28				
60	纤维素纤维原料及纤维制造 281，合成纤维制造 282，生物基材料制造 283	化纤浆粕制造 2811，人造纤维（纤维素纤维）制造 2812，锦纶纤维制造 2821，涤纶纤维制造 2822，腈纶纤维制造 2823，维纶纤维制造 2824，氨纶纤维制造 2826，其他合成纤维制造 2829，生物基化学纤维制造 2831（莱赛尔纤维制造）	/	丙纶纤维制造 2825，生物基化学纤维制造 2831（除莱赛尔纤维制造以外的），生物基、淀粉基新材料制造 2832
二十四、橡胶和塑料制品业 29				
61	橡胶制品业 291	纳入重点排污单位名录的	除重点管理以外的轮胎制造 2911，年耗胶量 2 000 吨及以上的橡胶板、管、带制造 2912，橡胶零件制造 2913，再生橡胶制造 2914，日用及医用橡胶制品制造 2915，运动场地用塑胶制造 2916，其他橡胶制品制造 2919	其他
62	塑料制品业 292	塑料人造革、合成革制造 2925	年产 1 万吨及以上的泡沫塑料制造 2924，年产 1 万吨及以上涉及改性的塑料薄膜制造 2921，塑料板、管、型材制造 2922，塑料丝、绳和编织品制造 2923，塑料包装箱及容器制造 2926，日用塑料品制造 2927，人造草坪制造 2928，塑料零件及其他塑料制品制造 2929	其他
二十五、非金属矿物制品业 30				
63	水泥、石灰和石膏制造 301，石膏、水泥制品及类似制品制造 302	水泥（熟料）制造	水泥粉磨站、石灰和石膏制造 3012	水泥制品制造 3021，砼结构构件制造 3022，石棉水泥制品制造 3023，轻质建筑材料制造 3024，其他水泥类似制品制造 3029

序号	行业类别	重点管理	简化管理	登记管理
64	砖瓦、石材等建筑材料制造 303	黏土砖瓦及建筑砌块制造 3031（以煤或者煤矸石为燃料的烧结砖瓦）	黏土砖瓦及建筑砌块制造 3031（除以煤或者煤矸石为燃料的烧结砖瓦以外的），建筑用石加工 3032，防水建筑材料制造 3033，隔热和隔音材料制造 3034，其他建筑材料制造 3039，以上均不含仅切割加工的	仅切割加工的
65	玻璃制造 304	平板玻璃制造 3041	特种玻璃制造 3042	其他玻璃制造 3049
66	玻璃制品制造 305	以煤、石油焦、油和发生炉煤气为燃料的	以天然气为燃料的	其他
67	玻璃纤维和玻璃纤维增强塑料制品制造 306	以煤、石油焦、油和发生炉煤气为燃料的	以天然气为燃料的	其他
68	陶瓷制品制造 307	建筑陶瓷制品制造 3071（以煤、石油焦、油和发生炉煤气为燃料的），卫生陶瓷制品制造 3072（年产 150 万件及以上的），日用陶瓷制品制造 3074（年产 250 万件及以上的）	建筑陶瓷制品制造 3071（以天然气为燃料的）	建筑陶瓷制品制造 3071（除重点管理、简化管理以外的），卫生陶瓷制品制造 3072（年产 150 万件以下的），日用陶瓷制品制造 3074（年产 250 万件以下的），特种陶瓷制品制造 3073，陈设艺术陶瓷制造 3075，园艺陶瓷制造 3076，其他陶瓷制品制造 3079
69	耐火材料制品制造 308	石棉制品制造 3081	以煤、石油焦、油和发生炉煤气为燃料的云母制品制造 3082，耐火陶瓷制品及其他耐火材料制造 3089	除简化管理以外的云母制品制造 3082，耐火陶瓷制品及其他耐火材料制造 3089
70	石墨及其他非金属矿物制品制造 309	石墨及碳素制品制造 3091（石墨制品、碳制品、碳素新材料），其他非金属矿物制品制造 3099（多晶硅棒）	石墨及碳素制品制造 3091（除石墨制品、碳制品、碳素新材料以外的），其他非金属矿物制品制造 3099（单晶硅棒，沥青混合物）	其他非金属矿物制品制造 3099（除重点管理、简化管理以外的）

序号	行业类别	重点管理	简化管理	登记管理
二十六、黑色金属冶炼和压延加工业 31				
71	炼铁 311	含炼铁、烧结、球团等工序的生产	/	/
72	炼钢 312	全部	/	/
73	钢压延加工 313	年产 50 万吨及以上的冷轧	热轧及年产 50 万吨以下的冷轧	其他
74	铁合金冶炼 314	铁合金冶炼 3140	/	/
二十七、有色金属冶炼和压延加工业 32				
75	常用有色金属冶炼 321	铜、铅锌、镍钴、锡、锑、铝、镁、汞、钛等常用有色金属冶炼（含再生铜、再生铝和再生铅冶炼）	/	其他
76	贵金属冶炼 322	金冶炼 3221，银冶炼 3222，其他贵金属冶炼 3229	/	/
77	稀有稀土金属冶炼 323	钨钼冶炼 3231，稀土金属冶炼 3232，其他稀有金属冶炼 3239	/	/
78	有色金属合金制造 324	铅基合金制造，年产 2 万吨及以上的其他有色金属合金制造	其他	/
79	有色金属压延加工 325	/	有轧制或者退火工序的	其他
二十八、金属制品业 33				
80	结构性金属制品制造 331，金属工具制造 332，集装箱及金属包装容器制造 333，金属丝绳及其制品制造 334，建筑、安全用金属制品制造 335，搪瓷制品制造 337，金属制日用品制造 338，铸造及其他金属制品制造 339（除黑色金属铸造 3391、有色金属铸造 3392）	涉及通用工序重点管理的	涉及通用工序简化管理的	其他
81	金属表面处理及热处理加工 336	纳入重点排污单位名录的，专业电镀企业（含电镀园区中电镀企业），专门处理电镀废水的集中处理设施，有电镀工序的，有含铬钝化工序的	除重点管理以外的有酸洗、抛光（电解抛光和化学抛光）、热浸镀（溶剂法）、淬火或者无铬钝化等工序的、年使用 10 吨及以上有机溶剂的	其他

序号	行业类别	重点管理	简化管理	登记管理
82	铸造及其他金属制品制造 339	黑色金属铸造 3391（使用冲天炉的），有色金属铸造 3392（生产铅基及铅青铜铸件的）	除重点管理以外的黑色金属铸造 3391、有色金属铸造 3392	/
二十九、通用设备制造业 34				
83	锅炉及原动设备制造 341，金属加工机械制造 342，物料搬运设备制造 343，泵、阀门、压缩机及类似机械制造 344，轴承、齿轮和传动部件制造 345，烘炉、风机、包装等设备制造 346，文化、办公用机械制造 347，通用零部件制造 348，其他通用设备制造业 349	涉及通用工序重点管理的	涉及通用工序简化管理的	其他
三十、专用设备制造业 35				
84	采矿、冶金、建筑专用设备制造 351，化工、木材、非金属加工专用设备制造 352，食品、饮料、烟草及饲料生产专用设备制造 353，印刷、制药、日化及日用品生产专用设备制造 354，纺织、服装和皮革加工专用设备制造 355，电子和电工机械专用设备制造 356，农、林、牧、渔专用机械制造 357，医疗仪器设备及器械制造 358，环保、邮政、社会公共服务及其他专用设备制造 359	涉及通用工序重点管理的	涉及通用工序简化管理的	其他
三十一、汽车制造业 36				
85	汽车整车制造 361，汽车用发动机制造 362，改装汽车制造 363，低速汽车制造 364，电车制造 365，汽车车身、挂车制造 366，汽车零部件及配件制造 367	纳入重点排污单位名录的	除重点管理以外的汽车整车制造 361，除重点管理以外的年使用 10 吨及以上溶剂型涂料或者胶黏剂（含稀释剂、固化剂、清洗溶剂）的汽车用发动机制造 362，改装汽车制造 363，低速汽车制造 364，电车制造 365，汽车车身，挂车制造 366，汽车零部件及配件制造 367	其他

序号	行业类别	重点管理	简化管理	登记管理
三十二、铁路、船舶、航空航天和其他运输设备制造 37				
86	铁路运输设备制造 371，城市轨道交通设备制造 372，船舶及相关装置制造 373，航空、航天器及设备制造 374，摩托车制造 375，自行车和残疾人座车制造 376，助动车制造 377，非公路休闲车及零配件制造 378，潜水救捞及其他未列明运输设备制造 379	纳入重点排污单位名录的	除重点管理以外的年使用 10 吨及以上溶剂型涂料或者胶黏剂（含稀释剂、固化剂、清洗溶剂）的	其他
三十三、电气机械和器材制造业 38				
87	电机制造 381，输配电及控制设备制造 382，电线、电缆、光缆及电工器材制造 383，家用电力器具制造 385，非电力家用器具制造 386，照明器具制造 387，其他电气机械及器材制造 389	涉及通用工序重点管理的	涉及通用工序简化管理的	其他
88	电池制造 384	铅酸蓄电池制造 3843	锂离子电池制造 3841，镍氢电池制造 3842，锌锰电池制造 3844，其他电池制造 3849	/
三十四、计算机、通信和其他电子设备制造业 39				
89	计算机制造 391，电子器件制造 397，电子元件及电子专用材料制造 398，其他电子设备制造 399	纳入重点排污单位名录的	除重点管理以外的年使用 10 吨及以上溶剂型涂料（含稀释剂）的	其他
90	通信设备制造 392，广播电视设备制造 393，雷达及配套设备制造 394，非专业视听设备制造 395，智能消费设备制造 396	涉及通用工序重点管理的	涉及通用工序简化管理的	其他
三十五、仪器仪表制造业 40				
91	通用仪器仪表制造 401，专用仪器仪表制造 402，钟表与计时仪器制造 403，光学仪器制造 404，衡器制造 405，其他仪器仪表制造业 409	涉及通用工序重点管理的	涉及通用工序简化管理的	其他

序号	行业类别	重点管理	简化管理	登记管理
三十六、其他制造业 41				
92	日用杂品制造 411，其他未列明制造业 419	涉及通用工序重点管理的	涉及通用工序简化管理的	其他*
三十七、废弃资源综合利用业 42				
93	金属废料和碎屑加工处理 421，非金属废料和碎屑加工处理 422	废电池、废油、废轮胎加工处理	废弃电器电子产品、废机动车、废电机、废电线电缆、废塑料、废船、含水洗工艺的其他废料和碎屑加工处理	其他
三十八、金属制品、机械和设备修理业 43				
94	金属制品修理 431，通用设备修理 432，专用设备修理 433，铁路、船舶、航空航天等运输设备修理 434，电气设备修理 435，仪器仪表修理 436，其他机械和设备修理业 439	涉及通用工序重点管理的	涉及通用工序简化管理的	其他*
三十九、电力、热力生产和供应业 44				
95	电力生产 441	火力发电 4411，热电联产 4412，生物质能发电 4417（生活垃圾、污泥发电）	生物质能发电 4417（利用农林生物质、沼气发电、垃圾填埋气发电）	/
96	热力生产和供应 443	单台或者合计出力 20 吨/小时（14 兆瓦）及以上的锅炉（不含电热锅炉）	单台且合计出力 20 吨/小时（14 兆瓦）以下的锅炉[不含电热锅炉和单台且合计出力 1 吨/小时（0.7 兆瓦）及以下的天然气锅炉]	单台且合计出力 1 吨/小时（0.7 兆瓦）及以下的天然气锅炉
四十、燃气生产和供应业 45				
97	燃气生产和供应业 451，生物质燃气生产和供应业 452	涉及通用工序重点管理的	涉及通用工序简化管理的	其他
四十一、水的生产和供应业 46				
98	自来水生产和供应 461，海水淡化处理 463，其他水的处理、利用与分配 469	涉及通用工序重点管理的	涉及通用工序简化管理的	其他
99	污水处理及其再生利用 462	工业废水集中处理场所，日处理能力 2 万吨及以上的城乡污水集中处理场所	日处理能力 500 吨及以上 2 万吨以下的城乡污水集中处理场所	日处理能力 500 吨以下的城乡污水集中处理场所
四十二、零售业 52				
100	汽车、摩托车、零配件和燃料及其他动力销售 526	/	位于城市建成区的加油站	其他加油站

序号	行业类别	重点管理	简化管理	登记管理
四十三、水上运输业 55				
101	水上运输辅助活动 553	/	单个泊位 1 000 吨级及以上的内河、单个泊位 1 万吨级及以上的沿海专业化干散货码头（煤炭、矿石）、通用散货码头	其他货运码头 5532
四十四、装卸搬运和仓储业 59				
102	危险品仓储 594	总容量 10 万立方米及以上的油库（含油品码头后方配套油库，不含储备油库）	总容量 1 万立方米及以上 10 万立方米以下的油库（含油品码头后方配套油库，不含储备油库）	其他危险品仓储（含油品码头后方配套油库，不含储备油库）
四十五、生态保护和环境治理业 77				
103	环境治理业 772	专业从事危险废物贮存、利用、处理、处置（含焚烧发电）的，专业从事一般工业固体废物贮存、处置（含焚烧发电）的	/	/
四十六、公共设施管理业 78				
104	环境卫生管理 782	生活垃圾（含餐厨废弃物）、生活污水处理污泥集中焚烧、填埋	生活垃圾（含餐厨废弃物）、生活污水处理污泥集中处理（除焚烧、填埋以外的），日处理能力 50 吨及以上的城镇粪便集中处理，日转运能力 150 吨及以上的垃圾转运站	日处理能力 50 吨以下的城镇粪便集中处理，日转运能力 150 吨以下的垃圾转运站
四十七、居民服务业 80				
105	殡葬服务 808	/	火葬场	/
四十八、机动车、电子产品和日用品修理业 81				
106	汽车、摩托车等修理与维护 811	/	营业面积 5 000 平方米及以上且有涂装工序的	/
四十九、卫生 84				
107	医院 841，专业公共卫生服务 843	床位 500 张及以上的（不含专科医院 8415 中的精神病、康复和运动康复医院以及疗养院 8416）	床位 100 张及以上的专科医院 8415（精神病、康复和运动康复医院）以及疗养院 8416，床位 100 张及以上 500 张以下的综合医院 8411，中医医院 8412，中西医结合医院 8413，民族医院 8414，专科医院 8415（不含精神病、康复和运动康复医院）	疾病预防控制中心 8431，床位 100 张以下的综合医院 8411，中医医院 8412，中西医结合医院 8413，民族医院 8414，专科医院 8415，疗养院 8416

序号	行业类别	重点管理	简化管理	登记管理
五十、其他行业				
108	除1-107外的其他行业	涉及通用工序重点管理的，存在本名录第七条规定情形之一的	涉及通用工序简化管理的	涉及通用工序登记管理的
五十一、通用工序				
109	锅炉	纳入重点排污单位名录的	除纳入重点排污单位名录的，单台或者合计出力20吨/小时（14兆瓦）及以上的锅炉（不含电热锅炉）	除纳入重点排污单位名录的，单台且合计出力20吨/小时（14兆瓦）以下的锅炉（不含电热锅炉）
110	工业炉窑	纳入重点排污单位名录的	除纳入重点排污单位名录的，除以天然气或者电为能源的加热炉、热处理炉、干燥炉（窑）以外的其他工业炉窑	除纳入重点排污单位名录的，以天然气或者电为能源的加热炉、热处理炉或者干燥炉（窑）
111	表面处理	纳入重点排污单位名录的	除纳入重点排污单位名录的，有电镀工序、酸洗、抛光（电解抛光和化学抛光）、热浸镀（溶剂法）、淬火或者钝化等工序的、年使用10吨及以上有机溶剂的	其他
112	水处理	纳入重点排污单位名录的	除纳入重点排污单位名录的，日处理能力2万吨及以上的水处理设施	除纳入重点排污单位名录的，日处理能力500吨及以上2万吨以下的水处理设施

注：1. 表格中标“＊”号者，是指在工业建筑中生产的排污单位。工业建筑的定义参见《工程结构设计基本术语标准》（GB/T 50083—2014），是指提供生产用的各种建筑物，如车间、厂前区建筑、生活间、动力站、库房和运输设施等。

2. 表格中涉及溶剂、涂料、油墨、胶黏剂等使用量的排污单位，其投运满三年的，使用量按照近三年年最大量确定；其投运满一年但不满三年的，使用量按投运期间年最大量确定；其未投运或者投运不满一年的，按照环境影响报告书（表）批准文件确定。投运日期为排污单位发生实际排污行为的日期。

3. 根据《中华人民共和国环境保护税法实施条例》，城乡污水集中处理场所，是指为社会公众提供生活污水处理服务的场所，不包括为工业园区、开发区等工业聚集区域内的排污单位提供污水处理服务的场所，以及排污单位自建自用的污水处理场所。

4. 本名录中的电镀工序，是指电镀、化学镀、阳极氧化等生产工序。

5. 本名录不包括位于生态环境法律法规禁止建设区域内的，或生产设施或产品属于产业政策立即淘汰类的排污单位。

关于印发《固定污染源排污登记工作指南（试行）》的通知

（环办环评函〔2020〕9号）

各省、自治区、直辖市生态环境厅（局），新疆生产建设兵团生态环境局：

排污登记管理是排污许可制度的重要组成部分，是实现固定污染源环境管理全覆盖，贯彻落实“放管服”改革要求，减轻排污单位负担的重要举措。为做好固定污染源排污登记管理，根据《固定污染源排污许可分类管理名录（2019年版）》的有关要求，我部制定了《固定污染源排污登记工作指南（试行）》。现予印发，自印发之日起施行。

地方各级生态环境部门督促指导排污单位，按期完成排污登记，加大监督检查力度，采取“双随机、一公开”等方式对排污单位开展日常生态环境监管执法。发现排污单位应当填报排污登记表而未填报的，或者应当申请排污许可证但擅自降低管理类别填报排污登记表的，生态环境部门应依法予以处罚。

地方各级生态环境部门要认真组织落实，加强监管指导，切实做好固定污染源排污登记管理工作。施行中遇到困难和问题，请及时向我部反馈。

生态环境部办公厅

2020年1月6日

固定污染源排污登记工作指南（试行）

固定污染源排污登记，是指污染物产生量、排放量和对环境的影响程度很小，依法不需要申请取得排污许可证的企业事业单位和其他生产经营者（以下简称排污单位），应当填报排污登记表。

一、适用范围和登记时限

实行排污登记管理的范围依照《固定污染源排污许可分类管理名录（2019 年版）》规定执行。

现有排污单位应当在我部规定的登记时限内填报排污登记表。新建排污单位应当在启动生产设施或者发生实际排污之前填报排污登记表。

二、登记方式

排污登记采取网上填报方式。排污单位在全国排污许可证管理信息平台（http://permit.mee.gov.cn/permitExt）上填报排污登记表后，自动即时生成登记编号和回执，排污单位可以自行打印留存。

按照国家规定需要保密的排污单位，其排污登记要求另行规定。

三、登记内容

排污登记表的内容包括排污单位名称、注册地址、法定代表人或者实际负责人、联系方式、生产经营场所地址、行业类别、统一社会信用代码或组织机构代码、主要产品及产能等排污单位基本情况，污染物排放去向，执行的污染物排放标准以及采取的污染防治措施等信息。

排污单位应当遵守国家和地方相关生态环境保护法律法规、政策、标准等要求。排污单位对填报信息的真实性、准确性和完整性负责。

四、定期更新

排污登记表自登记编号之日起生效。对已登记排污单位，自其登记之日起满 5 年的，排污许可证管理信息平台自动发送登记信息更新提醒。地方各级生态环境主管部门要督促登记信息发生变化的排污单位及时更新。

五、变更登记

排污登记表有效期内，排污登记信息发生变动的，应当自发生变动之日起 20 日内进行变更登记。

六、注销登记

排污单位因关闭等原因不再排污的，应当及时在全国排污许可证管理信息平台注销排污登记表，排污单位在全国排污许可管理信息平台提交注销申请后，由平台自动即时生成回执，排污单位可以自行打印留存。

因排污单位生产规模扩大、污染物排放量增加等情况依法需要申领排污许可证的，应按规定及时申请取得排污许可证，并注销排污登记表。

七、信息公开

除国家规定需要保密的情形外，排污登记信息通过全国排污许可证管理信息平台向社会公开。

附件：1. 固定污染源排污登记表（样表）（略）

2. 固定污染源排污登记回执（样本）（略）

关于固定污染源排污限期整改有关事项的通知

（环环评〔2020〕19号）

各省、自治区、直辖市生态环境厅（局），新疆生产建设兵团生态环境局：

为深入贯彻落实党的十九届四中全会精神，加快推进固定污染源排污许可制度改革，实现固定污染源排污许可管理全覆盖任务目标，根据《中华人民共和国环境保护法》《中华人民共和国大气污染防治法》《中华人民共和国水污染防治法》和《国务院办公厅关于印发控制污染物排放许可制实施方案的通知》（国办发〔2016〕81号）等规定，现就排污限期整改有关事项通知如下：

一、适用情形

排污单位存在下列情形之一的，生态环境主管部门暂不予核发排污许可证，并下达排污限期整改通知书（以下简称整改通知书）。

（一）“不能达标排放”类，污染物排放不符合污染物排放标准要求；重点污染物排放不符合排污许可证申请与核发技术规范、环境影响报告书（表）批准文件、重点污染物排放总量控制要求；排污单位位于未达到国家环境质量标准的重点区域、流域，污染物排放不符合有关地方人民政府关于改善生态环境质量特别要求的。

（二）“手续不全”类，未依法取得建设项目环境影响报告书（表）批准文件，未办理环境影响登记备案手续，但是已经按照有关规定获得经地方人民政府依法处理、整顿规范并符合要求的相关证明材料的，或者按照地方人民政府有关规定已经取得排污许可证的除外。

（三）“其他”类，如未按照规定安装、使用自动监测设备并与生态环境主管部门监控设备联网，未按规定设置污染物排放口等。

二、整改期限

整改期限为三个月至一年。对于存在多种整改情形的，整改通知书应分别提出相应整改要求，整改期限以整改时间最长的情形为准，不得累加，最长不超过一年。

排污单位应根据存在的问题，提出切实可行的整改计划。生态环境主管部门应合理确定整改期限。

三、整改通知书格式要求

整改通知书由正文和附件两部分组成。具体格式详见附件。

（一）正文。内容包括排污单位名称、法定代表人或者主要负责人、生产经营场所所在地、统一社会信用代码等企业基本信息，载明整改问题类型和整改时限，告知排污单位整改要求和逾期未完成整改的法律后果。

（二）附件。内容包括排污限期整改要求，列明整改问题、整改内容、整改时限等，提出整改期限内污染物排放要求，列明各排污口污染物排放法定执行标准限值和自行监测要求等。

四、管理要求

（一）申请。排污单位在全国排污许可证管理信息平台（以下简称信息平台）填报排污许可证申请表，生态环境主管部门对排污单位提交的申请材料进行审核（必要时，可赴现场核查）。对于存在本通知规定的适用情形之一的，排污单位应主动提出整改方案，作出整改承诺，制定详细的整改计划报送生态环境主管部门；排污单位未主动提出整改方案的，生态环境主管部门可以要求排污单位提交。

（二）下达。对于申请材料和整改方案齐全且符合要求的，生态环境主管部门应当自受理申请之日起十个工作日内下达整改通知书，明确整改内容、整改期限，提出整改期间环境管理要求，告知相应法律责任和救济权利等。

（三）整改。排污单位应当严格落实整改通知书各项要求，按计划完成整改措施，确保整改期间各项污染物排放符合法定排放标准限值，按规范要求开展自行监测，积极配合生态环境主管部门现场检查等。

（四）申领排污许可证。排污单位完成整改后，应当及时向生态环境主管部门报送整改报告和排污许可证申请材料，说明整改完成情况、达标排放情况和自行监测情况等，按程序重新申请排污许可证。排污单位应当在整改期满前取得排污许可证，鼓励排污单位提前完成整改并报送申请材料。排污单位提前报送申请材料，生态环境主管部门审核后发现排污单位未按整改通知书要求完成整改的，依法不予核发排污许可证，可以要求排污单位在申请批准的整改期限内继续按照整改通知书要求进行整改。

五、加强监管执法

生态环境主管部门应加强对限期整改排污单位的监督管理，对于整改进度缓慢或滞后的排污单位加强帮扶指导，定期通过信息平台、微信、短信等方式进行提醒。

生态环境主管部门应当把限期整改排污单位纳入“双随机、一公开”监管，适当提高抽查比例，对于问题突出的重点地区或重点行业应当开展专项检查。

排污单位未按照整改通知书要求完成整改的，生态环境主管部门不得核发排污许可证；违法违规核发的，应当依法予以撤销，并依法依纪追究有关责任人的责任。排污单位逾期未完成整改，未在整改期限内取得排污许可证且继续排放污染物的，生态环境主管部门应当依据《中华人民共和国大气污染防治法》第九十九条、第一百条，《中华人民共和国水污染防治法》第八十二条、第八十三条，《中华人民共和国环境影响评价法》第三十一条，《建设项目环境保护管理条例》第二十一条等法律法规予以处理。

整改通知书不替代生态环境主管部门对排污单位有关生态环境违法行为依法作出的责令改正决定书。生态环境主管部门对排污单位在整改之前、整改期间的生态环境违法行为，以及逾期未完成整改并继续超标排放污染物的违法行为，均应依法予以处罚。

六、强化舆论监督

生态环境主管部门应当在信息平台公开整改通知书内容，并在当地生态环境主管部门网站上公开限期整改排污单位名单及其整改要求，公开通报无证排污等环境违法案例及处罚情况，将逾期未改且继续排放污染物等无证排污单位和相关责任人违法违规情况纳入社会诚信系统。

七、其他

本通知自印发之日起执行。根据《排污许可管理办法》第六十一条已发证的排污单位，符合本通知规定的适用情形的，可参照本通知执行。

附件：排污限期整改通知书（样本）（略）

生态环境部

2020 年 4 月 3 日

关于做好固定污染源排污许可清理整顿和2020年排污许可发证登记工作的通知

（环办环评函〔2019〕939号）

各省、自治区、直辖市生态环境厅（局），新疆生产建设兵团生态环境局：

完成覆盖所有固定污染源的排污许可证核发工作，是党的十九届四中全会精神、生态文明体制改革总体方案、国务院控制污染物排放许可制实施方案等提出的重要改革目标任务，是打好污染防治攻坚战的重要支撑。为切实做到“核发一个行业、清理一个行业、规范一个行业、达标一个行业”，实现固定污染源排污许可全覆盖，今年3月起，我部在北京、天津、河北、山西、江苏、山东、河南、陕西等8个省（市）部署开展了固定污染源清理整顿试点工作，结合试点经验，经研究，确定在全国开展固定污染源清理整顿工作，并同步部署开展2020年排污许可证核发和排污信息登记工作，现将有关事项通知如下：

一、工作任务

（一）开展固定污染源清理整顿。全面摸清本地区2017年至2019年已完成排污许可证核发任务的火电、造纸等33个行业排污单位情况，清理无证排污单位，做到排污许可证应发尽发。（固定污染源清理整顿行业和管理类别表见附件1）

（二）做好2020年排污许可发证和登记。完成《固定污染源排污许可分类管理名录（2019年版）》（以下简称2019年版名录）规定的所有行业排污单位排污许可证核发或排污信息登记工作。（2020年纳入排污许可管理的行业和管理类别表见附件2）

二、工作要求

（一）同步部署，实现全覆盖。围绕“到2020年完成覆盖所有固定污染源的排污许可证核发工作”总目标，将本行政区域应核发排污许可证或登记管理的所有排污单位全部纳入排查范围，通过落实“摸、排、分、清”四项工作任务，全面摸清固定污染源底数，既要确保完成已发证行业清理整顿，又要全力完成 2020 年排污许可发证和登记，两项工作思路、方式和方法一致，要同步部署，全力推进，将所有固定污染源全部纳入生态环境管理。

（二）实事求是，分类处置。坚持以改善区域环境质量为核心，以改革的精神正确处理历史遗留问题，实事求是、考虑现实、兼顾历史，实施分类处置。对于存在问题的排污单位，根据排污单位的整改承诺，先下达排污限期整改通知书，给予合理整改期，强化帮扶指导，引导排污单位规范排污行为，为推动排污单位守法创造条件。

（三）明确责任，强化监督。督促排污单位落实环保主体责任，排污单位依法申领，按证排污，自证守法。生态环境部门基于排污单位守法承诺，依法发证，依证监管。对于无证排污单位，依法查处，严厉打击。

三、工作内容

按照“摸、排、分、清”四项工作任务，完成固定污染源清理整顿、2020 年排污许可发证和登记，相关工作应在全国排污许可证管理信息平台上统一完成。

（一）摸清底数。各市级生态环境部门以第二次污染源普查（以下简称“二污普”）清查出的重点行业排污单位清单为基础，并组织对本行政区 2018 年以来投入运行的排污单位进行摸排；同时进一步扩大排查范围，结合工商、税务、电力等信息，以及生态环境监管企业名单、排污费征收企业名单等查遗补漏，最大限度查找出未纳入生态环境管理的排污单位，与“二污普”清单一并形成固定污染源基础信息清单。省级生态环境部门负责对固定污染源基础信息清单进行核查。

（二）排查无证。各地根据全国排污许可证管理信息平台中排污许可证档案库，筛除固定污染源基础信息清单中的已发证排污单位。按照附件 1 和附件 2，将剩余企事业单位分为 2020 年前应发证或登记、2020 年应发证或登记、非固定污染源三类情形。对前两类情形应逐个确定管理类别，进一步明确应实行重点管理、简化管理或登记管理，形成固定污染源发证和登记清单。

2019 年版名录实施前已按规定申领的排污许可证依然有效，排污单位申请变更的，应当按照 2019 年版名录规定的管理类别执行。

（三）分类处置。生态环境部门对纳入固定污染源发证和登记清单的排污单位，应通知到户，要求其按时申请排污许可证或登记排污信息，按照以下情形进行分类处置：

1. 无整改情形类。对符合发证条件的排污单位，生态环境部门依法核发排污许可证。

2. 禁止核发类。对位于饮用水水源地保护区等生态环境法律法规禁止建设区域的，或生产设施或产品属于产业政策立即淘汰类的排污单位，生态环境部门不予核发排污许可证。对无排污许可证仍然排放污染物的，生态环境部门应依法处罚直至报请有批准权的人民政府依法责令停业、关闭。

3．停产类。对2020年12月底前可能恢复生产的临时停产排污单位，生态环境部门应通知到户，要求其申领排污许可证，停产期间无需开展自行监测和提交执行报告，恢复生产前应向核发部门报告。对长期停产的排污单位，生态环境部门暂不核发排污许可证，通知其先填报排污登记表并应在恢复生产前申请排污许可证，同时需在排污登记表中注明。

4．承诺整改类。对已经排放污染物的排污单位，暂不符合发证条件的，由排污单位提出整改承诺和整改方案，生态环境部门应当下达排污限期整改通知书，记载其存在的问题，规定承诺整改内容和整改期限。

排污限期整改通知书规定的整改期限原则上为三个月至一年。对于存在上述第4类情形的，排污单位应承诺采取措施确保整改期间达标排放，核发排污许可证时应分别提出相应整改要求。

5．登记管理类。对实行登记管理的排污单位（含停产的），生态环境部门应通知到户，要求其尽快登录全国排污许可证管理信息平台，填报排污登记表，但位于生态环境法律法规禁止建设区域的，或生产设施或产品属于产业政策立即淘汰类的除外。登记管理的具体办法我部将另行公布。

（四）整改清零。各地应在规定的时限内，完成固定污染源发证和登记清单中排污单位的清理，做到逐个销号、应发尽发，注明整改要求；对无法核发排污许可证的，应注明原因，不留死角，最终形成固定污染源排污许可管理清单，实现本地区所有固定污染源生态环境管理全覆盖。

四、时间安排

（一）固定污染源清理整顿。2020年2月底前完成固定污染源发证和登记清单；2020年3月底前发证率、登记率不少于60%；2020年4月底前完成固定污染源清理整顿工作。

（二）2020年排污许可发证和登记。2020年5月底前完成固定污染源发证和登记清单；2020年7月底前发证率、登记率不少于60%；2020年9月底前基本完成排污许可发证和登记工作。

五、保障措施

（一）做好组织实施。各地要进一步提高政治站位，统一思想认识，切实增强责任感和担当意识，省级生态环境部门主要负责同志要亲自部署，分管负责同志要亲自负责，扎实做好相关工作。各级生态环境部门应按照《国务院办公厅关于印发控制污染物排放许可制实施方案的通知》(国办发〔2016〕81 号)和本通知要求，细化工作安排，压实责任分工，确保各项工作有序推进，对工作中的难点重点问题，应及时向地方人民政府报告。固定污染源清理整顿和 2020 年排污许可发证登记工作时间紧、任务重、意义重大，各级生态环境部门应在机构、人员、经费等方面加大投入，予以充足保障，特别要打通管理流程，形成管理合力；污染源普查、生态环境执法等部门要主动提供所掌握的排污单位清单，加快排污许可和环评、执法、监测等环境管理制度的衔接融合。

（二）加大帮扶指导。我部将加强政策指导，建立帮扶工作机制，组织技术专家和业务骨干，做好政策解读，及时帮助协调解决难点重点问题，提供有力技术支持保障。各省级生态环境部门应加强本行政区域调度帮扶，建立信息通报机制，强化宣传培训，于 2020 年 1 月底前报送省级生态环境部门联系人。各市级生态环境部门要加大对排污单位的指导帮扶力度，积极引导排污单位自觉守法。

（三）加大执法力度。要把生态环境执法作为排污许可制落实落地的重要兜底。排污许可证核发部门应及时将固定污染源排污许可管理清单移送给环境执法部门，并配合做好证后监督检查。对于未按时限要求申领排污许可证的排污单位，应严厉查处其违法行为。对于存在超标排放、未批先建等违法行为的排污单位，应依据大气污染防治法、水污染防治法、环境影响评价法等相关规定进行处罚。对排污许可证给予整改过渡期的，应加强整改期内的环境监管，并根据整改完成情况及时作出进一步处理。对超过整改过渡期限、仍不符合许可条件的，依据法律法规规定，提出建议报经有批准权的人民政府批准责令停业、关闭。

（四）强化责任监督。我部将定期调度各地固定污染源清理整顿、2020 年排污许可证核发和登记排污信息工作进展，对未能按期完成工作任务的生态环境部门，对排查不彻底、工作不力的地区，将视情况进行通报、约谈、督办等，将问题较突出的地区纳入中央生态环保督察工作，对负有领导责任的党政领导干部实施问责。

联系人：环境影响评价与排放管理司　潘英姿、连军
电话：(010) 66556430，66556410

附件：1．固定污染源清理整顿行业和管理类别表
　　　2．2020 年纳入排污许可管理的行业和管理类别表

生态环境部办公厅
2019 年 12 月 20 日

附件 1

固定污染源清理整顿行业和管理类别表

序号	行业类别	重点管理	简化管理	登记管理	适用技术规范
1	牲畜饲养 031，家禽饲养 032	设有污水排放口的规模化畜禽养殖场、养殖小区（具体规模化标准按《畜禽规模养殖污染防治条例》执行）（生猪养殖除外）	/	无污水排放口的规模化畜禽养殖场、养殖小区，设有污水排放口的规模以下畜禽养殖场、养殖小区（生猪养殖除外）	畜禽养殖行业
2	制糖业 134	日加工糖料能力 1 000 吨及以上的原糖、成品糖或者精制糖生产	其他*	/	农副食品加工工业——制糖工业
3	屠宰及肉类加工 135	年屠宰生猪 10 万头及以上的，年屠宰肉牛 1 万头及以上的，年屠宰肉羊 15 万头及以上的，年屠宰禽类 1 000 万只及以上的	年屠宰生猪 2 万头及以上 10 万头以下的，年屠宰肉牛 0.2 万头及以上 1 万头以下的，年屠宰肉羊 2.5 万头及以上 15 万头以下的，年屠宰禽类 100 万只及以上 1 000 万只以下的，年加工肉禽类 2 万吨及以上的	其他*	农副食品加工工业——屠宰及肉类加工工业
4	其他农副食品加工 139	年加工能力 15 万吨玉米或者 1.5 万吨薯类及以上的淀粉生产或者年产 1 万吨及以上的淀粉制品生产，有发酵工艺的淀粉制品	除重点管理以外的年加工能力 1.5 万吨及以上玉米，0.1 万吨及以上薯类或豆类，4.5 万吨及以上小麦的淀粉生产，年产能 0.1 万吨及以上的淀粉制品生产（不含有发酵工艺的淀粉制品）	其他*	农副食品加工工业——淀粉工业
5	方便食品制造 143	/	米、面制品制造 1431*，速冻食品制造 1432*，方便面制造 1433*，其他方便食品制造 1439*，以上均不含手工制作、单纯混合或者分装的	其他*	食品制造工业——方便食品
6	其他食品制造 149	/	食品及饲料添加剂制造 1495*，不含手工制作、单纯混合或者分装的	其他*	食品与饲料添加剂制造工业

序号	行业类别	重点管理	简化管理	登记管理	适用技术规范
7	乳制品制造 144	年加工 20 万吨及以上的（不含单纯混合或者分装的）	年加工 20 万吨以下的（不含单纯混合或者分装的）*	单纯混合或者分装的*	食品制造工业——乳制品制造工业
8	调味品、发酵制品制造 146	有发酵工艺的味精、柠檬酸、赖氨酸、酵母制造，年产 2 万吨及以上且有发酵工艺的酱油、食醋制造	除重点管理以外的调味品、发酵制品制造（不含单纯混合或者分装的）*	单纯混合或者分装的*	食品制造工业——调味品、发酵制品制造
9	酒的制造 151	酒精制造 1511，有发酵工艺的年生产能力 5 000 千升及以上的白酒、啤酒、黄酒、葡萄酒、其他酒制造	有发酵工艺的年生产能力 5 000 千升以下的白酒、啤酒、黄酒、葡萄酒、其他酒制造*	其他*	酒、饮料制造工业
10	人造板制造 202	纳入重点排污单位名录的	除重点管理以外的胶合板制造 2021（年产 10 万立方米及以上的），纤维板制造 2022，刨花板制造 2023，其他人造板制造 2029（年产 10 万立方米及以上的）	其他*	人造板工业
11	木质家具制造 211，竹、藤家具制造 212，金属家具制造 213，塑料家具制造 214，其他家具制造 219	纳入重点排污单位名录的	除重点管理以外的年使用 10 吨及以上溶剂型涂料或者胶黏剂（含稀释剂、固化剂）的，年使用 20 吨及以上水性涂料或者胶黏剂的，有磷化表面处理工艺的	其他*	家具制造工业
12	纸浆制造 221	全部	/	/	造纸行业
13	精炼石油产品制造 251	原油加工及石油制品制造 2511，其他原油制造 2519，以上均不含单纯混合或者分装的	/	单纯混合或者分装的	石化工业
14	煤炭加工 252	炼焦 2521（焦炭生产）	/	/	炼焦化学工业
15	基础化学原料制造 261	有机化学原料制造 2614（乙烯、芳烃生产）	/	/	石化工业
16	肥料制造 262	氮肥制造 2621（不含单纯混合或者分装的）	氮肥制造 2621（单纯混合或者分装的）	/	化肥工业——氮肥
		磷肥制造 2622（不含单纯混合或者分装的）	/	磷肥制造 2622（单纯混合或者分装的）	磷肥、钾肥、复温钾肥、有机肥料及微生物肥料工业（其他）

序号	行业类别	重点管理	简化管理	登记管理	适用技术规范
17	农药制造 263	化学农药制造 2631（包含农药中间体，不含单纯混合或者分装的）	化学农药制造 2631（单纯混合或者分装的）	/	农药制造工业
18	合成材料制造 265	初级形态塑料及合成树脂制造 2651（聚氯乙烯生产）	/	/	聚氯乙烯工业
19	水泥、石灰和石膏制造 301	水泥（熟料）制造	水泥粉磨站	/	水泥工业
20	玻璃制造 304	平板玻璃制造 3041	/	/	玻璃工业——平板玻璃
21	陶瓷制品制造 307	卫生陶瓷制品制造 3072（年产 150 万件及以上的），日用陶瓷制品制造 3074（年产 250 万件及以上的）	/	卫生陶瓷制品制造 3072（年产 150 万件以下的），日用陶瓷制品制造 3074（年产 250 万件以下的）	陶瓷砖瓦工业
22	炼铁 311	含炼铁、烧结、球团等工序的生产	/	/	钢铁工业
23	炼钢 312	全部	/	/	
24	钢压延加工 313	年产 50 万吨及以上的冷轧	热轧及年产 50 万吨以下的冷轧	其他	
25	常用有色金属冶炼 321	铜、铅锌、镍钴、锡、锑、铝、镁、汞、钛等常用有色金属冶炼（含再生铜、再生铝和再生铅冶炼）	/	其他	有色金属工业
26	汽车整车制造 361	纳入重点排污单位名录的	除重点管理以外的汽车整车制造 361	其他	汽车制造业
27	汽车用发动机制造 362，改装汽车制造 363，低速汽车制造 364，电车制造 365，汽车车身、挂车制造 366，汽车零部件及配件制造 367	纳入重点排污单位名录的	除重点管理以外的年使用 10 吨及以上溶剂型涂料或者胶黏剂（含稀释剂、固化剂、清洗溶剂）的汽车用发动机制造 362，改装汽车制造 363，低速汽车制造 364，电车制造 365，汽车车身、挂车制造 366，汽车零部件及配件制造 367	其他	汽车制造业
28	电池制造 384	铅酸蓄电池制造 3843	锂离子电池制造 3841，镍氢电池制造 3842，锌锰电池制造 3844，其他电池制造 3849	/	电池工业

序号	行业类别	重点管理	简化管理	登记管理	适用技术规范
29	金属废料和碎屑加工处理421，非金属废料和碎屑加工处理422	废电池、废油、废轮胎加工处理	废弃电器电子产品、废机动车、废电机、废电线电缆、废塑料、废船、含水洗工艺的其他废料和碎屑加工处理	其他	废弃资源加工工业
30	电力生产441	火力发电4411，热电联产4412	/	/	火电行业
		生物质能发电4417（生活垃圾、污泥发电）	/	/	生活垃圾焚烧
31	热力生产和供应443	单台或者合计出力20吨/小时（14兆瓦）及以上的锅炉（不含电热锅炉）	单台且合计出力20吨/小时（14兆瓦）以下的锅炉（不含电热锅炉和单台且合计出力1吨/小时（0.7兆瓦）及以下的天然气锅炉）	单台且合计出力1吨/小时（0.7兆瓦）及以下的天然气锅炉	锅炉
32	污水处理及其再生利用462	工业废水集中处理场所，日处理能力2万吨及以上的城乡污水集中处理场所	日处理能力500吨及以上2万吨以下的城乡污水集中处理场所	日处理能力500吨以下的城乡污水集中处理场所	水处理（试行）
33	环境治理业772	专业从事危险废物贮存、利用、处理、处置（含焚烧发电）的，专业从事一般工业固体废物贮存、处置（含焚烧发电）的	/	/	工业固体废物 危险废物治理 危险废物焚烧

注：1. 行业类别代码引自《国民经济行业分类》（GB/T 4754—2017）。

2. 表格中标“*”号者，是指在工业建筑中生产的排污单位。工业建筑的定义参见《工程结构设计基本术语标准》（GB/T 50083—2014），是指提供生产用的各种建筑物，如车间、厂前区建筑、生活间、动力站、库房和运输设施等。

3. 表格中的电镀工序，是指电镀、化学镀、阳极氧化等生产工序。

4. 表格中涉及溶剂、涂料、油墨、胶黏剂等使用量的排污单位，其投运满三年的，使用量按照近三年年最大量确定；其投运满一年但不满三年的，使用量按投运期间年最大量确定；其未投运或者投运不满一年的，按照环境影响报告书（表）批准文件确定。投运日期为排污单位发生实际排污行为的日期。

5. 根据《中华人民共和国环境保护税法实施条例》，城乡污水集中处理场所，是指为社会公众提供生活污水处理服务的场所，不包括为工业园区、开发区等工业聚集区域内的排污单位提供污水处理服务的场所，以及排污单位自建自用的污水处理场所。

6. 造纸行业和火电行业排污许可证技术规范参见《关于开展火电、造纸和京津冀试点城市高架源排污许可证管理工作的通知》（环水体〔2016〕189号）。

7. 不适用行业技术规范的，可参照《排污许可证申请与核发技术规范 总则》（HJ 942—2018）执行。

8. 不包括位于生态环境法律法规禁止建设区域内的，或生产设施或产品属于产业政策立即淘汰类的排污单位。

附件2

2020年纳入排污许可管理的行业和管理类别表

序号	行业类别	重点管理	简化管理	登记管理	适用技术规范
1	牲畜饲养031	设有污水排放口的规模化生猪养殖场、养殖小区（具体规模化标准按《畜禽规模养殖污染防治条例》执行）	/	无污水排放口的规模化生猪养殖场、养殖小区，设有污水排放口的规模以下生猪养殖场、养殖小区	畜禽养殖行业
2	其他畜牧业039	/	/	设有污水排放口的养殖场、养殖小区	/
3	烟煤和无烟煤开采洗选061，褐煤开采洗选062，其他煤炭洗选069	涉及通用工序重点管理的	涉及通用工序简化管理的	其他*	参照相应通用工序技术规范或者总则
4	石油开采071，天然气开采072	涉及通用工序重点管理的	涉及通用工序简化管理的	其他*	参照相应通用工序技术规范或者总则
5	铁矿采选081，锰矿、铬矿采选082，其他黑色金属矿采选089	涉及通用工序重点管理的	涉及通用工序简化管理的	其他*	参照相应通用工序技术规范或者总则
6	常用有色金属矿采选091，贵金属矿采选092，稀有稀土金属矿采选093	涉及通用工序重点管理的	涉及通用工序简化管理的	其他*	参照相应通用工序技术规范或者总则
7	土砂石开采101，化学矿开采102，采盐103，石棉及其他非金属矿采选109	涉及通用工序重点管理的	涉及通用工序简化管理的	其他*	参照相应通用工序技术规范或者总则
8	其他采矿业120	涉及通用工序重点管理的	涉及通用工序简化管理的	其他*	参照相应通用工序技术规范或者总则
9	谷物磨制131	/	/	谷物磨制131*	/
10	饲料加工132	/	饲料加工132（有发酵工艺的）*	饲料加工132（无发酵工艺的）*	农副食品加工工业——饲料加工

序号	行业类别	重点管理	简化管理	登记管理	适用技术规范
11	植物油加工 133	/	除单纯混合或者分装以外的*	单纯混合或者分装的*	植物油加工工业
12	水产品加工 136	/	年加工 10 万吨及以上的水产品冷冻加工 1361，鱼糜制品及水产品干腌制加工 1362，鱼油提取及制品制造 1363，其他水产品加工 1369	其他*	农副食品加工工业——水产品加工工业
13	蔬菜、菌类、水果和坚果加工 137	涉及通用工序重点管理的	涉及通用工序简化管理的	其他*	参照相应通用工序技术规范或者总则
14	焙烤食品制造 141，糖果、巧克力及蜜饯制造 142，罐头食品制造 145	涉及通用工序重点管理的	涉及通用工序简化管理的	其他*	参照相应通用工序技术规范或者总则
15	饮料制造 152	/	有发酵工艺或者原汁生产的*	其他*	酒、饮料制造工业
16	精制茶加工 153	涉及通用工序重点管理的	涉及通用工序简化管理的	其他*	参照相应通用工序技术规范或者总则
17	烟叶复烤 161，卷烟制造 162，其他烟草制品制造 169	涉及通用工序重点管理的	涉及通用工序简化管理的	其他*	参照相应通用工序技术规范或者总则
18	棉纺织及印染精加工 171，毛纺织及染整精加工 172，麻纺织及染整精加工 173，丝绢纺织及印染精加工 174，化纤织造及印染精加工 175	有前处理、染色、印花、洗毛、麻脱胶、缫丝或者喷水织造工序的	仅含整理工序的	其他*	纺织印染工业
19	针织或钩针编织物及其制品制造 176，家用纺织制成品制造 177，产业用纺织制成品制造 178	涉及通用工序重点管理的	涉及通用工序简化管理的	其他*	参照相应通用工序技术规范或者总则
20	机织服装制造 181，服饰制造 183	有水洗工序、湿法印花、染色工艺的	/	其他*	纺织印染工业

序号	行业类别	重点管理	简化管理	登记管理	适用技术规范
21	针织或钩针编织服装制造 182	涉及通用工序重点管理的	涉及通用工序简化管理的	其他*	参照相应通用工序技术规范或者总则
22	皮革鞣制加工 191，毛皮鞣制及制品加工 193	有鞣制工序的	皮革鞣制加工 191（无鞣制工序的）	毛皮鞣制及制品加工 193（无鞣制工序的）	制革及毛皮加工工业——制革工业 制革及毛皮加工工业——毛皮加工工业
23	皮革制品制造 192	涉及通用工序重点管理的	涉及通用工序简化管理的	其他*	参照相应通用工序技术规范或者总则
24	羽毛（绒）加工及制品制造 194	羽毛（绒）加工 1941（有水洗工序的）	/	羽毛（绒）加工 1941（无水洗工序的）*，羽毛（绒）制品制造 1942*	羽毛（绒）加工工业
25	制鞋业 195	纳入重点排污单位名录的	除重点管理以外的年使用 10 吨及以上溶剂型胶黏剂或者 3 吨及以上溶剂型处理剂的	其他*	制鞋
26	木材加工 201，木质制品制造 203，竹、藤、棕、草等制品制造 204	涉及通用工序重点管理的	涉及通用工序简化管理的	其他*	参照相应通用工序技术规范或者总则
27	造纸 222	机制纸及纸板制造 2221，手工纸制造 2222	有工业废水和废气排放的加工纸制造 2223	除简化管理外的加工纸制造 2223*	造纸
28	纸制品制造 223	/	有工业废水或者废气排放的	其他*	造纸
29	印刷 231	纳入重点排污单位名录的	除重点管理以外的年使用 80 吨及以上溶剂型油墨、涂料或者 10 吨及以上溶剂型稀释剂的包装装潢印刷	其他*	印刷工业
30	装订及印刷相关服务 232，记录媒介复制 233	涉及通用工序重点管理的	涉及通用工序简化管理的	其他*	参照相应通用工序技术规范或者总则

序号	行业类别	重点管理	简化管理	登记管理	适用技术规范
31	文教办公用品制造241，乐器制造242，工艺美术及礼仪用品制造243，体育用品制造244，玩具制造245，游艺器材及娱乐用品制造246	涉及通用工序重点管理的	涉及通用工序简化管理的	其他*	参照相应通用工序技术规范或者总则
32	煤炭加工252	炼焦2521（焦炭生产除外），煤制合成气生产2522，煤制液体燃料生产2523	/	煤制品制造2524，其他煤炭加工2529	煤炭加工——合成气和液体燃料生产
33	生物质燃料加工254	涉及通用工序重点管理的	涉及通用工序简化管理的	其他	参照相应通用工序技术规范或者总则
34	基础化学原料制造261	无机酸制造2611，无机碱制造2612，无机盐制造2613，有机化学原料制造2614（乙烯、芳烃生产除外），其他基础化学原料制造2619（非金属无机氧化物、金属氧化物、金属过氧化物、金属超氧化物、硫黄、磷、硅、精硅、硒、砷、硼、碲），以上均不含单纯混合或者分装的	单纯混合或者分装的无机酸制造2611，无机碱制造2612，无机盐制造2613，有机化学原料制造2614，其他基础化学原料制造2619（非金属无机氧化物、金属氧化物、金属过氧化物、金属超氧化物、硫黄、磷、硅、精硅、硒、砷、硼、碲）	其他基础化学原料制造2619（除重点管理、简化管理以外的）	无机化学工业 石化工业
35	肥料制造262	复混肥料制造2624，不含单纯混合或者分装的	钾肥制造2623，有机肥料及微生物肥料制造2625，其他肥料制造2629，以上均不含单纯混合或者分装的	其他（不含氮肥、磷肥制造）	磷肥、钾肥、复混肥料、有机肥料及微生物肥料工业化肥（其他）
36	农药制造263	生物化学农药及微生物农药制造2632（有发酵工艺的）	生物化学农药及微生物农药制造2632（无发酵工艺的）	/	农药制造工业
37	涂料、油墨、颜料及类似产品制造264	涂料制造2641，油墨及类似产品制造2642，工业颜料制造2643，工艺美术颜料制造2644，染料制造2645，以上均不含单纯混合或者分装的	单纯混合或者分装的涂料制造2641，油墨及类似产品制造2642，密封用填料及类似品制造2646（不含单纯混合或者分装的）	其他	涂料、油墨、颜料及类似产品制造业

序号	行业类别	重点管理	简化管理	登记管理	适用技术规范
38	合成材料制造 265	初级形态塑料及合成树脂制造 2651，合成橡胶制造 2652，合成纤维单（聚合）体制造 2653，其他合成材料制造 2659（陶瓷纤维等特种纤维及其增强的复合材料的制造）	/	其他合成材料制造 2659（除陶瓷纤维等特种纤维及其增强的复合材料的制造以外的）	石化工业
39	专用化学产品制造 266	化学试剂和助剂制造 2661，专项化学用品制造 2662，林产化学产品制造 2663（有热解或者水解工艺的），以上均不含单纯混合或者分装的	林产化学产品制造 2663（无热解或者水解工艺的），文化用信息化学品制造 2664，医学生产用信息化学品制造 2665，环境污染处理专用药剂材料制造 2666，动物胶制造 2667，其他专用化学产品制造 2669，以上均不含单纯混合或者分装的	单纯混合或者分装的	专用化学产品制造工业
40	炸药、火工及焰火产品制造 267	涉及通用工序重点管理的	涉及通用工序简化管理的	其他	参照相应通用工序技术规范或者总则
41	日用化学产品制造 268	肥皂及洗涤剂制造 2681（以油脂为原料的肥皂或者皂粒制造），香料、香精制造 2684（香料制造），以上均不含单纯混合或者分装的	肥皂及洗涤剂制造 2681（采用高塔喷粉工艺的合成洗衣粉制造），香料、香精制造 2684（采用热反应工艺的香精制造）	肥皂及洗涤剂制造 2681（除重点管理、简化管理以外的），化妆品制造 2682，口腔清洁用品制造 2683，香料、香精制造 2684（除重点管理、简化管理以外的），其他日用化学产品制造 2689	日用化学产品制造工业
42	化学药品原料药制造 271	全部	/	/	化学药品制剂
43	化学药品制剂制造 272	化学药品制剂制造 2720（不含单纯混合或者分装的）	/	单纯混合或者分装的	化学药品制剂

序号	行业类别	重点管理	简化管理	登记管理	适用技术规范
44	中药饮片加工 273，药用辅料及包装材料制造 278	涉及通用工序重点管理的	涉及通用工序简化管理的	其他*	参照相应通用工序技术规范或者总则
45	中成药生产 274	/	有提炼工艺的	其他*	中成药
46	兽用药品制造 275	兽用药品制造 2750（不含单纯混合或者分装的）	/	单纯混合或者分装的	制药工业——原料药制造 化学药品制剂
47	生物药品制品制造 276	生物药品制造 2761，基因工程药物和疫苗制造 2762，以上均不含单纯混合或者分装的	/	单纯混合或者分装的	生物药
48	卫生材料及医药用品制造 277	/	/	卫生材料及医药用品制造 2770	/
49	纤维素纤维原料及纤维制造 281，合成纤维制造 282，生物基材料制造 283	化纤浆粕制造 2811，人造纤维（纤维素纤维）制造 2812，锦纶纤维制造 2821，涤纶纤维制造 2822，腈纶纤维制造 2823，维纶纤维制造 2824，氨纶纤维制造 2826，其他合成纤维制造 2829，生物基化学纤维制造 2831（莱赛尔纤维制造）	/	丙纶纤维制造 2825，生物基化学纤维制造 2831（除莱赛尔纤维制造以外的），生物基、淀粉基新材料制造 2832	化学纤维制造业
50	橡胶制品业 291	纳入重点排污单位名录的	除重点管理以外的轮胎制造 2911，年耗胶量 2 000 吨及以上的橡胶板、管、带制造 2912，橡胶零件制造 2913，再生橡胶制造 2914，日用及医用橡胶制品制造 2915，运动场地用塑胶制造 2916，其他橡胶制品制造 2919	其他	橡胶和塑料制品工业

序号	行业类别	重点管理	简化管理	登记管理	适用技术规范
51	塑料制品业 292	塑料人造革、合成革制造 2925	年产 1 万吨及以上的泡沫塑料制造 2924，年产 1 万吨及以上涉及改性的塑料薄膜制造 2921，塑料板、管、型材制造 2922，塑料丝、绳和编织品制造 2923，塑料包装箱及容器制造 2926，日用塑料品制造 2927，人造草坪制造 2928，塑料零件及其他塑料制品制造 2929	其他	橡胶和塑料制品工业
52	水泥、石灰和石膏制造 301，石膏、水泥制品及类似制品制造 302	/	石灰和石膏制造 3012	水泥制品制造 3021，砼结构构件制造 3022，石棉水泥制品制造 3023，轻质建筑材料制造 3024，其他水泥类似制品制造 3029	水泥工业 参照工业炉窑（石灰和石膏制造）
53	砖瓦、石材等建筑材料制造 303	黏土砖瓦及建筑砌块制造 3031（以煤或者煤矸石为燃料的烧结砖瓦）	黏土砖瓦及建筑砌块制造 3031（除以煤或者煤矸石为燃料的烧结砖瓦以外的），建筑用石加工 3032，防水建筑材料制造 3033，隔热和隔音材料制造 3034，其他建筑材料制造 3039，以上均不含仅切割加工的	仅切割加工的	陶瓷砖瓦工业
54	玻璃制造 304	/	特种玻璃制造 3042	其他玻璃制造 3049	参照工业炉窑
55	玻璃制品制造 305	以煤、石油焦、油和发生炉煤气为燃料的	以天然气为燃料的	其他	参照工业炉窑
56	玻璃纤维和玻璃纤维增强塑料制品制造 306	以煤、石油焦、油和发生炉煤气为燃料的	以天然气为燃料的	其他	参照工业炉窑

序号	行业类别	重点管理	简化管理	登记管理	适用技术规范
57	陶瓷制品制造 307	建筑陶瓷制品制造 3071（以煤、石油焦、油和发生炉煤气为燃料的）	建筑陶瓷制品制造 3071（以天然气为燃料的）	建筑陶瓷制品制造 3071（除重点管理、简化管理以外的），特种陶瓷制品制造 3073，陈设艺术陶瓷制造 3075，园艺陶瓷制造 3076，其他陶瓷制品制造 3079	陶瓷砖瓦工业
58	耐火材料制品制造 308	石棉制品制造 3081	以煤、石油焦、油和发生炉煤气为燃料的云母制品制造 3082，耐火陶瓷制品及其他耐火材料制造 3089	除简化管理以外的云母制品制造 3082，耐火陶瓷制品及其他耐火材料制造 3089	参照工业炉窑
59	石墨及其他非金属矿物制品制造 309	石墨及碳素制品制造 3091（石墨制品、碳制品、碳素新材料），其他非金属矿物制品制造 3099（多晶硅棒）	石墨及碳素制品制造 3091（除石墨制品、碳制品、碳素新材料以外的），其他非金属矿物制品制造 3099（单晶硅棒，沥青混合物）	其他非金属矿物制品制造 3099（除重点管理、简化管理以外的）	石墨及其他非金属矿物制品制造
60	铁合金冶炼 314	铁合金冶炼 3140	/	/	铁合金冶炼工业
61	贵金属冶炼 322	金冶炼 3221，银冶炼 3222，其他贵金属冶炼 3229	/	/	参照工业炉窑
62	稀有稀土金属冶炼 323	钨钼冶炼 3231，稀土金属冶炼 3232，其他稀有金属冶炼 3239	/	/	稀有稀土金属冶炼
63	有色金属合金制造 324	铅基合金制造，年产 2 万吨及以上的其他有色金属合金制造	其他	/	参照工业炉窑
64	有色金属压延加工 325	/	有轧制或者退火工序的	其他	参照工业炉窑

序号	行业类别	重点管理	简化管理	登记管理	适用技术规范
65	结构性金属制品制造331，金属工具制造332，集装箱及金属包装容器制造333，金属丝绳及其制品制造334，建筑、安全用金属制品制造335，搪瓷制品制造337，金属制日用品制造338，铸造及其他金属制品制造339（除黑色金属铸造3391、有色金属铸造3392）	涉及通用工序重点管理的	涉及通用工序简化管理的	其他	参照相应通用工序技术规范或者总则
66	金属表面处理及热处理加工336	纳入重点排污单位名录的，专业电镀企业（含电镀园区中电镀企业），专门处理电镀废水的集中处理设施，有电镀工序的，有含铬钝化工序的	除重点管理以外的有酸洗、抛光（电解抛光和化学抛光）、热浸镀（溶剂法）、淬火或者无铬钝化等工序的，年使用10吨及以上有机溶剂的	其他	电镀工业
67	铸造及其他金属制品制造339	黑色金属铸造3391（使用冲天炉的），有色金属铸造3392（生产铅基及铅青铜铸件的）	除重点管理以外的黑色金属铸造3391，有色金属铸造3392	/	金属铸造工业
68	锅炉及原动设备制造341，金属加工机械制造342，物料搬运设备制造343，泵、阀门、压缩机及类似机械制造344，轴承、齿轮和传动部件制造345，烘炉、风机、包装等设备制造346，文化、办公用机械制造347，通用零部件制造348，其他通用设备制造业349	涉及通用工序重点管理的	涉及通用工序简化管理的	其他	参照相应通用工序技术规范或者总则

序号	行业类别	重点管理	简化管理	登记管理	适用技术规范
69	采矿、冶金、建筑专用设备制造 351，化工、木材、非金属加工专用设备制造 352，食品、饮料、烟草及饲料生产专用设备制造 353，印刷、制药、日化及日用品生产专用设备制造 354，纺织、服装和皮革加工专用设备制造 355，电子和电工机械专用设备制造 356，农、林、牧、渔专用机械制造 357，医疗仪器设备及器械制造 358，环保、邮政、社会公共服务及其他专用设备制造 359	涉及通用工序重点管理的	涉及通用工序简化管理的	其他	参照相应通用工序技术规范或者总则
70	铁路运输设备制造 371，城市轨道交通设备制造 372，船舶及相关装置制造 373，航空、航天器及设备制造 374，摩托车制造 375，自行车和残疾人座车制造 376，助动车制造 377，非公路休闲车及零配件制造 378，潜水救捞及其他未列明运输设备制造 379	纳入重点排污单位名录的	除重点管理以外的年使用 10 吨及以上溶剂型涂料或者胶黏剂（含稀释剂、固化剂、清洗溶剂）的	其他	铁路、船舶、航空航天和其他运输设备制造业
71	电机制造 381，输配电及控制设备制造 382，电线、电缆、光缆及电工器材制造 383，家用电力器具制造 385，非电力家用器具制造 386，照明器具制造 387，其他电气机械及器材制造 389	涉及通用工序重点管理的	涉及通用工序简化管理的	其他	参照相应通用工序技术规范或者总则

序号	行业类别	重点管理	简化管理	登记管理	适用技术规范
72	计算机制造 391，电子器件制造 397，电子元件及电子专用材料制造 398，其他电子设备制造 399	纳入重点排污单位名录的	除重点管理以外的年使用 10 吨及以上溶剂型涂料（含稀释剂）的	其他	电子工业
73	通信设备制造 392，广播电视设备制造 393，雷达及配套设备制造 394，非专业视听设备制造 395，智能消费设备制造 396	涉及通用工序重点管理的	涉及通用工序简化管理的	其他	参照相应通用工序技术规范或者总则
74	通用仪器仪表制造 401，专用仪器仪表制造 402，钟表与计时仪器制造 403，光学仪器制造 404，衡器制造 405，其他仪器仪表制造业 409	涉及通用工序重点管理的	涉及通用工序简化管理的	其他	参照相应通用工序技术规范或者总则
75	日用杂品制造 411，其他未列明制造业 419	涉及通用工序重点管理的	涉及通用工序简化管理的	其他*	参照相应通用工序技术规范或者总则
76	金属制品修理 431，通用设备修理 432，专用设备修理 433，铁路、船舶、航空航天等运输设备修理 434，电气设备修理 435，仪器仪表修理 436，其他机械和设备修理业 439	涉及通用工序重点管理的	涉及通用工序简化管理的	其他*	参照相应通用工序技术规范或者总则
77	电力生产 441	/	生物质能发电 4417（利用农林生物质、沼气发电、垃圾填埋气发电）	/	参照总则
78	燃气生产和供应业 451，生物质燃气生产和供应业 452	涉及通用工序重点管理的	涉及通用工序简化管理的	其他	参照相应通用工序技术规范或者总则
79	自来水生产和供应 461，海水淡化处理 463，其他水的处理、利用与分配 469	涉及通用工序重点管理的	涉及通用工序简化管理的	其他	参照相应通用工序技术规范或者总则

序号	行业类别	重点管理	简化管理	登记管理	适用技术规范
80	汽车、摩托车、零配件和燃料及其他动力销售 526	/	位于城市建成区的加油站	其他加油站	储油库、加油站
81	水上运输辅助活动 553	/	单个泊位 1 000 吨级及以上的内河，单个泊位 1 万吨级及以上的沿海专业化干散货码头（煤炭、矿石），通用散货码头	其他货运码头 5532	码头
82	危险品仓储 594	总容量10万立方米及以上的油库（含油品码头后方配套油库，不含储备油库）	总容量 1 万立方米及以上 10 万立方米以下的油库（含油品码头后方配套油库，不含储备油库）	其他危险品仓储（含油品码头后方配套油库，不含储备油库）	储油库、加油站
83	环境卫生管理 782	生活垃圾（含餐厨废弃物）、生活污水处理污泥集中焚烧、填埋	生活垃圾（含餐厨废弃物），生活污水处理污泥集中处理（除焚烧、填埋以外的），日处理能力 50 吨及以上的城镇粪便集中处理，日转运能力 150 吨及以上的垃圾转运站	日处理能力 50 吨以下的城镇粪便集中处理，日转运能力 150 吨以下的垃圾转运站	环境卫生管理业
84	殡葬服务 808	/	火葬场	/	参照总则
85	汽车、摩托车等修理与维护 811	/	营业面积 5 000 平方米及以上且有涂装工序的	/	参照总则
86	医院 841，专业公共卫生服务 843	床位 500 张及以上的（不含专科医院 8415 中的精神病、康复和运动康复医院以及疗养院 8416）	床位 100 张及以上的专科医院 8415（精神病、康复和运动康复医院）以及疗养院 8416，床位 100 张及以上 500 张以下的综合医院 8411，中医医院 8412，中西医结合医院 8413，民族医院 8414，专科医院 8415（不含精神病、康复和运动康复医院）	疾病预防控制中心 8431，床位 100 张以下的综合医院 8411，中医医院 8412，中西医结合医院 8413，民族医院 8414，专科医院 8415，疗养院 8416	医疗机构

序号	行业类别	重点管理	简化管理	登记管理	适用技术规范
87	除 1-107 外的其他行业	涉及通用工序重点管理的，存在 2019 年版名录第七条规定情形之一的	涉及通用工序简化管理的	涉及通用工序登记管理的	参照相应通用工序技术规范或者总则
88	锅炉	纳入重点排污单位名录的	除纳入重点排污单位名录的，单台或者合计出力 20 吨/小时（14 兆瓦）及以上的锅炉（不含电热锅炉）	除纳入重点排污单位名录的，单台且合计出力 20 吨/小时（14 兆瓦）以下的锅炉（不含电热锅炉）	锅炉
89	工业炉窑	纳入重点排污单位名录的	除纳入重点排污单位名录的，除以天然气或者电为能源的加热炉、热处理炉、干燥炉（窑）以外的其他工业炉窑	除纳入重点排污单位名录的，以天然气或者电为能源的加热炉、热处理炉或者干燥炉（窑）	工业炉窑
90	表面处理	纳入重点排污单位名录的	除纳入重点排污单位名录的，有电镀工序、酸洗、抛光（电解抛光和化学抛光）、热浸镀（溶剂法）、淬火或者钝化等工序的，年使用 10 吨及以上有机溶剂的	其他	电镀工业 参照铁路、船舶、航空航天和其他运输设备制造业或者总则
91	水处理	纳入重点排污单位名录的	除纳入重点排污单位名录的，日处理能力 2 万吨及以上的水处理设施	除纳入重点排污单位名录的，日处理能力 500 吨及以上 2 万吨以下的水处理设施	水处理（通用工序）

注：1. 行业类别代码引自《国民经济行业分类》（GB/T 4754—2017）。

2. 表格中标“*”号者，是指在工业建筑中生产的排污单位。工业建筑的定义参见《工程结构设计基本术语标准》（GB/T 50083—2014），是指提供生产用的各种建筑物，如车间、厂前区建筑、生活间、动力站、库房和运输设施等。

3. 表格中的电镀工序，是指电镀、化学镀、阳极氧化等生产工序。

4. 表格中涉及溶剂、涂料、油墨、胶黏剂等使用量的排污单位，其投运满三年的，使用量按照近三年年最大量确定；其投运满一年但不满三年的，使用量按投运期间年最大量确定；其未投运或者投运不满一年的，按照环境影响报告书（表）批准文件确定。投运日期为排污单位发生实际排污行为的日期。

5. 根据《中华人民共和国环境保护税法实施条例》，城乡污水集中处理场所，是指为社会公众提供生活污水处理服务的场所，不包括为工业园区、开发区等工业聚集区域内的排污单位提供污水处理服务的场所，以及排污单位自建自用的污水处理场所。

6. 造纸行业排污许可证技术规范参见《关于开展火电、造纸和京津冀试点城市高架源排污许可证管理工作的通知》（环水体〔2016〕189 号）。

7. 不适用行业技术规范的，可参照《排污许可证申请与核发技术规范 总则》（HJ 942—2018）执行。

8. 不包括位于生态环境法律法规禁止建设区域内的，或生产设施或产品属于产业政策立即淘汰类的排污单位。

（二）政策解读

建立控制污染物排放许可制 为改善生态环境质量提供新支撑①

原生态环境部部长　陈吉宁

党的十八大以来，以习近平同志为核心的党中央把生态文明建设和环境保护摆上更加重要的战略位置，着眼于落实地方党委政府环境保护责任、企事业排污单位污染治理主体责任这两条主线，全面深化改革，实行最严格的环境保护制度，着力推动环境质量改善。中央《关于全面深化改革若干重大问题的决定》《生态文明体制改革总体方案》《国民经济和社会发展第十三个五年规划纲要》等明确提出要改革环境治理基础制度，建立和完善覆盖所有固定污染源的企事业单位控制污染物排放许可制。

近日，国务院办公厅印发《控制污染物排放许可制实施方案》（以下简称《方案》），对完善控制污染物排放许可制度、实施企事业单位排污许可证管理作出总体部署和系统安排，是全面深化生态环境领域改革、推进环境治理体系和治理能力现代化的重要内容，是加强生态环境保护工作、改善生态环境质量的有力举措。全面落实《方案》，改革完善和实施好控制污染物排放许可制，使之成为固定污染源环境管理的核心制度，有利于全面落实排污者主体责任，有效控制污染物排放，持续提升环境治理能力和水平，加快改善生态环境质量。

坚持问题导向，推动落实企事业排污单位治污主体责任，实现污染源全面达标排放，严格控制污染物排放。企事业排污单位是我国污染物排放的主要来源之一，控制和减少企事业单位排污，对于降低污染物排放总量至关重要。长期以来，一些排污单位积极主动治污的主体责任意识淡薄，偷排、漏排以及超标排放等违法违规问题时有发生，直接导致一些地区生态环境质量恶化。实行最严格的环境保护制度，必须紧紧扭住企事业排污单位排污行为不放松，强化源头严防、过程严管、后果严惩。改革后的排污许可证是每个排污单位必须持有的“身份证”，是企事业单位生产运行期排污行为的唯一行政许可，是排污单位守法、执法单位执法、社会监督护法的基本依据。按照方案要求，企事业排污单位应当及时申领排污许可证，向社会公开申请内容，承诺按许可证规定排污并严格

① 本文发表于2016年11月22日《经济日报》第14版：绿周刊。

执行，同时加强自我监测、自我公开，并自觉接受监督，排放情况与排污许可证要求不符的，及时向环保部门报告。要通过排污许可证实施，建立从过程到结果的完整守法链条，推动企事业单位从“要我守法”向“我要守法”转变，全流程、多环节促进企事业排污单位改进治理和管理水平，主动减少污染物排放。

坚持目标指引，改革以行政区为主的总量控制制度，建立企事业排污单位污染物排放总量控制，更好地促进环境质量改善。排污许可是促进总量控制和质量改善紧密关联、有效协同的关键环节。区域性总量控制真正转型到服务于环境质量改善这一核心，必须通过企事业排污单位精细化的总量控制和许可要求来实现。改革完善控制污染物排放许可制，将流域控制单元、城市的环境质量改善要求落实到企事业单位，通过差别化和精细化的排污许可管理，改变以往单纯以行政区为单元、自上而下层层分解污染物排放总量指标的方式，逐步实现由行政区污染物排放总量控制向企事业单位污染物排放总量控制转变，控制的污染物种类逐步扩大到影响环境质量的污染物，范围逐步统一到固定污染源。环境质量不达标地区要对企事业单位排放污染物实施更加严格的管理和控制，做到“一厂一策”，排污许可证周期性换发要与环境质量限期达标规划相衔接，推动企业加快转型升级，提高资源利用效率和污染控制水平。

坚持系统思维，逐步整合、衔接固定源环境管理相关制度，构建固定污染源环境管理核心制度。改革开放以来，我国环境管理先后建立了排污收费、环境影响评价、“三同时”、排污申报与许可、总量控制等一系列制度，在防治污染方面发挥了重要作用。但从固定污染源管理来看，制度衔接不够，相互协同不好，管理效能不高，没有实现体系化、联动化、链条化。控制污染物排放许可制能否实用、管用、好用，关键在于整合衔接固定源环境管理的相关制度，使之精简合理、有机衔接，实现分类管理、一企一证，并与证后监管与处罚一体推动，使这项制度真正成为固定源环境管理的核心制度。一要衔接环评制度，在时间节点、污染排放审批内容等方面相衔接，实现项目全周期监管要求统一。二要整合总量控制制度，实现排污许可与企事业单位总量控制一体化管理，将企事业单位总量控制上升为法定义务。三要以实际排放数据为纽带，衔接污染源监测、排污收费、环境统计等制度，从根本上解决多套数据的问题。通过精简、整合和衔接，以排污许可证为核心和基础，明确各方责任，制定配套政策，改革推动固定源环境管理体系的重构。

坚持依法行政，严格依照排污许可证规定，规范监管执法行为，提升环境管理效力。排污许可证既是企事业单位的守法文书，也是环保部门的执法依据。依证监管是排污许可证实施到位的关键环节。环保部门对企事业单位排污行为的监管执法必须统一到排污许可证执行上，重点聚焦企事业单位许可证执行情况，核实企事业单位排放数据和执行报告的真实性，严厉打击无证排污和不按证排污的违法行为。通过排污许可证，既明确了企业的守法要求，也划定了环保部门的执法边界，给企业明确稳定的污染排放管控要求和预期，推动形成公平规范的执法守法秩序。

建立控制污染物排放许可制的目标已经明确，路径已经清晰。要抓紧制定工作计划，对固定污染源实施全过程管理和多污染物协同控制，实现系统化、科学化、法治化、精细化、信息化的“一证式”管理。当前，重点抓好两方面工作：

一是规范有序发放排污许可证，逐步推进排污许可证全覆盖。进一步完善法律法规，健全技术支撑体系，加大宣传培训力度。按照国家统一要求，率先在火电、造纸行业核发企业排污许可证，2017 年完成《水污染防治行动计划》和《大气污染防治行动计划》重点行业及产能过剩行业企业排污许可证核发，2020 年全国基本完成排污许可证核发。各地要制定实施计划，明确发放权限、程序和受理时间等相关工作要求，并向社会公布。环保部门要建立和完善审核程序和技术要求，对符合要求的企事业单位及时核发排污许可证，对存在疑问的开展现场核查，指导企事业单位及时申领，做到应发尽发。现有排污许可证要按方案要求及时进行规范。

二是构建统一信息平台，加大信息公开力度。建设统一的固定污染源管理信息系统，实现各级联网、数据集成、信息共享、社会公开，所有许可证的申请、核发、执法等管理纳入信息平台。建立企业环境守法和诚信信息共享机制，强化排污许可证的信用约束。环保部门建立信息通报制度，对信用低、违规情况多的企业设立“黑名单”，联合发改、工信、工商、税务、金融等部门共同惩治“黑名单”企业。设立企业污染物排放信息查询和反馈窗口，畅通公众查询和反馈排污单位污染物排放信息的渠道，树立企业环境保护主体责任意识。强化地方党委政府履行环境质量改善主体责任意识，引导社会各界、公众、媒体共同关注和监督企业排污行为，形成政府依法监管、企业依证守法、社会监督护法的良好氛围。

柱立则墙固，梁横则屋成。建立控制污染物排放许可制涉及面广、改革任务重，要有序有力统筹推进，将控制污染物排放许可制建设成为固定源环境管理的核心制度，建立系统化管理机制，实现对企业环境行为的“一证式”管理，有效控制和减少污染物排放，持续推动生态环境质量改善。

持续推进排污许可制改革　提升环境监管效能[①]

原生态环境部部长　李干杰

党的十九届四中全会审议通过的《中共中央关于坚持和完善中国特色社会主义制度、推进国家治理体系和治理能力现代化若干重大问题的决定》明确提出，构建以排污许可制为核心的固定污染源监管制度体系。党中央把排污许可制定位为固定污染源环境管理核心制度，凸显了这项制度的极端重要性，是坚持和完善生态文明制度体系、推进环境治理体系和治理能力现代化的重要内容，是落实企事业单位治污主体责任、推动生态环境质量改善的有力举措，同时也有利于整合衔接固定污染源环境管理相关制度、减轻企事业单位负担，给企业明确稳定的污染排放管控要求和预期、推动形成公平规范的环境执法守法秩序。

全国生态环境系统认真落实党中央、国务院决策部署，按照“先试点、后推开，先发证、后到位”的总要求，积极推动排污许可制度改革，对固定污染源实施“一证式”管理。目前全国已核发排污许可证12万多张，管控废气排放口30多万个、废水排放口7万多个。生态环境部发布《排污许可管理办法（试行）》《固定污染源排污许可分类管理名录》和50多项排污许可证申请与核发技术规范，组织开展8省市24个行业7.7万个固定污染源清理整顿试点，对39个重点城市10.7万家企业排污许可证发放和治污设施建设情况进行专项检查。建成全国统一的排污许可管理信息平台，实现“同一平台申请核发、同一平台监管执法、同一平台执行公开”。随着改革任务逐项落地，“一证式”管理理念逐步深入人心，排污许可制度的先进性和生命力正在不断显现。但总体来看，排污许可证尚未覆盖所有固定污染源，与其他环境管理制度的衔接仍待加强，法律法规有关责任规定还不健全，按证监管工作机制尚未建立，其管理效能有待进一步发挥。

当前和今后一段时期，各级生态环境部门要切实把思想和行动统一到党的十九届四中全会精神上来，持续推进排污许可制度改革，有效控制污染物排放，不断提升环境治理能力和水平。

一是实现固定污染源全覆盖。开展全国固定污染源清理整顿，对暂不能达到许可条

① 本文发表于2020年1月11日《经济日报》第9版：生态环保。

件的企业开展帮扶、督促整改，实现“核发一个行业、清理一个行业、规范一个行业、达标一个行业”。修订《固定污染源排污许可分类管理名录》，增加登记管理类，实现行业全覆盖。依法将固体废物、噪声逐步纳入排污许可管理，强化与温室气体协同管理，实现环境要素全覆盖。逐步将入河入海排污口、海洋污染源等纳入排污许可管理，实现陆域、流域、海域全覆盖。

二是实施差别化精细化管理。根据排污单位污染物产生量、排放量及环境影响程度大小，科学分类管理。研究构建基于区域环境质量的许可排放量核定方法，对重点区域和一般区域、达标区域和非达标区域、重点行业和非重点行业分类施策，实现精准减排。结合国家、区域、流域、行业管理需求，进一步统一规范许可事项和许可管理要求，按“生产设施—治污设施—排放口”工序关系优化简化排污许可证内容。以企业实际排放量数据为基础确定重污染天气期间“一厂一策”应急减排要求，纳入排污许可证。

三是深度衔接融合生态环境制度。深入开展与环境影响评价制度的衔接，推动形成环评与排污许可“一个名录、一套标准、一张表单、一个平台、一套数据”。改革总量控制制度，以许可排放量作为固定污染源总量控制指标，以许可证执行报告中的实际排放量考核固定污染源总量控制指标完成情况。优化环境统计制度，以排污许可数据作为固定污染源环境统计的主要来源。与环境保护税交换共享企事业单位实际排放数据和纳税申报数据，引导企事业单位按证排污并诚信纳税。打通有效支撑“环评—许可—执法”的技术规范体系，统一污染物排放量核算方法，推动固定污染源排放数据的真实统一。

四是落实生态环境保护责任。推动出台《排污许可管理条例》，明确排污许可作为生产运营期间唯一行政许可的核心地位。将排污许可制执行情况纳入中央生态环境保护督察、强化监督定点帮扶、生态环境保护考核等，压实地方党委、政府责任，强化制度实施的硬约束。建立企业环境守法和诚信信息共享机制，强化排污许可证的信用约束。在排污许可证中明确排污单位的污染物排放控制措施和环境管理要求，推动企事业单位建立环境管理台账，按规定开展自行监测，定期上报执行报告，定期开展信息公开，自觉接受监督检查。

五是严格依证监管执法。将排污许可证执法检查纳入年度执法计划，按照“双随机、一公开”要求，围绕排污许可证开展固定污染源的“一证式”监管执法，统一执法尺度、公开执法信息、宣传执法情况、推动移动执法试点。规范依证执法工作内容，重点检查许可事项和管理要求落实情况，通过执法监测、核查台账、执行报告等手段，判定排污单位合规性。构建固定污染源一体化信息平台，开展许可证和执行报告质量自动检查，逐步接入执法信息，对接污染源在线监控数据，推动排污单位主要排放口二维码信息化。

解读《控制污染物排放许可制实施方案》①

生态环境部副部长 赵英民

新华社北京11月21日电题：强化企业主体责任，推进环境管理精细化——环保部副部长赵英民解读《控制污染物排放许可制实施方案》

国务院办公厅近日印发《控制污染物排放许可制实施方案》，提出规范有序发放排污许可证，严格落实企事业单位环境保护责任。环境保护部副部长赵英民21日就方案的相关内容接受了新华社记者的采访。

问：实施方案重点要解决哪些方面的问题？

答：我国从20世纪80年代后期开始，各地陆续试点实施排污许可制，向约24万家企事业单位发放了排污许可证，取得初步成效。但总体来看，排污许可制在推动企事业单位落实治污主体责任方面的作用发挥不突出，环保部门依证监管不到位。

通过改革污染物排放许可制，一是要建立精简高效、衔接顺畅的固定源环境管理制度体系。将排污许可制建设成为固定污染源环境管理的核心制度，衔接环评制度，整合总量控制制度，为排污收费、环境统计、排污权交易等工作提供统一的污染排放数据，减少重复申报，减轻企事业单位负担。

二是推动落实企事业单位治污主体责任，对企事业单位排放大气、水等各类污染物进行统一规范和约束，实施“一证式”管理，要求企业持证按证排污，开展自行监测、建立台账、定期报告和信息公开，加大对无证排污或违证排污的处罚力度，实现企业从“要我守法”向“我要守法”转变。

三是规范监管执法，提升环境管理精细化水平。推行“一企一证”、综合许可，将环境执法检查集中到排污许可证监管上。

问：企事业单位如何通过排污许可证落实环境保护责任？

答：排污许可证将成为企事业单位生产运行期间排污行为的唯一行政许可和接受环保部门监管的主要法律文书。可以说，企事业单位排放水和大气污染物的法律要求全部在排污许可证上予以明确。

① 本文发表于2016年11月21日新华网，责任编辑：张倩。

第一是企业要按证排污。企事业单位应及时申领排污许可证并向社会公开，承诺按照排污许可证的规定排污并严格执行，确保实际排放的污染物种类、浓度和排放量等达到许可要求。

第二是实行自行监测和定期报告。企业应依法开展自行监测，保障数据合法有效，妥善保存原始记录，建立准确完整的环境管理台账，安装在线监测设备的应与环保部门联网。定期、如实向环保部门报告排污许可证执行情况。

第三是向社会公开污染物排放数据并对数据真实性负责。

这样一来，企业的责任清楚了，责任也公平了。多排放或者排放对环境影响越大的企业，要承担更多的环境治理责任，环保诚信好、责任意识强的企业将越来越受益。

问：本次排污许可制改革会给社会公众监督带来哪些变化？

答：排污许可制会在两个主要方面推动社会监督。一是实现信息化。国家将在 2017 年基本建成全国排污许可证管理信息平台，将排污许可证申领、核发、监管执法等工作流程及信息纳入平台，对排污许可证和企业的主要产污设施、排放口进行统一编码，逐步完善固定污染源排放的时间和空间信息数据。

二是在制度安排上加大信息公开力度。除企业公开信息外，政府及时公布监管执法信息；环保部门还将公布无证和不按证排污的企事业单位名单，纳入企业环境行为信用评价。

问：发放排污许可证如何做到规范有序？

答：一是要明确排污许可管理的范围。我们将制订并公布排污许可分类管理名录，明确实施排污许可管理的行业类别及企事业单位规模。

二是在实施步骤上分行业、分阶段推动。2016 年年底，率先在火电、造纸两个行业推动排污许可改革，同时在京津冀试点地区开展钢铁、水泥行业，在海南开展石化行业排污许可证试点，为全国实施奠定基础。2017 年要对“大气十条”“水十条”确定的重点行业企业核发排污许可证。到 2020 年，基本完成各行业排污许可证核发。

三是在组织形式上体现国家统筹、地方推动。按照谁核发谁监管的原则，将许可证具体核发工作更多交给地方环保部门，对符合要求的企事业单位要及时核发排污许可证。排污许可证统一规定的管理内容目前主要包括水污染物和大气污染物，鼓励地方将固体废物和噪声依法纳入排污许可证管理。

依证监管发力，排污许可核心制度逐渐显现效能

2019-01-29

“基础地位更加明确、环境管理更加优化、主体责任得到明晰、依证监管正在发力。”谈到排污许可制度取得的成效和进展，生态环境部环评司司长刘志全如是说。

正如刘志全所言，按照《控制污染物排放许可制实施方案》要求，2018 年全国排污许可制改革任务稳步推进，核发淀粉等 6 个行业排污许可证 1.2 万余张，提前一年核发完成 36 个重点城市建成区污水处理厂 800 余张许可证，全面完成 2018 年核发任务。在这个过程中，生态环境部统筹部署，各省（区、市）生态环境部门结合自身情况积极探索，不断创新，形成很多行之有效的好经验、好做法。依托排污许可制度，各地固定污染源逐渐形成“ 一证式”管理。

完善法律和技术体系

地方落实更加有力

随着改革的不断深入，排污许可制度不断成熟，工作稳步推进。

2018 年，生态环境部印发《排污许可制全面支撑打好污染防治攻坚战工作方案》，提出 2019 年排污许可证覆盖污染防治攻坚战所有重点行业，2020 年实现排污许可全覆盖工作目标，并对加快制定固定污染源总量控制制度和环境信息平台建设等提出要求。

与此同时，法规制度和技术规范体系的不断完善和健全也为排污许可制度的改革和推进提供了有力保障。

“各个阶段都需要相应的技术规范和法规作为支撑，发布实施的《排污许可管理办法（试行）》，进一步规范了许可证的申请、核发、执行及监管和处罚等行为。”环评司副司长汪键说。

数据显示，截至 2018 年年底，生态环境部共计发布 35 项排污许可技术规范、18 项自行监测指南、5 项污染防治可行技术指南。《固定污染源排污许可分类管理名录（2017

年版)》所涉及的所有行业相关技术规范编制工作已全部启动。

四川省总结“高、早、新、严、实、紧”工作经验，在全国率先完成2018年屠宰、淀粉等6个行业排污许可证核发工作；江苏开展无证排污执法检查，打击违法排污企业，督促落实企业主体责任；上海市建立发证“七步曲”，按照“一个平台、两个翅膀、把信息化做到排放口”，强化许可管理，并结合环境质量改善要求，严格秋冬季排污许可限值，压减30%许可量，按月许可……

强调证后管理

为环境监管提供支撑

印发《关于开展排污许可证后“审计式”监管试点工作的通知》，探索企业视角和管理部门视角下的“审计式”合规核查制度，探索核发、监测、执法等部门的业务衔接。陕西的实践，是各地在工作中强调证后监管、保证发证质量的一个缩影，也是生态环境部引导和指导地方开展证后管理工作的结果。

为强化排污单位持证排污、按证排污，落实企业环保主体责任，提高固定污染源“一证式”管理的法治化水平，生态环境部编制《排污许可与环境执法衔接工作方案》，厘清了排污许可证后管理和依证执法内容，建立了排污许可与环境执法的工作机制，并提出开展“三监联动”试点要求。

同时，生态环境部还起草了《排污许可证后管理指导意见》，并组织全国开展了火电、造纸等15个行业企业排污许可证执行报告、台账记录、监测数据、信息公开等情况检查。

对持证的加强证后监管，对未发证的行业、企业，也进行梳理和分析。

汪键介绍，2017年河北、河南两省钢铁、水泥等15个行业未发证企业情况已经由执法局、督察办掌握，为落实蓝天保卫战强化监督和中央生态环保督察“回头看”等工作提供了支持。

同时，结合排污许可制度的推进，编制固定污染源清理整顿工作方案也积极开展。整顿工作方案提出以污染源普查清单为基础，在清理排查已核发行业许可证的同时，按照规定时限同步推进许可证核发，对符合核发条件的发放许可证，对不符合核发条件的实行分类处置，全部纳入生态环境管理范围。按照“核发一个行业、清理一个行业”要求，推动实现了固定污染源环境管理全覆盖。启动固定污染源清理整顿工作，在江苏徐州、安徽芜湖开展了15个行业清理整顿工作试点。

推进管理制度融合

核心制度逐渐显现效能

山东省出台了《山东省进一步强化生态环境保护监管执法实施方案》，提出全面实施排污许可管理制度，对所有固定污染源实施全过程管理和多污染物协同控制，实现“一证式”管理；济宁市通过信息化手段把一本厚厚的许可证变成一张监管导图，同时对接济宁智慧环保平台，扎实推进许可证改革……

除了有力支撑环境执法和监管，积极探索排污许可制与总量、环评、环境保护税、排污权交易、环境统计等制度的衔接和融合的实践表明，排污许可制在我国固定污染源环境管理中的核心制度作用逐渐显现。

“比如在推动形成环评管准入、许可管排污的环境管理制度体系方面，我们发布了《关于做好环境影响评价制度与排污许可制衔接相关工作的通知》，明确了环评与排污许可在管理要求、管理内容和管理程序方面的衔接。”刘志全表示。

为实现有机衔接环评制度，推动实现从污染预防到污染治理和排放控制的全过程监管，生态环境部还编制了《排污许可与环境影响评价衔接工作方案》，提出了统一管理要求，规范衔接内容，明确衔接任务，形成“五个一”（即“一个名录、一套标准、一张表单、一个平台、一套数据”）工作任务。

“同时，我们还发布了2017年和2018年度主要污染物问题减排核算办法，明确将排污许可制形成的数据作为年度主要污染物总量约束性指标完成情况考核的重要依据。《关于环境保护税若干政策问题的通知》和《关于明确环境保护税应税污染物适用等有关问题的通知》等环境保护税政策文件，明确规定排污许可与环境保护税的衔接要求。”刘志全介绍说。

为实现对固定污染源的全过程管理、多污染物协同控制和对排污企业的“一证式”管理，2019年生态环境部将在法律法规体系建设、全面支撑标志性战役、行业清理整顿和衔接环境管理制度等方面继续下功夫，为打好污染防治攻坚战提供坚实的制度支撑。

（中国环境报　2019年1月29日　第2版：要闻　记者：童克难）

排污许可制让政府和企业都尝到甜头

2019-05-06

政府对企业不再进行“家长式”和“保姆式”监督把关，让治理污染的责任主体回归企业

根据国务院办公厅印发的《控制污染物排放许可制实施方案》，到 2020 年，要完成覆盖所有固定污染源的排污许可证核发工作。截至目前，全国已经核发完成 24 个重点行业 4 万余张排污许可证。据了解，《排污许可管理条例》已经在去年完成征求意见，有望在今年正式出台。那么，目前已经完成核发的排污许可证在环境管理中发挥了哪些作用？排污许可证核发过程中，有哪些问题需要完善？下一步的工作该如何开展？对此，本报记者采访了生态环境部环境工程评估中心副主任邹世英。

问：当前，排污许可证发放工作的进展情况如何？在已经发放排污许可证的行业中，环境管理工作与之前相比，有了哪些不同？

邹世英：截至目前，全国已经核发完成 24 个重点行业 4 万余张排污许可证，管控大气污染物主要排放口 48 556 个、水污染物主要排放口 33 083 个，掌握固定污染源数据数百万条。

现行排污许可制度与以前的最大不同，就在于政府对企业不再进行“家长式”和“保姆式”监督把关，让治理污染的责任主体回归企业。

企业要自证守法，自己证明自己的排污行为符合排污许可证要求。这既打通了企业

内部的环境管理链条，又打通了管理部门之间的监管链条，通过许可证的发放，进一步明确了企业的主体责任和管理部门的监管责任，督促企业由“要我守法”向“我要守法”转变。

以钢铁行业为例，通过排污许可证发放，增强了企业环境意识，提升了环境管理水平。排污许可证首次对全流程工艺提出了可行技术，大幅提升了企业污染治理水平，如唐山、邯郸等地钢铁企业基本淘汰了无法达标的电除尘，更换为覆膜袋式除尘，大大削减了颗粒物排放浓度。同时，还规范了行业监测点位、频次、方法等具体内容，新增了高炉出铁场、高炉矿槽等主要排放口的在线监测要求，督促其使用更加清洁的燃料。同时，企业自身的环境管理队伍也在加强，就像首钢迁安钢铁公司将原来的安环部改组成环保部，由原来的两人管环保增加为现在的 19 人。

问：在您看来，在排污许可证发放过程中，关键点和难点是什么？各地目前遇到的主要问题和困难有哪些？

邹世英：我理解，要发挥好排污许可制度的基础和核心作用，实现制度整合是关键。只有消除制度之间的掣肘，才能有效提高管理效能、降低企业成本。

在这个过程中，要做好与环评制度的衔接、与总量控制制度的融合，最终要形成“环评管准入、许可管排污、执法管落实”的局面。

同时，摸清污染源底数是基础。要通过排污许可证核发工作，摸清到底有多少污染源，分清楚哪些需要重点管理，哪些需要简化管理。核发过程中的难点在于，要合理确定许可排放量和实际排放量。只有这样，才能弄清总量，制定有效的污染物总量减排方案，将总量减排任务细化到每个排放口。

在排污许可管理制度改革落实过程中，各地生态环境管理部门确实存在一些问题和困难。一是对排污许可证申请与核发技术规范专业性的理解不到位、掌握不深入、重视程度不够；二是地方生态环境部门核发排污许可证任务较重、技术能力不匹配。有些地方采取购买第三方服务的方式来进行技术支持，但第三方技术支持单位水平参差不齐，对技术规范和行业排污特点的认识不足，也影响了排污许可证的核发质量。

对于企业来说，尤其是中小民营企业，主要还是人的问题。缺乏专业环保人员和专业环保知识，再加上企业对自身产排污情况掌握不够全面，对相关排放标准的适用性、技术规范理解不到位，导致企业在排污许可申报、按证排污等方面存在困难。

但总体来说，企业对排污许可证的认识在不断强化。多数企业由原先的不关注、不重视，转变为主动学习、主动电话咨询排污许可证管理的法律法规要求，主动询问申报和实施过程中遇到的问题。

要因地制宜、有所侧重，重点关注与污染物排放有关的内容，要去存量，不允许产生增量。

问：对于已经完成核发的排污许可证，有没有组织核查评估工作？目前在实施过程中发现了哪些问题？

邹世英：我们组织了对已核发排污许可证的评估工作，也确实发现了一些问题，一些地方的发证质量不高。其中，有些地方对相关规定和要求理解不到位。

有些企业台账记录不规范，对排放情况季报、年报意识不强，甚至都没有意识到上报数据中出现了总量超标的问题。还有一些地方在许可证核发过程中，使用的标准不科学。有些指标人为加严较多，如将某些每两年监测 1 次的指标，加严为每月监测 1 次，这会加重企业负担。在后续的许可证核发过程中，需要加强培训，提高人员的业务水平，以提高发证质量。

问：历史遗留问题一直备受关注，目前主要涉及哪几类？该如何解决？

邹世英：排污许可证实施本身就是一项改革，在改革过程中势必会遇到各种历史遗留问题，需要正确看待和解决。

目前，遇到的历史遗留问题包括不能达标的、未批先建的、没有总量的，还有一些企业过去符合要求，但拿现在的尺子去量已经不符合要求等几种情况。

李干杰部长在今年“两会”记者会上表示，在排污许可证制度改革过程中，对于那些未批先建的、还不能做到达标排放的，也是先发许可证，在许可证里明确整改期限。整改期限也根据情况，有的短有的长。整改期限到了，如果还没做好，再采取相应的处罚措施。

生态环境部今年开展的一项重点工作，就是固定污染源清理整顿。《关于固定污染源排污许可清理整顿试点工作的通知》（环办环评函〔2019〕290 号）指出，清理对象是 2018 年年底前已进行排污许可证核发的 24 个重点行业排污单位，2019 年 11 月底前完成北京、天津、河北、山东、山西、陕西、河南、江苏 8 省市上述行业的清理整顿试点工作，将所有固定污染源全部纳入生态环境管理。全国其他省份也要开展这项工作，但时间安排上稍晚，总体上要在 2020 年年底前全面完成。

黄润秋副部长 3 月 28 日在“固定污染源排污许可清理整顿试点工作培训班”上的讲话中指出，清理整顿工作要以第二次全国污染源普查清单为基础，采用“摸、排、分、清”来概括。也就是摸清底数、排查无证、分类处置和逐个销号。其中，分类处置就是对不能发证的、可以发证的和暂不发证的企业分类施策。

对未批先建项目要以新环保法实施时间为节点，采取“老人老办法、新人新办法”的方式妥善处理。即 2015 年 1 月 1 日前投入运行的企业，不再以环评批复为核发条件，直接核发许可证；2015 年 1 月 1 日之后投入运行的企业，提出办理环评手续的要求，补充编制的环评文件应与新建项目有所区分。要因地制宜、有所侧重，重点关注与污染物排放有关的内容，要去存量，不允许产生增量。对没有主要污染物总量指标的企业，不再让企业单独申请总量指标，先发许可证，将技术规范和环评确定的许可排放量作为企业今后的总量指标。

总之，通过清理整顿工作，要切实做到“核发一个行业、清理一个行业、规范一个行业、达标一个行业”，实现所有固定污染源环境管理全覆盖。

要通过排污许可制度的实施，让企业和管理部门都尝到甜头。要让排污许可证成为政府环境监管执法的依据、企业环境守法的文书和社会公众环保监督的平台。

问：在排污许可证发放过程中，哪些地区的做法和经验比较典型，具有向全国推广的价值？

邹世英：目前，国家已经初步构建了排污许可法律法规和技术规范体系，明确了制度衔接融合方案。不少省份也在积极通过地方立法，弥补当前国家层面法律的漏洞和不足。例如，深圳市去年发布了关于修改《深圳经济特区环境保护条例》的决定，填补了现行法律法规在排污许可管理要求和执行报告方面法律责任的空白，深圳也是第一个专门为排污许可制度改革而修订地方条例的城市。

此外，还有不少地方的生态环境管理部门，在发证过程中总结出了操作性更强的工作方法和经验。

例如，上海市实施“三监联动”，以排污许可证后管理系统为平台，对接监测中心移动监测系统和监察总队移动执法系统，管理上海的持证企业并记录监管过程，实现监管、监察、监测信息共享，过程留痕。

山东省济宁市生态环境局用小程序，把厚厚的一本排污许可证简化成一张图，企业产排污节点之间的逻辑关系和管理重点内容都通过这张图直观地呈现出来，一目了然地看懂企业的生产、治污和监测情况。

上海和河北开展了排污口信息化试点，将每个排放口的许可管理要求用二维码记载，现场扫一扫，就能知道这个排放口的所有环境信息，方便环境执法和公众监督。河北省还在全国率先开展了排污许可证后监管工作，通过“现场监督检查+二维码信息化监管”的协同监管模式，对火电、钢铁、玻璃等 3 个行业 223 家企业进行证后现场监督检查，督促企业改进治理和管理水平。

再如，陕西省开展审计式监管，将咸阳市作为证后管理的试点工作地区，由承担属地管理职责的县级环保局制订监管执法计划，对执行报告和台账记录进行审计式检查，以检查结果支撑现场执法。逐步探索程序化、规范化的监管模式，真正发挥排污许可证管理的优势。通过“激励守法、惩戒违法”，最终实现促进全面守法的目标。

总之，要通过排污许可制度的实施，让企业和管理部门都尝到甜头。许可证的核发过程，能够帮助企业梳理生产工艺流程，提升环境管理水平，同样也能帮助生态环境部门提升管理效能，最大限度地减少执法过程中的自由裁量权。最终，要让排污许可证成为政府环境监管执法的依据、企业环境守法的文书和社会公众环保监督的平台。

问：根据要求，到2020年，要完成覆盖所有固定污染源的排污许可证核发工作。下一步，在推进排污许可证核发方面，有哪些工作要完成？具体会采取什么措施推进？

邹世英：前面已经提到，要通过开展清理整顿工作，实现已发证行业的全覆盖管理。接下来，要分阶段推进许可证核发工作。

今年9月底前，基本完成磷肥、汽车、电池、水处理、锅炉行业排污许可证核发，畜禽养殖、乳制品制造、家具制造、人造板制造等其他行业的发证率不少于40%，11月底前的发证率不少于80%，12月20日前基本完成核发任务。

此外，还要抓紧进行《固定污染源排污许可分类管理名录》的修订发布，修订后的名录要体现分类分级管理思路。具体而言，为服务污染防治攻坚战，提前了部分行业的实施时限；增加登记类管理，将畜禽养殖、谷物磨制等环境影响较小的排污单位纳入管理范围，确保行业全覆盖；提高分类科学性，将饮料制造、工业炉窑等行业部分简化管理调整为登记管理。总体上，要减少发证数量，降低行政成本。

还要积极推进2019年发证行业的排污许可申请与核发技术规范编制工作，在今年6月底前发布畜禽养殖、乳制品制造、家具制造、人造板、聚氯乙烯等13个重点行业排污许可证申请与核发技术规范。

为了更好地完成这些工作，需要开展多层次（省、市、县）核发人员的培训，让大家学懂弄通。同时，要加大帮扶机制，对发证任务较重的行业、地区，要派出技术团队现场指导，群策群力。地方各级部门也要高度重视，提前摸清底数，安排好发证任务，避免出现集中冲刺现象。

（中国环境报　2019年5月6日　第3版：观点　记者：刘秀凤）

厘清排污主体责任，提高执法监管效能，服务企业环境管理 排污许可“一证式”管理作用逐渐显现

2018 年是继续推进排污许可制改革的重要一年。生态环境部有关负责人表示，“在这项制度的框架已经初具规模的基础上，我们承前启后地完成了年度重点改革任务，国务院《控制污染物排放许可制实施方案》的顶层设计逐渐落地实现，‘一证式’的管理正开始发挥作用，改革的内生动力开始在实践中呈现，让我们更加清晰地看到了排污许可制度本身的先进性和生命力”。

责任归位，堵住监管漏洞

遍布城乡的城镇生活污水处理厂和各类工业废水集中处理厂是各流域重要的水污染物排放源。这一行业排污许可证申请与核发技术规范的编制组成员告诉记者，由于长期以来污水处理厂和管理部门、接管的企业、相关园区等单位责任边界不清，监管存在软肋和漏洞，导致污水处理厂未能很好地发挥预期作用，而排污许可制度改革的一项重要任务，就是要厘清并落实排污者的主体责任。

污水处理行业的排污许可制度改革在整个改革的推进过程中是极其典型又极为重要的一部分。按照计划，所有污水处理厂都将在 2019 年实现持证排污，为了打赢黑臭水体治理攻坚战，全国 36 个重点城市（直辖市、省会城市和计划单列市）又被要求提前一年完成这项任务。时间相当紧迫，在技术规范征求意见稿发布之后，生态环境部就组织了多次实地调研和试填报。

生态环境部环境影响评价与排放管理司有关负责人表示，污水处理厂有权也有责任查清楚自己的进水，虽然短时间内难以一步到位地查清每一类污染物的所有来源，但是需要迈出这一步，建立起机制。污水处理厂迫切需要把那些水量和水质足以对自身运行造成影响的工业进水查清楚，纳入监管，然后逐步完善全过程精细化管理。

在试填报过程中，污水处理厂管理人员发现，通过排污许可证管理平台，可以方便地查找服务区域内已经申领了许可证的企业，而从那些企业的许可证中，也能印证这些企业都排了些什么、排了多少、排放去向，方便了他们填报自己的许可证申请表。

发出第一张新版工业污水处理厂排污许可证的是宁夏回族自治区吴忠市环保局，原

本并不在提前发证名单中的吴忠市第三污水处理厂迅速填好了排污许可证申请表，尤其是工业进水信息表，50 家纳管企业的信息清晰明确，所属的行业、执行的标准、排放的水量、接入管网的经纬度一应俱全。

吴忠市环保局规划环评科科长杨瑞告诉记者，为了便于分清责任，同时也是为了防止企业排放的污染物对污水处理厂造成影响，吴忠市此前就已经要求园区污水处理厂和企业之间直接建立协议关系，明确企业排放的水量，以及各种污染物的限值，这就为企业迅速申报许可证提供了方便。

依证监管，效能提升、成本降低

生态环境部强调，要按照“核发一个行业、清理一个行业、规范一个行业、达标一个行业”的思路，通过排污许可证的核发和证后监管查清固定污染源的家底，并真正“全覆盖”地管起来。

关中平原地处秦岭和北山山系之间，人口密集且大气污染物扩散条件欠佳，这里是汾渭平原大气污染防治攻坚战的一个主战场。为了打赢这场战役，陕西省将排污许可作为一个“抓手”，不仅部署重点排污单位提前发证，也开拓性、创造性地推进了依证监管的地方实践。

在发证后的日常检查中，陕西省发证部门使用的工具主要是“一张表”。“一张表”分行业进行设计，将排污许可证产污、治污、排污的关键参数进行提取，并将其用于现场检查，能够帮助现场检查人员快速发现排污设备设施、污染治理水平等存在的与许可证内容不符的问题。

陕西省生态环境厅总量处处长张清香向记者介绍，去年陕西省组织技术力量对已取得排污许可证的 13 个行业 348 家排污单位进行了全覆盖检查。检查过程中，技术人员对照排污许可证的“一张表”，发现了多家企业存在瞒报、漏报、不按证排污等各类问题，归纳整理之后移交给了执法部门，为环境执法提供了清晰的线索和证据。

为实现对排放量合规开展快速有效的证后监管，陕西省在咸阳等地建立了试点，开始探索“审计式”证后执法检查，通过执行报告的审计，发现问题和线索移交执法部门，减少基层执法人员的执法难度，提高监管效能，降低监管成本。

排污许可证核发之后，保障执行是改革成败的关键。全国各地生态环境部门纷纷强化了证后监管的工作。上海市依靠监管、监测、监察的“三监联动”机制，以信息化工具为手段，通过应用移动执法、移动监测系统实现证后监管系统的联动，实现了对持证企业的闭环管理。一个简单明了的排污口二维码，成为“一键呈现”许可证要求的“法宝”。2018 年，上海市对钢铁、水泥、石化等 13 个行业组织开展专项检查，严厉打击相关行业企业无证排污和不按证排污等行为，发现并上报问题 126 项。

在河北省，每核发完一个行业，生态环境厅就将不予核发的企业名单移交省环境综合执法局进行现场执法，一旦发现企业存在无证排污行为，立即依法查处。对于证后核查发现的违法问题线索，及时移交省环境综合执法局赴现场进行核实，并依法处理。通过许可证与执法的有效衔接，实现了“核发一个行业、清理一个行业”的目标。

北京、海南、安徽、福建、广东、广西等多地核发部门和监察执法部门也都开始密切配合，形成合力，组织对发证质量和执行报告开展抽查，从“重发证”向“发管并重”转移，积极开展排污许可证后监管工作。

制度融合，实现“一证式”管理

“排污许可制的建立是归一，不是加一。”海南省生态环境厅有关负责人说，以往的固定源管理制度存在各行其是的问题，不仅增加了行政成本，也增加了企业负担。而排污许可制是固定污染源的基础核心制度，它是一个整合各项制度的“底座”，让法律法规对一家企业提出的所有的环保要求衔接融合到一个证上来，让信息和数据共享都到一个高效的统一平台上来。

当然，衔接和融合并不是把所有要求汇总到一起那么简单。在发证和监管的过程中，各种历史遗留问题、制度之间的矛盾和法律法规的缺失地带都开始暴露出来。

为了彻底打通“一证式”管理，海南省发挥了海岛较为灵活的特点和经济特区的优势，在 2018 年全力推进地方排污许可条例的立法和统一的信息平台建设工作。如何确定排污许可证的核心基础地位，如何保障各项制度衔接融合，是立法的重点和关键。参与立法的专家团队从 2018 年上半年开始，就与证后监督检查的人员一起，多次到持证企业开展调研，一起参与证后评估，十分“接地气”地推进立法工作。目前，经过多次更改，海南省排污许可的地方条例已经形成初稿。

另外，在全国排污许可证管理信息平台的基础上，海南省细化了申请表单、优化了副本表单、整合各现有环境管理工作系统，开发适合改革需要的排污许可证管理工作平台，并与国家平台对接，实现满足本省需要的审批、数据分析及日常管理功能，同时打通排污许可证管理工作平台与其他环境管理系统的衔接与融合。

“排污许可制度真正‘立’起来的标志，就是申请、核发、执行、监管所有环节全部打通。”海南省生态环境厅有关负责人说，“那个时候固定污染源的管理制度将是一个有机整体，环境管理效能将得到大幅提高。”

（中国环境报　2019 年 2 月 13 日　第 2 版：要闻　记者：郭薇）

固定污染源清理整顿是什么？怎么干？

2020年注定是不平凡的一年，在众志成城打响新冠肺炎疫情防控阻击战的氛围下，全国各地排污许可人在严格落实疫情防控要求的同时，迎难而上，如火如荼地开展固定污染源清理整顿工作，力争在年底前如期完成固定污染源排污许可全覆盖的改革任务。本文旨在抽丝剥茧，帮助大家深入理解固定污染源清理整顿工作的重要性，同时回顾总结去年试点地区工作经验，解析当前重点难点，助力大家扎实做好清理整顿工作。

一、清理整顿是实现将所有固定污染源纳入环境管理的有力手段

2016年11月，国务院办公厅印发《控制污染物排放许可制实施方案》，提出“到2020年，完成覆盖所有固定污染源的排污许可证核发工作”的目标任务。通过固定污染源清理整顿和排污许可证全面核发，将所有固定污染源纳入环境管理范围，规范其污染防治设施运行要求，落实企业环境保护主体责任，有效控制污染物排放，持续提升环境治理能力和水平，加快改善生态环境质量，既是改革生态环境监管体制的内在要求，也是打好污染防治攻坚战的重要内容。

2017年全国全面启动排污许可制度改革，开始启动火电、造纸等重点行业排污许可证核发工作，目前已核发33个重点行业、16万余张排污许可证，排污许可制度改革取得初步成效。但是，应发证行业的发证数量与“二污普”企业清单数量相比，距离“全覆盖”的目标仍有较大差距。同时，一批污染治理设施不健全、不能稳定达标排放、环保责任不落实的企业，始终游离于环境监管之外，违法成本低、守法成本高，带来环境监管的不公平，进而导致难以精准施策，大大降低了管理效能。为了满足排污许可制度改革要求，就要做到全覆盖，“一视同仁”“应发尽发”“应管尽管”。因此，“核发一个行业、清理一个行业、规范一个行业、达标一个行业”，做好固定污染源清理整顿，着力解决历史遗留问题，是实现将所有固定污染源纳入环境监管的有力举措。

二、清理整顿试点为“摸着石头过河”探索出行之有效的工作方式

2019 年 3—11 月，生态环境部在北京、天津、河北、山西、江苏、山东、河南、陕西等 8 个省（市）先行先试，对 2017 年、2018 年已发证的 24 个重点行业开展清理整顿试点，摸清固定污染源底数，排查无证排污单位，实施分类处置，做到应发尽发，不留死角。生态环境部在清理整顿试点阶段，开拓思维、大胆尝试，以改革的精神正确处理历史遗留问题，摸索形成“摸、排、分、清”四步工作法，最终将固定污染源全部纳入环境管理，试点工作为全国全面推开清理整顿奠定了坚实基础。

与此同时，试点地区也肩负责任，铆足干劲，全面落实试点要求，探索出积极有效的经验。一是提早谋划，建立机制。各级生态环境部门高度重视，分别成立分管领导挂帅的专项工作组，及时组织召开启动会和推进会，提高工作人员的政治站位。二是调度通报，积极推进。试点地区结合工作实际，建立调度通报机制，例如，河北省在冲刺阶段每日调度，陕西省通过媒体通报各市市委、市政府清理整顿工作进展及排名。三是宣传培训，主动服务。除生态环境部的培训解读和对口帮扶外，试点地区创新帮扶方式，多方面、多渠道地帮扶企业解读文件，例如，烟台市成立排污许可宣讲团，发放排污许可宣传册，并组织技术人员现场指导企业填报申请材料。四是开展“回头看”，保障质量。为保障固定污染源底单完整性，试点地区通过多口径摸查遗漏企业，例如，北京市结合污染源普查、建设项目审批、生态环境执法等梳理清理整顿对象；天津市通过街镇排查、企业自主验收信息平台、工商管理注册信息等多个途径全方位、无死角地进行摸查。

三、按期完成“摸、排、分、清”清理整顿工作任务的工作要点

2019 年年底，生态环境部基于清理整顿试点的宝贵经验和教训，立足于排污许可全覆盖的目标任务，发布了《固定污染源排污许可分类管理名录（2019 年版）》《固定污染源排污登记工作指南（试行）》《关于做好固定污染源排污许可清理整顿和 2020 年排污许可发证登记工作的通知》（以下简称《通知》）三项排污许可重要文件，增加了纳入排污许可的行业数量，增加了登记管理类别并明确管理办法，明确了各阶段的工作要点和方法，进一步夯实顶层设计，完善排污许可管理体系。根据文件规定的工作安排，2020 年 4 月底前完成 33 个行业的固定污染源清理整顿工作，2020 年 9 月底前基本完成排污许可发证和登记工作。

按照清理整顿工作任务要求，完成“摸、排、分、清”清理整顿的工作要点：

“摸”——摸清底数，确保没有遗漏。“二污普”清单的排污单位产排污信息全、覆盖

广、信息准，需要全部导入清理整顿信息系统，并纳入排污许可管理。考虑到“二污普”清单范围是2017年12月31日前已建成的企事业单位清单，清理整顿工作还需要地方通过原排污费征收、企业自主验收、工商管理、电力等其他途径摸排补充“二污普”清单缺失的排污单位，形成全面的固定污染源基础信息清单。

“排”——排查无证，形成初步分类。先剔除已发许可证的排污单位，再将未发证排污单位分为2020年前应发证或登记、2020年应发证或登记、非固定污染源三类情形。清理整顿的对象是2020年前应发证或登记的33个行业排污单位，可通过对照《固定污染源清理整顿行业和管理类别表》与《2017年国民经济行业分类注释（试行）》，确定排污单位是否属于清理整顿范围。然后根据排污单位所属行业、产品产能、原辅材料等信息，初步分类为重点管理、简化管理和登记管理三大类，形成固定污染源发证和登记清单。

“分”——分类处置，先发证再到位。针对固定污染源发证和登记清单中的排污单位，按照《通知》规定的情形分类处置，对无整改情形的、无总量指标的、未批先建的、不具备达标排放能力的以及其他需要整改的排污单位，应当尽快依法依规核发排污许可证或限期整改通知书；对2021年1月1日后才恢复生产的排污单位可暂不发证，但是需要通知其填报排污登记表；位于禁止建设区域和淘汰落后产能的排污单位不予核发许可证；对于实行登记管理的、停产的、“二污普”清单中无须发证的排污单位，都需要在规定时限内进行排污登记。

“清”——整改清零，强化证后监管。2020年4月底前，生态环境部门原则上应当完成分类处置工作，并对固定污染源发证和登记清单逐个销号、应发尽发。对于有整改要求的排污单位，生态环境部门应当加强帮扶，督促其按期完成整改，并监督指导其在整改期间达标排放。对于整改到期仍不符合发证要求的，生态环境部门应当提出建议报有批准权的人民政府批准责令停业、关闭，并注销排污许可证。

按照生态环境部工作安排，固定污染源清理整顿原则上在2020年2月底前应当完成固定污染源发证和登记清单；2020年3月底前发证率、登记率不少于60%；2020年4月底前完成固定污染源清理整顿工作。任务艰巨，时间紧迫，生态环境保护铁军要咬紧牙关“爬坡过坎”，打好这场大仗、硬仗、苦仗，全面完成国务院排污许可全覆盖的任务，助力我国生态环境治理水平和治理能力再上新台阶！

（中国环境报　2020年3月30日　第3版：观点
作者：生态环境部环境工程评估中心　陈秋韵）

全面启动固定污染源清理整顿，力促实现排污许可“全覆盖”目标

排污许可制度改革实施三年多来，通过各级生态环境部门的共同努力，改革成效显著，法律法规不断完善，技术体系初具规模，环境管理制度逐步衔接融合，环境主体责任初步明晰，分行业核发排污许可证有序推进。2020 年是排污许可制实现固定污染源“全覆盖”目标年，生态环境部统筹全国推动开展固定污染源排污许可清理整顿，摸排“应发未发”的排污单位并分类处置，将固定污染源全部纳入环境监管范围。

一、“全覆盖”的意义

完成覆盖所有固定污染源的排污许可证核发工作，是党的十九届四中全会精神、生态文明体制改革总体方案、国务院控制污染物排放许可制实施方案等提出的重要改革目标任务，是打好污染防治攻坚战的重要支撑。能否实现“全覆盖”，是排污许可制实施成败的关键，更是固定污染源环境管理的核心问题。

（一）助力打好污染防治攻坚战

污染防治攻坚战的最根本的目标是改善环境质量，强化污染物排放控制，减少固定污染源污染物排放对改善环境质量有不可或缺的作用。近年来，各地区生态环境质量明显改善，但生态环境保护的形势依然严峻，固定污染源管理仍将是今后一段时期内生态环境重点工作。通过全面清理整顿，做到底清数明，一是消除“盲区”，为“打赢蓝天保卫战”“打好碧水保卫战”“推进净土保卫战”等提供污染源分布、治污设施、污染物排放数据等固定污染源信息，为污染防治攻坚战提供全面数据支撑；二是通过“靶点定位”实现重点监管，使存在历史遗留问题的企业暴露出来，将游离在监管外的企业全部纳入监管范畴，促进污染治理设施和排放口规范化管理，使环境质量得以逐步改善。

（二）助推落实企业环保主体责任

治理污染的关键在于厘清责任、压实责任。《环境保护法》《大气污染防治法》《水污染

防治法》《土壤污染防治法》等法律都对企业持证排污、按证排污作出了详细规定，对于没有取得排污许可证的，不得排放污染物，并明确了相应的法律责任。排污许可制如果不能实现“全覆盖”，固定污染源环境管理就难以公平统一，造成“守法成本高，违法成本低”等错误导向。清理整顿就是在摸清排污企业底数的基础上，把污染物排放控制责任落到具体企业头上，通过对企业加严要求，规范企业运行，推动企业守法，全面落实主体责任；才能真正调动起守法企业的污染防治主动性和积极性，更加科学地制定管理政策，公平公正地对企业进行奖励和惩罚。

二、通过哪些途径实现“全覆盖”？

一是排污许可证“应发尽发”。只要不属于禁止核发的情形，总体上按照“先发证再到位”的原则，要给予合理过渡期，企业作出整改承诺和整改方案后先发许可证，生态环境部门应当下达排污限期整改通知书，记载其存在的问题，规定承诺整改内容和整改期限。对不符合条件的现有排污单位，只有先发许可证、纳入监管，督促企业依法整改、尽快符合排污许可证要求，做到“抓大抓小、抓点抓面、抓好抓坏”，才能避免部分排污单位游离于环境监管之外。

二是开展固定污染源清理整顿。做好清理整顿，是实现固定污染源“全覆盖”的最关键一步。通过开展清理整顿工作，对已发证行业再次梳理，才能保障排污许可证“应发尽发”，全面落实固定污染源“全覆盖”目标，为探索形成更科学、更全面、更高效的排污许可制度夯实基础，才能持续提升环境治理能力和水平，加快改善生态环境质量。本次清理整顿对象为2017—2019年应当完成排污许可证核发任务的火电、造纸等33个行业，要求全国在2020年4月底前完成固定污染源清理整顿工作。以“二污普”数据为底单，结合工商、税务、电力等信息，以及生态环境监管企业名单、排污费征收企业名单等，最大限度地查遗补漏，通过“摸、排、分、清”四个步骤，以改革的精神正确处理历史遗留问题，实事求是、考虑现实、兼顾历史，实施分类处置，最终做到摸得彻底、排得准确、分得妥当、清得干净，实现固定污染物的“全覆盖”。

三是形成“闭环”监管。首先要将无证排污检查作为证后监督管理的重点工作，要形成高压态势，严厉打击无证排污；其次对于提出整改要求的发证企业，要移交给地方执法部门，其后续是否完成整改、是否按照要求变更排污许可证都要作为管控的重点。

三、要实现“全覆盖”，生态环境部门应该怎么做？

任重道远，需分秒必争。此次清理整顿工作任务重、时间紧、意义重大，需要对目前“二污普”、工商、税务、电力、生态环境监管、排污费等名单中的固定源排污单位进行全面梳理，大量的数据筛选比对和必要的现场排查核实对此项工作提出了很大的挑战。而且部分企业申报排污许可证缺乏积极性，态度不认真，需要生态环境部门不断督促指导才申领排污许可证，这无疑会增加清理整顿工作的推进难度。地市级的排污许可人员是此次清理整顿的主力军，在有限时间内既要梳理判断行业类别，又要审核发证、把关许可证质量，唯有把工作放在心上、扛在肩上，分秒必争方是出路。挑战与机遇并存，需勇于担当。对于遇到的很多较为复杂、年代久远的遗留问题和“久拖不决”的现象，绝不能采取“能推则推、能避则避”的态度，要敢于创新，将清理整顿作为重要政治责任来担当、作为重要政治任务来完成，以“生态环保铁军”严格要求，敢蹚“深水区”，敢啃“硬骨头”，一家家企业排查清理，一个个问题梳理解决，细化分工、落实责任、全面排查、精准发力，切实将工作推深、做实、落细，为打好污染防治攻坚战、打赢蓝天保卫战奠定坚实基础，确保固定污染源排污许可“全覆盖”工作取得圆满胜利。

（中国环境报　2020年3月27日　第3版：观点
作者：生态环境部环境工程评估中心　吴鹏）

推动排污许可全覆盖　管理分类更合理

——生态环境部环评司有关负责人就《固定污染源排污许可分类管理名录（2019 年版）》等系列文件答记者问

本报讯　生态环境部近日印发了《固定污染源排污许可分类管理名录（2019 年版）》《关于做好固定污染源排污许可清理整顿和 2020 年排污许可发证登记工作的通知》以及《固定污染源排污登记工作指南（试行）》（以下分别简称《名录》《通知》和《指南》）等重要文件。就文件出台背景、主要内容，生态环境部环评司有关负责人回答了记者的提问。

问：为什么要修订排污许可名录？

答：排污许可制度改革是党中央、国务院生态文明体制改革的重要内容，《固定污染源排污许可分类管理名录》主要解决哪些排污单位实施排污许可管理和应该纳入什么类别管理的问题，是排污许可制度改革的重要支撑。2017 年版名录对推动排污许可改革起到了重要作用，取得了阶段性成果。在排污许可制实施的过程中，我们也发现一些问题：一是与污染防治攻坚战重点任务结合还不够，一些重点行业未纳入 2017 年版名录，不能适应生态环境保护工作新形势需求。二是没有将一些行业产排污量很小的排污单位纳入排污许可管理，没有实现固定污染源全覆盖。三是随着行业生产工艺和环保治理技术的进步，部分行业产排污状况也在不断变化，一些行业管理类别划分不够科学合理，原有的管理类别划分标准需要更新。四是 2017 年《国民经济行业分类》修订调整后，行业类别划分发生了一定变化，名录行业分类与《国民经济行业分类》（GB/T 4754—2017 年）等不对应。因此，我们决定对 2017 年版名录予以修订完善。

问：2019 版名录修订的总体思路是什么？

答：一是解决排污许可未全覆盖的问题。《国民经济行业分类》（GB/T 4754—2017 年）共 1 382 个行业小类，其中涉及固定污染源的有 706 个，全部已纳入 2019 年版名录。通过增加登记管理类别，2019 年版名录已实现陆域固定源的全覆盖。二是解决管理分类不合理的问题。我们根据污染防治攻坚战要求和行业特点，通过调整生产规模、工艺特征、原料使用量、燃料类型等管理类别的界定标准，确保“全面管理、重点突出”。三是解决和其他统计分类不衔接的问题。我们按照《国民经济行业分类》（GB/T 4754—2017）中的行业名称和代码调整名录的行业分类，实现排污许可制与环境统计、“二污普”等工作的衔接。

问：2019年版名录与2017年版名录相比有哪些明显变化？

答：在保持管理尺度一致性和延续性的基础上，为解决2017年版名录存在的问题，2019年版名录在管理和行业类别的设置和划分、分类标准的表述方面都有比较大的调整。一是2019年版名录共包含108个行业类别（涉及国民经济行业分类中49个大类、212个中类、706个小类）和4个通用工序，2017年版名录包含78个行业类别（涉及31个大类、104个中类、295个小类），2019年版名录比2017年版名录增加了30个行业类别（涉及18个大类、108个中类、411个小类）。二是科学优化分类，对262个小类调整了分类，扩大了范围。三是对263个小类新增登记管理类别。四是为保证名录的时效性，不再规定发证和登记时限，在《通知》中明确现有排污单位发证和登记时限。

问：《名录》中有行业类别和通用工序，实际上很多行业都涉及通用工序，它们之间是什么关系？

答：2019年版名录第六条提到了通用工序。为了便于理解，分几种情形给大家举例说明：一是列明按照通用工序进行重点管理或者简化管理的，应根据通用工序的管理类别申请排污许可证。例如，《名录》第91类仪器仪表制造业列明按照所涉及通用工序进行管理，某家通用仪器仪表制造企业仅涉及表面处理通用工序，则企业只需要对表面处理设施和相应的排放口申请重点或简化的排污许可证，不需要对其他（如打磨、组装）生产设施和相应的排放口等申请排污许可证。二是主行业有明确行业划分的，按主行业的管理类别申请排污许可证。例如，《名录》第95类中明确火力发电（4411）属于重点管理，若一家火电企业申请排污许可证时，锅炉属于企业自身生产设备，同时还涉及水处理站，则应根据火电行业技术规范中的要求对企业锅炉、水处理和其他生产设备和相应的排放口等申请一张重点管理的排污许可证。三是通用工序重点管理只与环境要素相关。例如，某家采矿企业涉及锅炉和污水处理站，因锅炉被纳入大气环境重点排污单位名录，污水处理站未纳入水环境重点排污单位名录，按“一企一证”原则，该企业需申领一张许可证，其中锅炉按重点管理，污水处理站按简化管理。

问：《名录》未作规定行业的排污单位如何管理？

答：《名录》第108类其他行业中有两类企业需要纳入排污许可管理。一是涉及通用工序的，应当对其涉及的通用工序申请领取排污许可证或者填报排污登记表。例如，有锅炉的酒店，应根据锅炉的管理类别申请领取排污许可证或者填报排污登记表。二是有第七条中六类情形之一的，还应当对其生产设施和相应的排放口申请领取重点管理排污许可证。例如，某汽车修理厂被列入重点排污单位名录，应当对相应排污设备和相应的排放口申请领取重点管理排污许可证。此外，《名录》未作规定的排污单位，确需纳入排污许可管理的，其排污许可管理类别由省级生态环境主管部门提出建议，报生态环境部确定。

问：排污许可近期相关政策制定如何落实“放管服”改革要求？

答：生态环境部高度重视并积极支持促进中小企业发展工作，按照“放管服”要求深化环评和排污许可改革，积极优化营商环境，在近期出台的排污许可相关政策中提出具体措施。

一是为确保实现固定污染源全覆盖的同时又能减轻企业负担，生态环境部在原有固定污染源排污许可分类管理的基础上，对污染物产生量、排放量都很小的企业实行排污登记，在全国排污许可证管理信息平台填报排污登记表。登记管理不属于行政许可，不需要申请取得排污许可证，这样更具有可操作性，也更符合企业实际情况，确保国务院“放管服”改革精神落实落地。登记的方式、内容、程序等在《指南》中予以明确。

二是坚决遏制和制止“一刀切”现象。目前我国仍有不少企业存在“未批先建”、环保设施不完善、还不能做到达标排放等历史遗留问题。对于此类企业，如果不符合排污许可证核发条件，《通知》规定可以通过下达整改通知书，明确整改内容、整改期限等要求，整改期限根据情况有长有短，一般为 3 个月至 1 年。整改期限到了，如果还没做好，再采取相应的处罚措施，坚决遏制和制止“一刀切”现象。

三是规范制订更突出帮扶指导和可操作性，如近期发布的印刷等行业排污许可证申请与核发技术规范，充分考虑企业规模普遍较小，环境治理水平低，治理措施不成熟，管理能力相对较差，很多排污单位还没有实现达标排放的现状，总体按照“源头管用量、过程抓措施、结果查执行”原则，在规范中更加细化对治理设施等的要求，重点推动排污单位实现达标排放。

四是充分考虑管理延续性，2019 年版名录实施前已按规定申领的排污许可证依然有效，排污单位申请变更的，按照 2019 年版名录规定的管理类别执行。

问：下一步如何确保 2019 年版名录规定的行业做到排污许可全覆盖？

答：完成覆盖所有固定污染源的排污许可证核发工作，是党的十九届四中全会精神、生态文明体制改革总体方案、国务院控制污染物排放许可制实施方案等提出的重要改革目标任务，是打好污染防治攻坚战的重要支撑。今年 3 月起，生态环境部在北京、天津、河北、山西、江苏、山东、河南、陕西等 8 个省（市）部署开展了固定污染源清理整顿试点工作，通过试点排查出近 5 000 家未按期领证排污单位。

结合试点经验，近期生态环境部印发了《通知》，部署全国各级生态环境部门按照 2019 年版名录，分别于 2020 年 4 月底前完成已发证行业固定污染源清理整顿工作、2020 年 9 月底前基本完成所有行业排污许可证核发和排污信息登记工作，切实做到“核发一个行业、清理一个行业、规范一个行业、达标一个行业”，实现固定污染源排污许可全覆盖。工作任务总体包括：

一是同步部署，实现全覆盖。将应核发排污许可证或登记管理的所有排污单位全部纳入排查范围，通过落实“摸、排、分、清”四项工作任务，全面摸清固定污染源底数，既要确保完成已发证行业清理整顿，又要全力完成2020年排污许可发证和登记，两项工作思路、方式和方法一致。

二是实事求是，先发证再到位。坚持以改善区域环境质量为核心，以改革的精神正确处理历史遗留问题，实事求是、考虑现实、兼顾历史，实施分类处置。对于存在问题的排污单位，按照“先发证再到位”的原则，根据排污单位的整改承诺，先下达整改通知书，给予合理整改期，强化帮扶指导，引导排污单位规范排污行为，为推动排污单位守法创造条件。

三是明确责任，强化监督。督促排污单位落实环保主体责任，排污单位依法申领，按证排污，自证守法。生态环境部门基于排污单位守法承诺，依法发证，依证监管。对于无证排污单位，依法查处，严厉打击。

同时，生态环境部将加强政策指导，建立帮扶工作机制，组织技术专家和业务骨干，做好宣传培训和政策解读，及时帮助解决难点、重点问题，提供有力技术支持保障。生态环境部将定期调度各地工作进展，对未能按期完成工作任务、排查不彻底、问题较突出的地区，将视情况进行通报、约谈、督办、问责。

（中国环境报　2020年1月8日　第3版：观点）

二

技术规范类

三年磨一剑，排污许可证申请与核发技术规范体系形成

2020-04-28

距离 2020 年年底还有 200 多天，距离全国要完成覆盖所有固定污染源的排污许可证核发工作的最后期限也只剩下 200 多天。2020 年 3 月 30 日，生态环境部发布《排污许可证申请与核发技术规范　工业炉窑》等 5 项国家环境保护标准。至此，一个包含 75 个国家环境保护标准、覆盖所有固定污染源排污许可证的排污许可技术规范标准体系形成。

一、三年磨一剑，扫清技术障碍

2016 年，国务院办公厅印发的《控制污染物排放许可制实施方案》明确了排污许可制度改革的顶层设计、总体思路，构建以排污许可制为核心的固定污染源环境管理制度，分行业推进，完成覆盖所有固定污染源的排污许可证核发工作。

涉及重点行业的技术规范体系成为落实排污许可制度的技术基础和各级生态环境保护部门颁发排污许可证的依据，其重要性毋庸置疑。

作为一项全新的生态环境管理制度，排污许可证技术规范标准体系没有先例可循。

早在排污许可制度设计时，当时的环境保护部就研究编制了《排污许可制配套技术规范体系研究方案》，积极构建排污许可技术规范体系要求内容，提出研究编制重点行业排污许可证申请与核发技术规范，以及配套的源强核算指南、可行技术指南、自行监测指南，并以环境保护行业标准的形式发布。

2018 年 1 月印发的《排污许可管理办法（试行）》规定，环境保护部制定排污许可证申请与核发技术规范、环境管理台账及排污许可证执行报告技术规范、排污单位自行监测技术指南、污染防治可行技术指南以及其他排污许可政策、标准和规范。同时，行业重点污染物允许排放量也要按照排污许可证申请与核发技术规范的规定核算。

各个编制单位、数十个行业协会、上千家企业，都投身到这一纷繁复杂却无先例可

循的技术规范编制工作中。

从2016年12月底，《火电行业排污许可证申请与核发技术规范》和《造纸行业排污许可证申请与核发技术规范》出台，到2020年3月30日，第75个排污许可技术规范发布，一个完整的排污许可技术规范标准体系形成。

3年半的时间，在生态环境部的领导下，排污许可证技术规范标准体系为核发登记工作建立了技术标准体系，为排污许可制度落实打好了技术基础，更是在技术层面为核发登记工作扫清了障碍。

“这个规范体系，一方面为制度整合衔接提供了标准支撑，另一方面在行业管理方面提供了有益的管理思路，如钢铁、石化行业无组织量化管理，工业炉窑科学分类和许可排放量核算方法等。”生态环境部环境工程评估中心一位专家说。

二、规范编制注重创新性、科学性，接地气、谋长远

在这位专家电脑里有一个特殊的文件夹，里面文档序号由1一直排到50，这是一年多来《排污许可证申请与核发技术规范　工业炉窑》修改的各种版本。

从1到50，他和同事们用了一年时间，跑了9个省、43家企业，公开征求了105家相关单位的意见，收到84份反馈意见。

生态环境部环境影响评价与排放管理司有关负责人告诉记者：“每个规范在编制过程中，除国家有关部委、部内相关司局、直属单位以外，还会广泛征求全国32个省（市）、相关行业协会、企业的意见，一般至少40～50家单位，收到的反馈意见多则千余条，少则上百条，至少修改十几稿以上。”

这名负责人还介绍，去年生态环境部通过修订排污许可分类管理名录，对排放量占比高的制造类行业实施重点管控，对排放量占比低的使用类行业实施一般管控，并形成了“源头管用量、过程抓措施、结果查执行”的管理思路，有效管控了挥发性有机物。

这一切辛苦和努力都是为了让技术规范更加科学、规范，更接地气，更符合环保管理需要。

据专家介绍，调研组赴江苏、山东、四川开展座谈和现场调研期间，先后召开了6场火电行业排污许可证申请与核发技术规范制修订调研工作座谈会，三省15个主管部门和128家企业参加。“为了保证技术规范的可操作性，我们分别发放了管理部门版、企业版、集团版（仅常规火电）的调研表格，收回了190份。”“这些调研和意见反馈让排污许可规范编制更科学、更接地气。”

酷暑炎炎，在企业实地考察的规范编制调研组人员的衣服已经被汗水浸湿，上到各

种储罐，下到渗滤液处理站，前到垃圾卸料大厅，后到垃圾储坑，调研人员走遍企业每个角落，不惧酷暑，不怕辛苦，不嫌脏臭，不恐登高，只为全面掌握企业实际情况，让排污许可规范更科学、更实用。

为了获取企业废气排放的真实数据，中国皮革协会划出专项检测经费，委托5家相关检测机构开展废气取样检测工作。“在获得第一手资料的同时，为排污许可科学、严谨地顺利开展，同时保证技术规范的可操作性，奠定了坚实的基础。”中国皮革协会鞋业专委会主任路华告诉记者。

在没有先例可循的排污许可规范编制过程中，编制人员大胆创新、小心求证，不仅让规范更科学实用，还兼顾行业特点，具有前瞻性和创新性。

“每个标准都要根据行业特点，研究制订相应的管理要求。”专家举例说，“如火电是第一个制定了排污许可技术规范的行业，要把许可证管理思路落实到具体的技术要求中，是一项开拓性的工作；又如钢铁行业技术规范制定过程中，需要解决大量排放口如何许可的难题，还要解决无组织排放量化问题；再如炉窑，涉及上百个行业、几十个炉窑类型，还面临排放标准陈旧的问题；还有台账和执行报告规范，是创新性的，要落实制度整合衔接的具体要求。”

排污许可平台填报是排污许可规范得以应用的重要载体。为了增强排污许可平台填报的可操作性，规范编制人员到企业集中进行了试填报工作，逐项填报过程中充分掌握填报过程中存在的问题，让排污许可规范应用更便捷。

三、规范环境管理，减轻企业负担

针对制鞋工业这类典型的劳动密集型行业，以及工业炉窑涉及行业分布广、企业规模小，橡胶行业企业排口多等实际现状，生态环境部及时调整排污许可管理思路和技术规范编制思路，按照重点管理和简化管理分别编制，简化企业填报内容，降低台账记录、执行报告报送频次以及自行监测等内容要求，进一步减轻企业负担。

“这些行业规范给行业和企业指明了发展方向。”浙江中辉皮草有限公司总工马建标说，在皮革行业规范指导下，企业污染物排放量减少了20%，企业在绿色发展的道路上少走了很多弯路。

据专家介绍，在落实企业主体责任方面，这些标准从技术层面告知企业如何申领许可证并按证排污；从减轻企业负担方面来说，按照许可制度改革总体设计，许可制度作为固定污染源环境管理核心制度，配合这些标准的实施，企业未来不会重复填报各种数据，同种数据仅需要填报一次，这给企业减轻了负担。

“行业规范对鞋业企业的环保规范管理起到了指导作用，规范了企业在产污环节的源头控制，倒逼企业采用先进生产工艺，在环保材料应用等方面加快行业推进，同时在末端治理上也有了规范指导。行业实现了生产从最初的‘低小散’或者标准不统一，到目前有了统一标准。”温州中环绿邦环保科技有限公司总经理、全国制鞋标准化技术委员会委员王先豪告诉记者。

规范从行业、企业、环节、生产设施、排放口、污染物类型、排放浓度、排放量等方面明确了管控的主要对象以及相应管理要求，可实现行业管理规范和统一、公平。

“规范基本涵盖了毛皮加工工业常见的产品种类，并且按照行业特点，从基于皮张面积进行折算改为基于皮张单位排水量进行折算，使环境管理部门的监管更加便利和准确，让毛皮硝染企业对核算自己的产能、产量和许可排放量之间的关系，调整日常环境管理和技术方面更加明确。”毛皮专业委员会主任黄彦杰表示。

对于地方生态环境管理部门来说，这些规范明确了各行业产排污节点，管理起来更加具体。

“以前的环保管理人员现场核查每家企业时需要翻看厚厚的环评报告，且每份环评报告的内容都有所差异，面对如此多的行业，甚至有些行业工艺非常复杂，面对管控的重点和难点无从下手。”海南省生态环境厅负责排污许可证管理的李振兴告诉记者，现在出台各行业的排污许可证申请与核发技术规范后，技术规范的主要产品及产能表、废气/废水产物环节表明确地给出了一个完整的排污单位的工艺流程，以及需要环保管理人员关注的产物源项、每种污染物应该采取怎样的治理措施才能够确保达标排放、哪些排放口应该重点管控等，技术规范更近似于环保管理操作手册，“基层环保管理人员反映这种形式的标准虽然内容较多，但全是干货，易读、易懂、接地气又实用。”

“排污许可证规范除载明污染物排放标准和限值等达标排放要求外，还纳入了自行监测、台账记录和执行报告等必要的环境管理要求，细化了排污单位的持证义务，明确了排污单位应承担的全部环境管理责任。”福建省生态环境厅吴庆华认为，规范为环境监察部门的监管和执法工作提供了便利，“2018 年，我们对发证企业进行检查时，对照企业几项环境管理要求实施检查，对未开展自行监测、台账记录不完善、未上传执行报告的 56 家企业进行督促整改。”

技术规范还助力企业构建完整的“证据链”。技术规范中的自行监测、台账记录部分，给了企业具体化、可操作的指导，帮助企业打造了一条完整的“证据链”，从过去的用一个证据点来证明企业环保管理的合规性改为用一条“证据链”来佐证。

（中国环境报　2020 年 4 月 23 日　第 2 版：要闻　记者：文雯）

（一）重点内容解读

厘清责任边界，建立产治排全过程管理体系

——生态环境部环境影响评价与排放管理司有关负责人就《排污许可证申请与核发技术规范　水处理（试行）》有关问题答记者问

2018 年 11 月 12 日，生态环境部发布《排污许可证申请与核发技术规范　水处理（试行）》（HJ 978—2018）（以下简称“水处理技术规范”），推进水处理行业排污许可制度改革，国家排污许可证管理信息平台上的正式申报模块也正式开启。就“水处理技术规范”发布的背景、意义及核心内容等问题，生态环境部环境影响评价与排放管理司有关负责人回答了记者的提问。

问：请问生态环境部为什么要发布《排污许可证申请与核发技术规范　水处理（试行）》（HJ 978—2018）？

答：党中央、国务院高度重视生态环境保护工作，提出改革环境管理基础制度，建立覆盖所有固定污染源的排污许可制度，使其成为企业守法、政府执法、社会监督的依据，实现“一证式”管理，中央全面深化改革委员会将该项工作确定为生态环境部重点改革任务之一。2016 年，国务院办公厅印发的《控制污染物排放许可制实施方案》明确了排污许可制度改革的顶层设计、总体思路，构建以排污许可制为核心的固定污染源环境管理制度，分行业推进，完成覆盖所有固定污染源的排污许可证核发工作。水处理行业就是其中一个重要的行业，目前我们正在加快推进这一行业的排污许可制度改革。

“十一五”至“十二五”时期，我国城镇污水处理厂快速发展，数量和处理能力均显著增加。根据环境统计，城镇污水处理厂从 2006 年的 939 家增至 2016 年的 5 779 家，增加了 5 倍。随着企业入园入区及废水集中处理要求的变化，工业园区配套的集中污水处理厂也越来越多，今后还会进一步增加。

污水处理厂作为污水集中处理设施，对污水处理和减少污染物排放发挥了重要作用。由于长期以来上下游排污单位责任边界不清，排污者主体责任不落实，监管也存在软肋和漏洞，导致污水处理厂未能很好地发挥预期作用。而水处理行业的排污许可制度改革将努力推进对污水处理厂实施全过程管理，明确上下游企业责任，建立从源、网、厂到环境水体的产、治、排全过程管理体系。

问：“水处理技术规范”是用来指导哪些单位发排污许可证的？

答：“水处理技术规范”适用于指导水处理排污单位（集中处理生活污水和工业废水的污水处理厂）填报《排污许可证申请表》及网上填报相关申请信息，同时适用于指导核发环保部门审核确定水处理排污单位排污许可证许可要求。

各行业排污单位内部的污水处理设施和排放口不适用于“水处理技术规范”，适用于各行业排污许可证申请与核发技术规范；专门处理单一行业废水的工业废水集中处理厂，相应的行业排污许可证申请与核发技术规范中有明确规定的，如电镀工业园区，其废水集中处理厂适用其行业技术规范，也不适用于“水处理技术规范”。

另外，水处理排污单位内部执行火电、锅炉排放标准的生产设施和排放口，适用火电、锅炉的技术规范，也不适用于“水处理技术规范”。

问：污水处理厂也有多种类型，有处理生活污水的，也有处理工业废水的，污染物种类和排放标准都不一样，“水处理技术规范”对这些污水处理厂的管理要求有区别吗？

答：“水处理技术规范”对污水处理厂实施分类管理，结合废水性质、排放标准及现行环境管理要求，将水处理排污单位分为以处理生活污水为主的城镇污水处理厂、其他生活污水处理厂和以处理工业废水为主的工业污水集中处理厂三大类。

依据《城镇污水处理厂污染物排放标准》（GB 18918），城镇污水处理厂是指对进入城镇污水收集系统的污水进行净化处理的污水处理厂。其他生活污水处理厂为除城镇污水处理厂外其他为社会公众提供生活污水处理服务的污水处理厂。

结合《环境保护税法实施条例》和《水污染防治行动计划》（“水十条”）管控要求，“水处理技术规范”提出，工业污水集中处理厂是指除城镇污水处理厂外，专门处理其他单位的工业废水，或为工业园区、开发区等工业集聚区内的排污单位提供污水处理服务并作为工业集聚区配套设施的污水处理厂。同时，为与工业园区管理相结合，排污单位需申报是否属于工业园区配套污水处理设施及所有工业园区名称、编码。

城镇污水处理厂按照GB 18918及其修改单进行排放许可。考虑到纳入排污许可管理的其他生活污水处理厂与城镇污水处理厂类似，也参照GB 18918及其修改单对其进行排放许可。工业污水集中处理厂根据进水所属行业性质提出排污许可要求。

问：“水处理技术规范”要怎样解决纳管单位和污水处理厂之间责任不清的问题，又要如何与地表水环境质量管理衔接起来呢？

答：为切实提高污染物集中治理效率，厘清上下游企业责任，提高行业环境管理水平，“水处理技术规范”要推动行业落实进水管控，污水处理厂有权利也有责任清楚掌握并逐渐管控住自己的进水。“水处理技术规范”明确，水处理排污单位需要如实填报进水及管网信息。为衔接各行业水污染物间接排放的许可管理，水处理排污单位接纳工业废水需填报纳管协议及纳管单位排污许可证信息。为掌握工业废水进入城镇排水系统情况，可选择填报工业废水进入城镇排水系统的经纬度坐标。

为强化进水管理，避免有毒有害污染物“穿”污水处理厂而过，“水处理技术规范”提出并严格限制含有毒有害污染物和重金属的工业废水进入城镇污水处理厂。对接纳含有毒有害污染物和重金属的工业废水的城镇污水处理厂，每一股工业废水都应满足其行业污染物排放标准后方可与生活污水进行混合处理。

为与地表水质量管理衔接，“水处理技术规范”规定排污单位出水直接排入环境水体的应填报进入环境水体的经纬度及受纳环境水体水环境功能目标。为与入河排污口管理相衔接，“水处理技术规范”还规定了向环境水体排放污染物的排污单位，需要填报入河排污口批复文号。

问：“水处理技术规范”具体是怎样分类确定污水处理厂污染物排放浓度和量的许可限值的呢？

答：对于城镇污水处理厂和其他生活污水处理厂，出水管控的污染物及许可排放浓度限值都依据 GB 18918 及其修改单确定。鉴于工业废水集中处理厂进水来源和执行的排放标准不同，为落实重点流域综合治理和全面整治黑臭水体要求，以最终管控各股进水进入环境水体的污染物为主要目标，“水处理技术规范”提出根据进水确定纳入管理的污染物，工业废水集中处理厂出水中污染物许可排放浓度限值按照《污水综合排放标准》（GB 8978）中混合排放的要求，根据进水行业排放标准中直接排放浓度限值与水量加权确定。

“水处理技术规范”充分考虑了污水处理厂本身不是污染物的产生者，而是污染治理者的特点，为鼓励污水处理厂尤其是低负荷运行的污水处理厂提高污水处理率，同时与排污单位实际运行情况相结合，许可排放量在根据近三年实际排放量与许可排放浓度确定的基础上，可根据排污单位提出的预期水量变化情况合理作出调整，但原则上不超过设计水量。

为体现对特征因子的管控，对于 GB 18918 及其修改单中未包括的有毒有害污染物，“水处理技术规范”提出排污单位在申领排污许可证时需对出水中的有毒有害污染物开展监测。

问：污水处理厂处理污水的过程中还会产生大量的污泥，“水处理技术规范”对此有提出相应的管控要求吗？

答：由于污水处理过程中，特征污染物并没有被降解或者消除，而是进入污泥中来实现水的净化，因此，污泥如果未经合规处置重回环境，易造成二次污染。我们在调研中发现，不少污水处理厂污泥的去向难以说清，缺乏相应的台账记录和管理。所以，“水处理技术规范”专门对污泥的管控作出了详细的规定，从许可排放量、控制要求、合规判定和环境管理台账等方面提出具体要求。

按照污泥必须全部得到合规处置的原则，结合《环境保护税法实施条例》的要求，“水处理技术规范”提出排污单位污泥年许可排放量为污泥年产生量与年自行综合利用量、自行处置量、委托处置利用贮存量之差，且年许可排放量为零。如污泥有年实际排放量，则视为不合规。污泥实际排放量根据排污单位环境管理台账确定。无法采用污泥环境管理台账的，视为未合规处理处置。

同时，“水处理技术规范”按照 GB 18918 提出污泥稳定化处理及作为农用的控制要求，并对城镇污水处理厂的污泥提出监测要求，如果污泥属于危险废物的，需要按照危险废物的要求处理。排污单位在申领水处理排污许可证时，需要明确污泥属性。

问：“水处理技术规范”对水处理排污单位的自行监测提出了怎样的要求？

答：为了与强化进水管控要求相衔接，且为后续管控污水处理厂污染物去除效果奠定基础，“水处理技术规范”在出水监测的基础上提出对排污单位进水总管进行监测，水量、COD、氨氮实行在线监测并与地方环境主管部门联网。进水的总磷、总氮按日实施手工监测。

同时，优先对工业废水集中处理厂所有进水进行管控，“水处理技术规范”提出各工业废水混合前提供监测结果的要求，可由排水单位提供或由污水处理厂自行监测。同时，在 COD、氨氮自行监测的基础上，为落实《关于加强固定污染源氮磷污染防治的通知》（环水体〔2018〕16 号）要求，“水处理技术规范”提出所有污水处理厂出水中总磷、总氮都要开展自动监测。

问：“水处理技术规范”规定的污染物实际排放量的核算方法有什么特点？

答：“水处理技术规范”结合行业特点和管理要求确定了水处理排污单位实际排放量核算方法。废水和废气核算方法的选取原则与其他行业保持一致，对于应当采用自动监测而未采用的污染因子，依据进水监测数据进行核算；进水无监测数据的，按设计进水浓度和处理水量采用产污系数法核算排放量。

“水处理技术规范”还提出了污泥的实际排放量核算方法，正常情况下，污泥实际排放量为污泥产生量与厂内贮存量、综合利用量、自行处置量和外委处置利用贮存量之差。

可以采用污泥环境管理台账的，根据环境管理台账确定；厂内贮存量、综合利用量、自行处置量和外委处置利用贮存量无法根据环境管理台账确定时按零计算。如污泥实际排放量不为零，即视为超标排放。

（中国环境报　2018 年 11 月 16 日　第 6 版：综合新闻）

《排污许可证申请与核发技术规范　家具制造工业》（HJ 1027—2019）重点内容解读

2019-06-06

近日，生态环境部发布《排污许可证申请与核发技术规范　家具制造工业》（HJ 1027—2019），全面推进该行业排污许可制度改革。全国排污许可证管理信息平台上的正式申报模块将于近期开启。

本标准适用于指导家具制造排污单位在全国排污许可证管理信息平台填报相关申请信息，同时适用于指导核发部门审核确定家具制造排污单位排污许可证要求。

另外，木门窗制造、定制家具制造、为家具制造排污单位配套的集中式喷漆工厂、木玩具制造以及其他有涂装工艺的木质、竹质工艺品制造排污单位参照本标准执行。其中，执行《锅炉大气污染物排放标准》（GB 13271）的生产设施或排放口，适用《排污许可证申请与核发技术规范　锅炉》（HJ 953—2018）；执行《电镀污染物排放标准》（GB 21900）的生产设施或排放口，适用《排污许可证申请与核发技术规范　电镀工业》（HJ 855—2017）。

适用范围

本标准涵盖了《国民经济行业分类》（GB/T 4754—2017）中 211 至 219 共 5 个中类；为了避免管理上的漏项，提出 203 中的部分行业 2032（木门窗制造）、2039（软木制品及其他木制品制造的木玩具制造、定制家具制造）以及 243 中的部分行业参照本标准执行，并明确家具制造排污单位排污许可证发证范围以生态环境部发布的《固定污染源排污许可分类管理名录》等规定为准。

产排污环节与许可排放污染物的确定

家具制造业生产过程中涉及的产排污环节包括基材加工、涂装和施胶、组装等生产单元。其中污染物产生量大的是涂装和施胶车间。

我国尚未发布全国统一的家具制造业污染物排放标准，目前该行业涉及的污染物排放标准有《大气污染物综合排放标准》(GB 16297—1996)及《污水综合排放标准》(GB 8978—1996)。本标准在全面梳理家具制造业产排污环节的基础上，确定废气许可因子共6项，包括颗粒物、挥发性有机物（非甲烷总烃）、苯、甲苯、二甲苯、甲醛等；废水许可因子共6项，包括1项金属家具涉及的第一类污染物（总镍）和5项第二类污染物（pH、化学需氧量、氨氮、悬浮物、五日生化需氧量）。

其中，本标准采用非甲烷总烃表征挥发性有机物，主要是考虑到非甲烷总烃表征挥发性有机物的精度可满足推动行业减排的管理要求，且非甲烷总烃采样监测易操作、成本低，更有利于获得真实监测数据、客观评价污染物治理效果和排放情况。

排放口差异化管理

家具制造过程中大气污染物主要包括涂料、胶黏剂等原辅材料使用过程中造成的挥发性有机物排放和木材加工过程及喷漆后漆面打磨处理过程的颗粒物排放。考虑到废气排放环节主要特征污染物为挥发性有机物，本标准将实施重点管理的家具制造排污单位中涂装和施胶车间的废气排放口作为主要排放口，其他的为一般排放口，均实施浓度管控。传统家具制造排污单位的工艺废水采用循环至一定程度后按危险废物处置的方式不外排，厂区污水处理设施主要针对生活污水进行简单的处理，因此，家具制造排污单位的废水排放口设为一般排放口，实施浓度管控。

许可排放量的核算方法

考虑到家具制造工业没有行业准入政策，企业数量多、规模小，现有企业敞开式涂装和施胶工序较多、废气收集效率低，污染物排放以无组织为主，行业有组织污染治理措施不成熟，本标准不对家具制造工业许可排放量，而是以有组织污染治理设施的管理要求为抓手，在技术规范中细化设施维护、台账记录、管理制度等要求，强化污染防治设施运行、提升污染物减排效果。同时，结合《挥发性有机物无组织排放控制标准》(GB 37822—2019)要求，将“挥发性有机物废气收集处理系统要求”中可量化考核、具备可操作性的措施落实到技术规范许可管理事项中，提高行业无组织污染物收集能力。

自行监测频次要求

废气监测方面，传统家具制造企业涂装和施胶车间排气筒数量较多，为降低企业监测成本，本标准规定重点管理排污单位主要排放口非甲烷总烃、苯、甲苯、二甲苯和甲醛应每半年监测1次，对重点管理排污单位的一般排放口和简化管理排污单位的废气排放口每年监测1次。重点管理的废气无组织排放半年监测1次，简化管理的废气无组织排放每年监测1次。

废水监测方面，金属家具制造排污单位磷化槽或生产设施车间废水处理设施排放口的总镍每季度监测 1 次；家具制造排污单位废水直排的，化学需氧量、氨氮每季度监测 1 次，综合废水处理设施排放口化学需氧量、氨氮每年监测 1 次。本标准未规定的其他监测因子指标按照 HJ 819 等标准规范执行，家具制造排污单位适用的自行监测技术指南发布后从其规定。

另外需要说明的是，《国务院关于印发打赢蓝天保卫战三年行动计划的通知》（国发〔2018〕22 号）规定，排气口高度超过 45 米的高架源，以及石化、化工、包装印刷、工业涂装等 VOCs 排放重点源，纳入重点排污单位名录，督促企业安装烟气排放自动监控设施，2019 年年底前，重点区域基本完成；2020 年年底前，全国基本完成。设区的市级以上地方生态环境主管部门纳入重点排污单位名录的家具制造排污单位，主要排放口应当按期落实国发〔2018〕22 号安装烟气排放自动监控设施相关要求。

实际排放量的核算方法

本标准不对许可排放量做要求，但若企业有计算排放量的需求，可参考本标准规定的实际排放量计算方法。

对于有自行监测要求的排放口和污染因子，采用实测法核算实际排放量，包括与环保税挂钩的苯、甲苯、二甲苯、甲醛等大气污染物和化学需氧量、氨氮等水污染物。未按照排污许可证要求开展自行监测的化学需氧量、氨氮等水污染物，标准规定采用产污系数法，并规定第二次全国污染源普查工作结束后参照第二次全国污染源普查家具制造行业的产污系数核算实际排放量。

对于挥发性有机物实际排放量，本标准在附录 E 中给出了推荐公式，以便地方生态环境主管部门在有需求的情况下采用。

（中国排污许可公众号）

《排污许可证申请与核发技术规范　酒、饮料制造工业》（HJ 1028—2019）重点内容解读

《排污许可证申请与核发技术规范　酒、饮料制造工业》（HJ 1028—2019）适用于指导酒、饮料制造工业排污单位在全国排污许可证管理信息平台填报相关申请信息，同时适用于指导核发机关审核确定酒、饮料制造工业排污单位排污许可证许可要求。

根据《固定污染源排污许可分类管理名录（2017 年版）》（以下简称《名录》），对发酵酒精制造、白酒制造、啤酒制造、黄酒制造、葡萄酒制造企业实行重点管理，对含发酵工艺或者原汁生产的饮料制造企业实行重点管理。本标准适用范围涵盖了纳入《名录》管理的所有酒、饮料制造企业，同时，考虑到与《名录》修订工作的衔接，标准对果酒、奶酒等其他酒的相关要求也作出了规定。

“含发酵工艺或者原汁生产”的饮料主要包括原榨果菜汁、浓缩果菜汁、发酵果菜汁、发酵乳饮料及发酵植物蛋白饮料等，考虑到饮料企业多为多品种经营甚至一条生产线生产多种产品，同一企业除了生产以上“含发酵工艺或者原汁生产”的饮料，还会生产含乳饮料和植物蛋白饮料、碳酸饮料、瓶（罐）装饮用水、固体饮料和茶饮料等其他饮料，为便于这类企业排污许可证的申请和核发，本标准对各种饮料生产相关内容均作出了规定，企业可根据实际情况进行申报。

产排污环节与污染因子的确定

酒、饮料生产过程的生产废水主要包括原料清洗废水、设备清洗废水、洗瓶废水、地面冲洗废水、冷却水系统排水、制水过程排水等。此外，发酵酒精蒸馏过程中会产生废糟液，白酒发酵过程中会产生黄水，白酒蒸馏过程中会产生锅底水，黄酒浸米过程中会产生米浆水。酒、饮料制造工业废水污染因子依据《啤酒工业污染物排放标准》（GB 19821）、《发酵酒精和白酒工业水污染物排放标准》（GB 27631）、《污水综合排放标准》（GB 8978）确定，主要为化学需氧量、氨氮、总氮、总磷、五日生化需氧量、悬浮物、色度等。

酒、饮料生产过程中排放的废气包括综合污水处理站产生的恶臭废气，酒糟堆场、果蔬渣堆场、沼渣堆场产生的恶臭废气，以及发酵酒精、白酒、啤酒原料粉碎和固体饮料的干燥、筛分、包装等工序产生的含颗粒物废气。酒、饮料行业的废气污染因子依据

《大气污染物综合排放标准》（GB 16297）和《恶臭污染物排放标准》（GB 14554）确定，主要包括颗粒物、臭气浓度等。

排放口差异化管理

本标准将实行重点管理的酒、饮料制造工业排污单位废水排放口管理类型分为主要排放口和一般排放口两类，废水总排放口为主要排放口，生活污水直接排放口和其他废水排放口为一般排放口。本标准要求对主要排放口实施排放浓度和排放量双管控，许可排放量的因子为化学需氧量、氨氮、总氮、总磷，一般排放口仅许可排放浓度。实行简化管理的排污单位废水排放口均为一般排放口，废水污染物仅许可排放浓度，不许可排放量。单独排入公共污水处理系统的生活污水仅说明去向。

本标准将酒、饮料制造工业排污单位废气排放口作为一般排放口管理。

许可排放量的核算方法

本标准给出两种水污染物许可排放量核算方法，排污单位分别按照两种方式进行计算，从严确定；当仅能通过其中一种方式计算时，以该计算方法确定。

第一种是依据水污染物许可排放浓度限值、单位产品基准排水量和产品产能来确定；第二种是依据单位产品的水污染物排放量限值和产品产能来确定。

自行监测的要求

本标准提出了排污单位制定自行监测方案的要求，明确了监测点位、监测指标、监测频次。实行重点管理的酒和饮料制造企业废水主要排放口流量、pH、化学需氧量、氨氮、总氮、总磷要求自动监测，五日生化需氧量、悬浮物、色度按照直接排放和间接排放分别要求按季度和按半年监测；一般排放口监测指标包括 pH、化学需氧量、氨氮、总氮、总磷、五日生化需氧量、悬浮物和色度，直接排放和间接排放分别要求按季度和半年监测。实行简化管理的酒和饮料企业废水排放口监测指标包括流量、pH、化学需氧量、氨氮、总氮、总磷、五日生化需氧量、悬浮物和色度，直接排放和间接排放分别要求按季度和半年监测。

废气监测方面，发酵酒精、白酒、啤酒的原料粉碎工序，固体饮料的烘干、筛分、包装等工序的废气排气筒监测指标为颗粒物，监测频次为半年。有生化工序的废水处理设施或酒糟堆场、果蔬渣堆场、沼渣堆场等的排污单位无组织排放监测指标为臭气浓度，监测频次为半年。

本标准还明确该标准未规定的其他监测因子指标按照 HJ 819 等标准规范执行，酒、饮料制造工业排污单位自行监测技术指南发布后，从其规定。

（中国排污许可公众号）

《排污许可证申请与核发技术规范　畜禽养殖行业》（HJ 1029—2019）重点内容解读

《排污许可证申请与核发技术规范　畜禽养殖行业》（HJ 1029—2019）规定了畜禽养殖行业排污单位排污许可证申请与核发的基本情况申报要求、许可排放限值确定、实际排放量核算、合规判定方法及自行监测、环境管理台账与排污许可证执行报告等环境管理要求，提出了污染防治可行技术要求。

本标准适用于设有污水排放口的规模化畜禽养殖场、养殖小区（具体规模化标准按《畜禽规模养殖污染防治条例》执行）的排污许可管理。粪污处理采用资源化利用模式的规模化畜禽养殖场、养殖小区不适用本标准。

简化排污单位基本情况申报要求

对于畜禽养殖行业而言，污染突出和环境管理需重点关注的产污环节主要为养殖栏舍和污染防治设施等，其他的产污环节，如饲料储存间、防疫药品储存间以及原辅材料的使用，涉及的饲料、试剂、菌剂等对污染物排放量影响不大。在充分考虑行业污染特征的基础上，本标准聚焦主要产排污环节，精简了排污单位基本情况申报的相关要求。

行业重点污染物的许可

《关于加强固定污染源氮磷污染防治的通知》（环水体〔2018〕16 号）中明确规定设有污水排放口的规模化畜禽养殖场、养殖小区属于总氮、总磷排放重点行业。本标准除明确对该行业实施化学需氧量、氨氮的许可量管理要求外，还规定了总氮、总磷许可量管理要求。鉴于现行《畜禽养殖行业污染物排放标准》（GB 18596）中未规定总氮许可排放浓度，本标准确定了单位畜禽总氮排放限值，总氮年许可排放量分别基于许可排放浓度（若地方有排放标准的）和单位畜禽排放限值两种方法计算，从严确定。

自行监测差异化的要求

本标准结合当前环境管理水平和需求，规定畜禽养殖行业排污单位废水总排放口流量、氨氮、化学需氧量原则上需实施自动监测，考虑到畜禽养殖行业特征，若地方根据环境管理需求有特殊规定的，可从其规定。

畜禽养殖行业整体环境管理基础薄弱，总氮、总磷的环境管理要求相对滞后，为增强标准实施的可行性，本标准将废水总排放口总氮、总磷的监测频次确定为每季度 1 次，但对于明确位于《“十三五”生态环境保护规划》及生态环境部正式发布的文件中规定的总氮、总磷控制区的排污单位，地方可依据当地环境管理需求适当增加监测频次要求。针对 GB 18596 中涉及的其他污染因子，该标准建议由设区的市级及以上生态环境主管部门依据《排污单位自行监测技术指南　总则》（HJ 819—2017）自行确定监测频次。

（中国排污许可公众号）

《排污许可证申请与核发技术规范　食品制造工业——方便食品、食品及饲料添加剂制造工业》（HJ 1030.3—2019）重点内容解读

2019-09-09

近日，生态环境部发布《排污许可证申请与核发技术规范　食品制造工业——方便食品、食品及饲料添加剂制造工业》（HJ 1030.3—2019），全面推进该行业排污许可制度改革。全国排污许可证管理信息平台上的正式申报模块将于近期开启。

本标准适用于指导方便食品、食品及饲料添加剂制造工业排污单位在全国排污许可证管理信息平台填报相关申请信息，同时适用于指导核发机关审核确定方便食品、食品及饲料添加剂制造工业排污单位排污许可证要求。

方便食品、食品及饲料添加剂制造工业排污单位中，执行《火电厂大气污染物排放标准》（GB 13223）的产污设施和排放口，适用《火电行业排污许可证申请与核发技术规范》；执行《锅炉大气污染物排放标准》（GB 13271）的产污设施和排放口，适用《排污许可证申请与核发技术规范　锅炉》（HJ 953）。

适用范围

本标准适用范围涵盖了《国民经济行业分类》（GB/T 4754—2017）中的方便食品制造（国民经济代码 C143）、其他食品制造（国民经济代码 C149）中的食品及饲料添加剂制造（国民经济代码 C1495）两个行业类别。

以下排污单位排污许可证申请与核发不适用本标准：方便汤料（国民经济代码 C1469）、味精（国民经济代码 C1461）、酵母（国民经济代码 C1469）、柠檬酸（国民经济代码 C1469）和赖氨酸（国民经济代码 C1469）生产适用《排污许可证申请与核发技术规范　食品制造工业——调味品、发酵制品制造工业》（HJ 1030.2）；冷冻水产品（国民经济代码 C1361）适用《排污许可证申请与核发技术规范　农副食品加工工业——水产品加工业》；淀粉及淀粉制品（国民经济代码 C1391）生产适用《排污许可证申请与核发技术规范　农副食品加工工业——淀粉工业》（HJ 860.2—2018）；香精、香料（国

民经济代码 C2684）生产适用《排污许可证申请与核发技术规范　日用化学产品制造工业》；用作食品及饲料添加剂的无机盐制造（国民经济代码 C2613）适用《无机化学工业排污许可证申请与核发技术规范》。

产排污环节与许可排放污染物

方便食品制造工业废气主要来源于方便面和方便菜生产的油炸废气，粉碎机的粉碎废气，以及装卸料、和面、干燥、包装等产生的废气和制冷设备、输运设备、厂内综合污水处理站等公用单元系统产生的废气。废水主要来源于油炸锅等生产设备清洗废水，乌冬面生产过程中的蒸煮废水，米粉生产过程中的浸泡废水等高浓废水，以及原料清洗废水，生产车间和场地清洗废水，工人卫生用水排水等低浓废水。

食品及饲料添加剂制造工业废气主要来源于初加工系统中提取、发酵、化学合成产生的工艺废气，离子交换装置产生的净化废气，干燥设备产生的干燥废气，成品系统中粉碎、造粒、包装等产生的废气，以及装卸料、去壳破碎混合配料、硫黄燃烧炉等产生废气和制冷设备、存储设备、输运设备、厂内综合污水处理站等公用单元系统产生的废气。废水主要来源于蒸发浓缩、离子交换、活性炭吸附、过滤、提取/分离、精制、酸预处理、生物发酵、酯化、尾气洗涤、喷雾干燥等高浓废水，以及冷却塔、设备、器具和车间地面清洗废水、厂内实验室废水和厂区生活污水等低浓废水。

方便食品、食品及饲料添加剂制造工业排污单位废水污染物按照《污水综合排放标准》（GB 8978）确定，《食品加工制造业水污染物排放标准》发布后，其适用范围内的排污单位或生产设施从其规定；方便食品制造工业排污单位废气污染物按照《恶臭污染物排放标准》（GB 14554）、《大气污染物综合排放标准》（GB 16297）和《饮食业油烟排放标准（试行）》（GB 18483）确定；食品及饲料添加剂制造工业排污单位废气污染物按照《工业炉窑大气污染物排放标准》（GB 9078）、《恶臭污染物排放标准》（GB 14554）和《大气污染物综合排放标准》（GB 16297）确定；地方有更严格要求的，从其规定。

排放口差异化管理

方便食品、食品及饲料添加剂制造工业排污单位的废水排放口分为主要排放口和一般排放口。实施《固定污染源排污许可分类管理名录》重点管理的排污单位废水总排放口（综合污水处理站排放口）为主要排放口，单独的生活污水直接排放口为一般排放口。实行简化管理的方便食品、食品及饲料添加剂制造工业排污单位废水总排放口、单独的生活污水直接排放口均为一般排放口。单独排向公共污水处理系统的生活污水仅说明排放去向。

方便食品、食品及饲料添加剂制造工业排污单位的废气排放口均为一般排放口。

许可排放限值的确定

1．废水

方便食品制造工业排污单位许可排放浓度的水污染控制项目有pH、化学需氧量、氨氮、悬浮物、五日生化需氧量、磷酸盐（总磷）和动植物油。食品及饲料添加剂制造工业排污单位许可排放浓度的水污染控制项目有pH、化学需氧量、氨氮、悬浮物、五日生化需氧量、磷酸盐（总磷）、挥发酚、苯胺类、硝基苯、石油类、总铜和甲苯等，其中挥发酚和苯胺类应根据环评及其批复文件以及生产原料、工艺等确定，石油类、总铜和甲苯仅适用于糖精制造排污单位。

对于水污染物，实行重点管理的方便食品、食品及饲料添加剂制造工业排污单位应明确废水化学需氧量、氨氮的年许可排放量，可以明确受纳水体环境质量年均值超标且列入排污许可管控污染物的年许可排放量。地方生态环境主管部门有更严格规定的，从其规定。

实行重点管理的方便食品、食品及饲料添加剂制造工业排污单位废水主要排放口规定许可排放浓度和排放量；一般排放口仅规定许可排放浓度，不规定许可排放量。实行简化管理的排污单位废水排放口仅规定许可排放浓度，不规定许可排放量。单独排入公共污水处理系统的生活污水不规定许可排放浓度和许可排放量。

2．废气

方便食品制造工业排污单位许可排放浓度的大气污染控制项目有颗粒物、油烟、氨和臭气浓度；食品及饲料添加剂制造工业排污单位许可排放浓度的大气污染控制项目有颗粒物、烟气黑度、非甲烷总烃、甲苯、甲醇、二氧化硫、氯气、氨和臭气浓度，其中甲苯、甲醇、二氧化硫和氯气仅适用于糖精制造排污单位。

对于大气污染物，由于方便食品、食品及饲料添加剂制造工业排污单位的废气排放口均为一般排放口，因此，有组织废气的排放口和厂界无组织排放仅规定许可排放浓度（速率），不规定许可排放量。

运行管理要求重点

方便食品、食品及饲料添加剂制造工业排污单位应当按照相关法律法规、标准和技术规范等要求运行大气污染防治设施并进行维护和管理，保证设施运行正常，处理、排放大气污染物符合相关国家或地方污染物排放标准的规定。

有组织排放管控要求：污染防治设施应与其对应的生产工艺设备同步运转，保证在生产工艺设备运行波动情况下仍能正常运转，实现达标排放。加强除尘设备巡检，消除设备隐患，保证正常运行。旋风除尘器应定期检查设备和管线的气密性。袋式除尘器应及时更换滤袋，保证滤袋完整无破损。静电油烟处理器应定期清洗。加强除臭设备巡检，消除设备隐患，保证正常运行。活性炭吸附装置定期更换活性炭，提高活性炭吸附率。采用生物法除臭的定期添加药剂、控制 pH 和温度等。

无组织排放管控要求：加强装卸料、输运设备的密封或密闭，或者收集送除尘装置处理后排放。方便食品制造工业排污单位的调粉、和面等设备和食品及饲料添加剂制造工业排污单位的去壳、破碎、配料混合等设备，应加强密封或密闭，或者收集送除尘装置处理后排放。方便食品制造工业排污单位的和面车间应加强通风，在车间安装排风扇。方便食品制造工业排污单位的包装机应加强密闭，或者包装废气颗粒物在满足生产要求的前提下回用到生产前端，或者收集送除尘装置处理后排放。食品及饲料添加剂制造工业排污单位应采用自动控制的硫黄燃烧炉，或者收集处理其废气后排放。食品及饲料添加剂制造工业排污单位的存储设备（罐区）应加强密封或密闭、加强检测，或者收集废气经处理后排放。对制冷系统（以氨为制冷剂时）和液氨储罐，应定期加强密封检查和检测，并及时更换老化阀门和管道，加强液氨储罐装载过程中的气体检测。应对厂内综合污水处理站产生恶臭气体的区域加罩或加盖，或者投放除臭剂，或者收集恶臭气体到除臭装置处理后经排气筒排放。

工业固体废物管控要求：应记录固体废物（包材、废弃零部件、污泥等）的产生量和去向（综合利用、贮存、处置或转移）及相应量，固体废物各去向量之和应等于固体废物产生量。宜采用污泥产生量较少的污水处理工艺，应收集污水处理产生的全部污泥，并及时处理处置，达到相应的污染物排放或控制标准要求。加强污泥处理处置各个环节（收集、贮存、调节、脱水和外运等）的运行管理，防止二次污染。污泥暂存场所地面应采取防雨、防渗漏措施，排水设施应采取防渗措施。脱水污泥应采用密闭车辆运输。生产车间产生的废菌体渣、废母液、植物提取残渣等应尽可能地进行综合利用。生产车间产生的废活性炭、废树脂、厂内实验室固体废物及其他固体废物，应进行分类管理并及时处理处置，危险废物应委托有资质的相关单位进行处理。

土壤污染预防运行管理要求：纳入土壤污染重点监管单位名录的排污单位，应严格控制有毒有害物质排放，并按年度向生态环境主管部门报告排放情况；建立土壤污染隐患排查制度，保证持续有效防止有毒有害物质渗漏、流失、扬散；制定、实施自行监测方案，并将监测数据报生态环境主管部门。

自行监测要求

纳入重点管理的方便食品、食品及饲料添加剂制造工业排污单位的废水总排放口，应对流量、pH、化学需氧量、氨氮实行自动监测。

台账和执行报告要求

实行重点管理的方便食品、食品及饲料添加剂制造工业排污单位台账记录内容包括排污单位基本信息、生产设施运行管理信息、污染防治设施运行管理信息、监测记录信息及其他环境管理信息等，记录频次原则上对于未发生变化的基本信息，按年记录，1 次/年；对于发生变化的基本信息，在发生变化时记录 1 次；其余信息一般每日或每批次记录 1 次，非正常情况按次记录，采用电子台账和纸质台账两种记录形式同步管理。

实行简化管理的方便食品、食品及饲料添加剂制造工业排污单位，环境台账主要记录基本信息和生产及污染治理设施运行管理信息，原则上应反映排污单位生产运营及污染防治状况。可按月记录废气无组织污染防治措施管理信息，除此之外，其他记录频次按照重点管理的相关要求执行。

实行重点管理的方便食品、食品及饲料添加剂制造工业排污单位应提交年度执行报告、季度执行报告。年度执行报告应包括排污单位基本情况、污染防治设施运行情况、自行监测执行情况、环境管理台账记录执行情况、实际排放情况及合规判定分析、信息公开情况、排污单位内部环境管理体系建设与运行情况、其他排污许可证规定的内容执行情况、其他需要说明的问题、结论及附图附件等。

实行简化管理的方便食品、食品及饲料添加剂制造工业排污单位应提交年度执行报告，主要包括排污单位基本情况、污染防治设施运行情况、自行监测执行情况、环境管理台账执行情况、实际排放情况及合规判定分析、结论等。

合规判定

方便食品、食品及饲料添加剂制造工业排污单位可通过台账记录、按时上报执行报告和开展自行监测、信息公开，自证其依证排污，满足排污许可证要求。

生态环境主管部门可依据方便食品、食品及饲料添加剂制造工业排污单位环境管理台账、执行报告、自行监测记录中的内容，判断其污染物排放浓度（速率）和排放量是否满足许可排放限值要求，也可通过执法监测判断其污染物排放浓度（速率）是否满足许可排放限值要求。

其中，方便食品、食品及饲料添加剂制造工业排污单位各废水排放口污染物的排放浓度达标是指任一有效日均值（除 pH 外）均满足许可排放浓度要求。无组织排放的厂界臭气浓度达标是指“任一次测定均值满足许可限值要求”。无组织排放的厂界其他污染物和有组织废气排放浓度均是指“任一小时浓度均值均满足许可排放浓度要求”。

（中国排污许可公众号）

《排污许可证申请与核发技术规范　电子工业》（HJ 1031—2019）重点内容解读

2019-08-01

近日，生态环境部发布《排污许可证申请与核发技术规范　电子工业》（HJ 1031—2019），全面推进该行业排污许可制度改革。全国排污许可证管理信息平台上的正式申报模块将于近期开启。

本标准适用于指导电子工业排污单位在全国排污许可证管理信息平台填报相关申请信息，同时适用于指导核发部门审核确定电子工业排污单位排污许可证要求。

对于有电镀工序的电子工业排污单位，适用本标准。对于电子工业排污单位中执行《锅炉大气污染物排放标准》（GB 13271）的生产设施和排放口，适用《排污许可证申请与核发技术规范　锅炉》（HJ 953）。

适用范围

本标准适用范围涵盖了《国民经济行业分类》（GB/T 4754—2017）中的计算机制造（国民经济代码 C391）、电子器件制造（国民经济代码 C397）、电子元件及电子专用材料制造（国民经济代码 C398）、其他电子设备制造（国民经济代码 C399）几个行业类别。

产排污环节与许可排放污染物的确定（示意图附后）

电子工业废气种类主要包括有机废气、酸性废气、碱性废气、含尘废气等。废水种类主要包括重金属废水、含氰废水、含铜废水、含锌废水、络合铜废水、铜氨废水、含氨废水、含氟废水、有机废水、含磷废水等。

《电子工业污染物排放标准》发布实施前，电子工业排污单位废气污染物按照《大气污染物综合排放标准》（GB 16297）确定，废水污染物按照《污水综合排放标准》（GB 8978）确定，地方有更严格要求的，从其规定。

排放口差异化管理

电子工业排污单位的排放口分为主要排放口和一般排放口。

纳入《固定污染源排污许可分类管理名录》重点管理排污单位的喷漆生产线有机废气排放口、集成电路制造排污单位的有机废气排放口、显示器件制造排污单位的有机废气排放口为主要排放口，其他为一般排放口。

纳入《固定污染源排污许可分类管理名录》重点管理排污单位的废水总排口、车间或生产设施排放口为主要排放口，其他为一般排放口。

即将发布的《固定污染源排污许可分类管理名录（2019 年版）》规定，纳入重点排污单位的电子工业排污单位应实施重点管理。

许可排放浓度因子和许可排放量核算

控制浓度的大气污染物指标有挥发性有机物、苯、甲苯、二甲苯、颗粒物、氮氧化物、二氧化硫、氟化物、氯化氢、硫酸雾、氨、氰化氢、甲醛等。

有组织的大气污染物许可排放浓度（速率）以排放口为单位确定，无组织的大气污染物许可排放浓度按厂界许可。废气排放口和无组织废气原则上不许可排放量。

控制浓度的水污染排放指标有化学需氧量、氨氮、总磷、总铅、总砷、六价铬、总铬、总镉、总镍、总银、总铜、总锌、氟化物、总氰化物等。

废水以排放口为单位确定许可排放浓度和排放量，主要排放口既许可排放浓度也许可排放量，一般排放口仅许可排放浓度。单独排入市政污水处理厂的生活污水仅说明排放去向，不许可排放浓度和排放量。

运行管理要求重点

有组织排放管控：污染治理设施应规范建设、运行、维护，确保稳定达标排放，当发生事故或者设备维修等应急状态、停止运行时，应立即报告。

无组织排放管控：挥发性有机物物料贮存、转移、输送、收集应符合无组织排放控制要求，提倡使用低 VOCs 含量的涂料，使用含挥发性有机物原辅材料的工序时应采用密闭设备或者在密闭空间内操作，无法密闭的应采取局部气体收集措施，有机废气应排至 VOCs 废气收集处理系统。产生含颗粒物废气的工序，应采用密闭设备或者在密闭空间内操作，废气收集排至粉尘处理系统；无法密闭的，应安装粉尘收集设施，排至粉尘处理系统。

工业固体废物管控：严格按照一般工业固体废物和危险废物管理有关要求，一般工业固体废物暂存间应设置防渗、防风、防晒、防雨措施，危险废物暂存间应按照危险废物贮存污染控制标准相关要求执行。

土壤污染预防管制：按照《土壤污染防治法》要求，土壤重点监管单位应落实源头控制、分区防控、渗漏、泄漏检测等有关要求。

自行监测要求

纳入重点管理的计算机制造或者其他电子设备制造排污单位的喷漆生产线的有机废气排放口、集成电路制造排污单位和显示器件制造排污单位的有机废气排放口，应对挥发性有机物实行自动监测。

纳入重点管理的生产废水总排口，应对化学需氧量、氨氮实行自动监测。

台账和执行报告要求

实行重点管理的电子工业排污单位台账记录内容包括排污单位基本信息、生产设施运行管理信息、污染防治设施运行管理信息、监测记录信息及其他环境管理信息等，原则上每月记录 1 次，排污单位基本信息按年记录，非正常工况按照工况期记录，台账记录纸质和电子件保存年限原则上不低于 3 年。

实行简化管理的电子工业排污单位台账记录内容包括污染治理设施运行管理信息、监测记录信息，原则上每季度记录 1 次，非正常工况按照工况期记录，台账记录纸质和电子件保存年限原则上不低于 3 年。实行重点管理的电子工业排污单位应提交年度执行报告、季度执行报告。年度执行报告应包括排污单位基本情况、污染防治设施运行情况、自行监测执行情况、环境管理台账记录执行情况、实际排放情况及合规判定分析、信息公开情况、排污单位内部环境管理体系建设与运行情况、其他排污许可证规定的内容执行情况等。

实行简化管理的电子工业排污单位应提交年度执行报告，主要包括排污单位基本情况、污染防治设施运行情况、自行监测执行情况、环境管理台账执行情况、实际排放情况及合规判定分析、结论等内容。

合规判定

电子工业排污单位可通过台账记录、按时上报执行报告和开展自行监测、信息公开，自证其依证排污，满足排污许可证要求。

生态环境主管部门可依据电子工业排污单位环境管理台账、执行报告、自行监测记录中的内容，判断其污染物排放浓度（速率）和排放量是否满足许可排放限值要求，也可通过执法监测判断其污染物排放浓度（速率）是否满足许可排放限值要求。

其中，有组织排放口废气污染物和企业边界无组织排放废气污染物排放浓度达标均是指“任一小时浓度均值均满足许可排放浓度要求”。各废水排放口污染物排放浓度达标是指任一有效日均值（除 pH 外）均满足许可排放浓度要求。

附：电子工业典型产品生产工艺及产排污环节示意图

（1）计算机制造

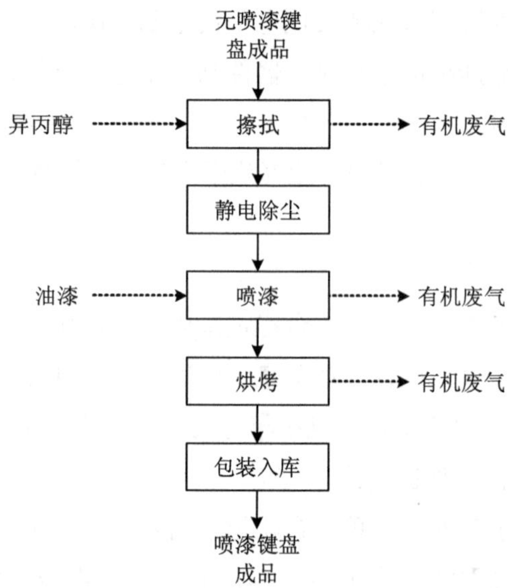

图 1　键盘制造主要工艺流程示意

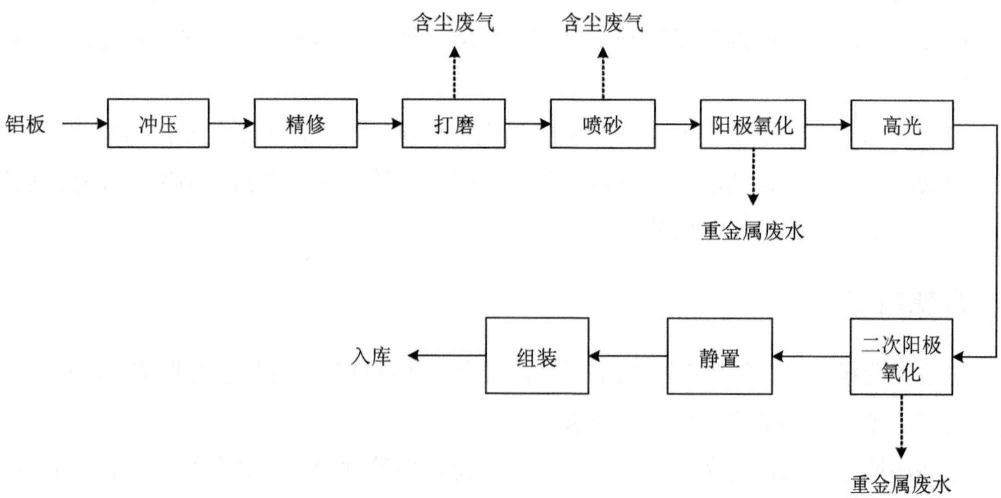

图 2　笔记本电脑外壳制造主要工艺流程示意

（2）电子器件制造

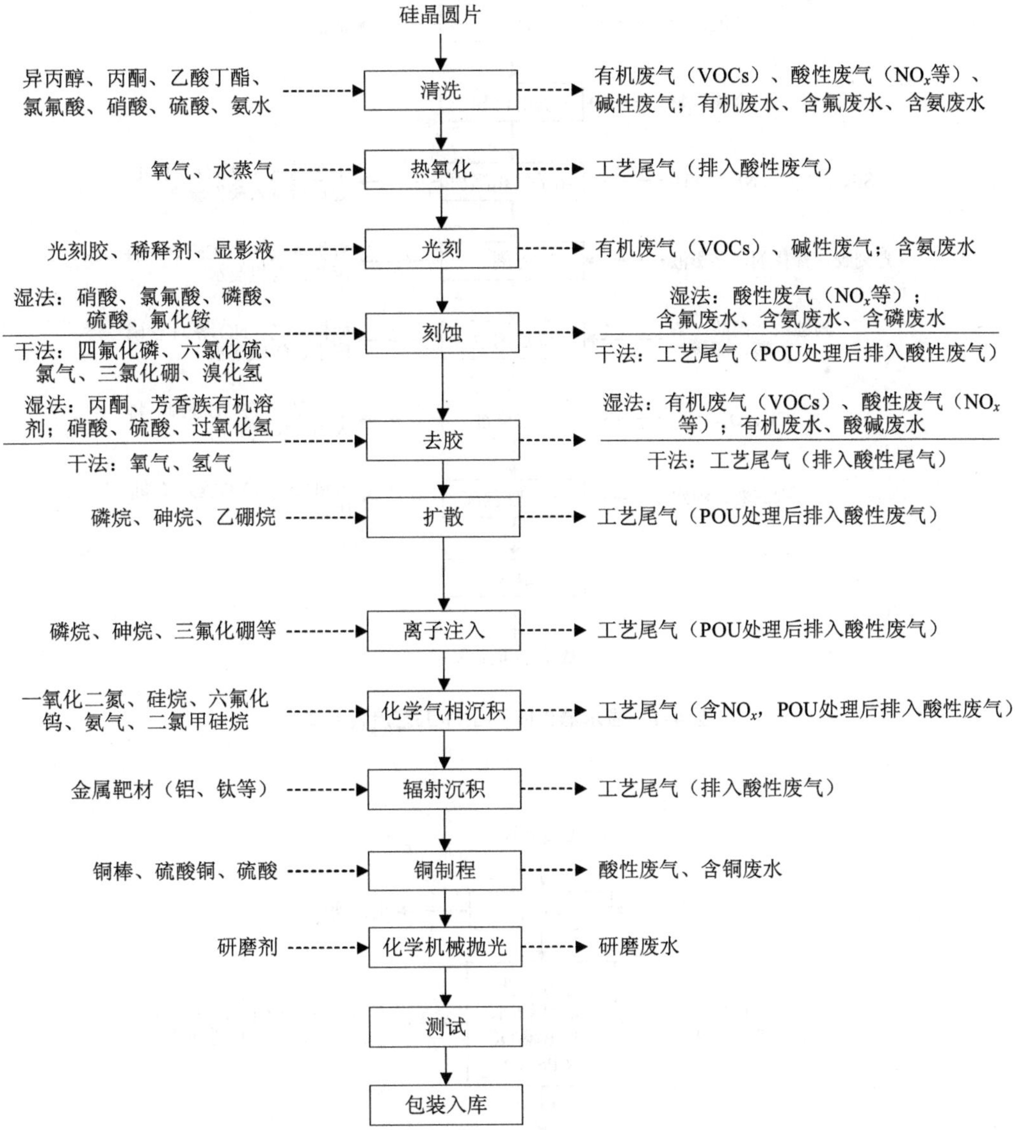

图 3　集成电路制造主要工艺流程示意

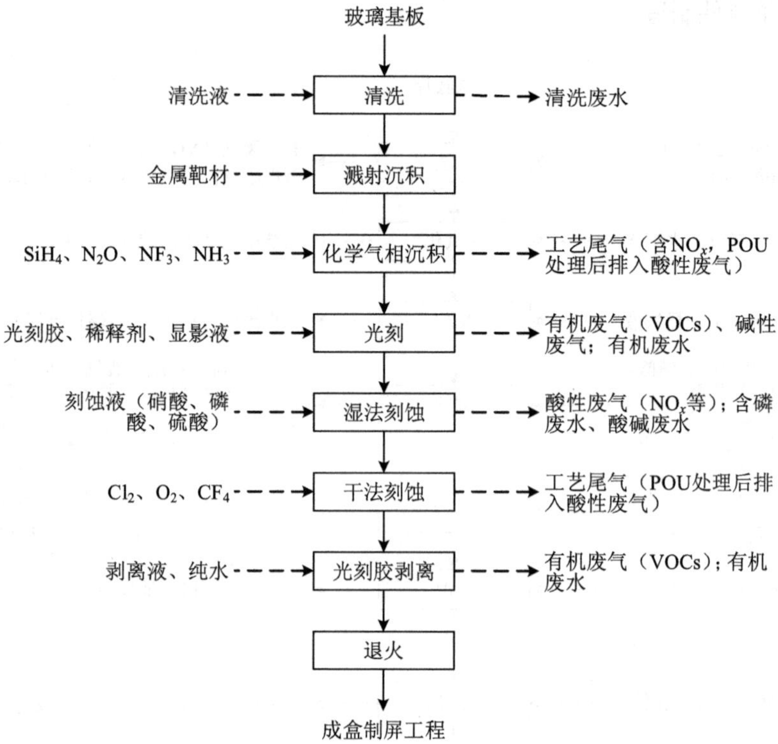

图 4-1 显示器件阵列工序工艺流程示意

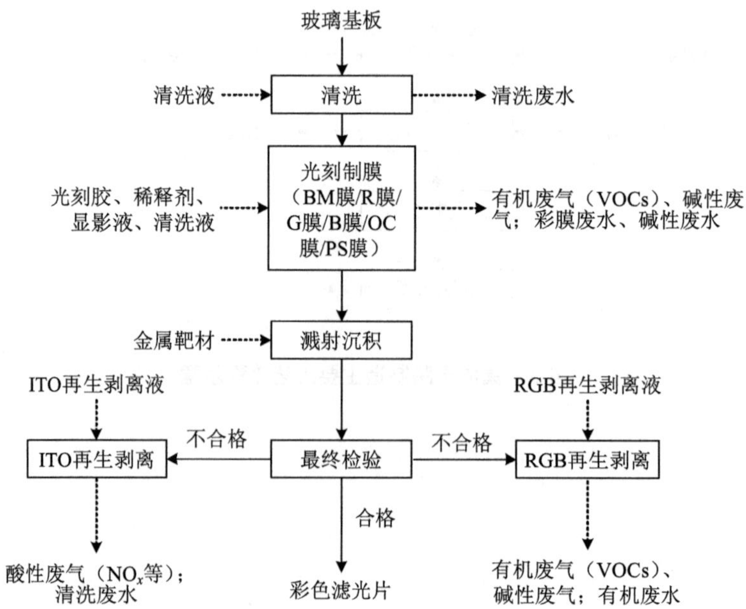

图 4-2 显示器件彩膜工序工艺流程示意

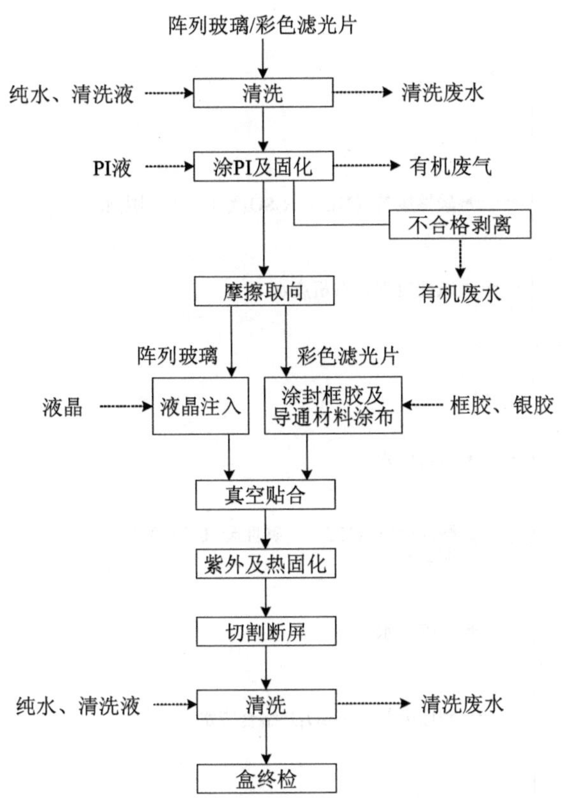

图 4-3　显示器件成盒单元工艺流程示意

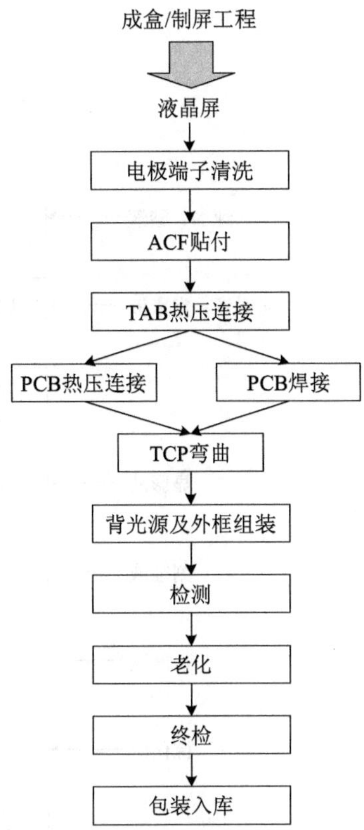

图 4-4　显示器件模组单元工艺流程示意

（3）电子元件制造

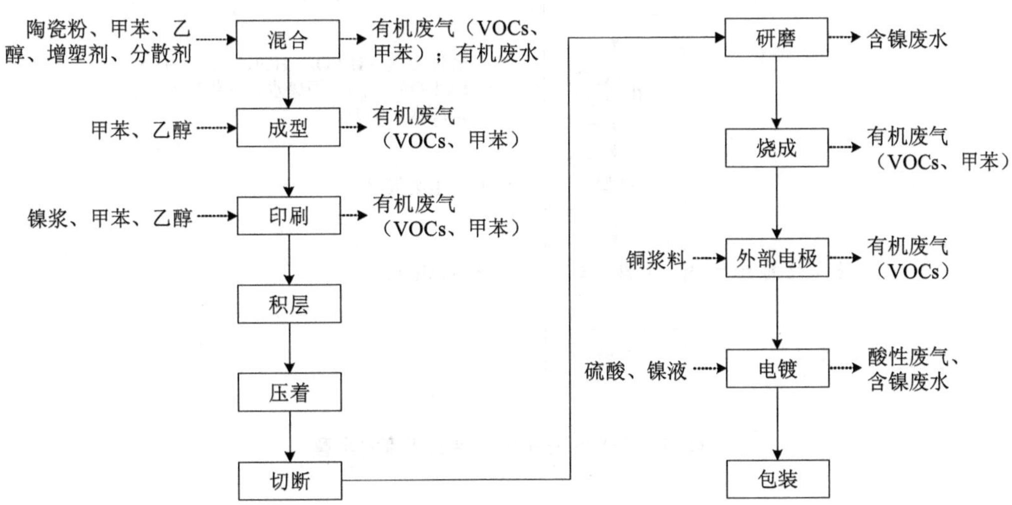

图 5　贴片电容制造主要工艺流程示意

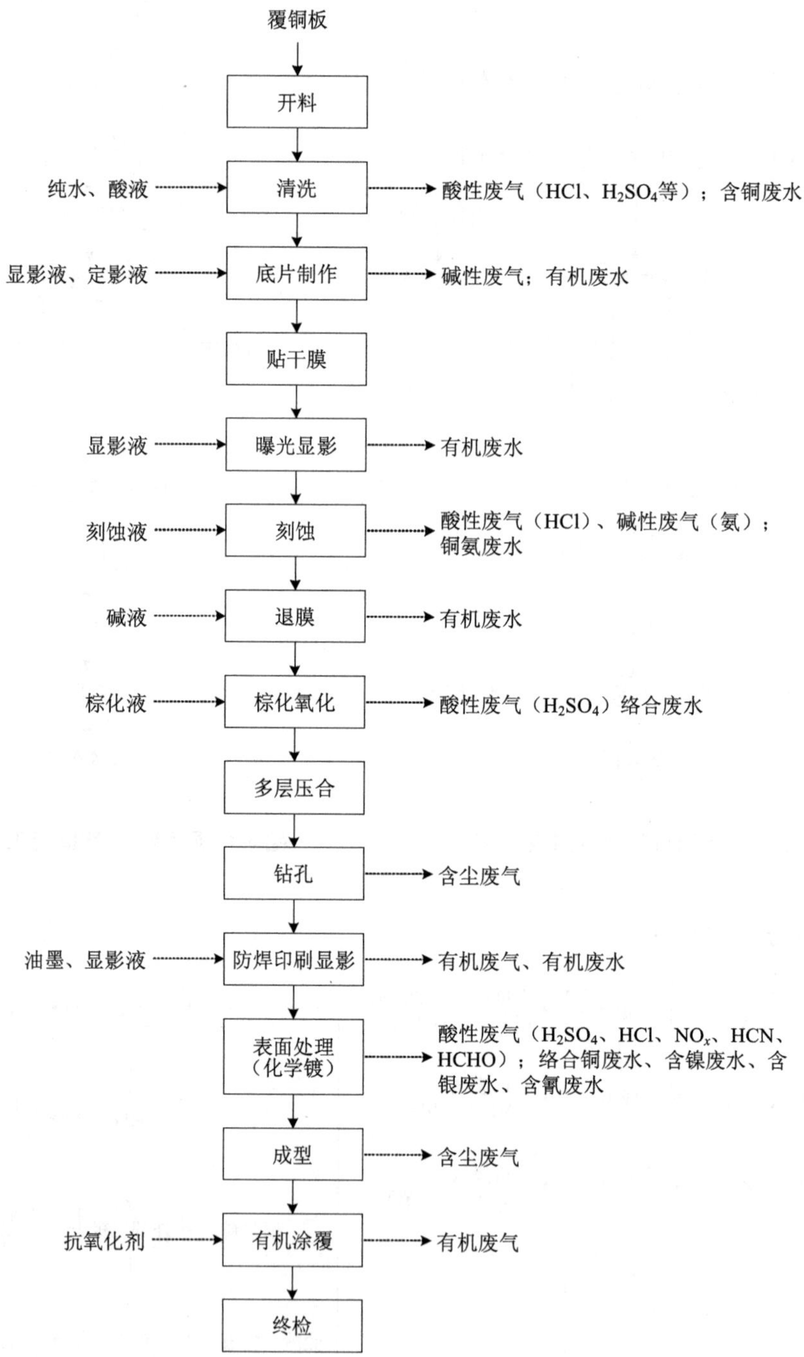

图 6　电子电路制造主要工艺流程示意

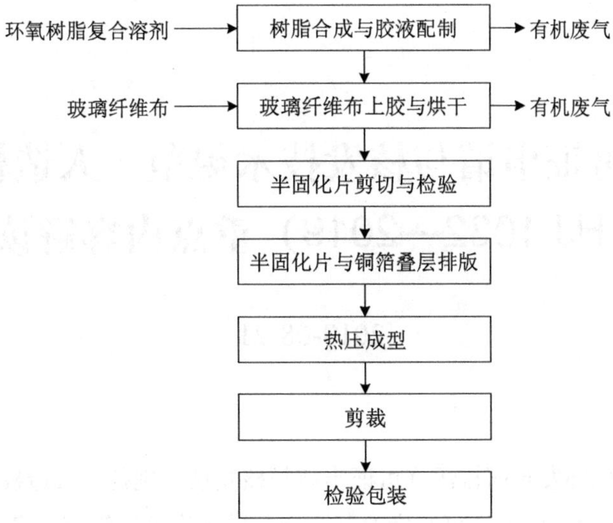

图 7　互联和封装材料-覆铜板制造主要工艺流程示意

（中国排污许可公众号）

《排污许可证申请与核发技术规范 人造板工业》（HJ 1032—2019）重点内容解读

2019-08-21

近日，生态环境部发布《排污许可证申请与核发技术规范 人造板工业》（HJ 1032—2019），全面推进该行业排污许可制度改革。全国排污许可证管理信息平台上的正式申报模块将于近期开启。

本标准适用于指导人造板工业排污单位在全国排污许可证管理信息平台填报相关申请信息，同时适用于指导核发部门审核确定人造板工业排污单位排污许可证要求。

适用范围

本标准适用范围涵盖了《国民经济行业分类》（GB/T 4754—2017）中的胶合板制造（国民经济代码 C2021）、纤维板制造（国民经济代码 C2022）、刨花板制造（国民经济代码 C2023）及其他人造板制造（国民经济代码 C2029）等行业类别。

本标准适用于人造板工业排污单位排放大气污染物、水污染物的排污许可管理。

人造板工业排污单位中，执行《锅炉大气污染物排放标准》（GB 13271）的生产设施和排放口，适用《排污许可证申请与核发技术规范 锅炉》（HJ 953）。本标准未做出规定但排放工业废水、废气或者国家规定的有毒有害污染物的人造板工业排污单位的其他产污设施和排放口，参照《排污许可证申请与核发技术规范 总则》（HJ 942）执行。

废气产排污环节

废气污染物项目主要包括甲醛、VOCs、颗粒物、氮氧化物等。其中：

（1）甲醛产生于纤维干燥工段、热压工段、调（施）胶工段等；

（2）VOCs 产生于纤维干燥工段、刨花干燥工段、热压工段、单板/锯材干燥工段、调（施）胶工段等；

（3）颗粒物产生于纤维干燥工段、刨花干燥工段、热压工段、铺装工段、砂光、锯切、分选工段、物料运输等；

（4）氮氧化物产生于纤维干燥工段、刨花干燥工段等。

废水产排污环节

废水污染物项目主要包括 pH、色度、悬浮物、化学需氧量、五日生化需氧量、氨氮、总氮、总磷、甲醛等，其中：

（1）色度、悬浮物、化学需氧量、五日生化需氧量产生于原木喷淋/蒸煮、水洗、热磨、调施胶等生产工段及生活污水；

（2）甲醛产生于调施胶工段；

（3）氨氮、总氮、总磷产生于生活污水；

（4）pH 产生于调施胶工段及生活污水。

典型产品生产工艺

详见附件（附后）。

执行标准

废气执行《大气污染物综合排放标准》（GB 16297），废水执行《污水综合排放标准》（GB 8978）。待《人造板工业污染物排放标准》发布实施后，从其规定。地方排放标准中有要求的，从严规定。

重点污染物管控项目

人造板工业排污单位重点污染物管控项目为重点管理排污单位的纤维板干燥和刨花板干燥废气排放口污染物，包括甲醛、VOCs、颗粒物、氮氧化物。

排放口划分

废气排放口：纳入《固定污染源排污许可分类管理名录》重点管理排污单位的纤维板干燥和刨花板干燥废气排放口为主要排放口，其他为一般排放口。

废水排放口：全部为一般排放口。

许可排放浓度管控指标

废气许可排放浓度指标：有组织排放废气许可排放浓度污染物为甲醛、VOCs、颗粒物、氮氧化物；无组织排放废气许可排放浓度污染物为甲醛、VOCs、颗粒物。

废水许可排放浓度指标：悬浮物、化学需氧量、五日生化需氧量、氨氮、总氮、总磷、甲醛。

许可排放量管理要求

大气污染物许可排放量：主要排放口逐一计算许可排放量，排污单位许可排放量为各主要排放口年许可排放量之和。一般排放口和无组织废气不许可排放量。

水污染物：不许可排放量。

运行管理要求

有组织废气排放管控：有组织废气排放应优先采用本标准推荐的污染防治可行技术进行处理。有组织废气宜分类收集、分类处理或预处理，严禁经污染控制设备处理后的废气与锅炉烟气及其他未经处理的废气混合后直接排放，严禁未经污染控制设备处理后的废气与空气混合后稀释排放。

无组织废气排放管控：无组织废气排放节点主要包括物料输送、调施胶工段等，对无组织排放设施应尽量实现废气源密闭化，将其处理后排放；无法密闭的，应采取局部气体收集处理措施；液态 VOCs 物料应采用密闭管道输送方式或桶泵等给料方式密闭投加，无法密闭投加的，应在密闭空间内操作，或进行局部气体收集。

固体废物管控：严格按照一般工业固体废物和危险废物管理有关要求，一般工业固体废物暂存间应设置防渗、防风、防晒、防雨措施，危险废物应按规定严格执行危险废物转移联单制度。

废水管控：排污单位的露天原料堆场应加快原料周转及堆场清洁管理；原料堆场场地雨水宜采用明沟排放，末端设置过滤装置。

自行监测要求

落实《国务院关于印发打赢蓝天保卫战三年行动计划的通知》（国发〔2018〕22 号）规定，排气口高度超过 45 米的高架源，纳入重点排污单位名录。

人造板工业排污单位应当开展自行监测的污染源包括有组织排放废气、无组织排放废气、生产废水等全部污染源。

自动监测：纳入重点排污单位的人造板工业排污单位的纤维干燥工段、刨花干燥工段的氮氧化物、颗粒物、VOCs。

台账记录要求

重点管理台账记录内容包括排污单位基本信息、生产设施运行管理信息、污染防治设施运行管理信息、监测记录信息及其他环境管理信息等。

简化管理台账记录内容包括污染防治设施运行管理信息和监测记录信息。

台账记录形式包括纸质储存和电子储存。

执行报告要求

重点管理：应提交年度执行报告和季度执行报告，年度执行报告应包括排污单位基本生产情况、污染防治设施运行情况、自行监测情况等其他排污许可证规定的内容执行情况及其他需要说明的问题、结论、附图附件等。

简化管理：应提交年度执行报告，年度执行报告应包括排污单位基本情况、污染防治设施运行情况、自行监测执行情况、环境管理台账执行情况、实际排放情况及合规判定分析方法、结论等。

合规判定

人造板工业排污单位合规判定途径：可通过台账记录、按时上报执行报告和开展自行监测、信息公开自证其依证排污。

生态环境主管部门合规判定途径：依据排污单位环境管理台账、执行报告、自行监测记录中的内容，判断其污染物排放浓度和排放量是否满足许可排放限值要求，也可通过执法监测判断其污染物排放浓度是否满足许可排放限值要求。

附件一

人造板工业典型产品生产工艺及产排污环节

（1）胶合板制造

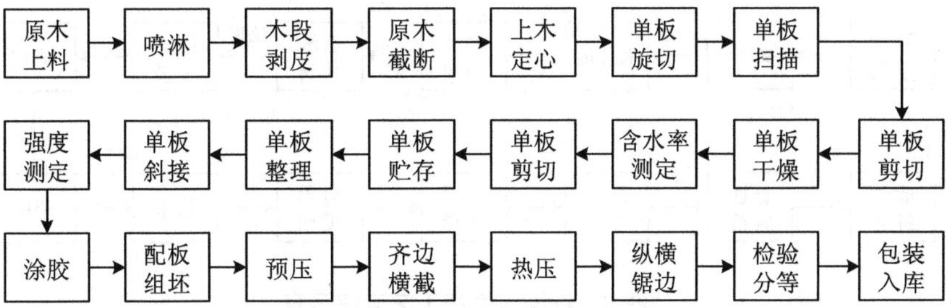

图 1　胶合板生产工艺流程示意

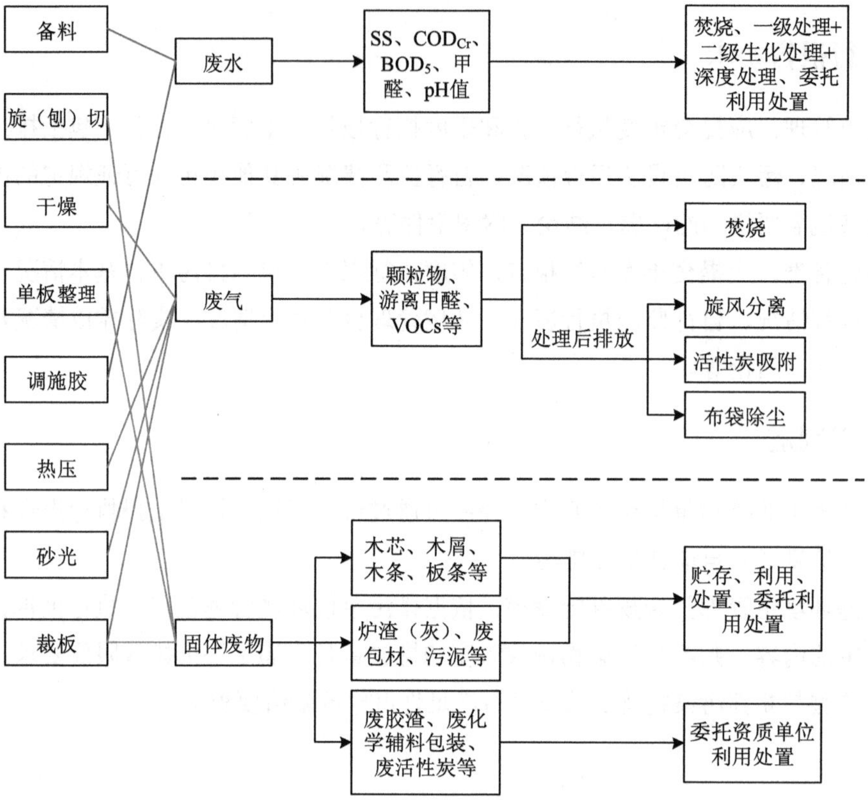

图 2　胶合板生产过程中的生产单元、产污环节、“三废”排放与治理技术

（2）纤维板制造

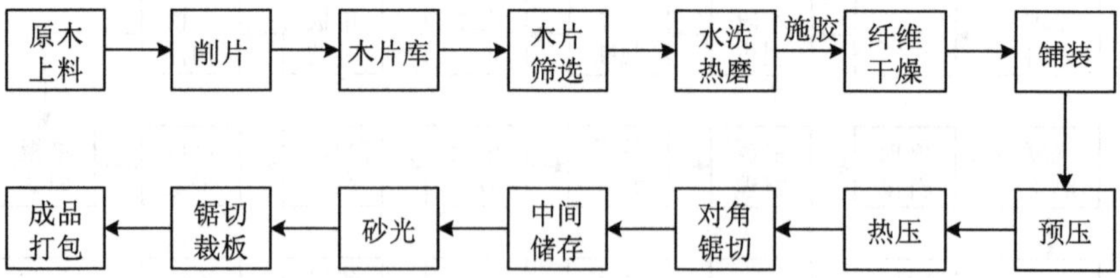

图 3　纤维板生产工艺流程示意

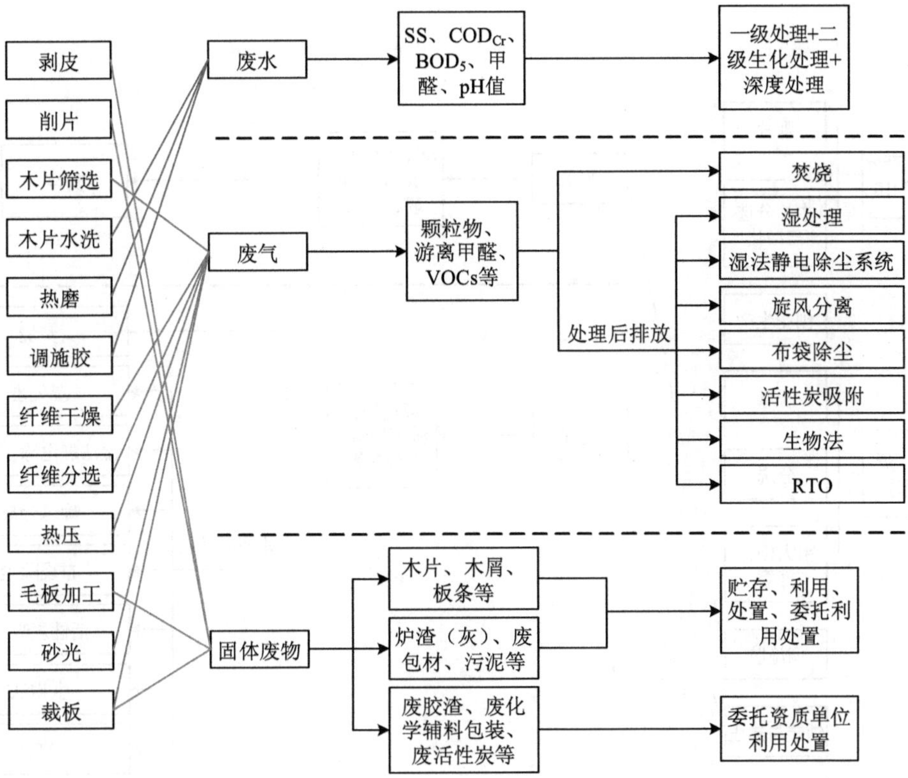

图 4 纤维板生产过程中的生产单元、产污环节、“三废”排放与治理技术

（3）刨花板制造

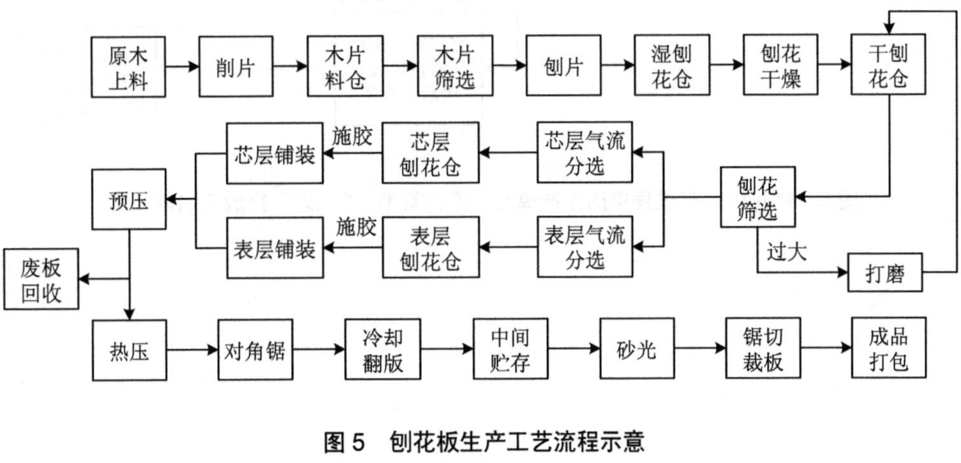

图 5 刨花板生产工艺流程示意

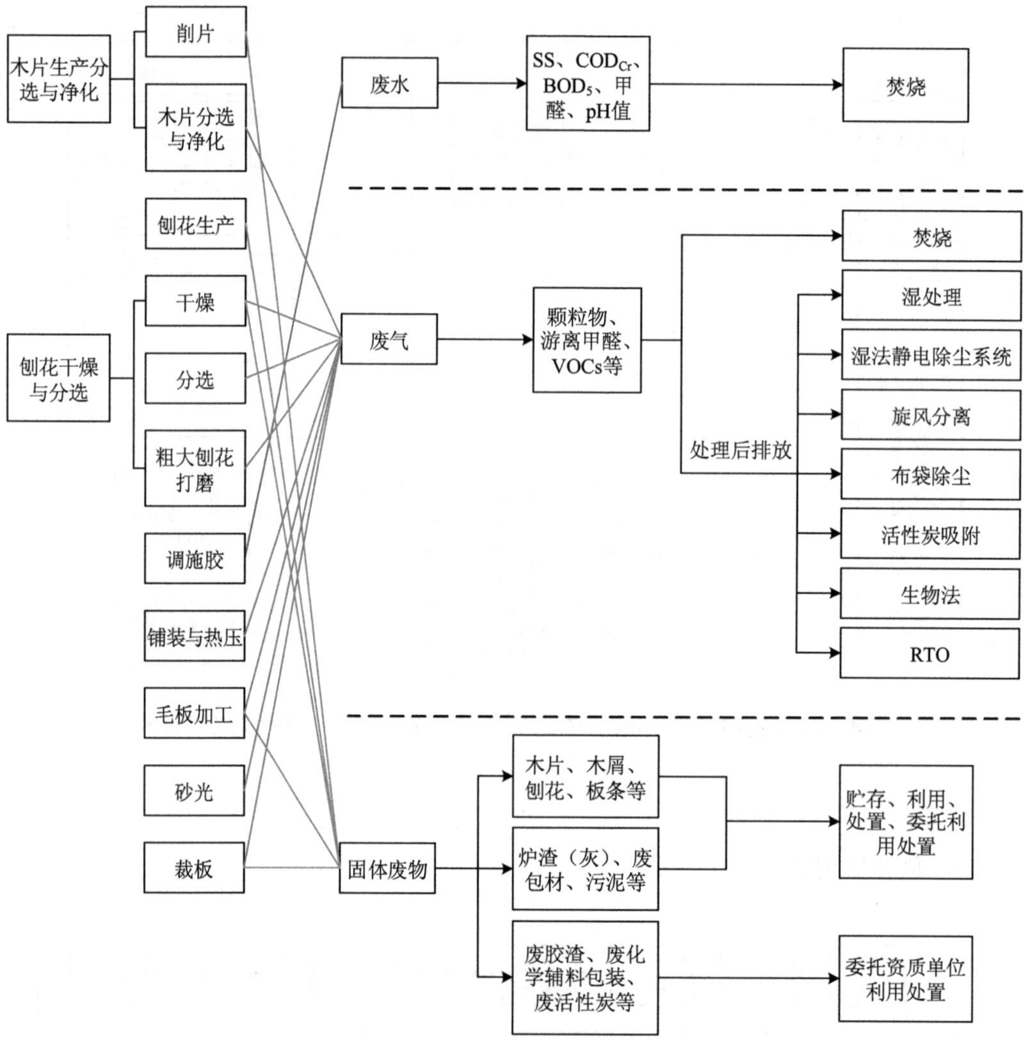

图 6　刨花板生产过程中的生产单元、产污环节、“三废”排放与治理技术

（4）其他人造板制造

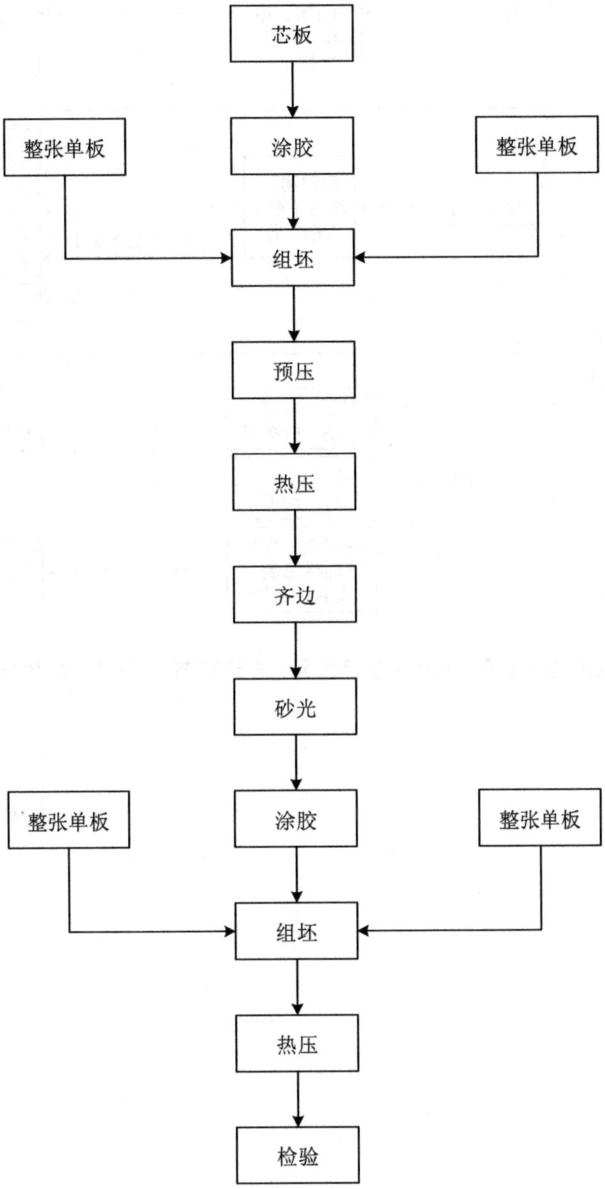

图 7　其他人造板生产工艺流程示意

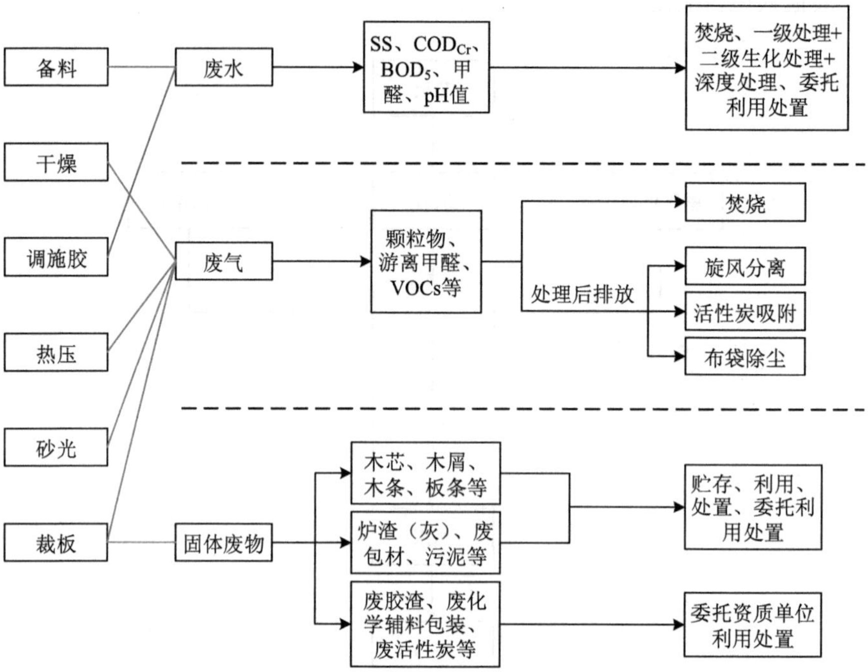

图 8　其他人造板生产过程中的生产单元、产污环节、“三废”排放与治理技术

（中国排污许可公众号）

《排污许可证申请与核发技术规范 工业固体废物和危险废物治理》（HJ 1033—2019）重点内容解读

2019-09-03

近日，生态环境部发布《排污许可证申请与核发技术规范 工业固体废物和危险废物治理》（HJ 1033—2019），全面推进该行业排污许可制度改革。全国排污许可证管理信息平台上的正式申报模块将于近期开启。

本标准适用于指导工业固体废物和危险废物治理排污单位在全国排污许可证管理信息平台填报相关申请信息，适用于指导核发机关审核确定工业固体废物和危险废物治理排污单位排污许可证许可要求。

适用范围

本标准适用于工业固体废物和危险废物治理排污单位（开展一般工业固体废物贮存、处置及危险废物贮存、利用、处置经营性活动的排污单位，主要包括国民经济类别“N772 环境治理业”中“7723 固体废物治理”和“7724 危险废物治理”行业类别）排放的大气污染物、水污染物及产生的固体废物的排污许可管理。从工业固体废物和危险废物中提炼金属的排污单位，属于黑色金属冶炼和压延加工业或有色金属冶炼和压延加工业，不适用本标准。

另外，工业固体废物和危险废物治理排污单位中，执行《危险废物焚烧污染控制标准》（GB 18484）的焚烧处置设施或排放口，适用《排污许可证申请与核发技术规范 危险废物焚烧》；执行《水泥窑协同处置固体废物污染控制标准》（GB 30485）的生产设施或排放口，适用《排污许可证申请与核发技术规范 水泥工业》（HJ 847—2017）；执行《生活垃圾焚烧污染控制标准》（GB 18485）的一般工业固体废物焚烧处置设施或排放口，适用《排污许可证申请与核发技术规范 生活垃圾焚烧》；执行《无机化学工业污染物排放标准》（GB 31573）及其他无机化学工业专项排放标准的生产设施或排放口，适用《排污许可证申请与核发技术规范 无机化学工业》；执行《合成树脂工业污染物排放标准》（GB 31572）的生产设施或排放口，适用《排污许可证申请与核发技术规范 石化工业》

（HJ 853—2017）；执行《锅炉大气污染物排放标准》（GB 13271）的生产设施或排放口，适用《排污许可证申请与核发技术规范 锅炉》（HJ 953—2018）；废矿物油加工适用《排污许可证申请与核发技术规范 废弃资源加工工业》（HJ 1034—2019）。

本标准未作规定但排放工业废水、废气或者国家规定的有毒有害污染物的工业固体废物和危险废物治理排污单位的其他生产设施和排放口，参照《排污许可证申请与核发技术规范 总则》（HJ 942—2018）执行。

产排污环节与许可排放污染物的确定

一般工业固体废物贮存、处置排污单位废气主要包括贮存、处置单元的无组织废气和污水处理废气，废水主要为渗滤液、冲洗废水和生活污水。

危险废物（不含医疗废物）利用排污单位主要生产单元包括贮存单元、分析与鉴别单元、有机物回收单元、废活性炭再生单元、废催化剂再生单元、废包装容器清洗单元、废线路板回收单元和公用单元。废气主要包括热处理废气、破碎筛分废气、烘干废气、污水处理废气等，废水主要包括废活性炭清洗废水、废催化剂清洗废水、浸渍活化废水、化验室废水、废气碱喷淋废水、冷却水排水、设备及地面冲洗水、初期雨水、生活污水等。

危险废物（不含医疗废物）处置排污单位主要生产单元包括贮存单元、分析与鉴别单元、物化处理单元、固化/稳定化单元、填埋处置单元、熔融处置单元、热脱附处置单元、超临界水氧化处置单元、铬渣干法解毒单元、废包装容器清洗单元、安全气囊爆破单元和公用单元。废气主要包括破碎筛分废气、氧化还原废气、熔融炉废气、热脱附废气、还原煅烧废气、污水处理废气等，废水主要为填埋渗滤液、物化处理废水、废气碱喷淋废水、化验室废水、超临界氧化装置尾水、冷却水排水、设备及地面冲洗水、初期雨水、生活污水等。

医疗废物处置排污单位主要生产单元包括贮存单元、分析与鉴别单元、微波消毒处理单元、化学消毒处理单元、高温蒸汽处理单元、车辆/工具/周转箱清洗消毒单元和公用单元。废气主要包括贮存废气、破碎废气、微波消毒废气、化学消毒废气、蒸汽处理废气等，废水主要包括消毒处理废水、冲洗废水、初期雨水、生活污水等。

工业固体废物和危险废物治理排污单位因处理的废物成分和性质不确定，本标准仅写明需控制的常规指标，如颗粒物、二氧化硫、氮氧化物、化学需氧量、氨氮等；其他污染控制因子根据环境影响评价文件及其审批、审核意见等相关环境管理规定及固体废物特性，从执行的排放标准中选取。

固体废物产生类别及去向

一般工业固体废物贮存、处置排污单位新产生的固体废物主要为污水处理污泥。危险废物（不含医疗废物）利用排污单位新产生的固体废物包括废包装物，蒸馏残渣，筛分出的废活性炭，废催化剂，废气、废水处理过程中产生的废物等。危险废物（不含医疗废物）处置排污单位新产生的固体废物包括废包装物、实验室废液、污泥、废矿物油、熔渣等。医疗废物处置排污单位新产生的固体废物主要包括消毒后的医疗废物、废活性炭、除尘灰、污泥等。

固体废物的去向主要为贮存、自行利用、自行处置、委托有资质单位利用或处置，排污单位根据实际情况填报。

排放口差异化管理

工业固体废物和危险废物治理排污单位的排放口分为主要排放口和一般排放口。

熔融处置单元、热脱附处置单元的热处理炉废气排放口，以及铬渣干法解毒单元的还原煅烧废气排放口为主要排放口，其他废气排放口为一般排放口。

工业固体废物和危险废物治理排污单位废水排放口均为一般排放口。

废气许可排放浓度（或排放速率）管控

有组织排放废气许可排放浓度（或排放速率）指标主要包括颗粒物、二氧化硫、氮氧化物、VOCs 等，以及根据环境影响评价文件及其审批、审核意见等相关环境管理规定及危险废物特性，从相应排放标准中选取的废气污染物项目。无组织排放废气许可排放浓度（或排放速率）指标主要包括颗粒物、硫化氢、氨、臭气浓度及根据环境影响评价文件及其审批、审核意见等相关环境管理规定及危险废物特性，从相应排放标准中选取的废气污染物项目。

一般工业固体废物贮存、处置排污单位废气污染物许可排放浓度（或排放速率）依据 GB 16297、GB 20426 和 GB 14554 确定。如有适用的行业标准，按行业标准确定。

危险废物回收有机物、废活性炭再生、废催化剂再生、废包装容器清洗、废线路板回收排污单位废气许可排放浓度（或排放速率）依据 GB 16297、GB 9078 和 GB 14554 确定。

危险废物物理化学处理排污单位、危险废物填埋场、超临界水氧化处置、安全气囊爆破排污单位废气许可排放浓度（或排放速率）依据 GB 16297、GB 14554 确定。

危险废物熔融、热脱附处置排污单位配伍、上料、调浆废气许可排放浓度（或排放速率）依据 GB 16297 确定，熔融废气、热脱附废气许可排放浓度参照 GB 18484 确定，废水处理设施无组织废气依据 GB 14554 确定。

铬渣干法解毒处置排污单位破碎、筛分、烘干、输送、进料废气许可排放浓度依据 GB 16297 确定，回转窑、立窑、辊道窑等废气许可排放浓度依据 HJ/T 301 确定。

废水许可排放浓度管控

废水许可排放浓度指标主要包括悬浮物、化学需氧量、五日生化需氧量、氨氮、总磷等。

一般工业固体废物贮存、处置排污单位废水许可排放浓度依据 GB 8978 确定，属于一般工业固体废物的尾矿、冶炼废渣等的贮存、处置排污单位，如有适用的行业标准，按行业标准确定废水污染物许可排放浓度。

危险废物填埋场渗滤液许可排放浓度依据 GB 18598 确定，其他危险废物（不含医疗废物）利用、处置排污单位废水许可排放浓度依据 GB 8978 确定。

医疗废物处置排污单位废水许可排放浓度依据 GB 18466 和 GB 8978 确定。

许可排放量核算方法

许可排放量包括年许可排放量和特殊时段许可排放量。

根据排放口的近 3 年平均烟气量、污染物许可排放浓度限值、年运行时间计算主要排放口的大气污染物许可排放量。对于工业固体废物和危险废物治理排污单位设有多种利用、处置工艺的，企业在核算过程中应分别核算许可排放量。特殊时段许可排放量，其计算基数为企业前 1 年的实际排放量而非许可排放量，削减比例根据重污染天气应对或冬防期间的削减比例确定。

本标准将工业固体废物和危险废物治理排污单位的废水排放口均作为一般排放口进行管理，未设置许可排放量要求。

对本标准未列出许可排放量核算方法的排污口及污染因子，不影响由于环境保护税或者排污收费等要求，对其实际排放量进行核算。地方生态环境主管部门也可以依据环境质量改善的需要，制定相关规范性文件，扩大辖区内实施许可排放量管控的排放口和污染因子。

固体废物环境管理要求

要求排污单位应妥善收集、贮存生产过程中产生的各类固体废物，并按照《国家危险废物名录》或国家规定的危险废物鉴别标准鉴定类别后采取相应的处置方式，不得擅自倾倒、堆放、丢弃、遗撒固体废物。属于一般工业固体废物的，其贮存、处置应符合 GB 18599 的相关要求，或委托有能力处理相应固体废物的单位利用或处置；属于危险废物的，其产生、贮存、收集、利用、处置过程应满足《中华人民共和国固体废物污染环境防治法》以及 GB 18597、GB 15562.2、GB 18598 等标准规范的相关规定要求。

自行监测要求

根据现行排放标准及污染控制标准以及调研现有企业监测频次现状，结合《排污单位自行监测技术指南　总则》（HJ 819）要求，设置污染源各监测点位、指标、频次。熔融处置、热脱附处置、铬渣干法解毒单元的废气主要排放口，主要污染物需实施在线监测；一般工业固体废物贮存、处置场，危险废物填埋场按标准要求进行废气污染物按月监测；其他大多数废气排放口污染物监测频次为半年 1 次。一般工业固体废物贮存、处置场，危险废物填埋场废水污染物按标准要求进行按月监测；医疗废物处置根据标准要求设置各项指标的监测频次；其他废水排放口污染物监测频次多为每季度 1 次。依据相关标准，补充了地下水、土壤、污泥的监测要求。

台账记录和执行报告要求

本标准针对基本信息、接收固体废物信息、生产设施运行管理信息、污染防治设施运行管理信息、监测记录信息及其他环境管理信息等分别规定了记录内容，不设置台账表格样式要求。

结合危险废物经营管理相关要求，补充接收固体废物信息台账记录要求，外来危险废物入库信息、库存危险废物出库信息、库存危险废物利用/处置信息、危险废物样品分析信息和危险废物样品小试报告按照《危险废物经营单位记录和报告经营情况指南》相关要求执行。结合行业特征，补充排污单位自身产生的一般工业固体废物/危险废物贮存、利用、处置信息记录要求。

实际排放量核算要求

本标准给出了工业固体废物和危险废物治理排污单位废气、废水污染物实际排放量核算方法。熔融处置、热脱附处置、铬渣干法解毒工艺主要排放口废气主要污染物需按要求核算污染物的实际排放量，其他废气排放口及所有废水排放口若地方主管部门有要求，从其要求核算实际排放量。实际排放量核算优先选用实测法，要求采用自动监测的排放口或污染物而未采用的，或未按照相关规范文件等要求进行手工监测（无有效监测数据）的，采用产污系数法核算污染物实际排放量。

合规判定

排污单位可以通过台账记录、按时上报执行报告和开展自行监测、信息公开自证其依证排污。

生态环境主管部门依据排污单位环境管理台账、执行报告、自行监测记录中的内容，判断其污染物排放浓度和排放量是否满足许可排放限值要求，或通过执法监测判断其污染物排放浓度（或排放速率）是否满足许可排放限值要求。

（中国排污许可公众号）

《排污许可证申请与核发技术规范　废弃资源加工工业》（HJ 1034—2019）重点内容解读

2019-09-05

近日，生态环境部发布《排污许可证申请与核发技术规范　废弃资源加工工业》（HJ 1034—2019），全面推进该行业排污许可制度改革。全国排污许可证管理信息平台上的正式申报模块将于近期开启。

本标准适用于指导废弃资源加工工业排污单位在全国排污许可证管理信息平台填报相关申请信息，适用于指导核发机关审核确定废弃资源加工工业排污单位排污许可证许可要求。

适用范围

本标准主要适用于以废弃电器电子产品、废电池、废汽车、废电机、废五金、废塑料、废矿物油、废船、废轮胎（含废橡胶）及其他废弃资源为原料加工获取金属或非金属材料的排污单位。其中，其他废弃资源的加工方式仅限于清洗、破碎、分选等物理加工方式。

其他利用废弃资源生产相关产品的排污单位，适用相应行业的排污许可证申请与核发技术规范。例如，再生铜、再生铝、再生铅（包含废铅蓄电池）、再生锌排污单位，适用《排污许可证申请与核发技术规范　有色金属工业——再生金属》（HJ 863.4）；废纸加工工业排污单位，适用《造纸行业排污许可证申请与核发技术规范》；废弃资源加工制造建筑材料排污单位，适用《排污许可证申请与核发技术规范　陶瓷砖瓦工业》（HJ 954）、《排污许可证申请与核发技术规范　水泥工业》（HJ 847）。

本标准不适用于固体废物和危险废物处置设施排放的大气污染物、水污染物的排污许可管理。本标准未作出规定但排放大气污染物、水污染物或国家规定的有毒有害污染物的废弃资源加工工业排污单位其他产污设施或排放口，参照《排污许可证申请与核发技术规范　总则》（HJ 942）执行。

产排污环节与许可排放污染物

许可污染物情况见表1。

表1 许可污染物情况

废弃电器电子产品、废机动车、废五金、废电机、废船、其他废弃资源加工	废气：颗粒物，铅、汞及其化合物，非甲烷总烃； 废水：pH、化学需氧量、石油类、氨氮、悬浮物、五日生化需氧量、总磷、动植物油
废电机热解	废气：颗粒物，二氧化硫，氮氧化物，镉及其化合物，铅及其化合物，砷、镍及其化合物，铬、锡、锑、铜、锰及其化合物，二噁英
废电池加工	废气：烟尘、二氧化硫、氟化物、镍及其化合物、硫酸雾、氯化氢、非甲烷总烃； 废水：pH、化学需氧量、氨氮、总锰、总铜、总锌、总钴、悬浮物、氟化物、五日生化需氧量、总磷、动植物油
废塑料加工	废气：非甲烷总烃、颗粒物、二甲苯、氯化氢、氨、硫化氢； 废水：pH、化学需氧量、氨氮、石油类、悬浮物、五日生化需氧量、总磷、动植物油等
废矿物油加工	废气：非甲烷总烃、硫化氢、氨； 废水：pH、化学需氧量、五日生化需氧量、悬浮物、硫化物、石油类、氨氮、总磷、动植物油
废轮胎加工	废气：颗粒物、氮氧化物、二氧化硫、硫化氢、甲苯、二甲苯类、非甲烷总烃、二噁英； 废水：pH、化学需氧量、石油类、氨氮、悬浮物、五日生化需氧量、总磷、动植物油

在废弃资源加工工业排污单位中，锅炉烟囱大气污染物许可排放浓度按照《锅炉大气污染物排放标准》（GB 13271）确定；废电池热解大气污染物许可排放浓度按照《工业炉窑大气污染物排放标准》（GB 9078）、《大气污染物综合排放标准》（GB 16297）确定；废电机热解大气污染物许可排放浓度按照《危险废物焚烧污染控制标准》（GB 18484）确定；废轮胎热裂解大气污染物排放浓度按照《石油化学工业污染物排放标准》（GB 31571）确定；恶臭污染物许可排放浓度（速率）按照《恶臭污染物排放标准》（GB 14554）确定；其他大气污染物许可排放浓度按照《大气污染物综合排放标准》（GB 16297）确定。废弃资源加工工业排污单位废水污染物许可排放浓度按照《污水综合排放标准》（GB 8978）确定。地方有更严格排放标准要求的，按照地方排放标准从严确定。

排放口差异化管理

废弃资源加工工业排污单位的排放口分为主要排放口和一般排放口。

纳入《固定污染源排污许可分类管理名录》重点管理的废轮胎生产再生橡胶工艺中解交联、捏炼、精炼环节或常压连续再生环节的废气处理设施排放口以及废轮胎热裂解工艺中热裂解及加热装置废气处理设施排放口为主要排放口，其他为一般排放口。

纳入《固定污染源排污许可分类管理名录》重点管理的排污单位的废水总排口、车间或生产设施排放口为主要排放口，其他为一般排放口。

许可排放浓度因子和许可排放量核算

对于大气污染物，以排放口为单位确定主要排放口和一般排放口许可排放浓度（速率），以厂界监控点确定无组织许可排放浓度。按主要排放口许可排放量，各主要排放口许可排放量之和为排污单位的许可排放量。一般排放口和无组织废气排放生产单元不许可排放量。

对于水污染物，实行重点管理的废弃资源加工工业排污单位废水主要排放口规定许可排放浓度和排放量；一般排放口仅规定许可排放浓度，不规定许可排放量。实行简化管理的排污单位废水排放口仅规定许可排放浓度，不规定许可排放量。单独排入公共污水处理系统的生活污水不规定许可排放浓度和许可排放量。

根据国家或地方污染物排放标准，按照从严原则确定许可排放浓度。2015 年 1 月 1 日及以后取得环境影响评价文件审批、审核意见的排污单位，许可排放量还应同时满足环境影响评价文件及其审批、审核意见确定的排放量的要求。

运行管理要求

废气有组织排放：污染防治设施应与其对应的生产工艺设备同步运转，保证在生产工艺设备运行波动情况下仍能正常运转，实现达标排放。对于制冷剂为消耗臭氧层物质的，应当按照《消耗臭氧层物质管理条例》的要求对消耗臭氧层物质进行收集，不得直接排放。

废气无组织排放：控制厂内运输、贮存过程中粉尘无组织排放。运输产生粉尘的物料，其车辆应采取密闭、苫盖等措施。厂区道路应硬化，并采取洒水、喷雾等降尘措施。产生粉尘的物料应储存在有硬化地面的料棚或仓库中。产生粉尘的物料转运点、落料点应设置收集罩，并配备除尘设施。各类废弃资源加工工业排污单位需根据各自加工特点采取相应的废气无组织排放治理措施。

废水排放：应按照国家和地方规范进行设计，采取有效措施避免废水“跑、冒、滴、漏”造成土壤、地下水污染，生产废水应集中收集处置后达标排放。由于事故或设备维修等原因造成污染防治设施停止运行时，应立即报告当地生态环境主管部门。废水处理后回用需满足相应回用水水质要求。

自行监测要求

废轮胎解交联、捏炼、精炼、常压连续再生排放口的颗粒物应安装自动监测设备；废轮胎热裂解排放口的颗粒物、氮氧化物、二氧化硫应安装自动监测设备。鼓励其他排放口及污染物采用自动监测设备监测，无法开展自动监测的，应采用手工监测。

废电池、废塑料加工工业排污单位生产废水总排放口应安装流量、pH、化学需氧量、氨氮自动监测设备。鼓励其他废水排放口及污染物采用自动监测设备监测，无法开展自动监测的，应采用手工监测。

台账和执行报告要求

实行重点管理的废弃资源加工工业排污单位台账记录内容包括排污单位基本信息、生产设施运行管理信息、污染防治设施运行管理信息、监测记录信息及其他环境管理信息等，排污单位基本信息按年记录，其他信息一般按日或批次记录，非正常工况按照工况期记录。

实行简化管理的废弃资源加工工业排污单位台账主要记录基本信息和生产及污染防治设施运行管理信息，可按月记录废气无组织污染防治措施管理信息。

实行重点管理的废弃资源加工工业排污单位应提交年度执行报告、季度执行报告。年度执行报告应包括排污单位基本情况、污染防治设施运行情况、自行监测执行情况、环境管理台账记录执行情况、实际排放情况及合规判定分析、信息公开情况、排污单位内部环境管理体系建设与运行情况、其他排污许可证规定的内容执行情况等。季度执行报告应包括污染物实际排放浓度（速率）和排放量、合规判定分析、超标排放或污染防治设施异常情况说明等内容，以及各月度生产小时数、主要产品及其产量、主要原料及其消耗量、新水用量及废水排放量、主要污染物排放量等信息。

实行简化管理的废弃资源加工工业排污单位应提交年度执行报告，主要包括排污单位基本情况、污染防治设施运行情况、自行监测执行情况、环境管理台账执行情况、实际排放情况及合规判定分析、结论等内容。

实际排放量

废弃资源加工工业排污单位的大气、水污染物在核算时段内的实际排放量等于正常情况与非正常情况实际排放量之和。废弃资源加工工业排污单位的大气污染物在核算时段内的实际排放量等于主要排放口的实际排放量，不核算一般排放口和无组织排放的实际排放量。

首先采用实测法核算，分为自动监测实测法和手工监测实测法。对于排污许可证中载明的要求采用自动监测的污染物项目，应采用符合监测规范的有效自动监测数据核算污染物实际排放量。对于未要求采用自动监测的污染物项目，可采用自动监测数据或手工监测数据核算污染物实际排放量。要求采用自动监测的排放口或污染物项目而未采用的，采用产污系数法核算污染物排放量，且均按直接排放进行核算。未按照相关规范文件等要求进行手工监测（无有效监测数据）的排放口或污染物按产污系数法核算，且均按直接排放进行核算。

合规判定

废弃资源加工工业排污单位可通过台账记录、按时上报执行报告和开展自行监测、信息公开，自证其依证排污、满足排污许可证要求。

生态环境主管部门可依据排污单位环境管理台账、执行报告、自行监测记录中的内容，判断其污染物排放浓度（速率）和排放量是否满足许可排放限值要求，也可通过执法监测判断其污染物排放浓度（速率）是否满足许可排放限值要求。其中，有组织排放口废气污染物和企业边界无组织排放废气污染物排放浓度达标均是指“任一小时浓度均值均满足许可排放浓度要求”。各废水排放口污染物排放浓度达标是指任一有效日均值（除 pH 外）均满足许可排放浓度要求。

（中国排污许可公众号）

《排污许可证申请与核发技术规范　无机化学工业》（HJ 1035—2019）重点内容解读

2019-09-10

近日，生态环境部发布《排污许可证申请与核发技术规范　无机化学工业》（HJ 1035—2019），全面推进该行业排污许可制度改革。全国排污许可证管理信息平台上的正式申报模块将于近期开启。

本标准适用于指导无机化学工业排污单位填报《排污许可证申请表》及在全国排污许可证管理信息平台申报系统中填报相关申请信息，同时适用于指导核发机关审核确定无机化学工业排污许可证许可要求。

适用范围

本标准适用范围涵盖了《国民经济行业分类》（GB/T 4754—2017）中无机酸制造 2611、无机碱制造 2612、无机盐制造 2613 及其他基础化学原料制造 2619 中无机化学工业产品制造。

但以上述物质作为副产品的其他化工生产排污单位排放的大气污染物、水污染物的排污许可管理不适用本标准，执行相应行业的排污许可证申请与核发技术规范。生产生物氢气、一般气体（电解制氢气除外）、稀有气体、液态空气及压缩空气等的无机化学工业排污单位排放的大气污染物、水污染物的排污许可管理参照《排污许可证申请与核发技术规范　总则》（HJ 942）执行。

无机化学工业排污单位中，执行《火电厂大气污染物排放标准》（GB 13223）的生产设施和排放口适用《火电行业排污许可证申请与核发技术规范》；执行《锅炉大气污染物排放标准》（GB 13271）的生产设施和排放口适用《排污许可证申请与核发技术规范　锅炉》（HJ 953）。

许可排放污染物的确定

无机化学工业包括的行业种类较多。从国家已发布的污染物排放标准来看，涉及《硫酸工业污染物排放标准》（GB 26132）、《硝酸工业污染物排放标准》（GB 26131）、《烧碱、聚氯乙烯工业污染物排放标准》（GB 15581）、《无机化学工业污染物排放标准》（GB 31573）等四个行业型污染物排放标准及《大气污染物综合排放标准》（GB 16297）、《污水综合排放标准》（GB 8978）、《工业炉窑大气污染物排放标准》（GB 9078）、《恶臭污染物排放标准》（GB 14554）等四个综合及通用型污染物排放标准。此外，电石、无机磷化学两个行业型污染物排放标准正在制订阶段。因此，本标准许可排放浓度的确定原则为排污单位按照执行的国家或地方排放标准从严确定，国家或地方后续发布无机磷化学工业、电石工业等相关行业污染物排放标准，按相应行业标准执行。

废气许可排放量的污染因子包括颗粒物、二氧化硫、氮氧化物，铬盐行业对铬及其化合物许可排放量，实行重金属污染总量控制的区域，还应明确重金属污染物许可排放量。废水许可排放量污染因子包括化学需氧量、氨氮，硝酸行业还需许可总氮，无机磷化学行业还需许可总磷，铬盐行业车间排放口对总铬及六价铬许可排放量。实行总磷、总氮总量控制的区域，明确总磷、总氮许可排放量。

排放口差异化管理

无机化学工业排污单位的排放口分为主要排放口和一般排放口。对废气排放口，本标准中明确了硫酸、硝酸、磷酸、烧碱（盐酸）、纯碱、无机盐的部分产品、黄磷等行业主要排放口，其原则一是反应单元主要生产设施产生的含二氧化硫、氮氧化物的工艺废气对应的排放口为主要排放口；二是涉及工业炉窑的废气排放口为主要排放口。其他无机化工产品生产过程涉及工业炉窑的废气排放口也均为主要排放口。对废水排放口，本标准中明确硫酸、硝酸、无机磷化学废水总排放口，含铬重金属无机化合物车间或车间处理设施废水排放口和总排放口为主要排放口。

许可排放浓度因子和许可排放量核算

无机化工排污单位控制污染物指标依据所执行的国家或地方污染物排放标准确定污染物种类。有组织大气污染物许可排放浓度（速率）以排放口为单位确定，无组织大气污染物许可排放浓度按厂界许可。无组织废气不许可排放量。废水以排放口为单位确定许可排放浓度和排放量，主要排放口既许可排放浓度也许可排放量，一般排放口仅许可排放浓度。单独排入市政污水处理厂的生活污水仅说明排放去向，不许可排放浓度和排放量。

运行管理要求

有组织排放管控：排污单位应当按照相关法律法规、标准和技术规范等要求运行污染防治设施，并进行维护和管理，保证设施正常运行。

无组织排放管控主要体现在废气无组织排放源的全空间或局部空间的收集、挥发性有机液体贮存和装卸废气的收集等方面的要求。

废水运行管理主要体现在废水分类收集、分质处理及达标排放，废水的循环利用，不得设置未纳入监管的废水外排口的管理等方面的要求。

固体废物环境管理主要体现在固体废物综合利用、二次污染防治、固体废物台账记录、危险废物转移联单制度等要求。

土壤污染防治运行管理主要是要求排污单位采取防止有毒有害物质渗漏、流失、扬散的措施，并对纳入土壤污染重点监管单位名录的企业提出了年度报告、隐患排查、自行监测的要求。

自行监测要求

废气主要排放口的颗粒物、二氧化硫、氮氧化物采用自动监测，特征污染物最低监测频次为季度，一般排放口污染物项目按季度开展监测。无组织废气排放监控位置为厂界，最低监测频次为半年。

废水总排放口的pH、化学需氧量、氨氮实行自动监测；总磷实施总量控制区域及《关于加强固定污染源氮磷污染防治的通知》中规定的总磷排放重点行业，总磷须采取自动监测；总氮实施总量控制区域及《关于加强固定污染源氮磷污染防治的通知》中规定的总氮排放重点行业，待自动监测技术规范发布后，需采用自动监测。

台账和执行报告要求

环境管理台账应当按照电子台账和纸质台账两种记录形式同步管理，保存期限不得少于 3 年。实行重点管理的排污单位环境管理台账应记录排污单位基本信息、生产设施运行管理信息、污染治理设施运行管理信息、监测记录信息和其他环境管理信息。实行简化管理的排污单位环境管理台账内容可适当缩减，至少记录污染治理设施运行管理信息和监测记录信息。

实行重点管理的排污单位应提交年度执行报告和季度执行报告，实行简化管理的排污单位应提交年度执行报告。地方生态环境主管部门根据环境管理需求，可要求排污单位上报季度/月度执行报告，并在排污许可证中明确。

合规判定

排污单位可通过台账记录、按时上报执行报告和开展自行监测、信息公开，自证其依证排污，满足排污许可证要求。

生态环境主管部门可依据排污单位环境管理台账、执行报告、自行监测记录中的内容，判断其污染物排放浓度（速率）和排放量是否满足许可排放限值要求，也可通过执法监测判断其污染物排放浓度（速率）是否满足许可排放限值要求。

各废气排放口污染物或厂界无组织污染物的排放浓度合规是指“任一小时浓度均值均满足许可排放浓度要求”。

各废水排放口污染物的排放浓度达标是指“任一有效日均值均满足许可排放浓度要求”。排放标准中浓度限值为非日均值的污染物，其排放浓度达标是指按相关监测规范要求测定的排放浓度满足许可排放浓度要求。

（中国排污许可公众号）

《排污许可证申请与核发技术规范　聚氯乙烯工业》（HJ 1036—2019）重点内容解读

2019-09-11

近日，生态环境部发布《排污许可证申请与核发技术规范　聚氯乙烯工业》（HJ 1036—2019），全面推进该行业排污许可制度改革。全国排污许可证管理信息平台上的正式申报模块将于近期开启。

本标准适用于指导聚氯乙烯工业排污单位填报《排污许可证申请表》及在全国排污许可证管理信息平台填报相关申请信息，同时适用于指导核发机关审核确定聚氯乙烯工业排污单位排污许可证要求。

对于采用乙烯法、乙炔法、单体法生产二氯乙烷、氯乙烯和聚氯乙烯的排污单位，适用本标准。聚氯乙烯工业排污单位中，执行《火电厂大气污染物排放标准》（GB 13223）和《锅炉大气污染物排放标准》（GB 13271）的生产设施和排放口适用《火电行业排污许可证申请与核发技术规范》和《排污许可证申请与核发技术规范　锅炉》（HJ 953）。

适用范围

本标准适用范围仅涵盖《国民经济行业分类》（GB/T 4754—2017）中初级形态塑料和合成树脂制造（C2651）的通用树脂（聚氯乙烯树脂）制造的排污单位，具体包括乙炔法、乙烯法、单体法生产二氯乙烷、氯乙烯和聚氯乙烯的排污单位。

产排污环节与许可排放污染物的确定

聚氯乙烯工业废气种类主要包括有机废气、含尘废气和燃烧废气等。废水种类主要包括重金属废水、电石渣浆废水、酸碱废水、有机废水等。

聚氯乙烯工业排污单位废气污染物按照《烧碱、聚氯乙烯工业污染物排放标准》（GB 15581）和《恶臭污染物排放标准》（GB 14554）确定，废水污染物按照《烧碱、聚氯乙烯工业污染物排放标准》（GB 15581）确定，地方有更严格要求的，从其规定。

排放口差异化管理

按照《固定污染源排污许可分类管理名录（2019 年版）》，聚氯乙烯工业排污单位全部纳入重点排污单位实施重点管理。

聚氯乙烯工业排污单位的排放口分为主要排放口和一般排放口。

乙炔法聚氯乙烯排污单位的氯乙烯合成单元精馏废气排放口和聚氯乙烯干燥废气排放口、乙烯法聚氯乙烯排污单位的焚烧炉、裂解炉废气排放口和聚氯乙烯干燥废气排放口为主要排放口，其他为一般排放口。

排污单位的废水总排口、氯乙烯合成车间排放口为主要排放口，其他为一般排放口。

许可排放浓度因子和许可排放量核算

控制浓度的大气污染物指标有颗粒物、二氧化硫、氮氧化物、汞及其化合物、氯乙烯、氯化氢、二氯乙烷、挥发性有机物（以非甲烷总烃计）、氨、硫化氢、臭气浓度、二噁英类等。

聚氯乙烯工业排污单位废气主要排放口许可污染物排放浓度，部分污染因子［二氧化硫、氮氧化物、颗粒物、挥发性有机物（以非甲烷总烃计）］许可排放量；一般排放口仅许可污染物排放浓度，原则上不许可排放量。地方生态环境主管部门有许可要求的，从其规定。

控制浓度的水污染排放指标有 pH、化学需氧量、五日生化需氧量、悬浮物、石油类、氨氮、总氮、总磷、硫化物、氯乙烯、总汞等。

废水以排放口为单位确定许可排放浓度和排放量，主要排放口既许可排放浓度也许可排放量，一般排放口仅许可排放浓度。单独排入市政污水处理厂的生活污水仅说明排放去向，不许可浓度和排放量。

运行管理要求重点

有组织排放管控：污染治理设施应规范建设、运行、维护，确保稳定达标排放，当发生事故或者设备维修等应急状态、停止运行时，应立即报告。

无组织排放管控：挥发性有机物物料贮存、转移、输送、收集应符合无组织排放控制要求，使用含挥发性有机物原辅材料的工序时应采用密闭设备或者在密闭空间内操作，无法密闭的应采取局部气体收集措施，有机废气应排至 VOCs 废气收集处理系统。产生含颗粒物废气的工序，应采用密闭设备或者在密闭空间内操作，废气收集排至粉尘处理系统；无法密闭的，应安装粉尘收集设施，排至粉尘处理系统。

废水管控：实施雨污分流、清污分流、污污分流，分类收集、分质处理，循环利用等源头控制措施；污染治理设施应规范建设、运行、维护，确保稳定达标排放，当发生事故或者设备维修等应急状态、停止运行时，应立即报告。

工业固体废物管控：严格按照一般工业固体废物和危险废物管理有关要求，一般工业固体废物暂存间应设置防渗、防风、防晒、防雨措施，危险废物暂存间应按照危险废物贮存污染控制标准相关要求执行。

土壤污染预防管制：按照《土壤污染防治法》要求，土壤重点监管单位应落实源头控制，分区防控，渗漏、泄漏检测等有关要求。

自行监测要求

聚氯乙烯工业排污单位中废气主要排放口的二氧化硫、氮氧化物应安装自动监测装置。

聚氯乙烯工业排污单位生产废水总排放口应安装流量、pH、化学需氧量、氨氮自动监测设备。

台账和执行报告要求

聚氯乙烯工业排污单位台账记录内容包括排污单位基本信息、生产设施运行管理信息、污染防治设施运行管理信息、监测记录信息及其他环境管理信息等，记录频次原则上每班记录 1 次，排污单位基本信息按年记录，非正常工况按照工况期记录，台账记录纸质和电子件保存年限原则上不低于 3 年。

聚氯乙烯工业排污单位应提交年度执行报告、季度执行报告。年度执行报告应包括排污单位基本情况、污染防治设施运行情况、自行监测执行情况、环境管理台账记录执行情况、实际排放情况及合规判定分析、信息公开情况、排污单位内部环境管理体系建设与运行情况、其他排污许可证规定的内容执行情况等。

聚氯乙烯工业排污单位应至少每年上报一次排污许可证年度执行报告，各类执行报告均于下一周期首月 15 日前提交至排污许可证发证机关。

合规判定

聚氯乙烯工业排污单位可通过台账记录、按时上报执行报告和开展自行监测、信息公开，自证其依证排污、满足排污许可证要求。

生态环境主管部门可依据聚氯乙烯工业排污单位环境管理台账、执行报告、自行监测记录中的内容，判断其污染物排放浓度（速率）和排放量是否满足许可排放限值要求，也可通过执法监测判断其污染物排放浓度（速率）是否满足许可排放限值要求。

其中，有组织排放口废气污染物和企业边界无组织排放废气污染物排放浓度达标均是指“任一小时浓度均值均满足许可排放浓度要求”。各废水排放口污染物排放浓度达标是指任一有效日均值（除 pH 外）均满足许可排放浓度要求。

（中国排污许可公众号）

《排污许可证申请与核发技术规范　危险废物焚烧》（HJ 1038—2019）重点内容解读

2019-09-07

近日，生态环境部发布《排污许可证申请与核发技术规范　危险废物焚烧》（HJ 1038—2019），全面推进该行业排污许可制度改革。全国排污许可证管理信息平台上的正式申报模块将于近期开启。

本标准适用于指导危险废物焚烧排污单位在全国排污许可证管理信息平台填报相关申请信息，适用于指导核发机关审核确定危险废物焚烧排污单位排污许可证许可要求。

适用范围

本标准适用于《国民经济行业分类》（GB/T 4754—2017）中的生态保护和环境治理业（代码 N77）、环境治理业（代码 N772）、危险废物治理（代码 N7724）类别中危险废物焚烧处置单位。

本标准适用于危险废物（含医疗废物）焚烧排污单位排放大气污染物、水污染物的排污许可管理。

本标准适用于危险废物集中焚烧处置单位（焚化燃烧危险废物使之分解并无害化的焚烧处置单位），排污单位自建危险废物焚烧处置设施且其适用的主行业排污许可证申请与核发技术规范未作相关规定的可参照本标准执行。危险废物焚烧处置的技术界定按《危险废物处置工程技术导则》（HJ 2042）执行。

废气产排污环节

废气主要包括焚烧废气、装卸贮存预处理产生的废气、污水处理设施产生的废气等。其中：

（1）焚烧废气产生于焚烧及余热利用系统，主要污染物种类包括烟气黑度、烟尘（颗粒物）、一氧化碳、二氧化硫、氟化氢、氯化氢、氮氧化物、重金属及其化合物、二噁英类等。

（2）装卸贮存预处理废气产生于分析化验、危废贮存、预处理、配伍料坑、独立危废贮存、脱酸剂、脱硝剂及燃油等物料贮存，以及飞灰、焚烧残渣贮存等环节，主要污染物种类包括挥发性有机物、颗粒物、氯化氢、氟化物、氨、硫化氢、臭气浓度等。

（3）污水处理设施产生的废气产生于污水处理装置，主要污染物种类包括氨、硫化氢、臭气浓度等。

废水产排污环节

废水主要包括焚烧厂内综合污水处理站废水、初期雨水、生活污水等。其中：

（1）焚烧厂内综合污水处理站废水产生于湿法脱酸、烟气净化、湿法除渣、冲洗、冷却、余热锅炉、软化水制备等环节，主要污染物种类包括pH、悬浮物、五日生化需氧量、化学需氧量、石油类、氨氮、氟化物、磷酸盐、粪大肠菌群数、总余氯、总汞、总镉、总铬、六价铬、总砷、总铅等。

（2）初期雨水产生于收集的初期雨水，主要污染物种类包括pH、悬浮物、五日生化需氧量、化学需氧量、石油类、氨氮、氟化物、总汞、总镉、总铬、六价铬、总砷、总铅等。

（3）生活污水产生于厂区内员工生活及办公等，主要污染物种类包括pH、悬浮物、化学需氧量、五日生化需氧量、氨氮、磷酸盐等。

典型生产工艺

详见标准中的附件。

执行标准

废水执行《污水综合排放标准》（GB 8978）；废气执行《危险废物焚烧污染控制标准》（GB 18484）、《大气污染物综合排放标准》（GB 16297）、《恶臭污染物排放标准》（GB 14554）。

重点污染物管控类型

危险废物焚烧排污单位重点污染物管控类型有国家重点管控污染物、GB 8978 中第一类污染物以及其他行业特征污染物等。其中：

（1）国家重点管控污染物包括挥发性有机物、氮氧化物、二氧化硫、颗粒物、化学需氧量、氨氮。

（2）GB 8978 中第一类污染物包括总汞、总镉、总铬、六价铬、总砷、总铅。

（3）其他行业特征污染物包括废气中的氟化氢，氯化氢，汞及其化合物（以Hg计），镉及其化合物（以 Cd 计），砷、镍及其化合物（以 As+Ni 计），铅及其化合物（以 Pb 计），铬、锡、锑、铜、锰及其化合物（以 Cr+Sn+Sb+Cu+Mn 计），二噁英类，氟化物；废水中的氟化物。

排放口划分

废气排放口：焚烧烟气排气筒为主要排放口，其余有组织废气排放口均为一般排放口。

废水排放口：均为一般排放口。

许可排放浓度管控指标

废气许可排放浓度指标：烟气黑度，烟尘（颗粒物），一氧化碳，二氧化硫，氟化氢，氯化氢，氮氧化物（以 NO_2 计），汞及其化合物（以 Hg 计），镉及其化合物（以 Cd 计），砷、镍及其化合物（以 As+Ni 计），铅及其化合物（以 Pb 计），铬、锡、锑、铜、锰及其化合物（以 Cr+Sn+Sb+Cu+Mn 计），二噁英类，挥发性有机物，氟化物，氨，硫化氢，臭气浓度等。

废水许可排放浓度指标：pH、悬浮物、五日生化需氧量、化学需氧量、石油类、氨氮、氟化物、磷酸盐、粪大肠菌群数、总余氯、总汞、总镉、总铬、六价铬、总砷、总铅等。

许可排放限值管理要求

大气污染物许可排放限值：以排放口为单位确定有组织主要排放口和一般排放口的许可排放浓度，无组织废气按照污染物排放执行标准要求的监控点确定许可排放浓度；有组织主要排放口逐一计算烟尘（颗粒物）、二氧化硫和氮氧化物许可排放量，排污单位许可排放量为各有组织主要排放口年许可排放量之和，有组织一般排放口和无组织排放不设置许可排放量。

水污染物许可排放限值：以排放口为单位许可排放浓度，不设置许可排放量；单独排入城镇集中污水处理设施、其他企业污水处理设施的生活污水排放口不设置许可排放浓度和排放量，仅说明排放去向。

运行管理要求

废气：

（1）焚烧炉应当设置烟气净化系统、安装烟气在线监测装置，并提出定期比对监测和校准的要求。

（2）焚烧炉设计及焚烧控制条件应当满足相关标准、技术规范要求，焚烧热能的利用应避开200～500℃温度区间。

（3）对活性炭、脱酸剂、脱硝剂等烟气净化消耗性物资和材料，应当实施计量并记入台账。袋式除尘器应安装压差计，及时更换袋式除尘器破损滤袋。

（4）严格管控无组织排放，产生无组织废气的环节，应当在密闭空间或者设备中进行，废气经收集系统或治理设施处理后排放；如不能密闭，则应采取局部气体收集治理措施或其他有效污染控制措施。

废水：

（1）产生的废水应当分类收集、分质处理，处理后回用时应满足相应回用水水质标准要求。

（2）应当对贮存和作业区的初期雨水进行收集、处理后回用或排放。

（3）规范记录废水处理设施开停、维修巡检、药剂和消耗材料使用、处理前后水质水量监测等数据。

工业固体废物：

（1）应当建立台账记录固体废物的产生量、去向（贮存、利用、处置及委托利用处置）及相应量。

（2）危险废物产生、收集、贮存、利用、处置过程应满足危险废物有关法律法规、标准规范相关要求，并按照相关规定报送危险废物产生、贮存、转移、利用和处置等情况，危险废物转移过程应当执行《危险废物转移联单管理办法》。

（3）焚烧残渣的热灼减率应按照GB 18484要求开展监测。

土壤及地下水污染：

（1）排污单位应当按《排污许可证申请与核发技术规范　总则》（HJ 942）要求采取相应防治措施，防止有毒有害物质渗漏、泄漏造成土壤和地下水污染。

（2）列入设区的市级以上地方人民政府生态环境主管部门制定的土壤污染重点监管单位名录的排污单位，应当履行下列义务并在排污许可证中载明：

1）严格控制有毒有害物质排放，并按年度向生态环境主管部门报告排放情况；

2）建立土壤污染隐患排查制度，保证持续有效防止有毒有害物质渗漏、流失、扬散；

3）制定、实施自行监测方案，并将监测数据报生态环境主管部门。

自行监测要求

按《排污单位自行监测技术指南　总则》（HJ 819）等的要求，自行监测污染源和污染物应包括行业相关污染物排放标准和污染控制标准中涉及的废气、废水污染源和污染物。危险废物焚烧排污单位应开展自行监测的包括有组织废气外排口监测点位、废水排放口监测点位、无组织排放监测点位、内部监测点位等。危险废物焚烧相关自行监测技术指南发布后，从其规定。

按 GB 18484 及行业技术规范要求，危险废物焚烧排污单位的主要排放口烟尘（颗粒物）、一氧化碳、二氧化硫、氯化氢、氮氧化物（以 NO_2 计）应实行自动监测。

排污单位应按规定安装污染源自动监测设施，实时监测污染物的排放情况并与生态环境主管部门联网，强化环境监管；排污单位应在显著位置竖立便于查看的显示屏，将焚烧生产设施的污染物排放数据实时实地向全社会公开，强化监测信息的公开。

台账记录要求

台账记录内容：包括排污单位基本信息、主要生产设施运行管理信息和污染防治设施运行管理信息、监测记录信息及其他环境管理信息等。

记录频次：基本信息未发生变化的，按年记录，发生变化的，在发生变化时记录；正常工况按日或班次记录，非正常工况按照工况期记录。

记录存储及保存：纸质台账应存放于保护袋、卷夹或保护盒等保存媒介中，专人保存于专门的档案保存地点，并由相关人员签字。档案保存应采取防光、防热、防潮、防细菌及防污染等措施。纸质类档案如有破损应及时修补，并留存备查。电子台账保存于专门存储设备中，并保留备份数据。存储设备由专人负责管理，定期进行维护。电子台账根据地方生态环境主管部门管理要求定期上传。

执行报告要求

年度执行报告编制内容应包括排污单位基本信息、污染防治设施运行情况、自行监测执行情况、环境管理台账记录执行情况、实际排放情况及合规判定分析、信息公开情况、排污单位内部环境管理体系建设与运行情况、其他排污许可证规定的内容执行情况、其他需要说明的问题、结论、附图附件要求等。季度执行报告应包括污染物实际排放浓度和排放量、合规判定分析、超标排放或污染防治设施非正常状况说明等内容，以及各月度生产小时数、主要产品及其产量、主要燃料及其处置（消耗）量等。

合规判定

排污单位可通过环境管理台账记录、按时提交执行报告和开展自行监测、信息公开，自证其依证排污、满足排污许可证要求。各级生态环境主管部门可依据排污单位环境管理台账、执行报告、自行监测记录中的内容，判断其污染物排放浓度和排放量是否满足许可排放限值要求，也可通过执法监测判断其污染物排放是否满足许可排放限值要求。

废气污染物有组织排放浓度合规是指按照相关监测技术规范要求获取的污染物排放

浓度数据低于或等于许可排放浓度要求；无组织排放满足相关标准中排放浓度限值要求及污染控制措施要求的，即认为合规。污染物排放量合规是指排污单位污染物年实际排放量满足年许可排放量要求。废水污染物排放浓度合规是指按照相关监测技术规范要求获取的任一有效日均值（除 pH 外）低于或等于许可排放浓度要求，排放标准中浓度限值为非日均值的污染物，其排放浓度达标是指按相关监测规范要求测定的排放浓度低于或等于许可排放浓度要求。

（中国排污许可公众号）

《排污许可证申请与核发技术规范　生活垃圾焚烧》（HJ 1039—2019）重点内容解读

2019-10-30

近日，生态环境部发布《排污许可证申请与核发技术规范　生活垃圾焚烧》（HJ 1039—2019），全国排污许可证管理信息平台上的正式申报模块已开启。

适用范围

本标准适用于《国民经济行业分类》（GB/T 4754—2017）中的电力、热力生产和供应业（代码 D44）、电力生产（代码 D441）、生物质能发电（代码 D4417）类别中的生活垃圾、污水污泥直接燃烧发电单位；生态保护和环境治理业（代码 N77）、环境治理业（代码 N772）、固体废物治理（代码 N7723）类别中除生活垃圾以外的其他一般固体废物治理（焚烧及焚烧发电）单位；公共设施管理业（代码 N78）、环境卫生管理（代码 N782）类别中的生活垃圾、污泥焚烧单位。

本标准适用于生活垃圾焚烧排污单位（指以焚烧方式集中处理生活垃圾、生活污水处理设施产生的污泥、一般工业固体废物的焚烧厂或焚烧发电厂）排放大气污染物、水污染物的排污许可管理。

废气产排污环节

废气主要包括焚烧废气、装卸储运产生的废气、污水处理设施产生的废气等。其中：

（1）焚烧废气产生于焚烧系统，主要污染物种类包括颗粒物、氮氧化物、二氧化硫、氯化氢、一氧化碳、重金属及其化合物、二噁英类等。

（2）装卸储运废气产生于生活垃圾（污泥）厂内运输、装卸和贮存，脱酸中和剂、脱硝剂及助燃煤（油、气）等物料装卸和贮存，焚烧飞灰、残渣贮存等产污环节，主要污染物种类包括颗粒物和氨、硫化氢、臭气等。

（3）渗滤液处理设施产生的废气产生于渗滤液处理装置，主要污染物种类包括氨、硫化氢、臭气等。

废水产排污环节

废水主要包括焚烧厂内工业废水综合处理站废水、垃圾渗滤液、湿法脱酸废水、生活污水等。其中：

（1）焚烧厂内工业废水综合污水处理站废水产生于化学水处理系统、锅炉排污水等环节，主要污染物种类包括 pH、悬浮物、化学需氧量、石油类等。

（2）垃圾渗滤液产生于垃圾贮存等区域，主要污染物种类包括色度、化学需氧量、五日生化需氧量、悬浮物、总氮、氨氮、总磷、粪大肠菌群、总汞、总镉、总铬、六价铬、总砷、总铅等。初期雨水、生活垃圾（污泥）运输通道及卸料大厅冲洗水成分与垃圾渗滤液性质相似，一般情况下合并处理。

（3）湿法脱酸废水产生于湿法脱酸环节，主要污染物种类包括 pH、悬浮物、化学需氧量、硫化物、氟化物、总汞、总镉、总铬、六价铬、总砷、总铅等。

（4）生活污水产生于厂区内员工生活及办公等，主要污染物种类包括 pH、悬浮物、化学需氧量、五日生化需氧量、氨氮、总磷、动植物油等。

典型生产工艺

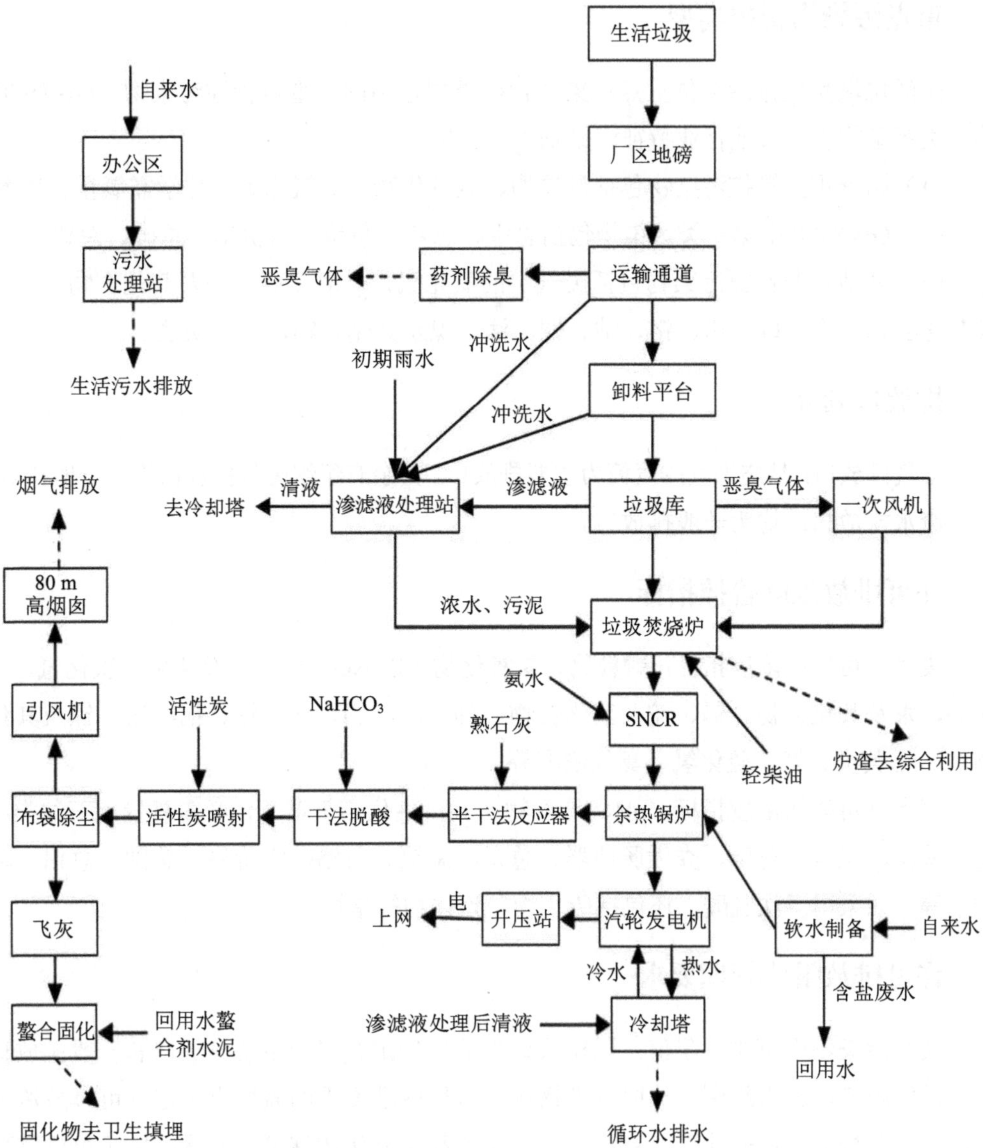

图 1　生活垃圾焚烧发电典型生产工艺及产排污环节示意

执行标准

废水执行《生活垃圾焚烧污染控制标准》（GB 18485）、《污水综合排放标准》（GB 8978）、《生活垃圾填埋场污染控制标准》（GB 16889）等；废气执行《生活垃圾焚烧污染控制标准》（GB 18485）、《大气污染物综合排放标准》（GB 16297）、《恶臭污染物排放标准》（GB 14554）等。

重点污染物管控类型

生活垃圾焚烧排污单位重点污染物管控类型包括国家重点管控污染物、GB 8978 中第一类污染物以及其他行业特征污染物等。其中：

（1）国家重点管控污染物包括颗粒物、氮氧化物、二氧化硫、化学需氧量、氨氮。

（2）GB 8978 中第一类污染物包括总汞、总镉、总铬、六价铬、总砷、总铅。

（3）其他行业特征污染物包括废气中的氯化氢，一氧化碳，汞及其化合物，镉、铊及其化合物，锑、砷、铅、铬、钴、铜、锰、镍及其化合物，二噁英类。

排放口划分

废气排放口：焚烧烟气排气筒为主要排放口，其余有组织废气排放口均为一般排放口。

废水排放口：均为一般排放口。

许可排放浓度管控指标

废气许可排放浓度指标：颗粒物，氮氧化物（以 NO_2 计），二氧化硫，氯化氢，一氧化碳，汞及其化合物，镉、铊及其化合物，锑、砷、铅、铬、钴、铜、锰、镍及其化合物，二噁英类、氨、硫化氢、臭气浓度等。

废水许可排放浓度指标：pH、悬浮物、五日生化需氧量、化学需氧量、石油类、色度、总氮、氨氮、总磷、粪大肠菌群、总汞、总镉、总铬、六价铬、总砷、总铅、动植物油等。如采用湿法脱酸，还包括硫化物、氟化物等指标。

许可排放限值管理要求

大气污染物许可排放限值：以排放口为单位确定有组织主要排放口和一般排放口的许可排放浓度，无组织废气按照污染物排放执行标准要求的监控点确定许可排放浓度；有组织主要排放口逐一计算颗粒物、二氧化硫和氮氧化物许可排放量，排污单位许可排放量为各有组织主要排放口年许可排放量之和，有组织一般排放口和无组织排放许可排放量原则上不做要求。

水污染物许可排放限值：以排放口为单位确定许可排放浓度，许可排放量原则上不做要求；单独排入城镇集中污水处理设施、其他企业污水处理设施的生活污水排放口不设置许可排放浓度和排放量，仅说明排放去向。

运行管理要求

废气：

（1）每台焚烧炉必须单独设置烟气净化系统。排污单位应依法安装污染源自动监控设备，并按照 HJ 75、HJ 76 等相关标准落实定期比对监测和校准的要求。

（2）焚烧控制条件应满足 GB 18485 等相关标准要求。

（3）对活性炭、脱酸中和剂、脱硝剂等烟气净化消耗性物资、材料应当实施计量并记入台账。

（4）袋式除尘器应按照 HJ 2012 等标准规范要求安装压差计，定期进行泄漏检测，及时更换袋式除尘器破损滤袋，保证滤袋完整。

（5）严格管控无组织排放，产生无组织废气的环节，应当在密闭空间或设备中进行，废气经收集系统和（或）治理设施处理后排放；如不能密闭，则应采取局部气体收集治理措施、其他有效污染控制措施或环境管理措施。生活垃圾贮存设施和渗滤液收集设施应采取密闭负压措施，并保证其在运行期和停炉期均处于负压状态，停炉期间应收集并经除臭处理；生活垃圾（污泥）运输通道、卸料大厅等区域应加强冲洗；卸料大厅车辆入口通过设置风幕、常闭门等装置，保证密闭效果；全厂恶臭气体应满足 GB 18485、GB 14554 要求后排放。

废水：

（1）产生的废水宜分类收集、分质处理，处理后回用时应满足相应回用水水质标准要求。

（2）应对贮存和作业区的初期雨水进行收集、处理后回用或排放。

（3）规范记录废水处理设施开停、维修巡检、药剂和消耗材料使用、处理前后水质水量监测等数据。

工业固体废物：

（1）应建立台账记录固体废物的产生、去向（贮存、利用、处置及委托利用处置）及相应量。

（2）产生的污泥或浓缩液应当在厂内妥善处置。

（3）飞灰、烟气脱硝废钒钛系催化剂、废布袋、废离子交换树脂、废矿物油等危险废物产生、收集、贮存、利用、处置过程应满足危险废物有关法律法规、标准规范要求。危险废物转移过程应当执行《危险废物转移联单管理办法》。焚烧飞灰经处理符合 GB 16889 要求后，可进入生活垃圾填埋场填埋；经处理满足 GB 30485 要求后，可进入水泥窑协同处置。

（4）按 GB 18485 的要求，对焚烧炉渣热灼减率与飞灰固化物开展监测。

土壤及地下水污染：

（1）排污单位应当按《排污许可证申请与核发技术规范　总则》（HJ 942）要求采取相应防治措施，防止有毒有害物质渗漏、泄漏造成土壤和地下水污染。

（2）列入设区的市级以上地方人民政府生态环境主管部门制定的土壤污染重点监管单位名录的排污单位，应当履行下列义务并在排污许可证中载明：

1）严格控制有毒有害物质排放，并按年度向生态环境主管部门报告排放情况；

2）建立土壤污染隐患排查制度，保证持续有效防止有毒有害物质渗漏、流失、扬散；

3）制定、实施自行监测方案，并将监测数据报生态环境主管部门。

自行监测要求

按《排污单位自行监测技术指南　总则》（HJ 819）等的要求，自行监测污染源和污染物应包括行业相关污染物排放标准和污染控制标准中涉及的废气、废水污染源和污染物。生活垃圾焚烧排污单位应开展自行监测的包括有组织废气外排口监测点位、废水排放口、车间或生产设施废水排放口（涉及第一类污染物的）监测点位、无组织排放监测点位、内部监测点位等。

生活垃圾焚烧相关自行监测技术指南发布后，从其规定。

按 GB 18484 及行业技术规范要求，危险废物焚烧排污单位的主要排放口烟尘（颗粒物）、一氧化碳、二氧化硫、氯化氢、氮氧化物（以 NO_2 计）应实行自动监测。

排污单位应按规定安装污染源自动监测设施，实时监测污染物的排放情况并与生态环境主管部门联网，强化环境监管；排污单位应在显著位置竖立便于查看的显示屏，将焚烧生产设施的污染物排放数据实时实地向全社会公开，强化监测信息的公开。

台账记录要求

台账记录内容：包括排污单位基本信息、主要生产设施运行管理信息和污染防治设施运行管理信息、监测记录信息及其他环境管理信息等。

记录频次：基本信息未发生变化的，按年记录，发生变化的，在发生变化时记录；正常工况按日或班次记录，非正常工况按照工况期记录。

记录存储及保存：纸质台账应存放于保护袋、卷夹或保护盒等保存媒介中，专人保存于专门的档案保存地点，并由相关人员签字。档案保存应采取防光、防热、防潮、防细菌及防污染等措施。纸质类档案如有破损应及时修补，并留存备查。电子台账保存于专门存储设备中，并保留备份数据。存储设备由专人负责管理，定期进行维护。电子台账根据地方生态环境主管部门管理要求定期上传。

执行报告要求

年度执行报告编制内容应包括排污单位基本信息、污染防治设施运行情况、自行监测执行情况、环境管理台账记录执行情况、实际排放情况及合规判定分析、信息公开情况、排污单位内部环境管理体系建设与运行情况、其他排污许可证规定的内容执行情况、其他需要说明的问题、结论、附图附件要求等。季度执行报告应包括污染物实际排放浓度和排放量、合规判定分析、超标排放或污染防治设施非正常状况说明等内容，以及各月度生产小时数、主要产品及其产量、主要燃料及其处理（消耗）量等。

合规判定

排污单位可通过环境管理台账记录、按时提交执行报告和开展自行监测、信息公开，自证其依证排污、满足排污许可证要求。各级生态环境主管部门可依据排污单位环境管理台账、执行报告、自行监测记录中的内容，判断其污染物排放浓度和排放量是否满足许可排放限值要求，也可通过执法监测判断其污染物排放是否满足许可排放限值要求。

主要排放口污染物排放浓度合规是指按照相关监测技术规范要求获取的自动监测、执法监测或自行手工监测污染物排放浓度数据满足 GB 18485 要求。一般排放口污染物排放浓度（速率）和废气无组织排放浓度合规是指按照相关监测技术规范要求获取的执法监测或自行手工监测污染物排放浓度（速率）数据低于或等于 GB 16297、GB 14554 等排放标准限值。国务院生态环境主管部门发布相关达标判定方法的，从其规定。污染物排放量合规是指排污单位污染物年实际排放量满足年许可排放量要求。

废水污染物排放浓度合规是指按照相关监测技术规范要求获取的任一有效日均值（除 pH 外）低于或等于许可排放浓度要求，排放标准中浓度限值为非日均值的污染物，其排放浓度达标是指按相关监测规范要求测定的排放浓度低于或等于许可排放浓度要求。

（中国排污许可公众号）

《排污许可证申请与核发技术规范　煤炭加工——合成气和液体燃料生产》（HJ 1101—2020）重点内容解读

2020-03-16

为帮助大家更好地了解《排污许可证申请与核发技术规范　煤炭加工——合成气和液体燃料生产》（HJ 1101—2020）的编制思路、主要内容和重点、难点，相关技术专家对本标准进行了重点内容解读。

适用范围

本标准适用于《国民经济行业分类》（GB/T 4754—2017）煤炭加工行业（代码 C252）中的煤制合成气生产（代码 C2522）、煤制液体燃料生产（代码 C2523）类别中排污单位。

煤炭加工行业生产合成气和液体燃料排污单位中，执行《合成树脂工业污染物排放标准》（GB 31572）的生产单元适用《排污许可证申请与核发技术规范　石化工业》（HJ 853）；执行《火电厂大气污染物排放标准》（GB 13223）的公用工程动力锅炉适用《火电行业排污许可证申请与核发技术规范》；执行《锅炉大气污染物排放标准》（GB 13271）的公用工程动力锅炉适用《排污许可证申请与核发技术规范　锅炉》（HJ 953）。

废气产排污环节

废气主要包括原料煤卸料、贮存、备料和输送系统废气，各生产装置工艺废气，公用辅助系统废气等。其中：

（1）原料煤卸料、贮存、备料和输送系统产生的废气，主要污染物为颗粒物。

（2）各生产装置工艺废气包括气化过程工艺废气，工艺加热炉、酸性气脱除及硫回收等过程产生的废气。各气化工艺过程中产生的废气不尽相同，固定床常压煤气化中废气主要来自吹风气余热回收系统或“三废”混燃系统，以及造气废水沉淀池废气收集处理设施、造气循环水冷却塔、造气炉放空管排放的废气，其中吹风气余热回收系统或“三废”混燃系统废气污染物主要为颗粒物、二氧化硫、氮氧化物，如果燃料为煤，污染物还包括汞及其化合物、烟气黑度，造气废水沉淀池废气收集处理设施、造气循环水冷却塔废气中污染物主要为氨、硫化氢、酚类、氰化氢、非甲烷总烃、苯并[a]芘。固定床碎煤加压气化、水煤浆气流床气化、干煤粉气流床气化废气主要来自煤仓和灰仓，污染物主要为颗粒物，如有热风炉，污染物还包括氮氧化物。酸性气体脱除和硫回收工艺废气主要来自尾气洗涤及处理过程的废气，酸性气体脱除废气污染物主要为硫化氢、甲醇、非甲烷总烃，经蓄热式氧化炉焚烧后污染物变为非甲烷总烃、颗粒物、二氧化硫、氮氧化物；硫回收工艺废气为硫化氢、二氧化硫、氮氧化物和硫酸雾（适用于制硫酸）。各生产装置加热炉废气污染物主要为氮氧化物和颗粒物。

（3）公用辅助系统废气主要来自贮运系统、给排水系统和固体废物处理设施。贮运系统污染物主要为非甲烷总烃、甲醇、乙二醇，给排水系统污染物主要为硫化氢、氨、非甲烷总烃，固体废物处理设施污染物主要为烟尘（颗粒物），烟气黑度，二氧化硫，氟化氢，氯化氢，氮氧化物，一氧化碳，汞及其化合物（以 Hg 计），镉及其化合物（以 Cd 计），砷、镍及其化合物（以 As+Ni 计），铅及其化合物（以 Pb 计），铬、锡、锑、铜、锰及其化合物（以 Cr+Sn+Sb+Cu+Mn 计），二噁英类。

废水产排污环节

废水主要包括：气化废水、生产过程的工艺废水、废水处理过程中产生的浓盐水、污染雨水和生活污水等。其中：

（1）气化废水主要为碎煤气化废水和粉煤、水煤浆气化灰水，污染物主要为总汞、烷基汞、总砷、总铅、苯并[a]芘（仅碎煤气化废水包括）。

（2）工艺废水产生于气化等环节，主要污染物种类包括 pH、悬浮物、五日生化需氧量、化学需氧量、石油类、挥发酚、总氰化合物、硫化物、氨氮、氟化物、磷酸盐（以 P 计）、总有机碳等。

（3）浓盐水主要来自浓盐水处理设施，污染物种类主要为全盐量、化学需氧量、石油类。

（4）初期雨水产生于收集的初期雨水，主要污染物种类包括化学需氧量、石油类、氨氮、悬浮物等。

（5）生活污水产生于员工生活及办公等，主要污染物种类包括化学需氧量、氨氮等。

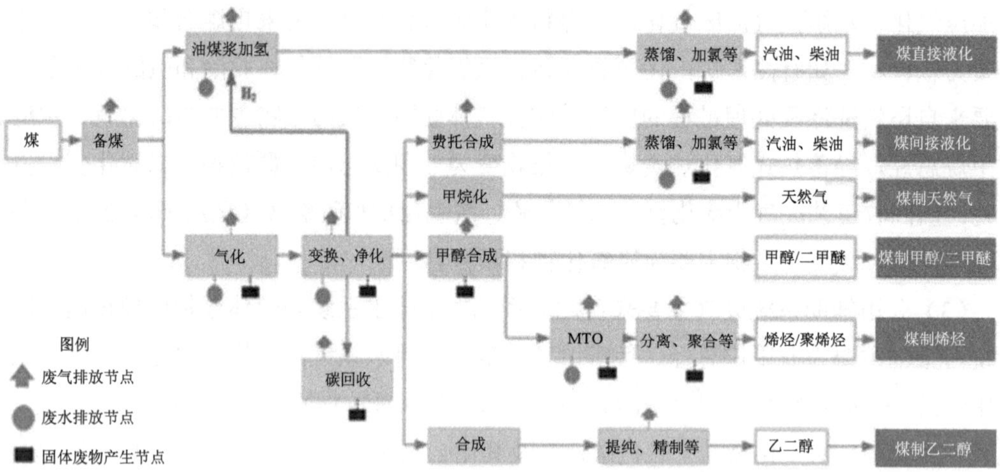

图 1　典型生产工艺及产排污环节示意

许可排放污染物的确定

废水执行《污水综合排放标准》（GB 8978）；废气执行《危险废物焚烧污染控制标准》（GB 18484）、《大气污染物综合排放标准》（GB 16297）、《恶臭污染物排放标准》（GB 14554）、《工业炉窑大气污染物排放标准》（GB 9078）、《火电厂大气污染物排放标准》（GB 13223）、《锅炉大气污染物排放标准》（GB 13271）。地方有更严格的排放标准要求的，从其规定。待行业大气污染物排放标准发布后，从其规定。

排污单位重点污染物管控类型包括国家重点管控污染物、GB 8978 中第一类污染物、其他行业特征污染物等。其中：

（1）国家重点管控污染物包括二氧化硫、氮氧化物、颗粒物、挥发性有机物、化学需氧量、氨氮。

（2）GB 8978 中第一类污染物包括总汞、烷基汞、总砷、总铅。

（3）其他行业特征污染物包括废气中的硫化氢、氨、苯并[*a*]芘、甲醇等；废水中的石油类、挥发酚、总氰化合物、硫化物、氨氮、氟化物、磷酸盐（以 P 计）、总有机碳等。

排放口差异化管理

废气排放口：吹风气余热回收系统或“三废”混燃系统、干煤粉气流床气化和煤液化煤粉制备中磨煤干燥机、酸性气体脱除中蓄热氧化炉、14 兆瓦及以上工艺加热炉、硫回收和危险废物焚烧炉废气排放口为主要排放口，其余有组织废气排放口均为一般排放口。

废水排放口：均为主要排放口。

许可排放限值要求

废气许可排放浓度指标：烟尘（颗粒物）、烟气黑度、二氧化硫、氟化氢、氯化氢、氮氧化物、非甲烷总烃、硫化氢、氨、臭气浓度、苯并[*a*]芘、甲醇等。车间或车间处理设施废水许可排放浓度指标：总汞、烷基汞、苯并[*a*]芘、总砷、总铅。废水总排口许可排放浓度指标：pH、悬浮物、五日生化需氧量、化学需氧量、石油类、挥发酚、总氰化合物、硫化物、氨氮、氟化物、磷酸盐（以 P 计）、总有机碳。

以废气排放口为单位确定大气污染物有组织主要排放口和一般排放口的许可排放浓度，无组织废气按照污染物排放执行标准要求的监控点确定许可排放浓度；14 MW 及以上加热炉许可氮氧化物年排放量，硫回收生产单元许可二氧化硫年排放量，其余主要排放口许可颗粒物、二氧化硫、氮氧化物年排放量，排污单位许可排放量为各有组织主要排放口年许可排放量之和，有组织一般排放口和无组织排放不设置许可排放量。

以废水排放口为单位许可水污染物排放浓度，主要排放口许可排放量；单独排入集中污水处理设施的生活污水排放口不设置许可排放浓度和排放量，仅说明排放去向。

运行管理要求

废气运行管理要求主要包括：

（1）危险废物焚烧设施运行过程应满足 GB 18484 中的相关要求。

（2）加热炉、干煤粉制备磨煤干燥系统、煤液化催化剂制备催化剂干燥系统燃料采用低硫燃料气。

（3）采用固定床常压间接煤气化工艺的排污单位，造气循环水集输、贮存、处理系统应封闭，收集的废气送至“三废”炉或其他设施处理。吹风气、弛放气应全部收集利用。

（4）低温甲醇洗装置应采用水洗或热氧化（碎煤加压气化）措施，减少甲醇等挥发性有机物排放。

（5）工艺过程、挥发性有机物物料贮存转移输送、敞开液面、设备与管线组件、废气收集处理系统等涉及的挥发性有机物无组织排放应满足 GB 37822 中相关排放控制要求。待行业大气污染物排放标准发布后，从其规定。

（6）块状物料应采用封闭料棚或密闭料仓等方式贮存。粉状物料应采用料仓等方式密闭贮存。料仓上设置布袋除尘器或其他粉尘收集处理设施。汽车卸煤槽/火车翻车机采用喷水、水雾抑尘或封闭方式。输煤栈桥、输煤转运站采用封闭措施收集后经布袋除尘器处理。原料煤破碎、筛分产生的粉尘收集后经布袋除尘器处理。

（7）在任何时候，挥发性有机物和恶臭物质进入火炬都应能点燃并充分燃烧。

（8）开停工过程中应优化停工退料工序，合理使用各类资源、能源，减少各类废物的产生和排放。生产装置吹扫过程应优先采用密闭吹扫工艺，以最大限度地回收物料，减少排放。各生产设施开停工、检维修情况记录包括开停工、检维修起始时间、终止时间、持续时长、情形描述、应对措施、污染物排放浓度等。

废水运行管理要求主要包括：

（1）生活污水、未经处理的工业废水严禁进入蒸发塘。

（2）厂内污水输送管道布设合理，应按要求进行防渗漏处理，防止跑、冒、滴、漏。

（3）污染治理设施运行应满足设计工况条件，并根据工艺要求，定期对设备、电气、自控仪表及构筑物进行检查维护，确保污染治理设施可靠运行。

（4）废水暂存池、蒸发塘等应符合 GB/T 50934 等防渗技术规范要求。

（5）做好排放口管控，厂区内除雨水排放口和废水总排放口外，不得设置其他未纳入监管的排放口。

（6）做好雨污分流，加强对厂区初期雨水、地面冲洗水的收集处理，避免受污染雨水和其他废水通过雨水排放口排入外环境。

固体废物运行管理要求主要包括：

（1）加强气化炉渣、废碱液、结晶母液、结晶杂盐、污泥等固体废物处理各个环节（收集、贮存及外运等）的运行管理，处理过程中应防止二次污染。

（2）固体废物贮存设施应符合 GB 18597、GB 18599 的要求。

（3）建立台账记录固体废物的产生量、去向（贮存、利用、处置）及相应量。

（4）危险废物的产生、贮存、收集、运输、处置过程应满足危险废物有关法律法规、标准规范相关规定要求。危险废物转移过程应执行《危险废物转移联单管理办法》。

土壤及地下水污染预防要求：

（1）排污单位应当按 HJ 942 要求采取相应防治措施，防止有毒有害物质渗漏、泄漏造成土壤和地下水污染。

（2）列入设区的市级以上地方人民政府生态环境主管部门制定的土壤污染重点监管单位名录的排污单位，应当履行下列义务并在排污许可证中载明：

1）严格控制有毒有害物质排放，并按年度排放情况上报生态环境主管部门；

2）建立土壤污染隐患排查制度，保证持续有效防止有毒有害物质渗漏、流失、扬散；

3）制定、实施自行监测方案，并将监测数据上报生态环境主管部门。

自行监测要求

排污单位自行监测应包括有组织废气、无组织废气和废水排放监测，设有蒸发塘的还应对进蒸发塘废水、蒸发塘液位及蒸发塘对照井、监测井进行监测。相关自行监测技术指南发布后，从其规定。

排污单位的废水排放口化学需氧量、氨氮、流量和主要废气排放口中吹风气余热回收系统或“三废”混燃系统烟囱中二氧化硫、氮氧化物、颗粒物，14 兆瓦及以上工艺加热炉中氮氧化物，硫回收中二氧化硫，危险废物焚烧炉中烟尘（颗粒物）、二氧化硫、氮氧化物（以 NO_2 计）、一氧化碳、氯化氢应实行自动监测。

台账记录要求

台账记录内容：包括排污单位基本信息、主要生产设施运行管理信息和污染防治设施运行管理信息、监测记录信息及其他环境管理信息等。

记录频次：基本信息未发生变化的，按年记录，发生变化的，在发生变化时记录；主要生产设施运行管理信息按月记录，污染治理设施正常工况按日或班次记录，非正常工况按照工况期记录。

记录存储及保存：纸质台账应存放于保护袋、卷夹或保护盒等保存媒介中，专人保存于专门的档案保存地点，并由相关人员签字。档案保存应采取防光、防热、防潮、防细菌及防污染等措施。纸质类档案如有破损应及时修补，并留存备查。电子台账保存于专门存储设备中，并保留备份数据。存储设备由专人负责管理，定期进行维护。电子台账根据地方生态环境主管部门管理要求定期上传。

执行报告要求

本标准适用范围的煤炭加工——合成气和液体燃料生产排污单位均为重点管理。排污单位应按照排污许可证规定的时间提交年度执行报告和季度执行报告。年度执行报告编制内容应包括排污单位基本信息、污染防治设施运行情况、自行监测执行情况、环境管理台账记录执行情况、实际排放情况及合规判定分析、信息公开情况、排污单位内部环境管理体系建设与运行情况、其他排污许可证规定的内容执行情况、其他需要说明的问题、结论等。季度执行报告应包括污染物实际排放浓度和排放量、合规判定分析、超标排放或污染防治设施非正常状况说明等内容等。

合规判定

排污单位可通过环境管理台账记录、按时提交执行报告和开展自行监测、信息公开，自证其依证排污、满足排污许可证要求。各级生态环境主管部门可依据排污单位环境管理台账、执行报告、自行监测记录中的内容，判断其污染物排放浓度和排放量是否满足许可排放限值要求，也可通过执法监测判断其污染物排放是否满足许可排放限值要求。

废气污染物有组织排放浓度合规是指按照相关监测技术规范要求获取的污染物排放浓度数据低于或等于许可排放浓度要求；无组织排放满足相关标准中排放浓度限值要求及污染控制措施要求的，即认为合规。废水污染物排放浓度合规是指排放浓度低于或等于许可排放浓度要求，其排放浓度是指按相关监测规范要求测定的排放浓度。污染物排放量合规是指排污单位污染物年实际排放量满足年许可排放量要求。

（中国排污许可公众号）

《排污许可证申请与核发技术规范　化学纤维制造业》（HJ 1102—2020）重点内容解读

2020-03-16

为帮助大家更好地了解《排污许可证申请与核发技术规范　化学纤维制造业》（HJ 1102—2020）的编制思路、主要内容和重点、难点，相关技术专家对本标准进行重点内容解读。

适用范围

本标准适用范围涵盖了《国民经济行业分类》（GB/T 4754—2017）中化学纤维制造业（28）中的纤维素纤维原料及纤维制造（281），281 中包括了化纤浆粕制造（2811）中的棉浆粕制造、纤维素纤维制造（2812），合成纤维（282）中的锦纶纤维制造（2821）、涤纶纤维制造（2822）、腈纶纤维制造（2823）、维纶纤维制造（2824）、氨纶纤维制造（2826）、其他合成纤维制造（2829），以及生物基材料制造（283）中的莱赛尔纤维制造。

化学纤维制造业排污单位中，执行《火电厂大气污染物排放标准》（GB 13223）的产污设施和排放口适用《火电行业排污许可证申请与核发技术规范》；执行《锅炉大气污染物排放标准》（GB 13271）的产污设施和排放口（如合成纤维制造排污单位的热媒炉）适用《排污许可证申请与核发技术规范　锅炉》（HJ 953）。醋酯纤维制造（2812）中的醋酐裂解产污设施和排放口按照《排污许可证申请与核发技术规范　石化工业》（HJ 853）进行填报。循环再利用涤纶纤维制造中的瓶片、泡料制造等产污设施和排放口适用《排污许可证申请与核发技术规范　废弃资源加工工业》（HJ 1034）。

许可排放污染物的确定

化学纤维制造业涉及《石油化学工业污染物排放标准》（GB 31571）和《合成树脂工业污染物排放标准》（GB 31572）两项行业型污染物排放标准及《大气污染物综合排放标准》（GB 16297）、《污水综合排放标准》（GB 8978）、《工业炉窑大气污染物排放标准》（GB 9078）、《恶臭污染物排放标准》（GB 14554）及《挥发性有机物无组织排放控制标准》

（GB 37822）等五项综合及通用型污染物排放标准。因此，本标准许可排放浓度的确定原则为排污单位按照执行的国家或地方排放标准从严确定许可排放浓度。

废气许可排放量的污染因子包括颗粒物、二氧化硫、氮氧化物和挥发性有机物。废水许可排放量污染因子包括化学需氧量、氨氮，位于《“十三五”生态环境保护规划》及生态环境部发布文件中规定的总氮和总磷控制区域内执行 GB 31571 和 GB 31572 的合成纤维排污单位的总氮和总磷实施年许可排放量管控，同时，地方生态环境主管部门根据需要，可以明确受纳水体环境质量年均值超标且列入许可排放管控的污染物项目的许可排放量，地方生态环境主管部门另有规定的，从其规定。

排放口差异化管理

化学纤维制造业排污单位的废气排放口分为主要排放口和一般排放口。本标准明确了一是合成纤维聚合工序产生和排放的含挥发性有机物废气排放口为主要排放口；二是醋酯纤维醋片生产、醋酸回收和丙酮回收单元产生和排放的含挥发性有机物废气排放口为主要排放口；三是合成纤维中的溶剂回收单元产生和排放的含挥发性有机物废气排放口为主要排放口；四是棉浆粕中以煤、生物质及油为燃料的热风炉产生和排放的含二氧化硫和颗粒物废气排放口以及所有燃料热风炉产生的含氮氧化物废气排放口为主要排放口；五是锦纶和涤纶纤维排污单位中工业丝帘子布制造胶液调配及浸胶、烘干排气口为主要排放口。化学纤维制造业排污单位的废水排放口包括主要排放口、一般排放口、车间和生产设施排放口及雨水排放口，本标准明确了化学纤维制造业中的废水总排放口为主要排放口，管控因子为化学需氧量和氨氮。

许可排放浓度因子和许可排放量核算

化学纤维制造业排污单位控制污染物指标依据所执行的国家或地方污染物排放标准确定污染物种类。有组织大气污染物许可排放浓度（速率）以排放口为单位确定，无组织大气污染物许可排放浓度按厂界许可。无组织废气不许可排放量。废水以排放口为单位确定许可排放浓度和排放量，主要排放口既许可排放浓度也许可排放量，一般排放口仅许可排放浓度。单独排入市政污水处理厂的生活污水仅说明排放去向，不许可排放浓度和排放量。

运行管理要求

有组织排放管控：排污单位应当按照相关法律法规、标准和技术规范等要求运行污染防治设施，并进行维护和管理，保证设施正常运行。

无组织排放管控主要体现在废气无组织排放源的全空间或局部空间的收集、挥发性有机物管控主要体现在满足 GB 37822 的相关要求。

废水运行管理主要体现在污水处理厂应加强源头管理，加强对上游装置来水的监测，同时，污染治理设施运行应满足设计工况条件，并做好雨污分流工作，避免受污染雨水和其他废水通过雨排口排入外环境。

固体废物环境管理主要体现在固体废物综合利用、二次污染防治、危险废物转移联单制度等要求。

土壤环境管理体现在纳入土壤污染重点监控单位名录及未纳入土壤污染重点监控单位名录两个层面的排污单位提出差异化管理要求。对于所有化学纤维制造业排污单位（含名录内和名录外的排污单位）应防止有毒有害物质渗漏、泄漏造成土壤和地下水污染；对于纳入土壤污染重点监控单位名录的化学纤维制造业排污单位在此基础上，还应：①严格控制有毒有害物质排放，并按年度向生态环境主管部门报告排放情况。②建立土壤污染隐患排查制度，保证持续有效防止有毒有害物质渗漏、流失、扬散。待相应行业土壤污染隐患排查技术指南发布后，隐患排查方案的制定可从其规定。③制定、实施自行监测方案，并将监测数据报生态环境主管部门。

自行监测要求

废气主要排放口的颗粒物、二氧化硫、氮氧化物采用自动监测，对于氮氧化物的监测一是考虑与《排污许可证申请与核发技术规范 工业炉窑》保持协调；二是为核算氮氧化物实际排放量作充分的依据，对于一般排放口的颗粒物和二氧化硫最低监测频次为次/季度。主要排放口中的挥发性有机物最低监测频次为次/月，一般排放口的挥发性有机物最低监测频次为次/半年。一般排放口二氧化硫和颗粒物最低监测频次按次/季度开展监测。所有排放口的特征污染物（甲醛、丙烯腈以及乙醛等）最低监测频次按照次/半年开展监测，黏胶纤维一般排放口中的原液制备、酸站和纺丝（纺练）硫化氢和二硫化碳最低频次按照每月开展监测，一是考虑到其排放量较大；二是考虑到两项污染物环境危害性较大。无组织废气排放监控位置常规污染物（如颗粒物、挥发性有机物等）为厂界最低监测频次为次/季度，氨、硫化氢等特征污染物为次/半年（黏胶纤维硫化氢、二硫化碳为次/季度）。

对于废水总排放口的化学需氧量和氨氮按自动监测；按照《关于加强固定污染源氮磷污染防治的通知文件》（环水体〔2018〕16 号），化学纤维制造业并非重点行业，因此，其余污染因子（除特征因子乙醛、丙烯腈以及 1,4-二氯苯外）可采取手动监测方式，至少每季度监测 1 次，间接排放可至少每半年监测 1 次；综合考虑可吸附有机卤代烃（AOX）、乙醛、丙烯腈以及 1,4-二氯苯公共污水处理厂难以去除以及监测成本，此规定其直接和间接排放均至少每半年监测 1 次；雨水排放口有流动水排放时至少按月监测，若 1 年内无监测异常，则可放宽至每季度监测 1 次。

对于单独向外环境排放生活污水的，化学需氧量、氨氮为手工监测，至少每季度监测 1 次，其他污染物则每半年至少监测 1 次；单独间接排放生活污水的，则只注明去向，不需要进行监测。

台账和执行报告要求

本标准适用范围的化学纤维制造业均为重点管理。环境管理台账应当按照电子台账和纸质台账两种记录形式同步管理，保存期限不得少于 3 年。实行重点管理的排污单位环境管理台账应记录排污单位基本信息、生产设施运行管理信息、污染治理设施运行管理信息、监测记录信息和其他环境管理信息。

实行重点管理的排污单位应提交年度执行报告和季度执行报告，地方生态环境主管部门根据环境管理需求，可要求排污单位上报季度/月度执行报告，并在排污许可证中明确。

实际排放量

本标准规定了所有实施排放浓度和排放量双管控的污染物实际排放量核算方法，大气污染物包括颗粒物、二氧化硫、氮氧化物和挥发性有机物，水污染物包括化学需氧量和氨氮。实际排放量方法与相应的许可排放量核算方法保持一致（基于许可浓度的实测法）。

未按照自行监测中最低频次要求实施监测的，除二氧化硫使用物料衡算法、颗粒物和氮氧化物按照《排污许可证申请与核发技术规范　工业炉窑》中产排污系数法进行核算外，本标准附录 D 给出了其他污染物产排污系数用于核算实际排放量。

合规判定

排污单位可通过台账记录、按时上报执行报告和开展自行监测、信息公开，自证其依证排污，满足排污许可证要求。

生态环境主管部门可依据排污单位环境管理台账、执行报告、自行监测记录中的内容，判断其污染物排放浓度（速率）和排放量是否满足许可排放限值要求，也可通过执法监测判断其污染物排放浓度（速率）是否满足许可排放限值要求。

各废气排放口污染物或厂界无组织污染物的排放浓度合规是指“任一小时浓度均值均满足许可排放浓度要求”。

排污单位有组织排放源主要排放口的大气污染物年实际排放量之和不超过主要排放口污染物年许可排放量之和，即视为合规。有特殊时段许可排放量要求的，实际排放量不得超过特殊时段许可排放量。

各废水排放口污染物的排放浓度达标是指“任一有效日均值均满足许可排放浓度要求”。排放标准中浓度限值为非日均值的污染物，其排放浓度达标是指按相关监测规范要求测定的排放浓度满足许可排放浓度要求。

排污单位主要排放口污染物年实际排放量之和不超过相应污染物的年许可排放量，即视为合规。

生态环境主管部门依据排污许可证中的管理要求，审核环境管理台账记录和排污许可证执行报告；检查排污单位是否按照自行监测方案开展自行监测；是否按照排污许可证中环境管理台账记录要求记录相关内容，记录频次、形式等是否满足许可证要求；是否按照排污许可证中执行报告要求定期上报，上报内容是否符合要求等；是否按照排污许可证要求定期开展信息公开工作；是否满足特殊时段污染防治要求；是否满足运行管理要求。

（中国排污许可公众号）

《排污许可证申请与核发技术规范　专用化学产品制造工业》（HJ 1103—2020）重点内容解读

2020-03-16

为帮助大家更好地了解《排污许可证申请与核发技术规范　专用化学品制造工业》（HJ 1103—2020）的编制思路、主要内容和重点、难点，相关技术专家对本标准进行了重点内容解读。

适用范围

本标准适用范围涵盖了《国民经济行业分类》（GB/T 4754—2017）中的专用化学产品制造工业排污单位。

但以上述物质作为副产品的其他排污单位排放的大气污染物、水污染物的排污许可管理执行相应行业的排污许可证申请与核发技术规范；林产化学产品中的以林产品为原料的水解酒精制造、水解木糖醇适用本标准。化学试剂及催化剂中涉及无机酸、无机碱、无机盐等原料制造适用《排污许可证申请与核发技术规范　无机化学工业》（HJ 1035），调制黏合剂企业中涉及合成树脂生产及改性的生产装置适用《排污许可证申请与核发技术规范　石化工业》（HJ 853），催化剂中陶瓷类载体制造适用《排污许可证申请与技术核发规范　陶瓷砖瓦工业》（HJ 954）。

专用化学产品制造工业排污单位中，执行《火电厂大气污染物排放标准》（GB 13223）的生产设施和排放口，适用《火电行业排污许可证申请与核发技术规范》；执行《锅炉大气污染物排放标准》（GB 13271）的生产设施或排放口，适用《排污许可证申请与核发技术规范　锅炉》（HJ 953）；未列入本标准“主要行业部分生产设施表”且执行《工业炉窑大气污染物排放标准》（GB 9078）的生产设施或排放口，待工业炉窑排污许可证申请与核发技术规范发布后从其规定。

本标准未做出规定但排放工业废水、废气和国家规定的有毒有害污染物的专用化学产品制造工业排污单位其他产污设施和排放口，参照《排污许可证申请与核发技术规范　总则》（HJ 942）执行。

许可排放污染物的确定

专用化学产品制造工业涉及子行业种类较多，从国家已发布的污染物排放标准来看，该行业主要执行《大气污染物综合排放标准》（GB 16297）、《污水综合排放标准》（GB 8978）、《工业炉窑大气污染物排放标准》（GB 9078）、《恶臭污染物排放标准》（GB 14554）和《挥发性有机物无组织排放控制标准》（GB 37822）等五个综合及通用型污染物排放标准。此外，调制黏合剂排污单位执行《涂料、油墨及胶黏剂工业大气污染物排放标准》（GB 37824），木材水解酒精排污单位执行《发酵酒精和白酒工业水污染物排放标准》（GB 27631）。因此，本标准许可排放浓度的确定原则为排污单位按照执行的国家或地方排放标准从严确定许可排放浓度，国家或地方后续发布涉及本行业污染物排放标准，则按相应行业标准执行。

废气许可排放量的污染因子包括颗粒物、二氧化硫、氮氧化物，废水许可排放量的污染因子包括化学需氧量、氨氮。实行总磷、总氮总量控制等的区域，还应明确总磷、总氮等的许可排放量。

排放口差异化管理

专用化学产品制造工业排污单位的排放口分为主要排放口和一般排放口。对废气排放口，本标准中明确了以林产品为原料生产竹炭、木炭、木制活性炭的炭化炉（窑）、活化炉排放口及炭黑制造企业油炉（含尾气处理转化装置）排放口为主要排放口，其他排污单位废气排放口为一般排放口。对废水排放口，本标准中明确工业用脂肪酸及涉及木材水解工艺的林产化学产品制造等的废水总排放口为主要排放口，其他为一般排放口。

许可排放浓度因子和许可排放量核算

专用化学产品制造工业排污单位控制污染物指标依据所执行的国家或地方污染物排放标准确定。有组织大气污染物许可排放浓度（速率）以排放口为单元确定，无组织大气污染物许可排放浓度按厂界确定。无组织废气不许可排放量。废水以排放口为单元确定许可排放浓度和排放量，主要排放口既许可排放浓度也许可排放量，一般排放口仅许可排放浓度。单独排入市政污水处理厂的生活污水仅说明排放去向，不许可排放浓度和排放量。

运行管理要求

有组织排放管控要求排污单位应当按照相关法律法规、标准和技术规范等要求运行污染防治设施，并进行维护和管理，保证设施正常运行。

无组织排放管控主要包括废气无组织排放源的全空间或局部空间的收集和处理、挥发性有机液体储存和装卸废气的收集和处理等方面的要求。

对动物胶及天然橡胶等林产化学产品产生恶臭气体的源头进行控制，提出除臭及收集等方面的要求。

废水运行管理主要包括废水分类收集、分质处理，废水循环利用、生产设施的清洗方式，产品原料改进等源头防控措施等方面的要求。

固体废物环境管理主要包括固体废物收集、输送、贮存、利用、处置全过程管控，二次污染防治，固体废物台账记录，危险废物转移联单制度等要求。

土壤污染防治运行管理主要是要求排污单位采取防止有毒有害物质渗漏、流失、扬散的措施，并对纳入土壤污染重点监管单位名录的企业提出了年度报告、隐患排查、自行监测等要求。

自行监测要求

重点管理排污单位的废气主要排放口的颗粒物、二氧化硫、氮氧化物采用自动监测，一般排放口污染物项目最低监测频次为半年，无组织废气排放监控位置为厂界，最低监测频次也为半年。

重点管理排污单位的废水总排放口的pH、化学需氧量、氨氮实行自动监测；废水总排放口其他监测指标、一般排放口污染物项目按照直接排放及间接排放的情形分别设置最低监测频次。

台账和执行报告要求

环境管理台账应当按照电子台账和纸质台账两种记录形式同步管理，保存期限不得少于 3 年。环境管理台账应记录生产设施运行管理信息、主要原（辅）料消耗情况、污染治理设施运行管理信息、无组织废气控制措施、监测记录信息和其他环境管理信息。实行简化管理的排污单位环境管理台账内容精简。

实行重点管理的排污单位应提交年度执行报告和季度执行报告，实行简化管理的排污单位应提交年度执行报告。地方生态环境主管部门根据环境管理需求，可要求排污单位上报季度/月度执行报告，并在排污许可证中明确。

合规判定

排污单位可通过台账记录、按时上报执行报告和开展自行监测、信息公开，自证其依证排污、满足排污许可证要求。

生态环境主管部门可依据排污单位环境管理台账、执行报告、自行监测记录中的内容，判断其污染物排放浓度（速率）和排放量是否满足许可排放限值要求，也可通过执法监测判断其污染物排放浓度（速率）是否满足许可排放限值要求。

各废气排放口污染物或厂界无组织污染物的排放浓度合规是指“任一小时浓度均值均满足许可排放浓度要求”。

各废水排放口污染物的排放浓度达标是指“任一有效日均值均满足许可排放浓度要求”。排放标准中浓度限值为非日均值的污染物，其排放浓度达标是指按相关监测规范要求测定的排放浓度满足许可排放浓度要求。

（中国排污许可公众号）

《排污许可证申请与核发技术规范　日用化学产品制造工业》（HJ 1104—2020）重点内容解读

2020-03-16

为帮助大家更好地了解《排污许可证申请与核发技术规范　日用化学产品制造工业》（HJ 1104—2020）的编制思路、主要内容和重点、难点，相关技术专家对本标准进行了重点内容解读。

适用范围

根据《国民经济行业分类》（GB/T 4754—2017），日用化学产品制造工业列于“C 制造业”（门类）的“26 化学原料和化学制品制造业”（大类）中，行业代码 268（中类），分为以下小类：2681 肥皂及洗涤剂制造，2682 化妆品制造，2683 口腔清洁用品制造，2684 香料、香精制造，2689 其他日用化学产品制造。

根据《固定污染源排污许可分类管理名录（2019 年版）》，同时结合相关标准、行业生产及产排污特征等，明确了标准适用范围。本标准适用于指导日用化学产品制造工业排污单位排污许可证的申请与核发，具体行业类别为日用化学产品制造行业（C268）中的肥皂及洗涤剂制造（C2681）和香料、香精制造（C2684）。

本标准适用于日用化学产品制造工业排污单位排放的水污染物、大气污染物的排污许可管理，具体包括《国民经济行业分类》（GB/T 4754—2017）中的肥皂及洗涤剂制造（C2681）和香料、香精制造（C2684）。日用化学产品制造工业排污单位中，除以油脂为原料的肥皂（含香皂、皂粒、皂粉）制造中含有的脂肪酸、甘油生产适用本标准外，涉及工业用脂肪醇、工业用脂肪酸、工业用脂肪胺、表面活性剂，以及松节油类、松香类、林产油脂等专用化学产品生产的产污设施和排放口，适用《排污许可证申请与核发技术规范　专用化学产品制造工业》；执行《锅炉大气污染物排放标准》（GB 13271）的产污设施或排放口，适用《排污许可证申请与核发技术规范　锅炉》（HJ 953—2018）。

本标准未作规定，但排放工业废水、废气或者国家规定的有毒有害污染物的日用化学产品制造工业排污单位其他产污设施和排放口，参照《排污许可证申请与核发技术规

范 总则》（HJ 942—2018）执行。

术语和定义

本标准对日用化学产品制造工业排污单位、天然香料、合成香料、热反应香精、非甲烷总烃、许可排放限值、特殊时段和生产期等8个术语进行了定义。

日用化学产品制造工业排污单位根据《国民经济行业分类》（GB/T 4754—2017）进行定义，包括肥皂及洗涤剂制造（行业代码2681）和香料、香精制造（行业代码2684），与《固定污染源排污许可分类管理名录（2019年版）》规定纳入排污许可证管理范围一致。为更加准确地界定术语，还参照了《日用香精》（GB/T 22731）、《食品安全国家标准 食品用香精》（GB 30616）等标准。

天然香料、合成香料、热反应香精参考《香料香精术语》（GB/T 21171）、《食品安全国家标准 食品用香精》（GB 30616）等进行定义。非甲烷总烃依据《挥发性有机物无组织排放控制标准》（GB 37822）进行定义。许可排放限值和特殊时段的定义与《排污许可证申请与核发技术规范 总则》（HJ 942）以及其他已发布的排污许可技术规范中相关规定保持一致。生产期的定义主要借鉴了农副食品加工工业和食品制造工业相关排污许可技术规范，如HJ 860.1～HJ 860.3、HJ 1030.1和HJ 1030.2中的相关定义表述。

排污单位基本情况填报要求

根据《关于发布排污许可证承诺书样本、排污许可证申请表和排污许可证格式的通知》（环规财〔2018〕80号）中“排污许可证申请表”相关要求，结合纳入排污许可证管理日用化学产品制造行业企业特点，本标准给出肥皂及洗涤剂制造和香料、香精制造排污单位基本情况的填报要求。

本标准重点要求填报主要工艺及与污染物排放有关的主体生产设施，填写能够反映排污单位产能、工艺、排污状况等的相关设备参数。排污单位按照所属行业类别，填报主要产品、主要生产单元名称、主要工艺名称、主要生产设施名称、主要生产设施编号、设施参数、产品名称、生产能力、计量单位、设计年生产时间及其他。排污单位根据企业生产的产品类别、生产工艺、污染治理设施，选取标准中列出的一项或组合项进行填报；需要填报标准中未列出的其他生产单元、生产工艺及生产设施，可在申报系统选择“其他”项进行填报。

本标准根据行业产排污特征及环境管理要求，明确实行重点管理的日用化学产品制造工业排污单位废水总排放口（综合污水处理站排放口）为主要排放口，生活污水直接排放口为一般排放口。实行简化管理的日用化学产品制造工业排污单位废水排放口均为一般排放口。单独排向公共污水处理系统的生活污水仅需说明排放去向。日用化学产品制造工业排污单位水污染控制项目依据 GB 8978 确定。地方有更严格排放标准要求的，从其规定。

日用化学产品制造工业排污单位除锅炉外，其他设施的大气污染物排放量很小。由于本标准不包含锅炉设施，废气排放口全部为一般排放口。日用化学产品制造工业排污单位大气污染控制项目依据 GB 16297 和 GB 14554 确定。地方有更严格排放标准要求的，从其规定。

许可排放限值确定

许可排放限值包括污染物许可排放浓度（速率）和许可排放量。对于水污染物，实行重点管理的日用化学产品制造工业排污单位废水主要排放口许可排放浓度和排放量；一般排放口仅许可排放浓度，不许可排放量。实行简化管理的排污单位排放水污染物仅许可排放浓度，不许可排放量。单独排入公共污水处理系统的生活污水排放口不许可排放浓度和排放量。对于大气污染物，排污单位废气一般排放口和厂界无组织排放许可排放浓度（速率），不许可排放量。

1．许可排放浓度（速率）确定

本标准规定了日用化学产品制造工业排污单位废水直接排放、间接排放和与其他行业废水混合排放时许可排放浓度限值的确定方法。直接排向环境水体时，依据 GB 8978 中的直接排放浓度限值确定排污单位废水总排放口和生活污水直接排放口的水污染物许可排放浓度。地方有更严格排放标准要求的，从其规定。间接排向环境水体时，分为两种情况：一是当废水排入城镇污水集中处理设施时，依据 GB 8978 的间接排放限值确定排污单位废水总排放口的水污染物许可排放浓度；二是当废水排入其他污水集中处理设施时，按照排污单位与污水集中处理设施责任单位的协商值确定。地方有更严格排放标准要求的，从其规定。与其他工业废水混合排放时，分为三种情况：一是若有废水适用行业水污染物排放标准的，则执行相应水污染物排放标准中关于混合废水排放的规定；二是行业水污染物排放标准未作规定，或各种废水均适用 GB 8978 的，则按 GB 8978 附录 A 的规定确定许可排放浓度；三是若无法按 GB 8978 附录 A 规定执行的，则按从严原则确定许可排放浓度。

依据 GB 16297 和 GB 14554 确定日用化学产品制造工业排污单位大气污染物许可排放浓度（速率）限值。地方有更严格排放标准要求的，从其规定。若有执行大气污染物特别排放限值要求的，按相关规定执行。若执行不同许可排放浓度（速率）的多台生产设施或排放口采用混合方式排放废气，且选择的监控位置只能监测混合废气中的大气污染物浓度（速率），则应执行各许可排放限值要求中最严格限值。

2．许可排放量核算

本标准根据行业特点及环境管理要求，规定了许可排放量的废水污染物类别。实行重点管理的日用化学产品制造工业排污单位应明确化学需氧量、氨氮的许可排放量，可以明确受纳水体环境质量年均值超标且列入 GB 8978 中的其他相关排放因子的年许可排放量。地方生态环境主管部门有更严格规定的，从其规定。同时，借鉴已发布排污许可技术规范中执行 GB 8978 相关行业经验做法，给出许可排放量的确定方法，分为单独排放和混合排放两种情况。

单独排放时，排污单位水污染物年许可排放量是指排污单位废水总排放口水污染物年排放量的最高允许值，依据水污染物许可排放浓度限值、单位产品基准排水量和产品产能核定。同时明确相关参数取值原则。对于单位产品基准排水量，向公共污水处理系统排放废水的排污单位，如有协商废水排放量的，可按照协商排水量（折算为单位产品排水量）计算。向公共污水处理系统排放废水但无协商排水量或直接向环境水体排放废水的，按照排污单位近 3 年单位产品的实际排水量平均值计算；投运满 1 年但不足 3 年的按周期内单位产品的实际排放水量平均值计算；未投运或投运不满 1 年的按照设计单位产品排水量计算。当实际排水量平均值超过设计单位产品排水量时，按设计单位产品排水量计算。地方有更严格排放标准要求的，从其规定。对于许可排放浓度限值，氨氮的间接排放浓度可采用排污单位与污水集中处理设施责任单位的协商值进行计算；地方有更严格排放标准要求的，从其规定。

混合排放时，水污染物许可排放量的核算方法的主要思路是排放浓度乘以排水量的方式确定许可排放量，其中排放浓度为许可排放浓度，排水量按产能加权的方式确定，即废水混合前应各自执行的排放标准中规定的基准排水量乘以相应的产品产能，相关参数取值原则同单独排放情况。

污染防治可行技术

目前，日用化学产品制造工业相关污染防治可行技术指南尚未制定。本标准根据 GB 8978、GB 16297、GB 14554、GB 38722 等相关标准，参考《清洁生产标准　日用化学工业（肥皂及合成洗涤剂）》（征求意见稿）、团体标准《合成洗衣粉工业大气污染物排放标准》（T/ZGXX 0002—2018）中涉及日用化学产品制造工业的水污染物和大气污染物排放控制要求，基于企业实际调研，明确日用化学产品制造工业废水、废气污染防治可行技术，并对废水、有组织废气、无组织废气、工业固体废物及土壤污染预防提出了相关环境管理要求。

自行监测管理要求

目前，日用化学产品制造工业排污单位自行监测技术指南尚未制定。本标准根据GB 8978、GB 16297、GB 14554、GB 38722等相关标准，《排污单位自行监测技术指南 总则》（HJ 819）及相关废水、废气污染源监测技术规范和方法，结合日用化学产品制造工业排污单位的污染源管控重点和行业企业自行监测现状，按照重点管理排污单位监测频次高于简化管理排污单位，主要污染物监测频次高于一般污染物的总体原则，规定日用化学产品制造工业排污单位自行监测要求。主要规定了自行监测的一般原则、自行监测方案、自行监测要求、监测技术手段、监测频次、采样和测定方法、数据记录要求、监测质量保证与质量控制等内容。

台账与执行报告

按照排污许可管理要求，日用化学产品制造工业排污单位应通过环境管理台账、编制执行报告证明排污单位持证排污情况。本标准主要依据《排污单位环境管理台账及排污许可证执行报告技术规范 总则（试行）》（HJ 944）、《排污许可证申请与核发技术规范 总则》（HJ 942），结合环境管理要求，并考虑企业现状、实际环境管理台账记录情况，制定环境管理台账与排污许可证执行报告编制要求。在“规范、真实、全面、细致”的原则下，区分排污许可重点管理排污单位和简化管理排污单位，明确日用化学产品制造工业排污单位环境管理台账记录的内容、频次、贮存及保存要求等，以及执行报告编制流程及内容、报告周期等。

实际排放量核算

2017年12月27日，环境保护部发布《关于发布计算污染物排放量的排污系数和物料衡算方法的公告》（环境保护部公告 2017年第81号）。日用化学产品制造行业企业污染物实际排放量核算方法，总体上与其中附件1《纳入排污许可管理的火电等17个行业污染物排放量计算方法（含排污系数、物料衡算方法）（试行）》及已发布各行业排污许可证申请与核发技术规范要求保持一致。对应许可排放量要求，本部分具体规定了实际排放量核算的一般原则、废水污染物实际排放量的核算方法，具体包括实测法、产物系数法，相关产污系数取值参考《全国污染源普查工业污染源产排污系数手册》。

合规判定方法

合规是指日用化学产品制造工业排污单位许可事项符合排污许可证规定。排污单位排污口位置和数量、排放方式、排放去向、排放污染物种类、排放限值、环境管理要求应符合排污许可证规定。本部分具体给出了合规判定的一般原则、产排污环节、污染治理设施及排放口、废水排放、废气排放以及环境管理要求合规的具体判定方法，与其他行业排污许可技术规范相似。

（中国排污许可公众号）

《排污许可证申请与核发技术规范　医疗机构》（HJ 1105—2020）重点内容解读

2020-03-16

为帮助大家更好地了解《排污许可证申请与核发技术规范　医疗机构》（HJ 1105—2020）的编制思路、主要内容和重点、难点，相关技术专家对本标准进行了重点内容解读。

适用范围

本标准适用于医疗机构排污单位排放的大气污染物、水污染物以及产生的危险废物的排污许可管理。根据《固定污染源排污许可分类管理名录（2019 年版）》，对床位 500 张以上的医疗机构（不含专科医院 8415 中的精神病、康复和运动康复医院及疗养院 8416）实行重点管理；对床位 100 张及以上的专科医院 8415（精神病、康复和运动康复医院）以及疗养院 8416，床位 100 张及以上 500 张以下的综合医院 8411、中医医院 8412、中西医结合医院 8413、民族医院 8414、专科医院 8415（不含精神病、康复和运动康复医院）实行简化管理。

主要污染物确定

医疗机构排污单位排放污水主要为门诊、病房、手术室、检验室、病理解剖室、放射室等从事诊疗活动的各科室，以及洗衣房、太平间、消毒供应中心、医疗废物暂存间等处排出的诊疗、生活及粪便污水，主要特征污染物包括粪大肠菌群、肠道致病菌、肠道病毒、结核杆菌和总余氯等。医疗机构污水许可排放管理依据《医疗机构水污染物排放标准》（GB 18466）确定污染物种类和浓度限值，医疗机构排污单位水污染物不许可排放量。

医疗机构排污单位废气主要为污水处理站废气，主要污染物包括硫化氢、甲烷、氨、氯气等。医疗机构废气许可排放管理依据《医疗机构水污染物排放标准》（GB 18466）确定污染物种类和无组织排放浓度限值，有组织排放速率限值参考《恶臭污染物排放标准》（GB 14554）。

医疗机构排污单位产生的危险废物主要包括医疗废物、废药物、药品和污水处理站污泥，危险废物应分类收集包装，交由有资质的单位进行处置，许可排放量为 0。

排放口类型和管理要求

本标准将医疗机构排污单位的污水排放口管理类型分为主要排放口和一般排放口两类。其中，实行重点管理排污单位的污水总排放口为主要排放口，实行简化管理排污单位污水总排放口为一般排放口。涉及含第一类污染物的特殊医疗污水的科室或设施排放口为主要排放口，特殊医疗污水应进行相应预处理后，再与其他医疗污水合并处理，传染性特殊医疗污水仅说明预处理情况。单独的生活污水排放口直接排入环境水体的为一般排放口，排入城镇集中污水处理设施的仅说明排放去向。

医疗机构排污单位的污水处理站废气排放口为一般排放口。

排放限值要求

医疗机构排污单位的医疗污水仅许可排放浓度，不设置许可排放量要求，浓度限值依据 GB 18466 或地方标准取严确定。医疗机构污水处理站废气许可排放浓度，无组织排放的浓度限值按照 GB 18466 确定；有组织排放的速率限值按照 GB 14554 确定。

固体废物管理要求

医疗机构纳入排污许可管理的固体废物主要包括医疗废物和污水处理站污泥。

医疗废物管理应符合以下要求：①医疗机构排污单位必须建有规范的医疗废物暂存间，医疗废物暂存间的建设与管理应符合 GB 18597 的要求；②应按照分类记录医疗废物、废药物、药品和污水处理站污泥的产生量、贮存量和转移量，并向全国固体废物管理信息系统报送相关数据；③各类危险废物应分类收集、分类存放，按类别置于防渗漏、防锐器穿透的包装物或密闭容器内，应当符合 HJ 421 要求；④医疗废物暂存间应及时清运；⑤医疗废物转移过程中执行《医疗废物集中处置技术规范（试行）》（环发〔2003〕206 号），废药物、药品和污水处理站污泥转移处置过程中执行《危险废物转移联单管理办法》。

污水处理站污泥应经过消毒处理，由有资质的单位进行收运处置；污泥清掏前需按照 GB 18466 要求进行监测。

自行监测的要求

该标准依据 GB 18466 管理要求提出了排污单位制定自行监测方案的要求，明确了监测点位、监测指标、监测频次。医疗机构排污单位污水总排放口须安装自动监测设备。污水直接排放的医疗机构粪大肠菌群数每月监测不得少于 1 次；采用含氯消毒剂消毒时，接触池出口总余氯每日监测不得少于 2 次；肠道致病菌主要监测沙门氏菌、志贺氏菌，沙门氏菌的监测，每季度不少于 1 次，志贺氏菌的监测每年不少于 2 次；肠道病毒每年监测不少于 2 次；pH 每日监测不少于 2 次，化学需氧量和悬浮物每周监测 1 次，其他污染物每季度监测不少于 1 次。污水间接排放的医疗机构在污水总排放口对氨氮、肠道致病菌、肠道病毒、色度、总余氯等污染物无监测要求。污水处理站废气每季度监测 1 次。

台账记录和执行报告管理要求

医疗机构排污单位应记录环境管理台账，主要记录内容包括污染治理设施运行管理信息、危险废物管理信息和监测记录信息。其中，污染治理设施运行管理信息记录频次为每日 1 次，实施简化管理的医疗机构可延长至每周 1 次；危险废物管理信息记录频次为每日 1 次；监测记录信息依据污染物的监测频次要求记录。

实行重点管理的排污单位应提交年度执行报告和季度执行报告。年度执行报告内容应包括排污单位基本信息、污染治理设施运行情况、自行监测情况、台账管理情况、实际排放情况及合规判定分析、信息公开情况、排污单位内部环境管理体系建设与运行情况、排污许可证规定的其他内容执行情况、其他需要说明的问题、结论和附件附图要求。季度执行报告至少包括年度执行报告中污染治理设施运行情况、主要污染物的实际排放情况及合规判定分析等内容。

实行简化管理的排污单位可以仅提交年度执行报告，年度执行报告至少应包括排污单位基本情况、污染治理设施运行情况、自行监测执行情况、环境管理台账执行情况、实际排放情况及合规判定分析、结论等。

实际排放量核算方法

医疗机构排污单位一般排放口、无组织排放以及科室或设施排放口的实际排放量不进行核算。污水污染物的实际排放量采用实测法进行核算。危险废物的产生量、贮存量和转移量应选取合理的计量称重设备，按照实际情况进行称重核算。

合规判定方法

合规性判定主要包括许可事项合规判定和管理要求合规判定。许可事项是指排污单位排污口位置和数量、排放方式、排放去向、污染物种类、排放限值符合许可证规定。其中，排放限值合规是指排污单位的实际排放浓度（或排放速率）满足许可排放限值要求。环境管理要求合规是指排污单位按许可证规定落实危险废物贮存、转移管理要求以及自行监测、台账记录、执行报告、信息公开等环境管理要求。

（中国排污许可公众号）

《排污许可证申请与核发技术规范　环境卫生管理业》（HJ 1106—2020）重点内容解读

2020-03-16

为帮助大家更好地了解《排污许可证申请与核发技术规范　环境卫生管理业》（HJ 1106—2020）的编制思路、主要内容和重点、难点，相关技术专家对本标准进行了重点内容解读。

适用范围

本标准适用于环境卫生管理业排污单位［指集中处理生活垃圾（含餐厨废弃物）、生活污水处理污泥、城镇粪便的排污单位，也包括生活垃圾转运站，主要包括国民经济类别“环境卫生管理 782”行业类别］排放的大气污染物、水污染物的排污许可管理。

另外，环境卫生管理业排污单位中，执行《生活垃圾焚烧污染控制标准》（GB 18485）的生产设施和排放口，适用《排污许可证申请与核发技术规范　生活垃圾焚烧》（HJ 1039）；执行《火电厂大气污染物排放标准》（GB 13223）的生产设施和排放口，适用《火电行业排污许可证申请与核发技术规范　火电》；执行《锅炉大气污染物排放标准》（GB 13271）的生产设施和排放口，适用《排污许可证申请与核发技术规范　锅炉》（HJ 953）。水泥制造、砖瓦制造等活动中协同处置生活垃圾的，适用相关行业技术规范。

本标准未作规定但排放工业废水、废气或者国家规定的有毒有害污染物的环境卫生管理业排污单位的其他生产设施和排放口，参照《排污许可证申请与核发技术规范　总则》（HJ 942）执行。

废气、废水产排污环节及污染物确定

环境卫生管理业排污单位主要生产单元包括接收单元、预处理单元、好氧发酵单元、厌氧消化单元、餐厨废弃物油脂处理单元、填埋单元和公用单元。

废气种类主要包括卸料废气、破碎、分选等预处理废气、好氧发酵废气、厌氧消化废气、油脂处理废气、填埋废气、污水处理废气等，主要污染物种类为颗粒物和硫化氢、氨等恶臭气体。

废水类别主要包括填埋场渗滤液、餐厨废弃物上清液、油水分离废水、粪便上清液、发酵残渣上清液、厌氧消化沼液、沼气/填埋气脱硫废水、冲洗废水、生活污水、初期雨水等。填埋场渗滤液主要污染因子包括色度、化学需氧量、五日生化需氧量、悬浮物、总氮、氨氮、总磷、粪大肠菌群数、总汞、总镉、总铬、六价铬、总砷、总铅，其他废水污染因子为悬浮物、化学需氧量等常规因子。

排放口差异化管理

环境卫生管理业排污单位的排放口分为主要排放口和一般排放口。

环境卫生管理业排污单位废水排放口中，仅生活垃圾填埋场废水总排放口为主要排放口，其他废水排放口均为一般排放口。

环境卫生管理业排污单位废气排放口均为一般排放口。

废气许可排放浓度（或排放速率）管控

有组织和无组织排放废气的许可排放浓度（或排放速率）指标主要包括颗粒物、硫化氢、氨等恶臭污染物。

恶臭污染物许可排放浓度（或排放速率）依据 GB 14554 确定。其他污染物许可排放浓度（或排放速率）依据 GB 16297 确定。

废水许可排放浓度管控

废水许可排放浓度指标主要包括悬浮物、化学需氧量、五日生化需氧量、氨氮、总磷等。

生活垃圾填埋场、与生活垃圾填埋场配套建设的生活垃圾转运站废水污染物许可排放浓度依据 GB 16889 确定，其他环境卫生管理业排污单位废水许可排放浓度依据 GB 8978 确定。

许可排放量

环境卫生管理业排污单位废水主要排放口不管控废水排放量，但应核算实际排放量，并在执行报告中上报实际排放量数据。

生活垃圾填埋场环境管理要求

本标准对生活垃圾填埋场排污单位提出了入场、运行期、封场及后期维护与管理、污染物排放控制、环境和污染物监测要求。

自行监测要求

根据现行排放标准及污染控制标准以及调研现有企业监测频次现状，结合《排污单位自行监测技术指南　总则》（HJ 819—2017）要求，设置污染源各监测点位、指标、频次。

废气排放口最低监测频次均为半年；含填埋单元的，厂界最低监测频次为月，不含填埋单元的，厂界最低监测频次为季度。

生活垃圾填埋场总排口 pH、流量、化学需氧量、氨氮需进行自动监测（封场后按季度监测），其他污染物按季度监测（封场后按年监测）。生活垃圾转运站、餐厨废弃物、城镇粪便等其他生活垃圾处理排污单位废水总排口最低监测频次为年。依据相关标准，补充了生活垃圾填埋场周围地下水的监测要求。

台账记录和执行报告要求

本标准针对生产设施运行管理信息、污染防治设施运行管理信息、监测记录信息及其他环境管理信息等分别规定了记录内容。

环境卫生管理业排污单位按照排污许可证规定的时间提交执行报告，实行重点管理的排污单位应提交年度执行报告和季度执行报告，实行简化管理的排污单位应提交年度执行报告。

实际排放量核算要求

本标准给出了环境卫生管理业排污单位废水污染物实际排放量核算方法。

环境卫生管理业排污单位仅核算主要排放口的实际排放量，即生活垃圾填埋场废水总排放口需核算实际排放量。实际排放量核算首先采用实测法核算，要求采用自动监测的污染物，应采用符合监测规范的有效自动监测数据核算污染物实际排放量；未要求采用自动监测的排放口或污染物，按照优先顺序依次选取有效的自动监测数据、手工监测数据进行核算；要求采用自动监测的排放口或污染物而未采用的，或未按照相关规范文件等要求进行手工监测（无有效监测数据）的，采用产污系数法核算污染物实际排放量，且均按直接排放进行核算。

合规判定要求

排污单位可以通过台账记录、按时上报执行报告和开展自行监测、信息公开自证其依证排污。

生态环境主管部门依据排污单位环境管理台账、执行报告、自行监测记录中的内容，判断其污染物排放浓度（或排放速率）是否满足许可排放限值要求，生活垃圾填埋场是否满足许可要求，也可通过执法监测判断其污染物排放浓度（或排放速率）是否满足许可排放限值要求。

（中国排污许可公众号）

《排污许可证申请与核发技术规范　码头》（HJ 1107—2020）重点内容解读

2020-03-16

为帮助大家更好地了解《排污许可证申请与核发技术规范　码头》（HJ 1107—2020）的编制思路、主要内容和重点、难点，相关技术专家对本标准进行了重点内容解读。

适用范围

本标准适用于专业化干散货码头（煤炭、矿石）、通用散货码头排污单位排放大气污染物、水污染物的排污许可管理。

本标准适用于《国民经济行业分类》（GB/T 4754—2017）中的水上运输业（代码 N55）、水上运输辅助活动（代码 N553）、货运港口（代码 N5532）类别中从事干散货装卸和转运的专业化干散货码头（煤炭、矿石）、通用散货码头排污单位。

废气、废水产排污环节确定

废气主要为干散货在装卸、堆存及转运等各环节中产生的颗粒物，包括码头泊位装卸船、堆场堆存和堆取料、转运站转运及装卸车（火车/汽车）等作业产生的颗粒物，以无组织排放为主。

废水主要包括生活污水、含尘污水等。其中：①生活污水产生于港区员工生活及办公等，主要污染物种类包括化学需氧量、氨氮等。②含尘污水主要产生于散货堆场除尘、码头面冲洗、道路冲洗及收集的初期雨水等，主要污染物为悬浮物。

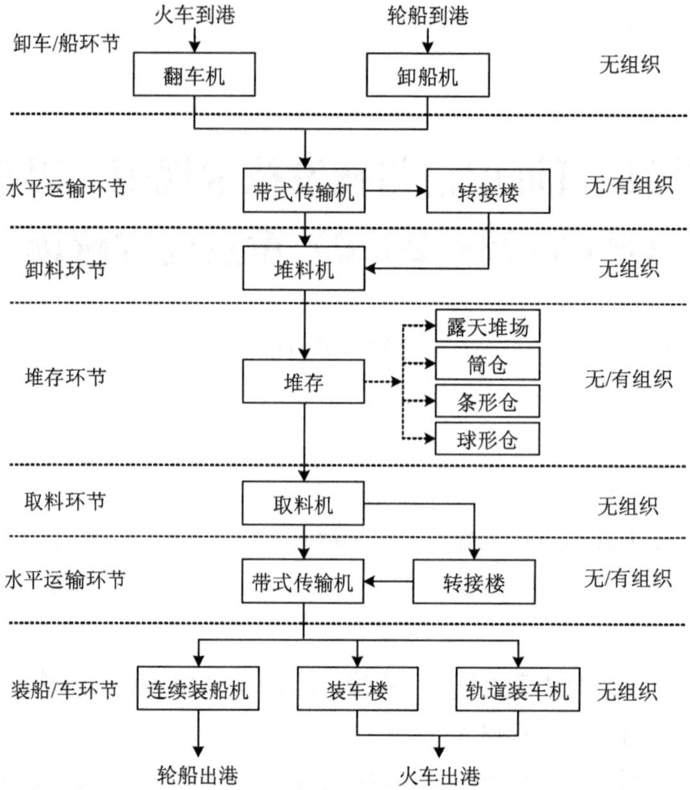

图 1　专业化干散货码头（煤炭、矿石）产排污环节示意

排放口差异化管理

废气排放口：主要为干式除尘器排口，均为一般排放口。

废水排放口：均为一般排放口。

废气、废水许可排放浓度管控

废气许可排放浓度指标：颗粒物。

废水许可排放浓度指标：pH、化学需氧量、悬浮物、氨氮、磷酸盐（总磷）、石油类。

废水执行《污水综合排放标准》（GB 8978）；废气执行《大气污染物综合排放标准》（GB 16297）。

许可排放限值要求

大气污染物许可排放限值：以排放口为单位确定一般排放口的许可排放浓度（速率），厂界监控点确定颗粒物许可排放浓度。

水污染物许可排放限值：以排放口为单位许可排放浓度，不设置许可排放量；单独排入公共污水处理系统的生活污水仅说明去向。

运行管理要求——废气

（1）污染防治设施应与其对应的生产工艺设备同步运转。

（2）加强除尘设备巡检，消除设备隐患，保证正常运行。布袋除尘器应安装压差计，及时更换除尘器滤袋，保证滤袋完整无破损。静电除尘器应定期检修维护电晕极、振打清灰装置。湿式除尘器应定期检查喷淋头、循环水泵等设施。

（3）对于露天堆场中周转频率低的堆垛可采用苫盖、喷洒抑尘剂等措施。

（4）煤炭、矿石露天堆场散货堆垛高度不宜超过设计堆高；露天堆场定期实施洒水喷淋，洒水频次根据物料性质和气象条件等确定；堆场宜设置必要的堆垛表面含水率监测仪器，煤炭堆垛表面含水率不宜低于 6%、矿石堆垛表面含水率不宜低于 5%。

（5）场区内集疏运车辆装卸作业及其他装卸点宜配备移动式远程射雾器，对装卸点进行喷雾抑尘或同步开启场内洒水喷淋系统进行洒水抑尘。

（6）散装粮食、水泥等无法采取洒水喷淋的货种应采用封闭式或者半封闭式的装卸和输送设备，起尘部位应配置干式除尘装置。

（7）控制装卸作业落差，堆料作业落差宜在 2 米以内，装卸车/船作业落差宜在 1.5 米以内。

（8）码头面、装卸车区在装卸作业完毕时应及时清理；场区内道路应进行定期清扫和冲洗，确保不产生明显扬尘；北方冬季严寒，道路不宜洒水时，可增加清扫频次。

（9）散货集疏运车辆应采用封闭车型，采用敞车时，应对车厢进行有效覆盖；车辆驶出作业区前应在冲洗点对车轮进行冲洗，北方冬季做好洗车用水管网的防冻措施，确保洗车正常进行。

（10）船舶装卸作业的允许风力不宜超过 6 级；重污染天气、冬防期间及大风天气等特殊时段，地方对码头颗粒物无组织排放管控有特殊要求的，从其规定。

（11）污染防治设施发生故障时，应及时上报、维修，并做好故障记录，写明发生故障时间、故障原因和重新正常使用时间。

运行管理要求——废水

（1）码头排污单位应按照相关法律法规、标准和技术规范等要求运行水污染防治设施并进行维护和管理，保证设施运行正常，处理、排放水污染物符合相关国家或地方污染物排放标准的规定。

（2）码头装卸区应有冲洗水、初期雨水的收集、储运设施；堆场应设有径流雨水的收集、储运设施；含尘污水进行收集和处理后，优先用于堆场喷淋、码头面及道路冲洗。

（3）地方或环境影响评价文件明确要求含尘污水不外排的，应按要求执行。

运行管理要求——固体废物

（1）一般工业固体废物和危险废物应在专门区域分隔存放，设置防渗、防风、防晒、防雨措施，设置环境保护图形标志。

（2）危险废物应按规定严格执行危险废物转移联单制度。

自行监测要求

自行监测污染源和污染物应包括排放标准中涉及的废气、废水污染源和污染物。废气自行监测包括干式除尘设施排气筒、厂界无组织排放监测点位、周边环境影响监测点，监测颗粒物。废水自行监测包括生活污水排放口、含尘污水排放口等。

鼓励码头排污单位采用自动监测设备监测厂界颗粒物浓度。地方生态环境主管部门对自动监测有明确要求的，从其规定。

台账和执行报告要求

台账记录内容：包括生产工况信息、污染防治设施运行管理信息、监测记录信息等。

记录频次：生产工况信息和污染防治设施运行管理信息，与生产班次同步记录，1 次/班次。监测记录信息按照《排污单位自行监测技术指南　总则》（HJ 819）执行。

记录存储及保存：纸质存储应存放于保护袋、卷夹或保护盒等保存介质中；由专人签字、定点保存；应采取防光、防热、防潮、防细菌及防污染等措施；如有破损应及时修补，并留存备查。电子化存储应存放于电子存储介质中，并进行数据备份。保存时间原则上不低于 3 年。

执行报告：年度执行报告内容应包括排污单位基本情况、污染防治设施运行情况、自行监测执行情况、环境管理台账记录执行情况、实际排放情况及合规判定分析、其他需要说明的问题、结论、附图附件等。

合规判定要求

排污单位可通过环境管理台账记录、按时上报执行报告和开展自行监测，自证其依证排污、满足排污许可证要求。各级生态环境主管部门可依据码头排污单位环境管理台账、执行报告、自行监测记录中的内容，判断其污染物排放浓度（速率）是否满足许可排放限值要求，也可通过执法监测判断其污染物排放浓度（速率）是否满足许可排放限值要求。

废气有组织排放口颗粒物排放浓度达标是指“任一小时浓度均值均满足许可排放浓度要求”；厂界颗粒物无组织排放浓度达标是指“任一次测定小时浓度均值满足许可排放浓度要求”。废水排放口污染物的排放浓度达标是指任一有效日均值（除 pH 外）均满足许可排放浓度要求。管理要求合规判定是指有核发权的地方生态环境主管部门依据排污许可证中的管理要求，审核环境管理台账记录和许可证执行报告，核查排污单位是否满足排污许可证管理要求。

（中国排污许可公众号）

《排污许可证申请与核发技术规范　羽毛（绒）加工工业》（HJ 1108—2020）重点内容解读

2020-03-16

为帮助大家更好地了解《排污许可证申请与核发技术规范　羽毛（绒）加工》（HJ 1108—2020）的编制思路、主要内容和重点、难点，相关技术专家对本标准进行了重点内容解读。

适用范围

本标准适用于水洗羽毛（绒）加工工业排污单位排放水污染物和大气污染物的排污许可管理。

本标准适用于《国民经济行业分类》（GB/T 4754—2017）中的羽毛（绒）加工（代码 1941）中的含水洗羽毛（绒）加工企业。

废气、废水产排污环节确定

废气主要包括羽毛绒除尘、干燥、冷却、分毛等过程中产生的废气，原毛准备、水洗等过程产生的废气，废水处理过程产生的废气等。其中：①羽绒干燥、冷却、分毛等废气产生于除灰机、烘干机、冷却机、分毛机、拼堆机、打包机等，主要污染物种类包括颗粒物、氨、硫化氢、臭气浓度等。②原毛准备、水洗等过程产生的废气产生于料场、水池、洗毛机、脱水机等，主要污染物种类包括氨、硫化氢、臭气浓度等。③污水处理设施产生的废气产生于废水调节池、污泥池、污泥浓缩池等污水处理装置，主要污染物种类包括氨、硫化氢、臭气浓度等。

废水主要包括厂内综合污水处理站的综合污水（生产废水、生活污水、初期雨水、地面冲洗废水等）、生活污水等。其中：①厂内综合污水处理站废水产生于粗洗加工、精洗加工、地面冲洗等环节，主要污染物种类包括 pH、悬浮物、五日生化需氧量、化学需氧量、氨氮、总氮、总磷、阴离子表面活性剂、动植物油等。②生活污水产生于员工生活及办公等，主要污染物种类包括化学需氧量、氨氮等。

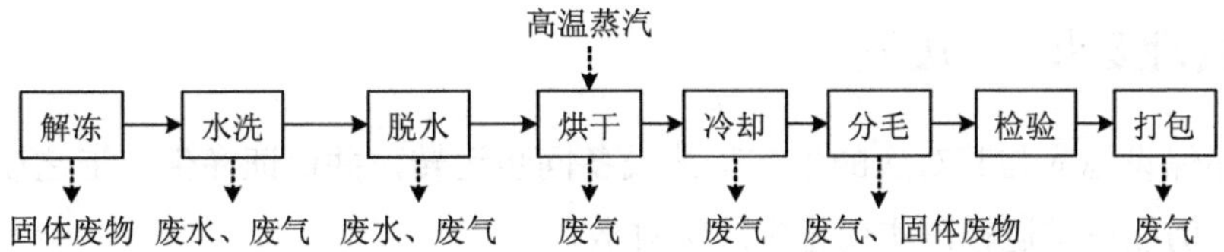

图 1 羽毛（绒）粗洗加工的生产工艺及产排污环节示意

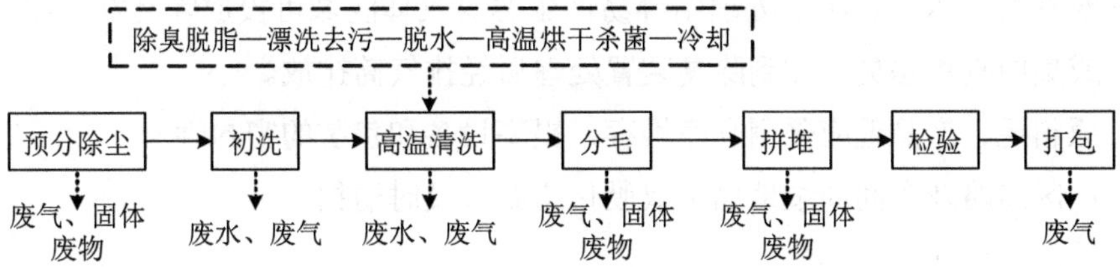

图 2 原料毛精洗加工工艺流程及主要排污环节示意

排放口差异化管理

废气排放口：均为一般排放口。

废水排放口：厂内综合污水处理厂的排放口为主要排放口，其他为一般排放口。

废气、废水许可排放浓度管控

废气许可排放浓度指标包括颗粒物、臭气浓度、硫化氢、氨等。废水许可排放浓度指标包括 pH、悬浮物、化学需氧量、五日生化需氧量、氨氮、总磷、总氮、阴离子表面活性剂、动植物油等。

废水执行《羽绒工业水污染物排放标准》（GB 21901）；废气执行《大气污染物综合排放标准》（GB 16297）、《恶臭污染物排放标准》（GB 14554）。

羽毛（绒）加工工业排污单位重点污染物管控类型为国家重点管控污染物，包括颗粒物、化学需氧量、氨氮。

许可排放限值要求

大气污染物许可排放限值：以排放口为单位确定有组织排放口的许可排放浓度，无组织废气按照污染物排放执行标准要求的监控点确定许可排放浓度。

水污染物许可排放限值：以废水总排放口为单位确定污染物许可排放浓度和排放量。单独排入城镇污水处理设施的生活污水仅说明排放去向。

运行管理要求——废气

（1）环保设施应与其对应的生产工艺设备同步运转，并保证在生产工艺设备运行不稳定情况下仍能正常运转，实现稳定达标排放。

（2）加强除尘除臭设备巡检，消除设备隐患，保证正常运行。采用布袋除尘器的应及时更换布袋除尘器滤袋，保证滤袋完整无破损。

（3）对料场、水池、污水处理站等易产生恶臭气体区域可投放除臭剂，或加罩、加盖密封，或集中收集恶臭气体到除臭装置处理后经排气筒排放。

（4）原料毛、产品毛应采用仓库堆存，提高设备和包装的密封性。

（5）厂区道路及车间周边地面采取硬化措施，及时清扫。

运行管理要求——废水

（1）羽毛（绒）加工工业排污单位应当按照相关法律法规、标准和技术规范等要求运行水污染防治设施并进行维护和管理，保证设施运行正常，处理、排放水污染物符合国家或地方污染物排放标准的规定。

（2）应进行雨污分流、清污分流、分质处理、循环利用，回用时应满足相应的回用水水质标准要求。

（3）应对废水处理过程中产生的固体废物按照相应标准、政策进行妥善处置，鼓励资源化利用。

（4）应建立废水处理设施运行、维修巡检、仪表数据等的记录和存档制度，并按要求记录和存档。

运行管理要求——固体废物

（1）生产车间产生的毛灰、毛梗等应妥善收集，开展综合利用。

（2）污水处理产生的污泥应及时处理处置，并达到相应的污染物排放或控制标准要求。

（3）加强污泥处理处置各个环节（收集、贮存、调节、脱水和外运等）的运行管理，污泥暂存场所地面应采取防渗漏措施。

（4）应记录固体废物产生量和去向（处理、处置、综合利用或外运）及相应量。

（5）外委处置的，一般工业固体废物委托具有处理处置能力的单位进行处置。

自行监测要求

按《排污单位自行监测技术指南　总则》（HJ 819）等的要求，自行监测污染源和污染物应包括行业相关污染物排放标准、污染控制标准以及其他环境管理要求中涉及的废气、废水污染源和污染物。羽毛（绒）加工工业排污单位应开展自行监测的包括废水总排放口、有组织废气排放监测点、无组织废气排放厂界监测点等。羽毛（绒）加工工业适用的自行监测技术指南发布后从其规定。

排污单位应按规定安装污染源自动监测设施，实时监测污染物的排放情况并与环保部门联网，强化环境监管。有废水处理设施的，应在该设施后监控。在污染物排放监控位置应设置永久性排污口标志。

台账和执行报告要求

台账记录内容包括排污单位基本信息、主要生产设施运行管理信息和污染防治设施运行管理信息、监测记录信息及其他环境管理信息等。

记录频次：基本信息未发生变化的，按年记录，1 次/年；发生变化的，在发生变化时记录 1 次；正常工况按日或批次记录，非正常工况按照工况期记录。

记录存储及保存：纸质台账应存放于保护袋、卷夹或保护盒等保存媒介中，专人保存于专门的档案保存地点，并由相关人员签字。档案保存应采取防光、防热、防潮、防细菌及防污染等措施。纸质类档案如有破损应及时修补，并留存备查。电子台账保存于专门存储设备中，并保留备份数据。存储设备由专人负责管理，定期进行维护。

执行报告：年度执行报告编制内容应包括排污单位基本信息、污染防治设施运行情况、自行监测执行情况、环境管理台账记录执行情况、实际排放情况及合规判定分析、信息公开情况、排污单位内部环境管理体系建设与运行情况、其他排污许可证规定的内容执行情况、其他需要说明的问题、结论、附图附件要求等。

季度执行报告应包括污染物实际排放浓度和排放量、合规判定分析、超标排放或污染防治设施异常状况说明等内容，以及各月度生产小时数、主要产品及其产量、主要原料及其消耗量、新水用量及废水排放量、主要污染物排放量等信息。

合规判定要求

排污单位可通过环境管理台账记录、按时提交执行报告和开展自行监测、信息公开，自证其依证排污、满足排污许可证要求。

各级生态环境主管部门可依据排污单位环境管理台账、执行报告、自行监测记录中的内容，判断其污染物排放浓度和排放量是否满足许可排放限值要求，也可通过执法监测判断其污染物排放是否满足许可排放限值要求。

废气污染物有组织排放浓度合规是指按照相关监测技术规范要求获取的污染物排放浓度数据低于或等于许可排放浓度要求；无组织排放满足相关标准中排放浓度限值要求及污染控制措施要求的，即认为合规。

废水污染物排放浓度合规是指按照相关监测技术规范要求获取的任一有效日均值（除 pH 外）低于或等于许可排放浓度要求，排放标准中浓度限值为非日均值的污染物，其排放浓度达标是指按相关监测规范要求测定的排放浓度低于或等于许可排放浓度要求。

污染物排放量合规是指污染物年实际排放量不超过相应污染物的年许可排放量。

（中国排污许可公众号）

《排污许可证申请与核发技术规范　农副食品加工工业——水产品加工工业》(HJ 1109—2020) 重点内容解读

2020-03-17

为帮助大家更好地了解《排污许可证申请与核发技术规范　农副食品加工工业——水产品加工工业》（HJ 1109—2020）的编制思路、主要内容和重点、难点，相关技术专家对本标准进行了重点内容解读。

适用范围

本标准适用于水产品加工工业排污单位，主要包括《国民经济行业分类》（GB/T 4754—2017）类别“13 农副食品加工业”中“136 水产品加工”行业类别排放的大气污染物、水污染物的排污许可管理。本标准不适用于由水产品生产助剂和添加剂类及医药品类等化工类产品的排污单位，以及从事水产品罐头制造、以水产品及其加工废弃物为原料生产饲料的排污单位。以水产品及其加工废弃物为原料生产饲料的排污单位，属于“1329 其他饲料加工”，适用《排污许可证申请与核发技术规范　农副食品加工工业——饲料加工、植物油加工工业》。

另外，水产品加工工业排污单位中，执行《火电厂大气污染物排放标准》（GB 13223）的产污设施或排放口，适用《火电行业排污许可证申请与核发技术规范》；执行《锅炉大气污染物排放标准》（GB 13271）的产污设施或排放口，适用《排污许可证申请与核发技术规范　锅炉》（HJ 953）。

本标准未作规定但排放工业废水、废气的水产品加工工业排污单位的其他产污设施和排放口，参照《排污许可证申请与核发技术规范　总则》（HJ 942）执行。

废气、废水产排污环节及污染物确定

水产品加工工业排污单位的废气产排污环节主要包括原料系统、前处理系统、深加工系统，以及公用单元中厂内综合污水处理站污水处理产生的废气、污泥处理产生的废气和堆放废气。

水产品加工工业排污单位的废水主要为解冻废水、清洗废水、生活污水、冷却污水等。

水产品加工工业排污单位的水污染物执行《污水综合排放标准》(GB 8978),水污染物包括 pH、悬浮物、五日生化需氧量(BOD_5)、化学需氧量(COD_{Cr})、氨氮、磷酸盐(总磷)、动植物油、色度;食品加工制造业水污染物排放标准发布后,其适用范围内的排污单位或生产设施从其规定。其大气污染物执行《大气污染物综合排放标准》(GB 16297)、《工业炉窑大气污染物排放标准》(GB 9078)、《恶臭污染物排放标准》(GB 14554)和《饮食业油烟排放标准(试行)》(GB 18483),大气污染物包括颗粒物、油烟、非甲烷总烃、氨、硫化氢、臭气浓度等。地方有更严格排放标准要求的,从其规定。

固体废物产生类别及去向

水产品加工工业排污单位产生的固体废物包括包材、废弃零部件、水产品内脏或废弃物、污泥、废活性炭等。

固体废物的去向主要为贮存、自行利用、自行处置、委托有资质单位利用或处置,排污单位根据实际情况填报。

排放口差异化管理

实行重点管理的水产品加工工业排污单位废水总排放口(综合污水处理站排放口)为主要排放口,单独的生活污水直接排放口为一般排放口。实行简化管理的水产品加工工业排污单位废水总排放口、单独的生活污水直接排放口为一般排放口。单独排向公共污水处理系统的生活污水仅说明排放去向。

水产品加工工业排污单位废气排放口全部为一般排放口。

废气许可排放浓度管控

废气许可排放浓度(或排放速率)指标主要包括颗粒物、油烟、氨、硫化氢、臭气浓度、非甲烷总烃等,废气污染控制项目依据 GB 9078、GB 14554、GB 16297 和 GB 18483 确定。

废水许可排放浓度管控

废水许可排放浓度指标依据 GB 8978 确定,水产品加工工业排污单位的废水污染物指标包括 pH、悬浮物、五日生化需氧量、化学需氧量、氨氮、磷酸盐(总磷)、动植物油、色度;食品加工制造业水污染物排放标准发布后,其适用范围内的排污单位或生产设施从其规定。

许可排放量核算方法

实行重点管理的水产品加工工业排污单位主要排放口应明确化学需氧量、氨氮的年许可排放量，可以明确受纳水体环境质量年均值超标且列入排污许可管控污染物的年许可排放量。地方生态环境主管部门另有规定的，从其规定。

许可排放量分为单独排放和混合排放两种情形，计算公式如下：

单独排放：依据水污染物许可排放浓度限值、单位产品基准排水量和产品产能核定，见式（1）。

$$D_j = \sum_{i=1}^{n} S_i \times Q_i \times C_{ij} \times 10^{-6} \tag{1}$$

其中，单位产品基准排水量的确定原则是：向公共污水处理系统排放废水的排污单位，如有协商废水排放量的，可按照协商排水量（折算为单位产品排水量）计算。向公共污水处理系统排放废水但无协商排放水量或直接向环境水体排放废水的，按照排污单位近 3 年单位产品的实际排水量平均值计算；投运满 1 年但不足 3 年的按周期内单位产品的实际排水量平均值计算；未投运或投运不满 1 年的按照设计单位产品排水量计算。当实际排水量平均值超过设计单位产品排水量时，按设计单位产品排水量计算。地方有更严格排放标准要求的，从其规定。

混合排放：排污单位的生产设施同时排放适用不同排放控制要求或不同污染物排放标准的污水，且污水混合处理排放的，按照许可排放浓度限值与以不同产品产能加权水量的乘积计算，见式（2）。

$$D_j = C_j \times \sum_{i=1}^{n} (Q_i \times S_i \times 10^{-6}) \tag{2}$$

其中，单位产品基准排水量的确定原则与式（1）中相同。

固体废物环境管理要求

应记录固体废物（包材、废弃零部件、水产品内脏或废弃物、污泥、废活性炭等）的产生量和去向（处理、处置、综合利用或外运）及相应量，固体废物各去向量之和应等于固体废物产生量。

危险废物产生、收集、贮存、利用、处置过程应满足危险废物有关法律法规、标准规范相关规定要求，并通过全国固体废物管理信息系统报送危险废物产生、贮存、转移、利用和处置等情况。危险废物转移过程应执行《危险废物转移联单管理办法》。

宜对水产品内脏或废弃物优先进行综合利用。

宜采用污泥产生量较少的污水处理工艺，应收集污水处理产生的全部污泥，并及时处理处置，达到相应的污染物排放或控制标准要求。加强污泥处理处置各个环节（收集、贮存、调节、脱水和外运等）的运行管理，防止二次污染。污泥暂存场所地面应采取防雨、防渗漏措施，排水设施应采取防渗措施。脱水污泥应采用密闭车辆运输。

自行监测要求

水产品加工工业排污单位在申请排污许可证时，应当按照 HJ 986 和本标准确定的产排污节点、排放口、污染控制项目及许可限值等要求，制定自行监测方案，并在全国排污许可证管理信息平台申报。

有核发权的地方生态环境主管部门可根据环境质量改善需求，增加水产品加工工业排污单位自行监测管理要求。对于 2015 年 1 月 1 日（含）后取得环境影响评价文件审批、审核意见的排污单位，其环境影响评价文件及其审批、审核意见中有其他自行监测管理要求的，应当同步完善排污单位自行监测方案。

台账记录和执行报告要求

本标准针对基本信息、生产设施运行管理信息、污染防治设施运行管理信息、监测记录信息及其他环境管理信息等分别规定了记录内容，同时在附录 D 给出了台账表格样式要求。

实行重点管理的水产品加工工业排污单位应提交年度执行报告和季度执行报告，实行简化管理的水产品加工工业排污单位应提交年度执行报告。

季度执行报告内容应包括污染物实际排放浓度和排放量、合规判定分析、超标排放或污染防治设施异常情况说明等内容，以及各月度生产小时数、主要产品及其产量、主要原料及其消耗量、主要燃料及其消耗量、新水用量及废水排放量、主要污染物排放量等信息。年度执行报告除此之外还应包括自行监测执行情况、环境管理台账记录执行情况、信息公开情况、排污单位内部环境管理体系建设与运行情况等。

实际排放量核算要求

本标准给出了水产品加工工业排污单位主要排放口废水污染物实际排放量核算方法。排污单位的废气有组织排放口均为一般排放口，不核算一般排放口和无组织排放的实际排放量。实际排放量核算优先选用实测法，要求采用自动监测的排放口或污染物项目而未采用的，采用产污系数法核算污染物排放量，且均按直接排放进行核算。未按照相关规范文件等要求进行手工监测（无有效监测数据）的排放口或污染物，有有效治理设施的按排污系数法核算，无有效治理设施的按产污系数法核算。

合规判定要求

水产品加工工业排污单位可通过台账记录、按时上报执行报告和开展自行监测、信息公开，自证其依证排污、满足排污许可证要求。生态环境主管部门可依据排污单位环境管理台账、执行报告、自行监测记录中的内容，判断其污染物排放浓度（速率）是否满足许可排放限值要求，也可通过执法监测判断其污染物排放浓度（速率）是否满足许可排放限值要求。

（中国排污许可公众号）

《排污许可证申请与核发技术规范　农副食品加工工业——饲料加工、植物油加工工业》（HJ 1110—2020）重点内容解读

2020-03-17

为帮助大家更好地了解《排污许可证申请与核发技术规范　农副食品加工工业——饲料加工、植物油加工工业》（HJ 1110—2020）的编制思路、主要内容和重点、难点，相关技术专家对本标准进行了重点内容解读。

适用范围

本标准适用于饲料加工、植物油加工工业排污单位，主要包括《国民经济行业分类》（GB/T 4754—2017）类别“13 农副食品加工业”中“132 饲料加工”和“133 植物油加工”行业类别排放的大气污染物、水污染物的排污许可管理。从事饲料添加剂生产的排污单位，属于“1495 食品及饲料添加剂制造”，适用《排污许可证申请与核发技术规范　食品制造工业——方便食品、食品及饲料添加剂制造工业》（HJ 1030.3），不适用本标准。

另外，饲料加工、植物油加工工业排污单位中，执行《火电厂大气污染物排放标准》（GB 13223）的产污设施或排放口，适用火电行业排污许可证申请与核发技术规范；执行《锅炉大气污染物排放标准》（GB 13271）的产污设施和排放口，适用《排污许可证申请与核发技术规范　锅炉》（HJ 953）。

本标准未作规定但排放工业废水、废气或者国家规定的有毒有害污染物的饲料加工、植物油加工工业排污单位的其他生产设施和排放口，参照《排污许可证申请与核发技术规范　总则》（HJ 942）执行。

废气、废水产排污环节及污染物确定

饲料加工、植物油加工工业排污单位的废气产排污环节主要包括原粮的清理、粉碎、制粒等环节产生的粉尘，进出车间冷凝器产生的含挥发性有机物的不凝气体，产品的包装环节包装机产生的包装废气，以及公用单元中厂内综合污水处理站污水处理、污泥处

理和堆放产生的臭气。

饲料加工、植物油加工工业排污单位的废水主要为发酵工艺的洗罐水，浸出和精炼工艺中离心分离、清洗的生产废水，生活污水，冷却污水等。

饲料加工、植物油加工工业的排污单位，其水污染物执行《污水综合排放标准》（GB 8978），水污染物包括 pH、悬浮物、五日生化需氧量（BOD_5）、化学需氧量（COD_{Cr}）、氨氮、磷酸盐（总磷）、动植物油（适用于动物源性饲料加工和植物油加工工业）、色度（适用于植物油加工工业）；食品加工制造业水污染物排放标准发布后，其适用范围内的排污单位或生产设施从其规定。其大气污染物执行《大气污染物综合排放标准》（GB 16297）、《工业炉窑大气污染物排放标准》（GB 9078）、《恶臭污染物排放标准》（GB 14554）和《挥发性有机物无组织排放控制标准》（GB 37822），大气污染物包括颗粒物、油烟、氨、硫化氢、三甲胺、二甲二硫醚、甲硫醚、甲硫醇、二氧化硫、烟气黑度、非甲烷总烃和臭气浓度等。

固体废物产生类别及去向

饲料加工、植物油加工行业的排污单位产生的固体废物包括生产车间产生的粕、壳、油脚、皂脚、废活性炭、废树脂、废白土、包材、厂内实验室固体废物、废弃零部件等，以及污水处理产生的污泥。

固体废物的去向主要为贮存、自行利用、自行处置、委托有资质单位利用或处置，排污单位根据实际情况填报。

排放口差异化管理

实行重点管理的饲料加工、植物油加工工业排污单位废水总排放口（综合污水处理站排放口）为主要排放口，单独的生活污水直接排放口为一般排放口。实行简化管理的饲料加工、植物油加工工业排污单位废水总排放口、单独的生活污水直接排放口为一般排放口。单独排向公共污水处理系统的生活污水仅说明排放去向。

饲料加工、植物油加工工业排污单位废气排放口全部为一般排放口。

废气许可排放浓度管控

废气许可排放浓度（或排放速率）指标主要包括颗粒物、二氧化硫、非甲烷总烃、臭气浓度等，废气污染控制项目依据 GB 9078、GB 14554、GB 16297 和 GB 37822 确定。

废水许可排放浓度管控

废水许可排放浓度指标依据 GB 8978 确定，饲料加工工业排污单位的废水污染物指标包括 pH、悬浮物、五日生化需氧量、化学需氧量、氨氮、磷酸盐（总磷）、动植物油（适用于动物源性饲料加工）等。植物油加工工业排污单位的废水污染物项目包括 pH、悬浮物、五日生化需氧量、化学需氧量、氨氮、磷酸盐（总磷）、动植物油、色度等。

许可排放量核算方法

实行重点管理的饲料加工、植物油加工工业排污单位主要排放口应明确废水化学需氧量、氨氮的年许可排放量，可以明确受纳水体环境质量年均值超标且列入排污许可管控污染物的年许可排放量。地方生态环境主管部门另有规定的，从其规定。

许可排放量分为单独排放和混合排放两种情形，计算公式如下：

单独排放：依据水污染物许可排放浓度限值、单位产品基准排水量和产品产能核定，见式（1）。

$$D_j = \sum_{i=1}^{n}(S_i \times Q_i \times C_{ij}) \times 10^{-6} \qquad (1)$$

其中，单位产品基准排水量的确定原则是：向公共污水处理系统排放废水的排污单位，如有协商废水排放量的，可按照协商排水量（折算为单位产品排水量）计算。向公共污水处理系统排放废水但无协商排放水量或直接向环境水体排放废水的，按照排污单位近 3 年单位产品的实际排水量平均值计算；投运满 1 年但不足 3 年的按周期内单位产品的实际排水量平均值计算；未投运或投运不满 1 年的按照设计单位产品排水量计算。当实际排水量平均值超过设计单位产品排水量时，按设计单位产品排水量计算。地方有更严格排放标准要求的，从其规定。

混合排放：排污单位的生产设施同时排放适用不同排放控制要求或不同污染物排放标准的污水，且污水混合处理排放的，按照许可排放浓度限值与以不同产品产能加权水量的乘积计算，见式（2）。

$$D_j = C_j \times \sum_{i=1}^{n}(Q_i \times S_i \times 10^{-6}) \qquad (2)$$

其中，单位产品基准排水量的确定原则与式（1）中相同。

固体废物环境管理要求

应记录固体废物（废白土、包材、废弃零部件、污泥等）的产生量和去向（处理、处置、综合利用或外运）及相应量，固体废物各去向量之和应等于固体废物产生量。其中，废白土主要是植物油加工排污单位产生的固体废物。

植物油加工生产车间产生的粕、壳、油脚、皂脚等应尽可能地进行综合利用。

生产车间产生的废活性炭、废树脂、厂内实验室固体废物以及其他固体废物，应进行分类管理并及时处理处置。危险废物产生、收集、贮存、利用、处置过程应满足危险废物有关法律法规、标准规范相关规定要求，并通过全国固体废物管理信息系统报送危险废物产生、贮存、转移、利用和处置等情况。危险废物转移过程应执行《危险废物转移联单管理办法》。

污水处理产生的污泥应及时处理处置，并达到相应的污染物排放或控制标准要求。

加强污泥处理处置各个环节（收集、贮存、调解、脱水和外运等）的运行管理，防止二次污染。污泥暂存场所地面应采取防雨、防渗漏措施，排水设施应采取防渗措施。脱水污泥应采用密闭车辆运输。

自行监测要求

饲料加工、植物油加工工业排污单位在申请排污许可证时，应当按照 HJ 986 和本标准确定的产排污节点、排放口、污染控制项目及许可限值等要求，制定自行监测方案，并在全国排污许可证管理信息平台申报。

有核发权的地方生态环境主管部门可根据环境质量改善需求，增加饲料加工、植物油加工工业排污单位自行监测管理要求。对于 2015 年 1 月 1 日（含）后取得环境影响评价文件审批、审核意见的排污单位，其环境影响评价文件及其审批、审核意见中有其他自行监测管理要求的，应当同步完善排污单位自行监测方案。

台账记录和执行报告要求

本标准针对基本信息、生产设施运行管理信息、污染防治设施运行管理信息、监测记录信息及其他环境管理信息等分别规定了记录内容，同时在附录 D 给出了台账表格样式要求。

实行重点管理的饲料加工、植物油加工工业排污单位应提交年度执行报告和季度执行报告，实行简化管理的饲料加工、植物油加工工业排污单位应提交年度执行报告。

季度执行报告内容应包括污染物实际排放浓度和排放量、合规判定分析、超标排放或污染防治设施异常情况说明等内容，以及各月度生产小时数、主要产品及其产量、主要原料及其消耗量、主要燃料及其消耗量、新水用量及废水排放量、主要污染物排放量等信息。年度执行报告除此之外还应包括自行监测执行情况、环境管理台账记录执行情况、信息公开情况、排污单位内部环境管理体系建设与运行情况等。

实际排放量核算要求

本标准给出了饲料加工、植物油加工工业排污单位主要排放口废水污染物实际排放量核算方法。排污单位的废气有组织排放口均为一般排放口，不核算一般排放口和无组织排放的实际排放量。实际排放量核算优先选用实测法，要求采用自动监测的排放口或污染物项目而未采用的，采用产污系数法核算污染物排放量，且均按直接排放进行核算。未按照相关规范文件等要求进行手工监测（无有效监测数据）的排放口或污染物，有有效治理设施的按排污系数法核算，无有效治理设施的按产污系数法核算。

合规判定要求

饲料加工、植物油加工工业排污单位可通过台账记录、按时上报执行报告和开展自行监测、信息公开，自证其依证排污、满足排污许可证要求。

生态环境主管部门可依据排污单位环境管理台账、执行报告、自行监测记录中的内容，判断其污染物排放浓度（速率）是否满足许可排放限值要求，也可通过执法监测判断其污染物排放浓度（速率）是否满足许可排放限值要求。

（中国排污许可公众号）

《排污许可证申请与核发技术规范　金属铸造工业》（HJ 1115—2020）重点内容解读

2020-03-13

为帮助大家更好地了解《排污许可证申请与核发技术规范　金属铸造工业》（HJ 1115—2020）的编制思路、主要内容和重点、难点，相关技术专家对本标准进行了重点内容解读。

适用范围

本标准适用于《国民经济行业分类》（GB/T 4754—2017）中归属 C 33 金属制品业中的 C 3391 黑色金属铸造和 C 3392 有色金属铸造的排污单位。

废气产排污环节

废气排放主要包括有组织排放、无组织排放两种方式，主要包括颗粒物、二氧化硫、氮氧化物、挥发性有机物及三乙胺等。其中，颗粒物主要来自金属熔炼（感应电炉、冲天炉、电弧炉、精炼炉、燃气炉等）、造型、制芯、浇注、冷却、落砂、旧砂再生、清理及热处理炉等工序；二氧化硫和氮氧化物主要来自冲天炉、燃气炉和热处理炉；挥发性有机物主要来自表面涂装和消失模、实型铸造工艺的浇注工序；三乙胺主要来自冷芯盒制芯工序。

废水产排污环节

废水主要来自厂内废水综合处理站，包括生产废水、生活废水，废水排放去向主要有厂内回用、厂外污水处理厂、自然水体三种方式。

典型生产工艺

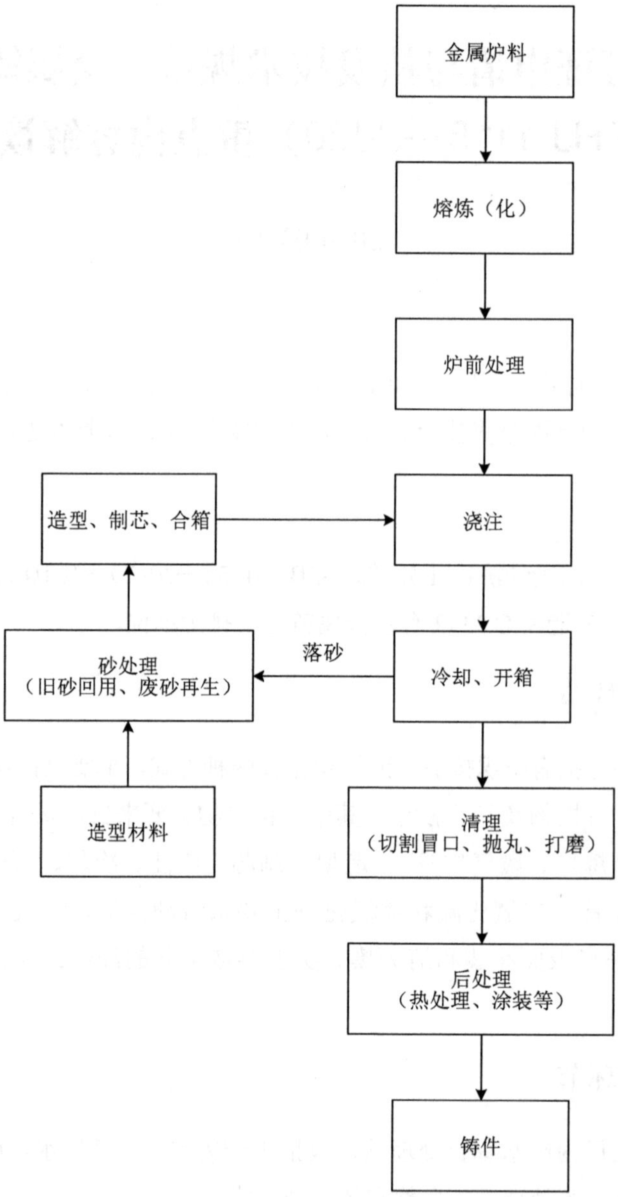

图1　砂型铸造生产工艺流程

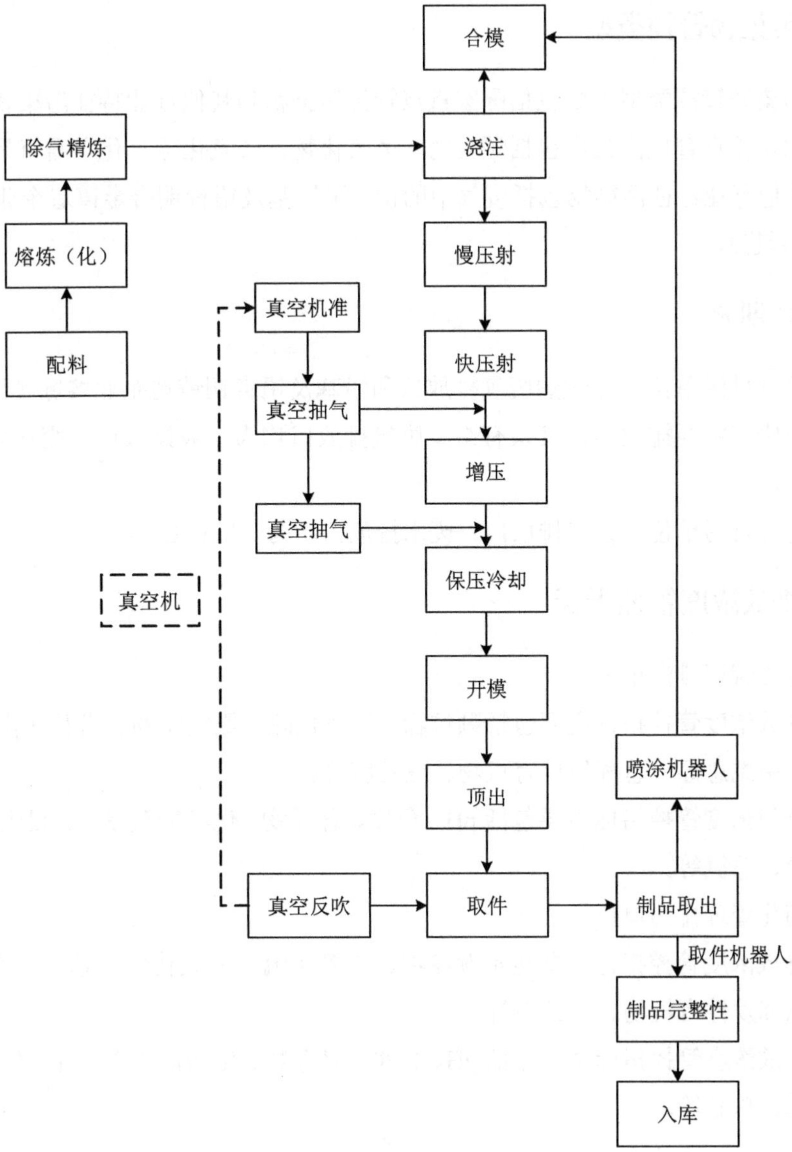

图 2　非砂型铸造生产工艺流程（以高压铸造为例）

执行标准

废气目前执行《大气污染物综合排放标准》（GB 16297）、《工业炉窑大气污染物排放标准》（GB 9078）和《锅炉大气污染物排放标准》（GB 13271）等，待《铸造工业大气污染物排放标准》发布实施后，从其规定。

废水执行《污水综合排放标准》（GB 8978）等。

重点污染物管控类型

重点污染物管控类型主要包括国家重点管控污染物和其他行业特征污染物等。其中：

（1）国家重点管控污染物包括颗粒物、氮氧化物、二氧化硫，化学需氧量、氨氮。

（2）其他行业特征污染物包括废气中的铅（限铅基及铅青铜合金铸造企业）、三乙胺（限冷芯盒制芯）。

排放口划分

重点管理排污单位：冲天炉废气排放口和铅基及铅青铜铸造企业熔炼（化）工序废气排放口为废气主要排放口，其余有组织废气排放口均为一般排放口。废水排放口均为一般排放口。

简化管理排污单位：废气排放口、废水排放口均为一般排放口。

许可排放浓度管控指标

（1）重点管理排污单位：

废气排放浓度管控指标主要包括颗粒物、二氧化硫、氮氧化物、铅及其化合物、苯、苯系物、非甲烷总烃、总挥发性有机物、三乙胺等。

废水排放浓度管控指标主要包括 pH、色度、悬浮物、化学需氧量、五日生化需氧量、氨氮、总磷、总氮等。

（2）简化管理排污单位：

废气排放浓度管控指标主要包括颗粒物、二氧化硫、氮氧化物、苯、苯系物、非甲烷总烃、总挥发性有机物、三乙胺等。

废水排放浓度管控指标主要包括 pH、色度、悬浮物、化学需氧量、五日生化需氧量、氨氮、总磷、总氮等。

许可排放量管控指标

（1）重点管理排污单位：

冲天炉废气主要排放口许可颗粒物、二氧化硫、氮氧化物排放量，铅基及铅基合金铸造熔炼（化）工序主要排放口许可颗粒物排放量。

废水许可排放量原则上不作要求。

（2）简化管理排污单位：

废气、废水许可排放量原则上都不作要求。

许可排放限值管理要求

（1）重点管理排污单位：

对于大气污染物，以有组织废气主要排放口和一般排放口为单位许可排放浓度，无组织废气以厂界监测点确定许可排放浓度。有组织主要排放口逐一计算颗粒物许可排放量，其中冲天炉废气主要排放口同时还应逐一计算二氧化硫、氮氧化物许可排放量，排污单位许可排放量为各有组织主要排放口许可排放量之和；一般排放口及无组织排放的废气原则上不许可排放量。

对于水污染物，以排放口为单位确定许可排放浓度，许可排放量原则上不作要求；单独排入城镇集中污水处理设施、其他企业污水处理设施的生活污水排放口不设置许可排放浓度和排放量，仅说明排放去向。

（2）简化管理排污单位：

对于大气污染物，以排放口为单位确定一般排放口的许可排放浓度，无组织废气以厂界监测点确定许可排放浓度。一般排放口及无组织排放的废气原则上不许可排放量。

对于水污染物，以排放口为单位确定许可排放浓度，许可排放量原则上不作要求；单独排入城镇集中污水处理设施、其他排污单位污水处理设施的生活污水排放口许可排放浓度和排放量不作要求，仅说明排放去向。

运行管理要求

废气：

（1）源头控制。

应优化产品或工艺结构，采用先进的生产工艺和设备，提升污染防治水平。积极推广清洁生产新技术。

（2）有组织排放运行管理要求。

1）对于主要排放口应设立密闭或符合规范的废气捕集装置，一般排放口应设立局部或整体气体收集系统和净化处理装置并达标排放。

2）环保设施应优先于或与其对应的生产工艺设备同步运转，保证在生产工艺设备运行波动情况下仍能正常运转，实现达标排放。

3）加强除尘设备巡检，消除设备隐患，保证正常运行。布袋除尘器应安装查压计，及时更换布袋除尘器滤袋，保证滤袋完整无破损。

4）不应设置烟气旁路通道，已设置的大气污染源烟气旁路通道应予以拆除或实行旁路挡板铅封。

5）污染治理设施正常运行中废气的排放在《铸造工业大气污染物排放标准》发布实

施前应符合 GB 16297 和 GB 9078 的规定，发布实施后从其规定；地方污染物排放标准有更严要求的，从其规定。

（3）无组织排放运行管理要求。

1）硅砂、煤粉、膨润土等粉状物料应采用袋装或罐装等密封措施并存于储库、堆棚中。生铁、废钢、焦炭和铁合金等粒状、块状散装物料应贮存于库、堆棚中，或四周设置防风抑尘网、挡风墙。

2）粉状、粒状等易散发粉尘的物料厂内转移、输送应采取密闭或覆盖等抑尘措施。

3）冲天炉加料口应为负压状态，防止粉尘外泄。

4）孕育、变质、炉外精炼等金属液处理工序，以及浇包、渣包的维修工序产尘点应采取抑尘措施或配备集气、除尘装置设施。

5）落砂、清理（去除浇冒口、铲飞边毛刺、抛丸等）、砂处理工序应设置固定工位或工区，并采取抑尘措施或配备集气、除尘装置设施。

6）除尘器灰仓卸灰不应直接卸落到地面，卸灰口应采取密闭措施。除尘灰采取密闭措施收集、存放和运输。

7）对无法设置集气设施的树脂砂、水玻璃砂工艺的特殊尺寸铸件的浇注、落砂和清理工序应采用封闭措施；无法采用封闭措施的，应采取有效抑尘措施。

8）厂区道路应硬化，并采取清扫、洒水等措施，保持清洁。

9）环保设备故障时，对应产污工序应及时停产，熔化设备在当炉熔化完成后停产。打炉作业应采取集气、密闭或其他抑尘措施。

废水：

（1）源头控制。

废水处理站应加强源头管理、加强对工艺废水来水的监测，并通过管理手段控制工艺废水来水水质，满足废水处理站的进水要求。

（2）治理设施监测管理。

排污单位应根据运行管理需要及规范管理要求开展污染治理设施运行效果的监测、分析。

（3）操作规程。

所有治理设施应制定操作规程，明确各项运行参数。

（4）治理设施的维护。

对所有治理设施的计量装置，如 pH 计、液位计等应定期校验和比对。

工业固体废物：

（1）一般工业固体废物和危险废物在专门区域分隔存放，减少固体废物的转移次数，防止发生撒落和混入的情况。

（2）一般工业固体废物暂存间应设置防渗、防风、防晒、防雨等措施，设置环境保护图形标志。

（3）危险废物暂存间应按照 GB 18597 相关要求执行，有效防止临时存放过程中二次污染。

土壤及地下水：

（1）对有毒有害物质特别是液体或者粉状固体物质的储存及输送、生产加工，污水治理，固体废物堆放，采取相应的防渗漏、泄漏措施。

（2）原辅料及燃料贮存区、生产装置区、输送管道、污水治理设施、固体废物堆存区的防渗要求，应满足国家和地方标准、防渗技术规范要求。

（3）对管道、储罐等配置泄漏、渗漏检测装置，对阴极保护系统等应配置防泄漏、渗漏装置并配套相应措施。

（4）属于土壤重点监管单位的，应当严格控制有毒有害物质排放，并按年度向生态环境主管部门报告排放情况；建立土壤污染隐患排查制度，保证持续有效防止有毒有害物质渗漏、流失、扬散；制定、实施自行监测方案，并将监测数据报生态环境主管部门。

自行监测要求

（1）重点管理排污单位：

冲天炉废气主要排放口颗粒物、二氧化硫、氯化氢、氮氧化物（以 NO_2 计）应实行自动监测。铅基及铅青铜合金铸造企业熔炼（化）工序废气排放口颗粒物应实行自动监测。

一般排放口应实行手工监测，位于重点区域的半年至少监测 1 次，位于一般地区的 1 年至少监测 1 次。无组织排放监测点位 1 年至少监测 1 次。污水综排口实行手工监测，直排的每季度至少监测 1 次，间接排放的 1 年至少监测 1 次。另外，按规定要求安装污染源自动监测设施的，要求实时监测污染物的排放情况并与生态环境主管部门联网，并按照 HJ 819 要求进行自行监测信息公开。

（2）简化管理排污单位：

一般排放口实行手工监测，按照 HJ 819 要求进行自行监测信息公开。

台账记录要求

（1）重点管理排污单位：

环境管理台账记录内容包括主要原辅料信息、燃料信息、有组织废气（手工）污染物监测原始结果、无组织废气污染物监测原始结果、废水污染物监测原始结果等。

其中原辅料信息、燃料信息按照批次记录。废气、废水监测数据的记录频次按本标准中所确定的监测频次要求记录。冲天炉污染排放情况应采用在线监测实时记录。纸质台账和电子台账应按规定保存，电子台账可以根据地方生态环境主管部门管理要求定期上传。

（2）简化管理排污单位：

环境管理台账记录内容包括燃料信息、有组织废气（手工）污染物监测原始结果、无组织废气污染物监测原始结果等。其中，燃料信息按照批次记录。废气监测数据的记录频次按本标准中所确定的监测频次要求记录。

执行报告要求

（1）重点管理排污单位：

排污许可证执行报告分为年度执行报告和季度执行报告。年度执行报告应包括排污许可证执行情况、排污单位基本信息、污染物实际排放浓度和排放量、特殊时段废气污染物排放浓度和排放量、污染防治设施运行情况、自行监测执行情况、环境管理台账记录执行情况、超标排放或者污染防治设施异常情况说明、信息公开情况等内容。季度执行报告还应包括各月度主要污染物排放量等信息。

（2）简化管理排污单位：

排污许可证执行报告为年度执行报告。年度执行报告包括排污许可证执行情况汇总表和排污许可证年度执行报告表。其中，排污许可证执行情况汇总表包括污染防治设施运行情况、自行监测执行情况、环境管理台账记录执行情况等内容；排污许可证年度执行报告表包括污染物实际排放浓度、超标排放或者污染防治设施异常情况说明等。

合规判定

（1）重点管理排污单位：

合规是指排污单位污染物实际排放浓度和排放量均满足许可排放限值要求，以及环境管理符合运行环境管理要求。其中，实际排放浓度合规是指废气、废水排放口实际排放浓度满足 GB 9078、GB 16297、GB 8978 相关标准规范限值要求，实际排放量合规是指废气主要排放口污染物年实际排放总量满足主要排放口年许可排放量要求；对于特殊时段有许可排放量要求的排污单位，实际排放量之和不超过特殊时期许可排放量。对于应当采用自动监测的排放口或污染物种类而未采用的以及自动监测设备不符合规定的，即认为不合规。环境管理要求合规是指排污单位按排污许可证规定落实自行监测、台账记录、执行报告、信息公开等环境管理要求。

（2）简化管理排污单位：

合规是指排污单位污染物实际排放浓度和环境管理要求均符合排污许可证规定。其中，实际排放浓度合规是指废气、废水排放口实际排放浓度满足 GB 9078、GB 16297、GB 8978 等相关标准规范限值要求。环境管理要求合规是指排污单位按排污许可证规定落实自行监测、台账记录、执行报告、信息公开等环境管理要求。

（中国排污许可公众号）

《排污许可证申请与核发技术规范　涂料、油墨、颜料及类似产品制造业》（HJ 1116—2020）重点内容解读

2020-03-13

为帮助大家更好地了解《排污许可证申请与核发技术规范　涂料、油墨、颜料及类似产品制造业》（HJ 1116—2020）的编制思路、主要内容和重点、难点，相关技术专家对本标准进行了重点内容解读。

适用范围

本标准适用于涂料、油墨、颜料及类似产品制造业排污单位排放大气污染物、水污染物的排污许可管理。本标准的涂料、油墨、颜料及类似产品制造业排污单位包括涂料制造、油墨及类似产品制造、工业颜料制造、工艺美术颜料制造、染料制造（含有机颜料制造、染颜料中间体制造）、密封用填料及类似品制造类别的排污单位。

废气、废水产排污环节及污染物确定

1．涂料制造

涂料制造排污单位主要生产单元包括物料储存系统、涂料生产单元、辅助生产单元。

废气主要包括贮存呼吸气体、装卸废气、工艺废气、辅助（车间）废气、污水处理臭气、固体废物存储环节废气、实验室废气等，主要污染物种类为颗粒物、挥发性有机物、臭气浓度及苯系物等特征污染物。

废水主要包括设备冲洗水、地面冲洗水、实验室废水、辅助车间废水、废气洗涤废水、生活污水等，主要以厂区综合废水处理设施排放形式直接排放、纳入公共污水处理系统或者回用等。主要污染物种类为 pH、化学需氧量、五日生化需氧量、悬浮物、氨氮、总氮、总磷、总有机碳、特征污染物等。

2．油墨及类似产品制造

油墨及类似产品制造排污单位主要生产单元包括物料贮存系统、油墨生产单元、辅助生产单元。

废气主要包括贮存呼吸气体、装卸废气、工艺废气、辅助（车间）废气、污水处理臭气、固体废物存储环节废气、实验室废气等，主要污染物种类为颗粒物、挥发性有机物、臭气浓度及苯系物等特征污染物。

废水主要包括设备洗涤水、地面冲洗水、捏合废水、辅助车间废水、实验室废水、生活污水、废气洗涤废水等，主要以厂区综合废水处理设施排放形式直接排放、纳入公共污水处理系统或者回用等。主要污染物种类为 pH、化学需氧量、五日生化需氧量、悬浮物、氨氮、总氮、总磷、总有机碳、特征污染物等。

3. 工业颜料制造

工业颜料制造主要包括钛白粉（硫酸法和氯化法）、氧化铁、铅铬系颜料、镉系颜料、立德粉以及其他工业颜料生产。不同工业颜料产品及不同工艺方法的污染工序有所不同。典型的生产单元包括物料贮存系统、预处理或者中间原料制备单元（如钛白粉的酸解单元、铅铬系颜料的硝酸铅制备单元、氧化铁的中间原辅料制备单元等）、煅烧单元、反应单元（如氯化单元、氧化单元、化合反应等）、后处理单元等。

废气主要包括呼吸气体、工艺废气、煅烧废气、烘干废气、后处理废气、污水处理臭气、固体废物存储环节废气、实验室废气等。不同产品和不同工艺的污染物类型不同。总体上看，主要废气污染物包括颗粒物、二氧化硫、氮氧化物、硫酸雾、氯气、氯化氢、铅及其化合物、铬及其化合物等。

废水主要包括生产废水（漂洗废水、设备洗涤水、设备冷却水、地面冲洗水、压滤废水）、生活污水、废气洗涤废水等。不同产品和不同工艺的污染物类型不同。除一类污染物外，主要以厂区综合废水处理设施排放形式直接排放、纳入公共污水处理系统或者回用等。总体上看，主要一类污染物包括总铅、总铬、总镉、总汞、六价铬、总砷等，主要二类污染物包括 pH、化学需氧量、五日生化需氧量、氨氮、总氮、悬浮物、总磷、动植物油、色度等。

4. 工艺美术颜料制造

工艺美术颜料制造包括无机颜料类和有机颜料类产品的制造，主要生产工序包括物料贮存系统、生产车间等。

废气主要包括呼吸气体、工艺废气、污水处理臭气、固体废物存储环节废气、实验室废气等。不同产品和不同工艺的污染物类型不同。总体上看，主要废气污染物包括颗粒物、挥发性有机物。

废水主要包括生产废水（设备洗涤水、地面冲洗水等）、生活污水、废气洗涤废水等。不同产品和不同工艺的污染物类型不同。主要以厂区综合废水处理设施排放形式直接排放、纳入公共污水处理系统或者回用等。总体上看，主要污染物包括 pH、化学需氧量、五日生化需氧量、氨氮、总氮、悬浮物、总磷、动植物油、色度等。

5．染料制造

染料制造包括染料制造、有机颜料制造、染料（颜料）中间体制造等。主要生产单元包括物料贮存系统、中间体生产车间（包括备料、反应、精制、分离、干燥、制剂等）、合成单元（包括备料、反应）、后处理单元（研磨、粉碎、干燥、拼混、包装等）。

废气主要包括呼吸气体、装卸废气、溶解废气、工艺废气、后处理废气、污水处理臭气、固体废物存储环节废气、实验室废气等。不同产品和不同工艺的污染物类型不同。总体上看，主要废气污染物包括颗粒物、二氧化硫、氮氧化物、氯化氢、硫化氢、硫酸雾、挥发性有机物、臭气浓度及相关特征污染物。

废水主要包括生产废水（工艺废水、设备冷却水）、设备洗涤水、地面冲洗水、生活污水、废气洗涤废水等。不同产品和不同工艺的污染物类型不同。除一类污染物外，主要以厂区综合废水处理设施排放形式直接排放、纳入公共污水处理系统或者回用等。总体上看，主要一类污染物包括总铬、六价铬等，主要二类污染物包括 pH、化学需氧量、五日生化需氧量、氨氮、总氮、悬浮物、总磷、色度以及特征污染物（苯胺类、总铜、硝基苯类、氯苯类、苯系物、挥发酚、AOX、总氰化物、硫化物、氟化物、其他）等。

6．密封用填料及类似品制造

密封用填料及类似品制造排污单位的主要生产单元包括物料贮存系统、生产车间。

废气主要包括呼吸气体、工艺废气、污水处理臭气、固体废物存储环节废气、实验室废气等。不同产品和不同工艺的污染物类型不同。总体上看，主要废气污染物包括颗粒物、挥发性有机物。

废水主要包括生产废水（设备洗涤水、地面冲洗水等）、生活污水、废气洗涤废水等。不同产品和不同工艺的污染物类型不同。主要以厂区综合废水处理设施排放形式直接排放、纳入公共污水处理系统或者回用等。总体上看，主要污染物包括 pH、化学需氧量、五日生化需氧量、氨氮、总氮、悬浮物、总磷、动植物油、色度等。

排放口差异化管理

涂料、油墨、颜料及类似产品制造业排污单位的排放口分为主要排放口和一般排放口。其中：

（1）重点管理涂料制造排污单位针对溶剂型涂料、辐射固化涂料及其他类型涂料［满足国家低（无）VOC 含量产品质量标准的辐射固化涂料除外］的工艺废气作为主要排放口，其他废气排放口为一般排放口；废水排放口为一般排放口。

（2）重点管理油墨及类似产品制造排污单位针对溶剂型油墨、水性油墨［满足国家低（无）VOC 含量产品质量标准的水性油墨除外］的工艺废气作为主要排放口，其他废气排放口为一般排放口；废水排放口为一般排放口。

（3）重点管理工业颜料制造排污单位按照产品设置排放口类别。钛白粉的煅烧废气、氯化废气、氧化废气排放口，氧化铁的工艺废气排放口，铅铬系颜料的含铅废气和化合废气排放口，镉系颜料的反应废气和煅烧废气排放口，立德粉的煅烧废气排放口，其他颜料的工艺废气和煅烧废气排放口为主要排放口，其他废气排放口为一般排放口；废水排放口中钛白粉和氧化铁的废水排放口均为一般排放口，铅铬系列、立德粉、镉系、群青、MMO、珠光颜料及其他颜料的涉及重金属排放的生产车间排放口均设置为主要排放口，其他废水排放口为一般排放口。

（4）重点管理染料制造排污单位针对染料、有机颜料、染料（颜料）中间体的工艺废气及合成单元的工艺废气排放口设置为主要排放口，其他废气排放口为一般排放口；废水排放口中涉及重金属排放的生产废水排放口和厂区综合废水处理设施的排放口均设置为主要排放口。

（5）工艺美术颜料制造、密封用填料及类似品制造的废水和废气排放口均设置为一般排放口。

废气许可排放浓度管控

涂料、油墨、颜料及类似产品制造排污单位的废气污染物项目不同的行业细类或产品许可排放浓度的控制项目不同。排污单位应依据 GB 9078、GB 14554、GB 16297、GB 31572、GB 37822、GB 37824 等相适用标准中的规定确定。

废水许可排放浓度管控

涂料、油墨、颜料及类似产品制造排污单位的废水污染物项目不同的行业细类或产品许可排放浓度的控制项目不同。涂料制造排污单位废水污染物种类依据 GB 8978、GB 31572 确定；油墨及类似产品制造排污单位废水污染物种类依据 GB 8978、GB 25463、GB 31572 确定；工业颜料制造、工艺美术颜料制造排污单位废水污染物种类依据 GB 8978、GB 31573 确定；染料制造排污单位废水污染物种类依据 GB 8978、GB 31571 确定。

许可排放量

（1）重点管理涂料、油墨、颜料及类似产品制造排污单位废气主要排放口按照本标准中表 15 的要求设置污染物的许可废气排放量，主要排放口可能涉及挥发性有机物、颗粒物、二氧化硫、氮氧化物、铅及其化合物、铬及其化合物等的许可排放量。

（2）重点管理涂料、油墨、颜料及类似产品制造排污单位废气主要排放口按照本标准中表 17 的要求设置污染物的许可废气排放量，主要排放口可能涉及化学需氧量和氨氮的年许可排放量以及车间或者生产设施排放口可能涉及六价铬、总铬、总铅的许可排放量。

无组织废气管控要求

本标准对涂料、油墨、颜料及类似产品制造排污单位无组织废气提出了详细的措施管理要求，同时还需要满足《国务院关于印发打赢蓝天保卫战三年行动计划的通知》等计划中涉及的要求。地方有更严格的无组织排放控制管理要求的，从其规定。

自行监测要求

根据现行排放标准、污染控制标准及调研现有企业监测频次现状，结合《排污单位自行监测技术指南　总则》（HJ 819），设置污染源各监测点位、指标、频次。涂料制造、油墨及类似产品制造应该满足《排污单位自行监测技术指南　油墨制造》（HJ 1087）要求，其余在相应指南颁布前，执行本标准的要求。

台账记录和执行报告要求

本标准针对生产设施运行管理信息、污染防治设施运行管理信息、监测记录信息及其他环境管理信息等分别规定了记录内容。

涂料、油墨、颜料及类似产品制造排污单位按照排污许可证规定的时间提交执行报告，实行重点管理的排污单位应提交年度执行报告和季度执行报告。

实际排放量核算要求

本标准给出了涂料、油墨、颜料及类似产品制造排污单位废气污染物实际排放量核算方法和废水污染物实际排放量核算方法。核算方法包括实测法、产污系数法等，具体见本标准 4.6 条。

排污许可证要求应采用自动监测的污染物项目，根据符合监测规范的有效自动监测数据采用实测法核算实际排放量。对于排污许可证未要求采用自动监测的污染物项目，按照优先顺序依次选取自动监测数据、执法和手工监测数据核算实际排放量。监测数据应符合国家环境监测相关标准、技术规范的要求。对于排污许可证中载明要求应当采用自动监测的排放口或污染因子而未采用的，采用产污系数法核算污染物排放量，且均按直接排放进行核算。

合规判定要求

许可事项合规是指排污单位排放口位置和数量、排放去向、排放污染物种类、排放限值符合许可证规定。其中：

（1）排放限值合规是指排污单位污染物实际排放浓度满足许可排放限值要求；环境管理要求合规是指排污单位按许可证规定落实自行监测、台账记录、执行报告、信息公开等环境管理要求。

（2）生态环境主管部门依据排污单位环境管理台账、执行报告、自行监测记录中的内容，判断其污染物排放浓度和排放量是否满足许可排放限值要求、无组织管控措施是否满足许可要求，也可通过执法监测判断其污染物排放浓度是否满足许可排放限值要求。

（中国排污许可公众号）

《排污许可证申请与核发技术规范　铁合金、电解锰工业》（HJ 1117—2020）重点内容解读

2020-03-13

为帮助大家更好地了解《排污许可证申请与核发技术规范　铁合金、电解锰工业》（HJ 1117—2020）的编制思路、主要内容和重点、难点，相关技术专家对本标准进行了重点内容解读。

适用范围

本标准适用于铁合金、电解锰［主要包括《国民经济行业分类》（GB/T 4754—2017）类别“铁合金冶炼 C314”行业类别］排污单位排放的大气污染物、水污染物排污许可管理，其中铁合金排污单位包括电炉法、高炉法、转炉法、炉外法等生产工艺。对于铁合金排污单位中，执行《钢铁烧结、球团工业大气污染物排放标准》（GB 28662）的烧结机、球团焙烧等原料预处理生产设施和排放口，参照《排污许可证申请与核发技术规范　钢铁工业》（HJ 846）执行；执行《锅炉大气污染物排放标准》（GB 13271）的生产设施和排放口，适用《排污许可证申请与核发技术规范　锅炉》（HJ 953）。电解锰排污单位中执行《锅炉大气污染物排放标准》（GB 13271）的生产设施和排放口，适用《排污许可证申请与核发技术规范　锅炉》（HJ 953）。

废气、废水产排污环节及污染物确定

（1）铁合金

铁合金排污单位主要生产单元包括原料系统、铁合金冶炼、浇铸、成品处理。

废气主要包括装卸料废气，转运废气，破碎废气，混匀废气，筛分废气，干燥废气，焙烧废气，半封闭式矿热炉废气，半封闭式/全封闭式矿热炉出铁口废气，摇包、精炼炉废气，熔炼炉废气，高炉矿槽废气，高炉出铁场废气，转运废气，煤粉制备废气，热风炉烟气，转炉烟气，浇铸废气，破碎、筛分废气，加密设施废气等，主要污染物种类为颗粒物、二氧化硫、氮氧化物和铬及其化合物（生产铬铁）等。

废水主要包括矿热炉冲渣废水、全封闭式矿热炉煤气湿法净化废水、高炉冲渣废水、高炉煤气湿法净化废水、其他废水、生活污水、全厂综合废水等。主要污染物种类为 pH、悬浮物、化学需氧量、氨氮、总氮、总磷、石油类、挥发酚、总氰化物、氟化物、总铁、总锌、总铜、总砷、六价铬、总铬、总铅、总镍、总镉、总汞等。

（2）电解锰

电解锰排污单位主要生产单元包括制粉单元、制液单元、电解及后续处理单元、锰制品单元。

废气主要包括破碎废气、磨粉废气、制液废气、电解槽废气、磨粉/熔炼废气等，主要污染物种类为颗粒物、氨和硫酸雾等。

废水主要包括含铬废水、渣场渗滤液、生活污水、全厂综合废水等。主要污染物种类为 pH、悬浮物、化学需氧量、氨氮、总磷、总氮、总锰、总铬、六价铬等。

排放口差异化管理

铁合金、电解锰工业排污单位的排放口分为主要排放口和一般排放口。

重点管理铁合金排污单位废水排放口均为一般排放口。废气排放口中，仅电炉法冶炼原料系统焙烧烟气排放口、半封闭式矿热炉废气排放口（生产硅铁除外）、高炉法冶炼高炉矿槽废气排放口、高炉法冶炼高炉出铁场废气排放口、转炉法冶炼转炉烟气排放口为主要排放口，其他废气排放口为一般排放口。

重点管理电解锰排污单位废气排放口均为一般排放口。废水排放口中，仅全厂综合废水排放口和含铬废水排放口为主要排放口，其他废水排放口为一般排放口。

废气许可排放浓度管控

（1）铁合金

铁合金排污单位有组织和无组织排放废气的许可排放浓度指标主要包括颗粒物、二氧化硫和氮氧化物。

电炉法废气许可排放浓度时，烧结（球团）废气颗粒物、二氧化硫、氮氧化物应依据 GB 28662 确定，其他废气颗粒物应依据 GB 28666 确定；高炉法废气许可排放浓度时，颗粒物、二氧化硫、氮氧化物应依据 GB 28662、GB 28663 确定；转炉法废气许可排放浓度时，转炉废气颗粒物应依据 GB 28664 确定；炉外法废气许可排放浓度时，金属热法熔炼炉废气颗粒物应依据 GB 9078 确定；其他污染源废气颗粒物应依据 GB 28666 确定。有地方排放标准要求的，按照地方排放标准确定。

（2）电解锰

电解锰排污单位有组织和无组织排放废气的许可排放浓度指标主要包括颗粒物、氨和硫酸雾。污染物氨许可排放浓度依据 GB 14554 确定。其他污染物许可排放浓度依据 GB 16297 确定。

废水许可排放浓度管控

（1）铁合金

废水许可排放浓度指标主要包括 pH、悬浮物、化学需氧量、氨氮、总氮、总磷、石油类、挥发酚、总氰化物、氟化物、总铁、总锌、总铜、总砷、六价铬、总铬、总铅、总镍、总镉、总汞等。

高炉法冶炼的废水污染物许可排放浓度依据 GB 13456 确定，其他冶炼的废水污染物许可排放浓度依据 GB 28666 确定。

（2）电解锰

废水许可排放浓度指标主要包括 pH、悬浮物、化学需氧量、氨氮、总磷、总氮、总锰、总铬、六价铬等。废水污染物许可排放浓度依据 GB 8978 确定。

许可排放量

重点管理铁合金排污单位废气主要排口的颗粒物许可排放量，地方政府根据本区域环境质量改善需求可参考附录 A 对焙烧烟气中二氧化硫、氮氧化物许可排放量；废水不许可排放量。

重点管理电解锰排污单位车间或生产设施含铬废水排放口总铬和六价铬许可排放量，全厂综合废水排放口化学需氧量、氨氮许可排放量；废气不许可排放量。

无组织废气管控要求

本标准对铁合金、电解锰排污单位无组织废气提出了措施管理要求，其中铁合金排污单位无组织废气采取分区管控的方式，分为重点区域和非重点区域来进行管控，重点区域范围按照《国务院关于印发打赢蓝天保卫战三年行动计划的通知》中的要求执行。地方有更严格无组织排放控制管理要求的，从其规定。

自行监测要求

根据现行排放标准及污染控制标准以及调研现有企业监测频次现状，结合《排污单位自行监测技术指南　总则》（HJ 819—2017）要求，设置污染源各监测点位、指标、频次。

（1）铁合金

铁合金排污单位焙烧废气排放口、半封闭式矿热炉废气排放口（生产硅铁除外）、高炉矿槽废气排放口、高炉出铁场废气排放口、转炉废气排放口需实施在线监测；铁合金排污单位其他废气排放口按季度进行监测（原料前处理单元和成品处理单元废气排放口按年进行监测）。

铁合金排污单位废水总排放口和车间废水排放口按规范要求间接排放的监测频次为季度监测，直接排放的监测频次为月度监测。

（2）电解锰

电解锰排污单位破碎废气排放口和磨粉废气排放口污染物监测频次为 1 年 1 次，磨粉废气排放口污染物监测频次为每季度 1 次，化合槽废气排放口污染物监测频次为半年 1 次。

电解锰排污单位废水总排放口化学需氧量和氨氮需实施在线监测，污染因子总氮、总磷和总锰按规范要求间接排放的监测频次为季度监测，直接排放的监测频次为月度监测；车间废水排放口按规范要求间接排放和直接排放根据排放口的不同分为日监测和月度监测。

台账记录和执行报告要求

本标准针对生产设施运行管理信息、污染防治设施运行管理信息、监测记录信息及其他环境管理信息等分别规定了记录内容。

铁合金、电解锰排污单位按照排污许可证规定的时间提交执行报告，实行重点管理的排污单位应提交年度执行报告和季度执行报告。

实际排放量核算要求

本标准给出了铁合金排污单位废气污染物实际排放量核算方法和电解锰排污单位废水污染物实际排放量核算方法。

铁合金、电解锰排污单位仅核算主要排放口的实际排放量。实际排放量核算首先采用实测法核算，要求采用自动监测的污染物，应采用符合监测规范的有效自动监测数据核算污染物实际排放量，对于未要求采用自动监测的污染物项目，可采用自动监测数据或手工监测数据核算污染物实际排放量；要求采用自动监测的排放口或污染物项目而未采用的以及自动监测设备不符合规定的，铁合金排污单位采用物料衡算法核算二氧化硫、产污系数法核算其他污染物实际排放量，电解锰排污单位采用产污系数法核算污染物实际排放量，且均按直接排放进行核算。未按照相关规范文件等要求进行手工监测（无有效监测数据）的排放口或污染物，有有效治理设施的按排污系数法核算，无有效治理设施的按产污系数法核算。相关产排污系数参考污染源普查产排污系数手册的相关内容。

合规判定要求

排污单位可以通过台账记录、按时上报执行报告和开展自行监测、信息公开自证其依证排污。

生态环境主管部门依据排污单位环境管理台账、执行报告、自行监测记录中的内容，判断其污染物排放浓度和排放量是否满足许可排放限值要求、无组织管控措施是否满足许可要求，也可通过执法监测判断其污染物排放浓度是否满足许可排放限值要求。

（中国排污许可公众号）

《排污许可证申请与核发技术规范　储油库、加油站》（HJ 1118—2020）重点内容解读

2020-03-13

为帮助大家更好地了解《排污许可证申请与核发技术规范　油库、加油站》（HJ 1118—2020）的编制思路、主要内容和重点、难点，相关技术专家对本标准进行了重点内容解读。

适用范围

本标准适用于《国民经济行业分类》（GB/T 4754—2017）中的 G 5941 油气仓储，F 5265 机动车燃油销售。适用于储油库（包括码头配套的储油库区）、加油站排污单位排放水污染物、大气污染物的排污许可管理。储存液体有机化学品的排污单位排放水污染物、大气污染物的排污许可管理可参照执行。

储油库、加油站排污单位中执行《锅炉大气污染物排放标准》（GB 13271）的生产设施和排放口适用《排污许可证申请与核发技术规范　锅炉》（HJ 953）

废气产排污环节

储油库：

废气产排污环节包括挥发性有机液体储罐、挥发性有机液体装载、挥发性有机物设备与管线组件密封点、污水处理设施和企业边界。

加油站：

废气产排污环节包括汽油储罐、汽油加油枪和企业边界。

废水产排污环节

储油库：

废水包括生产废水、污染雨水和生活污水。

执行标准

储油库：

汽油油气回收设施排放的挥发性有机物许可排放浓度和处理效率按照 GB 20950 确定；其他物料油气回收设施排放的挥发性有机物许可排放浓度或处理效率按照 GB 37822 确定。污水处理设施的有机废气收集处理装置排放的挥发性有机物许可排放浓度或处理效率按照 GB 37822 确定。

汽油油气密闭收集系统任何泄漏点排放的油气体积分数浓度和底部装油结束并断开快接头时汽油泄漏量按照 GB 20950 确定。

重点地区的排污单位执行无组织排放特别控制要求，执行的地域范围和时间由国务院生态环境主管部门或省级人民政府规定。

企业边界无组织排放挥发性有机物、硫化氢许可排放浓度分别按照 GB 16297 和 GB 14554 确定。

水污染物许可排放浓度按照 GB 8978 确定。

加油站：

汽油油气处理装置排放的挥发性有机物许可排放浓度按照 GB 20952 确定；加油枪气液比，油气回收系统的液阻、密闭性压力限值要求按照 GB 20952 确定；企业边界无组织排放挥发性有机物许可排放浓度按照 GB 16297 确定。

排放口划分

储油库：

废气排放口：挥发性有机液体储罐、挥发性有机液体装载油气回收排放口为主要排放口，污水处理设施有机废气收集处理装置排放口为一般排放口。

废水排放口：生产废水、污染雨水、生活污水排放口均为一般排放口。

加油站：

加油站排污单位油气处理装置排放口为一般排放口。

许可排放浓度管控指标

储油库：

废气许可排放浓度指标：挥发性有机物、硫化氢。

废水许可排放浓度指标：pH、化学需氧量、悬浮物、氨氮、石油类、总有机碳、挥发酚、总氰化物。

加油站：

废气许可排放浓度指标：挥发性有机物。

许可排放限值管理要求

储油库：

大气污染物许可排放限值：有组织废气主要排放口应明确污染物许可排放浓度和规定污染物年许可排放量，一般排放口应明确污染物许可排放浓度；无组织排放源应明确企业边界污染物许可排放浓度，挥发性有机液体常压储罐应明确无组织排放的挥发性有机物年许可排放量。

水污染物许可排放限值：废水一般排放口应明确污染物许可排放浓度，许可排放量原则上不作要求。单独排入城镇集中污水处理设施的生活污水仅说明去向。

加油站：

大气污染物许可排放限值：有组织废气一般排放口应明确污染物许可排放浓度；无组织排放源应明确企业边界污染物许可排放浓度。

运行管理要求

储油库：

废气：

（1）有组织排放要求主要针对废气处理系统的安装、运行、维护等过程。废气治理设施应与产生废气的生产工艺设备同步运行。由于事故或设备维修等原因造成治理设施停止运行时，应立即报告当地生态环境主管部门。

（2）废气收集系统的输送管道应密闭。废气收集系统应在负压下运行，若处于正压状态，应对输送管道组件的密封点进行泄漏检测，泄漏检测值不应超过 500 μmol/mol。

（3）汽油储罐油气回收挥发性有机物排放应满足《加油站大气污染物排放标准》（GB 20952）要求。其他物料储罐油气回收挥发性有机物排放应满足《挥发性有机物无组织排放控制标准》（GB 37822）要求，行业污染物排放标准发布实施后从其规定。地方污染物排放标准有更严要求的，从其规定。

（4）汽油储罐及装载等无组织排放应满足《加油站大气污染物排放标准》（GB 20952）要求，设备与管线组件、敞开液面等无组织排放应满足《挥发性有机物无组织排放控制标准》（GB 37822）要求。其他物料的储罐、装载、设备与管线组件、敞开液面等无组织排放应满足《挥发性有机物无组织排放控制标准》（GB 37822）要求，行业污染物排放标准发布实施后从其规定。地方污染物排放标准有更严要求的，从其规定。

（5）加强储油库发油油气回收系统接口泄漏检测，减少油气泄漏，确保油品装卸过程中油气回收处理装置正常运行。

废水：

（1）污染治理设施运行应满足设计工况条件，并根据工艺要求，定期对设备、电气、自控仪表及构筑物进行检查维护，确保污染治理设施可靠运行。

（2）做好雨污分流，避免受污染雨水和其他废水通过雨水排口排入外环境。

工业固体废物：

（1）一般工业固体废物和危险废物在专门区域分隔存放，减少固体废物的转移次数，防止发生撒落和混入的情况。

（2）一般工业固体废物暂存间应设置防渗、防风、防晒、防雨措施，设置环境保护图形标志。

（3）危险废物暂存间应按照《危险废物贮存污染控制标准》（GB 18597）的相关要求执行，有效防止临时存放过程中二次污染。

土壤及地下水：

（1）对有毒有害物质特别是液体或者粉状固体物质的贮存输送，污水治理、固体废物堆存，采取相应的防渗漏、泄漏措施。

（2）辅料贮存区、生产装置区、输送管道、污水治理设施、固体废物堆存区的防渗要求，应满足国家和地方标准、防渗技术规范要求。

（3）对管道、储罐等配置泄漏、渗漏检测装置，对阴极保护系统等配置防泄漏、渗漏装置并配套相应措施。

（4）属于土壤污染重点监管单位的应当严格控制有毒有害物质排放，并按年度向生态环境主管部门报告排放情况；建立土壤污染隐患排查制度，保证持续有效防止有毒有害物质渗漏、流失、扬散；制定、实施自行监测方案，并将监测数据报生态环境主管部门。

加油站：

（1）卸油、储油和加油时排放挥发性有机物的加油站排污单位，应采用以密闭收集为基础的挥发性有机物回收方法进行控制。

（2）汽油加油站卸油、储油、加油过程油气排放控制应符合 GB 20952 要求。地方污染物排放标准有更严要求的，从其规定。

（3）油气回收废气治理设施应与产生废气的生产工艺设备同步运行。由于事故或设备维修等原因造成治理设施停止运行时，应立即报告当地生态环境主管部门。

（4）应采取相应预防措施防止有毒有害物质渗漏、泄漏造成土壤和地下水污染。加油站地下水污染防治要求按照环办水体函〔2017〕323 号文执行。

自行监测要求

按《排污单位自行监测技术指南　总则》（HJ 819）等的要求，自行监测污染源和污染物应包括行业相关污染物排放标准和污染控制标准中涉及的废气、废水污染源和污染物。

自行监测方案中应明确排污单位的基本情况、监测点位及示意图、监测污染物项目、执行标准及其限值、监测频次、采样和样品保存方法、监测分析方法和仪器、质量保证与质量控制、自行监测信息公开等，其中监测频次为监测周期内至少获取 1 次有效监测数据。采用自动监测的排污单位应当如实填报采用自动监测的污染物指标、自动监测系统联网情况、自动监测系统的运行维护情况等；未采用自动监测的污染物指标，排污单位应当填报手工监测的污染物排放口和监测点位、监测方法、监测频率。

排污单位可自行或委托第三方监测机构开展监测工作，并安排专人对监测数据进行记录、整理、统计和分析。排污单位对监测结果的真实性、准确性、完整性负责。

台账记录要求

储油库：

排污单位环境管理台账应真实记录生产设施运行管理信息、污染治理设施运行管理信息、自行监测记录信息和其他环境管理信息。

生产设施运行管理信息记录内容包括挥发性有机液体贮存和挥发性有机液体装载运行参数，可参见本标准附录 D 中表 D.1、表 D.2。

污染治理设施运行管理信息分别记录设施的实际运行相关参数和维护记录，可参见本标准附录 D 中表 D.3 至表 D.7。

手工监测记录信息包括手工监测日期、采样及测定方法、监测结果等，可参见本标准附录 D 中表 D.8 至表 D.10。

其他环境管理信息可参见本标准附录 D 中表 D.11、表 D.12。

加油站：

排污单位环境管理台账应真实记录各油品年销售量、污染治理设施运行管理信息和自行监测记录信息。

（1）生产设施运行管理信息记录内容包括加油过程中的油品种类和销售量等，以及卸油过程的卸油时间、油品种类、油品来源、卸油方式和卸油量等，可参见本标准附录 G 中表 G.1、表 G.2。

（2）污染治理设施运行管理信息应按照设施类别分别记录设施的实际运行相关参数和维护记录，可参见本标准附录 G 中表 G.3、表 G.4。

（3）手工监测记录信息包括手工监测日期、采样及测定方法、监测结果等，可参见本标准附录 G 中表 G.5、表 G.6。

执行报告要求

（1）排污单位应按照排污许可证中规定的内容和频次定期提交执行报告，排污单位可参照本标准，根据环境管理台账记录等归纳总结报告期内排污许可证执行情况，按照执行报告提纲编写执行报告，保证执行报告的规范性和真实性，按时提交至有核发权的生态环境主管部门，台账记录留存备查。技术负责人发生变化时，应当在年度执行报告中及时报告。

（2）储油库排污单位应当按照排污许可证规定时间提交执行报告。实行重点管理的储油库排污单位应提交年度执行报告和季度执行报告，实行简化管理的储油库排污单位应提交年度执行报告。

（3）加油站排污单位应当按照排污许可证规定的时间提交执行报告。实行重点管理的加油站排污单位应提交年度和季度执行报告，实行简化管理的加油站排污单位应提交年度执行报告。

（4）地方生态环境主管部门根据环境管理需求，可要求排污单位提交季度或月度执行报告，并在排污许可证中明确。执行报告封面格式、编写提纲参见 HJ 944。

实际排放量核算方法

储油库：

（1）排污单位应核算废气主要排放口和无组织排放污染物实际排放量。实际排放量为正常情况和非正常情况实际排放量之和。

（2）有组织排放：采用公式法，用准状态下干烟气量的平均排放浓度、准状态下的干烟气量和污染物排放时间等参数进行计算。

（3）无组织排放：挥发性有机液体储罐无组织源参考《石化行业 VOCs 污染源排查工作指南》（环办〔2015〕104 号），开展排污单位挥发性有机物污染源排查，并核算报告周期内的实际排放量。生态环境部发布新的核算方法后，从其规定。

合规判定

合规是指排污单位许可事项和环境管理要求均符合排污许可证规定。许可事项合规是指排污单位排污口位置和数量、排放方式、排放去向、排放污染物项目、排放限值均符合许可证规定。其中，排放限值合规是指排污单位污染物实际排放浓度和排放量均满足许可排放限值要求；环境管理要求合规是指排污单位按许可证规定落实自行监测、台账记录、执行报告、信息公开等环境管理要求。

（中国排污许可公众号）

《排污许可证申请与核发技术规范　石墨及其他非金属矿物制品制造》（HJ 1119—2020）重点内容解读

2020-03-13

为帮助大家更好地了解《排污许可证申请与核发技术规范　石墨及其他非金属矿物制品制造》（HJ 1119—2020）的编制思路、主要内容和重点、难点，相关技术专家对本标准进行了重点内容解读。

适用范围

本标准适用于石墨及其他非金属矿物制品制造排污单位排放的大气污染物和水污染物的排污许可管理。石墨及其他非金属矿物制品制造排污单位的排污许可管理类别依据《固定污染源排污许可分类管理名录（2019 年版）》确定。重点管理排污单位主要包括石墨、碳素制品生产排污单位，碳纤维生产排污单位，多晶硅棒生产排污单位等。简化管理排污单位主要包括单晶硅棒生产排污单位、沥青混合料生产排污单位等。

石墨及其他非金属矿物制品制造排污单位中，执行《火电厂大气污染物排放标准》（GB 13223）的生产设施和排放口，适用《火电行业排污许可证申请与核发技术规范》；执行《锅炉大气污染物排放标准》（GB 13271）的生产设施和排放口，适用《排污许可证申请与核发技术规范　锅炉》（HJ 953）

废气产排污环节

（1）石墨、碳素制品生产排污单位：原料准备、沥青系统、返回料处理、制糊成型、焙烧、高压浸渍、再次焙烧、石墨化、机加工及成品库。

（2）碳纤维生产排污单位：预氧化、碳化、表面处理、收丝、废气焚烧系统。

（3）多晶硅棒生产排污单位：原料制备、原料提纯、多晶硅制备、过程气体回收、产品整理、渣浆处理系统、废气处理系统。

（4）单晶硅棒生产排污单位：原料制备、拉晶。

（5）沥青混合料生产排污单位：骨料预处理系统、粉料供应系统、沥青预处理系统、拌合系统。

废水产排污环节

（1）石墨、碳素制品生产排污单位：焙烧循环水、石墨化循环水、空压站循环水、碳块冷却循环水、浸渍冷却循环水、生活污水。

（2）碳纤维生产排污单位：生产废水、生活污水。

（3）多晶硅棒生产排污单位：酸洗废水、还原清洗废水、脱盐水废水、循环水废水、尾气淋洗废水、渣浆淋洗废水、生活污水。

（4）单晶硅棒生产排污单位：原料清洗废水、脱盐水废水、循环水废水、生活污水。

（5）沥青混合料生产排污单位：冲洗废水（地面、车辆等）、生活污水。

执行标准

废气执行《大气污染物综合排放标准》（GB 16297）、《工业炉窑大气污染物排放标准》（GB 9078）、《恶臭污染物排放标准》（GB 14554）和《铝工业污染物排放标准》（GB 25465）。

废水执行《污水综合排放标准》（GB 8978）和《铝工业污染物排放标准》（GB 25465）。

排放口划分

废气排放口：石墨、碳素制品生产排污单位的煅烧炉（窑）和焙烧炉（窑）的烟气排放口纳入主要排放口管理，许可污染物排放浓度和排放量。碳纤维生产排污单位的废气焚烧系统排放口纳入主要排放口管理，仅许可污染物排放浓度。多晶硅棒生产排污单位的酸性废气处理系统排放口纳入主要排放口管理，仅许可污染物排放浓度。其他废气排放口按一般排放口管理，仅许可污染物排放浓度。

废水排放口：均为一般排放口。对于单独排入公共污水处理设施的生活污水仅说明排放去向即可。

许可排放浓度管控指标

废气许可排放浓度指标：

（1）石墨、碳素制品生产排污单位：颗粒物、二氧化硫、氮氧化物、沥青烟、苯并[*a*]芘、氟化物。

（2）碳纤维生产排污单位：氮氧化物、氰化氢、氨。

（3）多晶硅棒生产排污单位：氯化氢、颗粒物、氟化物、氮氧化物。

（4）单晶硅棒生产排污单位：氟化物、氮氧化物、非甲烷总烃、颗粒物。

（5）沥青混合料生产排污单位：颗粒物、二氧化硫、氮氧化物、沥青烟、苯并[*a*]芘。

废水许可排放浓度指标：

（1）石墨、碳素制品生产排污单位：pH、悬浮物、化学需氧量、五日生化需氧量、氨氮、总磷、石油类、氟化物。

（2）碳纤维生产排污单位：pH、悬浮物、化学需氧量、五日生化需氧量、氨氮、总磷、石油类、总氰化合物。

（3）多晶硅棒生产排污单位：pH、化学需氧量、悬浮物、五日生化需氧量、氨氮、总磷、氟化物。

（4）单晶硅棒生产排污单位：pH、化学需氧量、悬浮物、五日生化需氧量、氨氮、总磷、氟化物。

（5）沥青混合料生产排污单位：pH、化学需氧量、氨氮、悬浮物、五日生化需氧量、总磷。

许可排放限值管理要求

大气污染物许可排放限值：以排放口为单位确定有组织主要排放口和一般排放口的许可排放浓度，无组织废气按照污染物排放执行标准要求的监控点确定许可排放浓度；有组织主要排放口逐一计算烟尘（颗粒物）、二氧化硫和氮氧化物许可排放量，排污单位许可排放量为各有组织主要排放口年许可排放量之和，有组织一般排放口和无组织排放不设置许可排放量。

水污染物许可排放限值：以排放口为单位许可排放浓度，不设置许可排放量；对于单独排入公共污水处理设施的生活污水仅说明排放去向即可。

运行管理要求

废气：

（1）有组织排放：

1）石墨、碳素制品生产排污单位应加强除尘设备巡检，消除设备隐患，保证正常运行。布袋除尘器应安装差压计，及时更换布袋除尘器滤袋，保证滤袋完整无破损。电除尘器应定期检修维护极板、极丝、振打清灰装置。

2）石墨、碳素制品生产排污单位固体沥青熔化装置、液体沥青储槽（罐）等产生沥青烟的位置均应设置烟气收集装置；高温糊料输送设备均应采取密闭措施并设置局部烟气收集装置，设备无法密闭的，应置于密闭空间内，并对密闭空间设置排风收集装置；沥青烟收集处理装置的管道应设置有效的防止堵塞的措施，如加热、伴热等；沥青烟收集处理装置宜优先选用不产生液态焦油等二次污染的净化工艺；沥青烟收集处理装置的净化、处理效率应满足排放标准的要求。

3）石墨、碳素制品生产排污单位煅烧炉（窑）、焙烧炉（窑）等炉窑烟气处理系统不应设置烟气旁通通道；炉窑开口位置均应为负压状态，防止气态污染物外泄；主要排放口除尘、排烟风机应安装计时器。

4）碳纤维生产排污单位应定期对废气处理系统进行内部清理，确保无焦油和毛丝大量附着，保证设施处理效率。

5）多晶硅棒生产排污单位应加强废气处理设备巡检，及时消除设备隐患，定期检查、更换淋洗塔喷嘴，保障废气、淋洗水、碱液等管路通畅，保证系统正常运行；鼓励配置淋洗备用系统、供电应急保障等确保尾气淋洗系统稳定运行的措施。

6）沥青混合料生产排污单位中，沥青烟收集处理装置宜优先选用不产生液态焦油等二次污染的净化工艺。

7）排污单位环保设施应与其对应的生产工艺设备同步运转，保证在生产工艺设备运行波动情况下仍能正常运转，实现达标排放。

8）排污单位由于事故或设备维修等原因造成废气治理设备停止运行时，应按规定及时报告当地生态环境主管部门。

9）排污单位应合理安排开停车和检维修的时间和次序，做好开停车及检维修期间的污染控制措施，最大限度地回收、处理污染物，避免直接排入环境。

（2）无组织排放：

1）石墨、碳素制品生产排污单位的原料堆场应尽量密闭，不能密闭的应配备防风抑尘网、喷淋、洒水、苫盖等抑尘措施，采取防风抑尘网、挡风墙措施的，防风抑尘网、挡风墙高度应不低于堆存物料高度的 1.1 倍；碳粉等粉状物料应采用封闭料库存储；粉状、粒状等易散发粉尘的物料在厂内转移、运输时应采取密闭或覆盖等抑尘措施；物料破碎、转运、筛分等工序的产尘点应配备有效的废气捕集装置，如局部密闭罩、整体密闭罩、大容积密闭罩等，并配备滤尘设施，无法采用封闭措施的，应采取有效抑尘措施；对车间内废气无组织排放源应采用全空间或局部空间收集系统；检修置换要全部采取吸收处理至浓度达标。

2）多晶硅棒生产排污单位对于挥发性液体贮存和装卸单元应配置气相平衡管或将产生的废气接入废气处理设施。

3）沥青混合料生产排污单位骨料仓库应采用封闭结构，并采用定期抑尘措施；沥青罐呼吸口尽量采用密闭收集，最大限度地减少无组织排放。

4）排污单位除尘器灰斗卸灰不应直接卸落到地面，收尘粉应密闭或袋装、罐装等收集、存放和运输，卸灰口应采取遮挡等抑尘措施。

5）环境影响评价文件或地方相关规定中有针对原（辅）料、生产过程等其他污染防治强制要求的，还应根据环境影响评价文件或地方相关规定，明确其他需要落实的污染防治要求。

废水：

（1）废水污染治理设施应按照国家和地方规范进行设计。

（2）由于事故或设备维修等原因造成污染治理设施停止运行时，应立即报告当地生态环境主管部门。

（3）污染治理设施应在满足设计工况的条件下运行，并根据工艺要求，定期对设备、电气、自控仪表及构筑物进行检查维护，确保污染治理设施可靠运行。

工业固体废物：

（1）一般工业固体废物和危险废物应在专门区域分隔存放，减少固体废物的转移次数，防止发生撒落和混入的情况。

（2）一般工业固体废物暂存间应设置防渗、防风、防晒、防雨措施，设置环境保护图形标志。

（3）石墨、碳素制品生产过程中产生的电捕焦油、脱硫石膏、收尘粉、废耐火砖，多晶硅棒、单晶硅棒生产过程中产生的压滤污泥、废活性炭、废坩埚，沥青混合料生产过程中产生的废石料、滴漏沥青、废导热油，以及其他固体废物，应进行分类管理并及时处置。属于危险废物的，应委托有相关资质的单位进行处理。

（4）危险废物暂存间应按照 GB 18597 相关要求执行，有效防止临时存放过程中的二次污染。

土壤及地下水：

（1）源头控制：对有毒有害物质特别是液体或者粉状固体物质的贮存及输送、生产加工，污水治理、固体废物堆放，采取相应的防渗漏、泄漏措施。

（2）分区防控：原（辅）料及燃料贮存区、生产装置区、输送管道、污水治理设施、固体废物堆存区的防渗要求，应满足国家和地方标准、防渗技术规范要求。

（3）渗漏、泄漏检测：对管道、储罐等配置泄漏、渗漏检测装置，定期巡检，做好泄漏、渗漏应急措施及预案。

自行监测要求

排污单位在申请排污许可证时，应当按照本标准确定的产排污环节、排放口、污染物项目及许可排放限值等要求，制定自行监测方案，并在全国排污许可证管理信息平台填报。本标准未规定的其他监测因子指标按照 HJ 819 等标准规范执行。

石墨、碳素制品生产排污单位的主要排放口烟尘（颗粒物）、二氧化硫、氮氧化物应实行自动监测。

排污单位可自行或委托第三方监测机构开展监测工作，并安排专人对监测数据进行记录、整理、统计和分析。排污单位对监测结果的真实性、准确性、完整性负责。

台账记录要求

台账记录内容包括排污单位基本信息、主要生产设施运行管理信息和污染防治设施运行管理信息、监测记录信息及其他环境管理信息等。

记录频次：基本信息未发生变化的，按年记录，发生变化的，在发生变化时记录；正常工况按日或班次记录，非正常工况按照工况期记录。

记录存储及保存。纸质存储：应将纸质台账存放于保护袋、卷夹或保护盒等保存介质中；由专人签字、定点保存；应采取防光、防热、防潮、防细菌及防污染等措施；如有破损应及时修补，并留存备查。电子化存储：应存放于电子存储介质中，并进行数据备份；可在全国排污许可证管理信息平台填报并保存；由专人定期维护管理。

执行报告要求

排污单位应按照排污许可证中规定的内容和频次定期提交执行报告，排污单位可参照本标准，根据环境管理台账记录等归纳总结报告期内排污许可证执行情况，按照执行报告提纲编写执行报告，保证执行报告的规范性和真实性，按时提交至有核发权的生态环境主管部门，台账记录留存备查。技术负责人发生变化时，应当在年度执行报告中及时报告。

实行重点管理的排污单位应提交年度执行报告和季度执行报告，实行简化管理的排污单位应提交年度执行报告。

地方生态环境主管部门根据环境管理需求，可要求排污单位提交季度或月度执行报告，并在排污许可证中明确。

合规判定

合规是指排污单位许可事项和环境管理要求符合排污许可证规定。许可事项合规是指排污单位排放口位置和数量、排放方式、排放去向、排放污染物项目、排放限值均符合排污许可证规定，其中排放限值合规是指排污单位污染物实际排放浓度（速率）和排放量满足许可排放限值要求。环境管理要求合规是指排污单位按排污许可证规定落实自行监测、台账记录、执行报告、信息公开等环境管理要求。排污单位可通过环境管理台账记录、按时提交执行报告和开展自行监测、信息公开，自证其依证排污、满足排污许可证要求。

（中国排污许可公众号）

《排污许可证申请与核发技术规范　水处理通用工序》（HJ 1120—2020）重点内容解读

2020-03-26

为帮助大家更好地了解《排污许可证申请与核发技术规范　水处理通用工序》（HJ 1120—2020）的编制思路、主要内容和重点、难点，相关技术专家对本标准进行了重点内容解读。

适用范围

本标准适用于采矿类、生产类、服务类排污单位水处理设施排放污染物的排污许可管理。排污单位中有行业排污许可证申请与核发技术规范的，执行行业技术规范。

采矿类排污单位指《国民经济行业分类》（GB/T 4754—2017）采矿业 B 中煤炭开采和洗选业 06、石油和天然气开采业 07 中陆地石油开采 0711 和陆地天然气开采 0721、黑色金属矿采选业 08、有色金属矿采选业 09、非金属矿采选业 10 和其他采矿业 12 涵盖的采矿类排污单位。

生产类排污单位指《国民经济行业分类》（GB/T 4754—2017）制造业 C，电力、热力、燃气及水生产和供应业 D 中涵盖的排污单位。

服务类排污单位指《国民经济行业分类》（GB/T 4754—2017）交通运输、仓储业 G 中客运火车站、货运火车站（场）、客运汽车站、货运枢纽（站）、客运港口、机场、除危险品仓储外的其他仓储，住宿和餐饮业 H，居民服务、修理和其他服务业 O，教育 P，卫生和社会工作 Q 中社会工作等涵盖的排污单位。

本标准规定了采矿类、生产类、服务类排污单位水处理设施排放污染物的排污许可证申请与核发的基本情况填报要求、许可排放限值确定、实际排放量核算、合规判定的方法以及自行监测、环境管理台账与排污许可证执行报告等环境管理要求，提出了污染防治可行技术要求。

本标准适用于指导采矿类、生产类、服务类排污单位在全国排污许可证管理信息平台填报水处理设施排放污染物的相关申请信息，适用于指导核发机关审核确定排污单位排污许可证许可要求。

废水产排污环节

采矿类排污单位：

煤矿废水主要包括矿井水（酸性、非酸性）、矿坑水（酸性、非酸性）、疏干水、选煤废水、污染雨水和生活污水。

陆地石油天然气开采废水主要包括采出水、压裂返排液、井下作业废水、油气处理工艺废水、油罐切水、设备冲洗水、循环冷却水排污水、污染雨水和生活污水等。

黑色金属、有色金属、非金属及其他矿采选废水主要包括矿井水、选矿废水、废石场淋溶水、尾矿库排水、尾矿库渗滤液、污染雨水和生活污水。

生产类排污单位：

废水主要为工艺废水、循环冷却水排污水、设备冲洗水、污染雨水和生活污水等。

服务类排污单位：

废水类别主要为工艺废水、循环冷却水排污水、污染雨水和生活污水。

典型生产工艺

详见图 1。

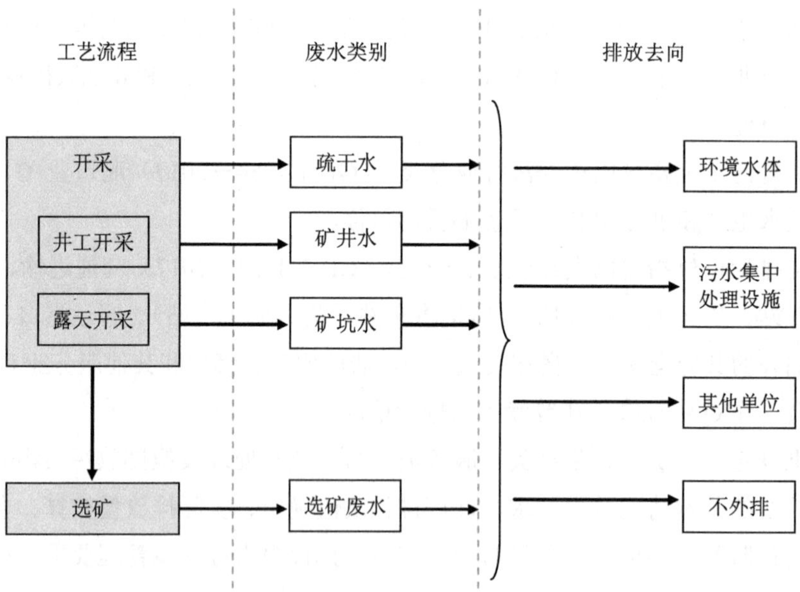

图 1　采矿类排污单位典型生产工艺及产排污环节示意

执行标准

采矿类排污单位：

煤炭采选业排污单位排放废水污染物浓度限值执行 GB 20426；铁矿采选业排污单位排放废水污染物浓度限值执行 GB 28661；镁、钛矿采选业排污单位排放废水污染物浓度限值执行 GB 25468；铜、镍、钴矿采选业排污单位排放废水污染物浓度限值执行 GB 25467；铅、锌矿采选业排污单位排放废水污染物浓度限值执行 GB 25466；铝矿采选业排污单位排放废水污染物浓度限值执行 GB 25465；锡、锑、汞矿采选业排污单位排放废水污染物浓度限值执行 GB 30770；稀土矿采选业排污单位排放废水污染物浓度限值执行 GB 26451；其他排污单位废水污染物许可排放浓度限值执行 GB 8978。排污单位废水排放有其他标准要求的，从严确定。若行业废水污染物排放标准发布，从其规定。国家、地方管理文件或环境影响评价批复文件中对排污单位废水排放有明确要求的，从严确定。地方有更严格排放标准要求的，从其规定。

生产类排污单位：

火炸药兵器工业排污单位排放废水污染物浓度限值执行 GB 14470.1，火工药剂兵器工业排污单位排放废水污染物浓度限值执行 GB 14470.2，弹药装药行业排污单位排放废水污染物浓度限值执行 GB 14470.3，其他排污单位废水污染物许可排放浓度限值执行 GB 8978。排污单位废水排放有其他标准要求的，从严确定。若行业废水污染物排放标准发布，从其规定。国家、地方管理文件或环境影响评价批复文件中对排污单位废水排放有明确要求的，从严确定。地方有更严格排放标准要求的，从其规定。

服务类排污单位：

废水执行《污水综合排放标准》（GB 8978）。

重点污染物管控类型

采矿类排污单位：

煤矿开采：pH、总悬浮物、化学需氧量、石油类、总铁、总锰（仅限酸性废水）、总汞、总镉、总铬、六价铬、总铅、总砷、总锌、氟化物。

陆地石油天然气开采：车间排口管控污染物项目为总汞、烷基汞、总镉、总铬、六价铬、总砷、总铅、总镍，外排口管控污染物项目为 pH、悬浮物、化学需氧量、氨氮、硫化物、五日生化需氧量、石油类、挥发酚、总有机碳、阴离子表面活性剂、磷酸盐（以 P 计）。

黑色金属、有色金属、非金属及其他矿采选业：车间排口主要为管控重金属，外排口主要管控 pH、悬浮物、化学需氧量、氟化物（以 F 计）、总磷、总氮、氨氮等，具体根据各行业排放标准确定。

生产类排污单位：

兵器工业主要为铅、生化需氧量、化学需氧量、总硝基化合物（或梯恩梯、二硝基甲苯）、黑索今、硝化甘油、总铅、叠氮化钠（以 N_3^-计）、肼（以 N_2H_4 计）、pH、硝基酚类（以苦味酸计）、硫氰酸盐（以 SCN^-计）、铁（Ⅱ、Ⅲ）氰络合物｛以$[Fe(CN)_6]^3$计｝、硫化物（以 S^{2-}计）等。

其他行业主要为总汞、烷基汞、总镉、总铬、六价铬、总砷、总铅、总镍、苯并[a]芘、总铍、总银、pH、悬浮物、石油类、化学需氧量、五日生化需氧量、氨氮、磷酸盐（以 P 计）等。

服务类排污单位：

pH、悬浮物、石油类、化学需氧量、五日生化需氧量、氨氮、磷酸盐（以 P 计）、特征污染物（根据废水类型确定）。

排放口划分

采矿类排污单位：

重点管理排污单位的外排口为主要排放口；列为《关于加强涉重金属行业污染防控的意见》（环土壤〔2018〕22 号）中重点行业的有色金属矿采选重点管理排污单位，如车间或车间处理设施废水排放口中包含铅、汞、铬、镉、砷等五项重金属中一项及以上且废水最终排出厂界时为主要排放口；其余为一般排放口。

生产类排污单位：

重点管理排污单位外排口为主要排放口，列入《关于加强涉重金属行业污染防控的意见》（环土壤〔2018〕22 号）中重点行业的重点管理排污单位废水中包含铅、汞、铬、镉、砷等五项重金属中一项及以上且废水最终排入环境水体的车间或车间处理设施废水排放口为主要排放口；其余为一般排放口。

服务类排污单位：

重点管理排污单位废水排入环境水体的外排口为主要排放口；其余为一般排放口。

许可排放浓度管控指标

根据排放标准确定。

许可排放限值管理要求

采矿类排污单位：

废水主要外排口明确化学需氧量、氨氮许可排放量，主要车间或车间处理设施废水排放口根据废水中所含重金属因子情况明确铅、汞、铬、镉、砷五项重金属的许可排放量。

生产类排污单位：

重点管理的生产类排污单位主要排放口应明确化学需氧量、氨氮许可排放量，车间或车间处理设施主要排放口，还应根据废水中所含重金属因子情况，明确铅、汞、铬、镉、砷等五项重金属的许可排放量。

服务类排污单位：

以排放口为单位许可排放浓度，直接排入环境水体的废水主要排放口COD、氨氮许可排放量。

运行管理要求

采矿类排污单位：

洗煤废水应闭路循环，选矿废水应提高循环利用率，尾矿库排水和渗滤液、设备冲洗水和场地污染雨水应全部收集处理，优先回用，减少废水外排量。石油天然气开采行业排污单位开采废水注入地下时，注入水质应满足相应标准要求，并采取措施防止对周边地下水的污染，不得恶化地下水水质。污水处理设施运行过程中产生的废气需满足相应废气排放标准及管理要求。污水处理设施运行过程中产生的固体废物按照《固体废物污染环境防治法》要求执行。

生产类排污单位：

生产设施、废水收集系统以及废水治理设施应同步运行。废水收集系统或废水治理设施发生故障或检修时，应停止运转对应的生产设施，报告当地生态环境主管部门，待检修完毕后同时投入使用。污水处理设施运行过程中产生的废气需满足相应废气排放标准及管理要求。污水处理设施运行过程中产生的固体废物按照《固体废物污染环境防治法》要求执行。

服务类排污单位：

生产设施、废水收集系统以及废水治理设施应同步运行。废水收集系统或废水治理设施发生故障或检修时，应停止运转对应的生产设施，报告当地生态环境主管部门，待检修完毕后同时投入使用。污水处理设施运行过程中产生的废气需满足相应废气排放标准及管理要求。污水处理设施运行过程中产生的固体废物按照《固体废物污染环境防治法》要求执行。

自行监测要求

采矿类排污单位：

按照法律法规及文件要求，COD、氨氮安装自动监测，煤矿行业pH开展自动监测，其余为手动监测。

生产类排污单位：

按照法律法规及文件要求，重点管理排污单位COD、氨氮安装自动监测，其余手动监测。

服务类排污单位：

按照法律法规及文件要求，重点管理排污单位COD、氨氮安装自动监测，其余手工监测。

台账记录要求

台账记录内容包括排污单位基本信息、主要生产设施运行管理信息和污染防治设施运行管理信息、监测记录信息及其他环境管理信息等。

执行报告要求

年度执行报告编制内容应包括排污单位基本信息、污染防治设施运行情况、自行监测执行情况、环境管理台账记录执行情况、实际排放情况及合规判定分析、信息公开情况、排污单位内部环境管理体系建设与运行情况、其他排污许可证规定的内容执行情况、其他需要说明的问题、结论等。季度执行报告应包括污染物实际排放量及合规判定分析、污染防治设施运行情况。

合规判定

排污单位可通过环境管理台账记录、按时提交执行报告和开展自行监测、信息公开，自证其依证排污、满足排污许可证要求。各级生态环境主管部门可依据排污单位环境管理台账、执行报告、自行监测记录中的内容，判断其污染物排放浓度和排放量是否满足许可排放限值要求，也可通过执法监测判断其污染物排放是否满足许可排放限值要求。

废水污染物排放浓度合规是指排放浓度低于或等于许可排放浓度要求，其排放浓度是指按相关监测规范要求测定的排放浓度。污染物排放量合规是指排污单位污染物年实际排放量满足年许可排放量要求。

（中国排污许可公众号）

《排污许可证申请与核发技术规范　工业炉窑》（HJ 1121—2020）重点内容解读

2020-04-03

为帮助大家更好地了解《排污许可证申请与核发技术规范　工业炉窑》（HJ 1121—2020）的编制思路、主要内容和重点、难点，相关技术专家对本标准进行了重点内容解读。

适用范围

本标准适用范围分为两类：一是根据《固定污染源排污许可分类管理名录》规定，按照工业炉窑通用工序申请许可证的排污单位，适用本标准；二是《固定污染源排污许可分类管理名录》规定行业以内、拥有工业炉窑且无相关排污许可证申请与核发规定的排污单位，可参照本标准执行，如贵金属冶炼、石灰、耐火材料、日用玻璃、玻璃纤维、有色金属合金、有色金属压延等行业。

废气产排污环节

废气主要包括热工单元、原燃料预处理单元和成品后处理单元产生的废气等。其中：

（1）热工单元产生炉窑烟气，主要污染物种类包括颗粒物，烟气黑度，二氧化硫，氮氧化物，氟及其化合物，铅、汞、铍及其化合物，沥青油烟等。

（2）原燃料预处理单元产生破碎废气、筛分废气、粉磨废气、制粉废气、配料废气、混料废气、其他废气，主要污染物种类为颗粒物等。

（3）成品后处理单元产生炉窑出料废气、成品转运废气、皮带运输机废气、其他废气，主要污染物种类为颗粒物等。

废水产排污环节

废水主要包括生产废水、生活污水、全厂综合生产废水等。其中：

（1）生产废水包括软水制备废水、冷却水排污水、脱硫废水。软水制备废水、冷却水排污水主要污染物种类包括 pH、化学需氧量，脱硫废水主要污染物种类包括 pH、总砷、总铅、总汞、总镉。

（2）生活污水主要污染物种类包括 pH、悬浮物、化学需氧量、五日生化需氧量、氨氮、总磷、总氮、动植物油等。

（3）全厂综合生产废水主要污染物种类包括 pH、悬浮物、化学需氧量、氨氮、氟化物、石油类、硫化物、挥发酚等，根据排污单位所用原辅料和燃料的不同有所区别。

典型生产工艺

详见图 1、图 2。

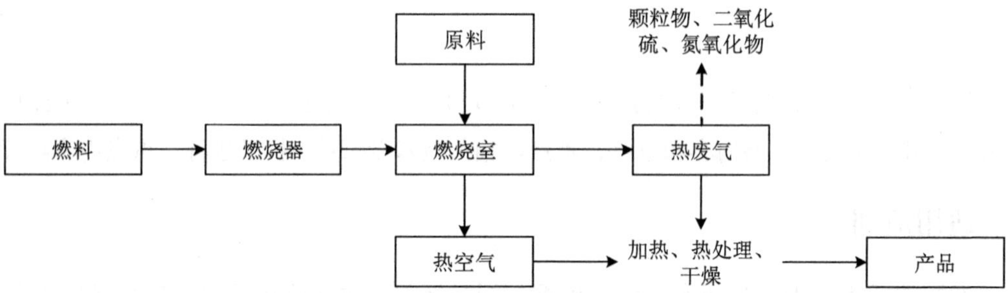

图 1　工业炉窑典型生产工艺及产排污环节示意（一）

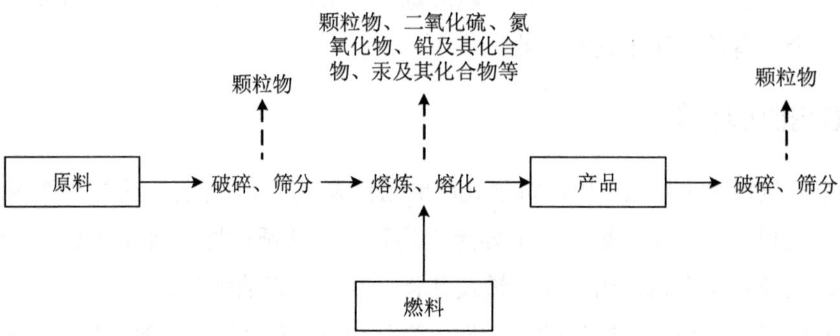

图 2　工业炉窑典型生产工艺及产排污环节示意（二）

执行标准

废气执行《工业炉窑大气污染物排放标准》（GB 9078）、《大气污染物综合排放标准》（GB 16297）等。

废水执行《污水综合排放标准》（GB 8978）等。

重点污染物管控类型

重点污染物管控类型主要包括国家重点管控污染物以及其他行业特征污染物等。其中：

（1）国家重点管控污染物包括氮氧化物、二氧化硫、颗粒物、化学需氧量、氨氮。

（2）其他行业特征污染物包括废气中的烟气黑度，氟及其化合物，铅、汞、铍及其化合物，沥青油烟等；废水中的氟化物、硫化物、挥发酚等。

排放口划分

废气排放口：重点管理排污单位炉窑烟气排放口为主要排放口，其余有组织废气排放口均为一般排放口。

废水排放口：均为一般排放口。

许可排放浓度管控指标

废气许可排放浓度指标：主要包括烟气黑度、颗粒物、二氧化硫［有色金属冶炼、燃煤（油）炉窑以外的其他工业炉窑不许可二氧化硫浓度］、汞、铅、氟及其化合物、铍及其化合物、沥青油烟等。

废水许可排放浓度指标：主要包括 pH、悬浮物、五日生化需氧量、化学需氧量、石油类、氨氮、氟化物、总砷、总铅、总汞、总镉、总磷、总氮、动植物油、石油类、硫化物、挥发酚等。

许可排放限值管理要求

大气污染物许可排放限值：以排放口为单位确定有组织主要排放口和一般排放口的许可排放浓度，无组织废气按照污染物排放执行标准要求的监控点确定许可排放浓度；有组织主要排放口及石灰窑、耐火材料窑等一般排放口逐一计算颗粒物、二氧化硫和氮氧化物许可排放量，排污单位许可排放量为各有组织主要排放口年许可排放量之和，有组织一般排放口和无组织排放不设置许可排放量。

水污染物许可排放限值：以排放口为单位许可排放浓度，不设置许可排放量；单独排入城镇集中污水处理设施、其他企业污水处理设施的生活污水排放口不设置许可排放浓度和排放量，仅说明排放去向。

运行管理要求

废气：

（1）有组织污染防治设施应按照国家和地方规范进行设计。

（2）污染防治设施应与产生废气的生产设施同步运行。

（3）由于事故或设备维修等原因造成污染防治设施停止运行时，应立即报告当地生态环境主管部门。

（4）污染防治设施应在满足设计工况的条件下运行，并根据工艺要求，定期对设备、电气、自控仪表及构筑物进行检查维护，确保污染防治设施可靠运行。

（5）污染防治设施正常运行中废气的排放应符合国家和地方污染物排放标准。

（6）各种工业炉窑烟囱（或排气筒）最低允许高度为 15 米；1997 年 1 月 1 日起新建、改建、扩建的排放颗粒物和有害污染物的工业炉窑，其烟囱（或排气筒）最低允许高度还应按批准的环境影响报告书要求确定；当烟囱（或排气筒）周围半径 200 米距离内有建筑物时，烟囱（或排气筒）还应高出最高建筑物 3 米以上；各种工业炉窑烟囱（或排气筒）达不到上述任何一项规定时，其颗粒物或有害污染物最高允许排放浓度，应按 GB 9078 排放标准值的 50%执行；1997 年 1 月 1 日起新建、改建、扩建的工业炉窑烟囱（或排气筒）应设置永久采样、监测孔和采样监测平台。

（7）无组织排放的运行管理按照国家和地方污染物排放标准以及《工业炉窑大气污染综合治理方案》执行。严格控制工业炉窑生产工艺过程及相关物料贮存、输送等无组织排放，在保障生产安全的前提下，采取密闭、封闭等有效措施，有效提高废气收集率，产尘点及车间不得有可见烟粉尘外逸。密闭、封闭措施的界定可参照环大气〔2019〕56 号文执行。

废水：

（1）废水污染防治设施应按照国家和地方规范进行设计。

（2）由于事故或设备维修等原因造成污染防治设施停止运行时，应立即报告当地生态环境主管部门。

（3）污染防治设施应在满足设计工况的条件下运行，并根据工艺要求，定期对设备、电气、自控仪表及构筑物进行检查维护，确保污染防治设施可靠运行。

（4）全厂综合污水处理厂应加强源头管理，加强对上游装置来水的监测，并通过管理手段控制上游来水水质满足污水处理厂的进水要求。

（5）污染防治设施正常运行中废水的排放应符合国家和地方污染物排放标准。

固体废物：

（1）产生的固体废物应按照一般工业固体废物和危险废物，分别贮存。

（2）对于明确是否具有危险特性的固体废物，应当按照 GB 5085 进行鉴别。

（3）一般工业固体废物贮存的污染控制及管理应满足 GB 18599 的相关要求；危险废物应当根据其主要有害成分和危险特性确定所属废物类别并进行归类管理，其贮存的污染控制及监督管理应满足 GB 18597 的相关要求。

（4）固体废物贮存场所或设施应满足相应污染控制标准要求。

土壤及地下水：

（1）应当按 HJ 942 要求采取相应防治措施，防止有毒有害物质渗漏、泄漏造成土壤和地下水污染。

（2）列入设区的市级以上地方人民政府生态环境主管部门制定的土壤污染重点监管单位名录的排污单位，应当履行下列义务并在排污许可证中载明：

1）严格控制有毒有害物质排放，并按年度向生态环境主管部门报告排放情况；

2）建立土壤污染隐患排查制度，保证持续有效防止有毒有害物质渗漏、流失、扬散；

3）制定、实施自行监测方案，并将监测数据报生态环境主管部门。

自行监测要求

按《排污单位自行监测技术指南　总则》（HJ 819）等的要求，自行监测污染源和污染物应包括行业相关污染物排放标准、污染控制标准以及其他环境管理要求中涉及的废气、废水污染源和污染物。工业炉窑排污单位自行监测内容应包括有组织排放废气、无组织排放废气、生产废水和生活污水等全部污染源（单独排入公共污水处理设施的生活污水可不开展自行监测），以及颗粒物，二氧化硫，氮氧化物，氟及其化合物，铅、汞、铍及其化合物等废气污染物和 pH、悬浮物、化学需氧量、氨氮、氟化物、石油类、硫化物、挥发酚等废水污染物。工业炉窑排污单位及其他相关排污单位自行监测技术指南发布实施后，自行监测管理要求从其规定。

本标准对所有排放口没有连续监测的要求，按照《大气污染防治法》等法律法规以及 HJ 819 等文件要求安装自动监测的，从其规定。

排污单位应按规定安装污染源自动监测设施，实时监测污染物的排放情况并与环保部门联网，强化环境监管；排污单位应在显著位置竖立便于查看的显示屏，将工业炉窑的污染物排放数据实时实地向全社会公开，强化监测信息的公开。

台账记录要求

台账记录内容：主要包括工业炉窑运行管理信息、污染防治设施运行管理信息、监测记录信息等。

记录频次：正常工况运行管理信息按周或批次记录主要产品产量，按采购批次记录原辅料及燃料信息。正常情况污染防治设施运行管理信息包括按批次记录除尘灰/泥、脱硫副产物、脱硝副产物等产生量，袋式除尘系统滤料更换量和时间，脱硫剂、脱硝剂添加量和时间；按月记录 DCS 曲线图。运行管理信息非正常工况和污染防治设施运行管理信息异常工况按工况期记录。

记录存储及保存：形式采用电子台账或纸质台账，保存期限原则上不少于 3 年。

执行报告要求

重点管理排污单位：应提交年度执行报告与季度执行报告。

其中，年度执行报告和季度执行报告编制内容主要包括排污单位基本信息、污染防治措施运行情况、自行监测执行情况、环境管理台账执行情况、实际排放情况及合规判定分析、信息公开情况、排污单位内部环境管理体系建设与运行情况、其他排污许可证规定的内容执行情况、其他需要说明的问题、结论、附图附件要求等11部分。各部分详细内容参见附录D。

简化管理排污单位：应提交年度执行报告。

年度执行报告编制内容主要包括排污单位基本情况、污染防治设施运行情况、自行监测执行情况、环境管理台账执行情况、实际排放情况及合规判定分析、结论、附图附件要求等7部分。各部分详细内容参见附录E。

合规判定

合规是指工业炉窑排污单位许可事项符合排污许可证规定，包括排污单位排污口位置和数量、排放方式、排放去向、排放污染物种类、排放限值、环境管理要求等符合排污许可证规定，其中，排放限值合规是指工业炉窑排污单位污染物实际排放浓度和排放量满足许可排放限值要求；环境管理要求合规是指工业炉窑排污单位按排污许可证规定落实自行监测、台账记录、执行报告、信息公开等环境管理要求。

工业炉窑排污单位可通过环境管理台账记录、按时上报执行报告和开展自行监测、信息公开，自证其依证排污，满足排污许可证要求。生态环境主管部门可依据排污单位环境管理台账、执行报告、自行监测记录中的内容，判断其污染物排放浓度和排放量是否满足许可排放限值要求，也可通过现场监测判断其污染物排放浓度是否满足许可排放限值要求。

废气排放口（主要排放口、一般排放口）污染物排放浓度合规是指按照相关监测技术规范要求获取的自动监测、现场监测或手工监测任一小时排放浓度（速率）均值数据满足GB 9078、GB 16297等要求。

废水污染物排放浓度合规是指按照相关监测技术规范要求获取的自动监测、现场监测或手工监测任一有效日均值（除pH外）满足GB 8978、GB/T 31962等要求。

污染物排放量合规是指排污单位污染物年实际排放量满足年许可排放量要求。

（中国排污许可公众号）

《排污许可证申请与核发技术规范　橡胶和塑料制品工业》（HJ 1122—2020）重点内容解读

2020-04-03

为帮助大家更好地了解《排污许可证申请与核发技术规范　橡胶和塑料制品工业》（HJ 1122—2020）的编制思路、主要内容和重点、难点，相关技术专家对本标准进行了重点内容解读。

适用范围

橡胶制品工业：

本标准适用于执行《橡胶制品工业污染物排放标准》（GB 27632）及轮胎翻新排污单位排放大气污染物、水污染物的排污许可管理。以再生橡胶为原料的制品制造适用本标准；再生橡胶制造不适用本标准，生产再生橡胶原料的适用《排污许可证申请与核发技术规范　废弃资源加工工业》（HJ 1034）。

塑料制品工业：

本标准适用于塑料制品工业［《国民经济行业分类》（GB/T 4754—2017）中“C292”行业类别］排污单位排放的大气污染物、水污染物的排污许可管理。以再生塑料为原料的制品制造适用本标准；生产再生塑料原料的适用《排污许可证申请与核发技术规范　废弃资源加工工业》（HJ 1034）。

废气产排污环节及污染物确定

橡胶制品工业：

（1）轮胎制品（轮胎翻新除外）、橡胶板管带、橡胶零件、运动场地用塑胶和其他橡胶制品，主要产排污环节包括炼胶、硫化及胶浆制备、浸浆、胶浆喷涂和涂胶，污染物种类为颗粒物、非甲烷总烃、甲苯、二甲苯、臭气浓度、恶臭特征污染物。轮胎翻新的成型工艺废气，污染物种类为颗粒物、非甲烷总烃、臭气浓度、恶臭特征污染物。日用及医用橡胶制品，主要产排污环节包括配料、浸渍、硫化，污染物种类为颗粒物、氨、臭气浓度、恶臭特征污染物。

（2）废水处理系统的大气污染物种类为臭气浓度、恶臭特征污染物。

塑料制品工业：

（1）塑料人造革与合成革制造主要包括塑料人造革制造（直接涂刮法、转移法、压延法、流延法等）、塑料合成革制造（干法、湿法、超细纤维合成革等）。排污单位主要生产单元包括配料、涂刮、转移、压延、流延、含浸、凝固、水洗、抽出、烘干、冷却、后处理（压花、印花、磨皮、揉纹、抛光、烫光、喷涂、复合、植绒等）、二甲基甲酰胺回收、废气处理等。废气种类主要包括配（混）料废气、挥发废气、燃烧废气、废水治理臭气。主要污染物包括二甲基甲酰胺（DMF）、苯、甲苯、二甲苯、VOCs、颗粒物、臭气浓度、恶臭特征污染物。

（2）塑料薄膜制造，塑料板、管、型材制造，塑料丝、绳及编织品制造，泡沫塑料制造，塑料包装箱及容器制造，日用塑料制品制造，人造草坪制造，塑料零件及其他塑料制品制造。排污单位主要生产单元包括混料、开炼/密炼/混炼/塑炼、挤出、发泡、涂刮、层压、模压、成型、喷涂、烘干、废气处理系统等。废气主要包括配（混）料废气、挥发废气、燃烧废气、废水治理臭气。主要污染物包括颗粒物、非甲烷总烃、臭气浓度、恶臭特征污染物等；使用除聚氯乙烯以外的树脂生产塑料制品的排污单位执行《合成树脂工业污染物排放标准》（GB 31572），还应选取该标准规定适用的合成树脂类型对应的污染物作为特征控制指标。

废水产排污环节及污染物确定

橡胶制品工业：

废水主要包括厂区综合废水、单独排放的生活污水。厂区综合废水处理设施排水包括工艺废水、设备冲洗、地面冲洗、废气洗涤、循环冷却水排水、生活污水等，单独排放的生活污水来源于员工生活及办公。主要污染物种类包括pH、悬浮物、化学需氧量、五日生化需氧量、氨氮、总氮、总磷、石油类、动植物油、总锌。

塑料制品工业：

废水主要包括厂区综合废水、单独排放的生活污水。厂区综合废水处理设施排水包括工艺废水、设备冲洗、地面冲洗、废气洗涤、循环冷却水排水、生活污水等，单独排放的生活污水来源于员工生活及办公。主要污染物种类包括 pH、色度（稀释倍数）、悬浮物、化学需氧量、五日生化需氧量、氨氮、总氮、总磷、甲苯、二甲基甲酰胺、总有机碳、可吸附有机卤化物、石油类、动植物油等；使用除聚氯乙烯以外的树脂生产塑料制品的排污单位执行《合成树脂工业污染物排放标准》（GB 31572），还应选取该标准规定适用的合成树脂类型对应的污染物作为特征控制指标。

排放口差异化管理

1．橡胶制品工业

（1）重点管理排污单位

1）废气

轮胎制造、橡胶板管带制造、橡胶零件制造、运动场地用塑胶制造和其他橡胶制品制造排污单位涉及炼胶、硫化工艺废气的单根排气筒，非甲烷总烃排放速率≥3千克/小时、重点地区非甲烷总烃排放速率≥2千克/小时的废气排放口为主要排放口；日用及医用橡胶制品制造排污单位的浸渍、硫化工艺废气排放口为主要排放口；其他废气排放口均为一般排放口。

2）废水

日用及医用橡胶制品排污单位的厂区综合废水处理设施排水口为主要排放口，其他排放口均为一般排放口。

（2）简化管理排污单位

废气、废水排放口均为一般排放口。

2．塑料制品工业

（1）重点管理排污单位

1）废气

排污单位中涉及塑料人造革与合成革制造工艺的废气排放口为主要排放口（其中水性、无溶剂合成革制造工艺废气排放口为一般排放口），涉及喷涂工序且年用溶剂型涂料（含稀释剂）量 10 吨及以上的喷涂（含喷涂、流平）废气排放口及烘干废气排放口为主要排放口。其他废气排放口均为一般排放口。

2）废水

塑料人造革与合成革制造排污单位的厂区综合废水处理设施排放口为主要排放口。其他排放口均为一般排放口。

（2）简化管理排污单位

废气排放口、废水排放口均为一般排放口。

废气许可排放浓度管控

橡胶制品工业：

依据 GB 27632、GB 16297、GB 37822、GB 14554 确定排污单位有组织和无组织废气许可排放浓度限值。

轮胎制品制造（轮胎翻新除外），橡胶板、管、带制造，橡胶零件制造，日用及医用橡胶制品制造，运动场地用塑胶制造和其他橡胶制品制造排污单位的大气污染物许可排放浓度依据 GB 27632、GB 37822 确定；轮胎翻新排污单位大气污染物许可排放浓度依据 GB 16297、GB 37822 确定；橡胶制品工业排污单位的恶臭污染物许可排放浓度依据 GB 27632、GB 14554 确定。

塑料制品工业：

依据 GB 21902、GB 31572、GB 16297、GB 37822、GB 14554 确定排污单位有组织和无组织废气许可排放浓度限值。

塑料人造革与合成革制造排污单位大气污染物许可排放浓度按照 GB 21902、GB 37822 确定；使用除聚氯乙烯以外的树脂生产塑料制品的排污单位大气污染物许可排放浓度按照 GB 31572、GB 37822 确定；使用聚氯乙烯树脂生产塑料制品排污单位大气污染物许可排放浓度按照 GB 16297、GB 37822 确定。涉及喷涂工序的塑料制品工业排污单位大气污染物许可浓度按照 GB 16297 确定。塑料制品工业排污单位排放恶臭污染物的，许可排放浓度按照 GB 14554 确定。

地方污染物排放标准有更严格要求的，从其规定。

废水许可排放浓度管控

橡胶制品工业：

依据 GB 27632、GB 8978 确定排污单位水污染物许可排放浓度。

轮胎制品制造（轮胎翻新除外），橡胶板、管、带制造，橡胶零件制造，日用及医用橡胶制品制造，运动场地用塑胶制造和其他橡胶制品制造排污单位的水污染物许可排放浓度依据 GB 27632 确定；轮胎翻新排污单位的水污染物许可排放浓度依据 GB 8978 确定。

塑料制品工业：

依据 GB 21902、GB 31572、GB 8978 确定排污单位水污染物许可排放浓度。

塑料人造革与合成革制造排污单位水污染物许可排放浓度按照 GB 21902 确定；使用除聚氯乙烯以外的树脂生产塑料制品的排污单位水污染物许可排放浓度按照 GB 31572 确定；使用聚氯乙烯树脂生产塑料制品的排污单位水污染物许可排放浓度按照 GB 8978 确定。涉及喷涂工序的塑料制品工业排污单位水污染物许可排放浓度按照 GB 8978 确定。

地方污染物排放标准有更严格要求的，从其规定。

许可排放量

橡胶制品工业：

（1）废气

轮胎制造，橡胶板、管、带制造，橡胶零件制造，运动场地用塑胶制造和其他橡胶制品制造排污单位主要排放口暂不许可排放量。日用及医用橡胶制品制造排放单位涉及硫化工艺的废气处理设施排放口应申请颗粒物许可排放量。排污单位的废气许可排放量为各废气主要排放口许可排放量之和。

（2）废水

日用及医用橡胶制品排污单位废水总排放口应申请化学需氧量、氨氮的许可排放量。位于国家正式发布文件中规定的总磷、总氮总量控制区内的排污单位还应分别申请总磷、总氮许可排放量。

塑料制品工业：

（1）废气

塑料人造革与合成革制造排污单位废气主要排放口应申请颗粒物、挥发性有机物的许可排放量。塑料制品排污单位中涉及喷涂工序且年使用溶剂型涂料（含稀释剂）量 10 吨及以上的喷涂（含喷涂、流平）废气、烘干废气排放口应申请颗粒物、挥发性有机物的许可排放量。排污单位的废气许可排放量为各废气主要排放口许可排放量之和。

（2）废水

塑料人造革与合成革制造排污单位废水总排放口应申请化学需氧量、氨氮的许可排放量。位于国家正式发布文件中规定的总磷、总氮总量控制区内的排污单位还应分别申请总磷、总氮许可排放量。

无组织废气管控要求

本标准对橡胶制品制造排污单位及塑料制品制造排污单位无组织废气提出了详细的措施管理要求，还需要满足《国务院关于印发打赢蓝天保卫战三年行动计划的通知》《重点行业挥发性有机物综合治理方案》等文件中的相关要求。地方有更严格的无组织排放控制管理要求的，从其规定。

自行监测要求

1．橡胶制品工业

（1）重点管理排污单位

1）废气

主要排放口颗粒物和非甲烷总烃应实施自动监测，氨、甲苯、二甲苯、臭气浓度、恶臭特征污染物最低监测频次执行 1 次/季度；一般排放口颗粒物和非甲烷总烃最低监测频次执行 1 次/季度，其他污染物最低监测频次执行 1 次/半年。厂界监测点位最低监测频次执行 1 次/半年；厂区内挥发性有机物无组织排放监测点非强制执行，各地根据当地环境保护需要按照 GB 37822 的要求自行确定。

2）废水

日用及医用橡胶制品排污单位和纳入地方水环境重点排污单位名录的轮胎、橡胶板管带、橡胶零件、运动场地使用塑胶、其他橡胶制品制造、轮胎翻新排污单位的废水总排放口的流量、pH、化学需氧量、氨氮实施自动监测，未纳入自动监测的指标最低监测频次执行 1 次/月或 1 次/季度；直接排放的生活污水单独排放口最低监测频次执行 1 次/季度，间接排放的生活污水单独排放口不需监测。

（2）简化管理排污单位

1）废气

有组织排放和厂界监测点位最低监测频次执行 1 次/年。厂区内挥发性有机物无组织排放监测点非强制执行，各地根据当地环境保护需要按照 GB 37822 的要求自行确定。

2）废水

直接排放的废水排放口最低监测频次执行 1 次/半年；间接排放的厂内综合废水总排放口最低监测频次执行 1 次/年，间接排放的生活污水单独排放口不需监测。

2．塑料制品工业

（1）重点管理排污单位

1）废气

主要排放口的颗粒物、非甲烷总烃（喷涂工序）实施自动监测（关于 VOCs 自动监测，待相关在线监测技术规范发布后，从其规定），实施手工监测的有机污染物指标最低监测频次执行 1 次/季度，其他污染物指标最低监测频次执行 1 次/半年；一般排放口涉及流延膜工艺废气最低监测频次执行 1 次/季度，其他工艺废气一般排放口最低监测频次执行 1 次/半年。厂界监测点位最低监测频次执行 1 次/半年；厂区内挥发性有机物无组织排放监测点非强制执行，各地根据当地环境保护需要按照 GB 37822 的要求自行确定。

2）废水

塑料人造革与合成革制造排污单位废水总排放口的流量、pH、化学需氧量、氨氮实施自动监测，塑料制品制造排污单位未纳入自动监测的指标最低监测频次执行 1 次/季度；直接排放的生活污水单独排放口最低监测频次执行 1 次/季度，间接排放的生活污水单独排放口不需监测。

（2）简化管理排污单位

1）废气

有组织排放和厂界监测点最低监测频次执行 1 次/年。厂区内挥发性有机物无组织排放监测点非强制执行，各地根据当地环境保护需要按照 GB 37822 的要求自行确定。

2）废水

直接排放的废水排放口最低监测频次执行 1 次/半年；间接排放的厂内综合废水总排

放口最低监测频次执行 1 次/年，间接排放的生活污水单独排放口不需监测。

台账记录和执行报告要求

本标准针对生产设施运行管理信息、污染防治设施运行管理信息、监测记录信息及其他环境管理信息等分别规定了记录内容。

排污单位应按照排污许可证规定的时间提交执行报告。实行重点管理的排污单位应提交年度执行报告和季度执行报告；实行简化管理的排污单位应提交年度执行报告。

实际排放量核算方法

本标准给出了橡胶制品工业排污单位及塑料制品工业排污单位大气、水污染物实际排放量核算方法。核算方法包括实测法和产污系数法。

排污许可证中要求采用自动监测的排放口和污染物，应根据符合监测规范的有效自动监测数据核算污染物实际排放量。要求采用自动监测而未采用的排放口或者污染物，采用产污系数法核算污染物实际排放量，且按直接排放进行核算。

排污许可证中未要求采用自动监测的排放口和污染物，按照优先顺序依次选取有效的自动监测数据、手工监测数据核算污染物实际排放量。采用自动监测的污染物，若同一时段的手工监测数据与自动监测数据不一致，手工监测数据符合法定监测标准和监测方法要求的，以手工监测数据为准。

合规判定要求

许可事项合规是指排污单位排放口位置和数量、排放方式、排放去向、排放污染物种类、排放限值、环境管理要求符合排污许可证规定。其中：

（1）排放限值合规是指排污单位污染物实际排放浓度和排放量（不含简化管理）满足许可排放限值要求；环境管理要求合规是指排污单位按排污许可证规定落实自行监测、台账记录、执行报告、信息公开等环境管理要求。

（2）生态环境主管部门依据排污单位环境管理台账、执行报告、自行监测记录中的内容，判断其污染物排放浓度和排放量（不含简化管理）是否满足许可排放限值要求、无组织管控措施是否满足许可要求，也可通过执法监测判断其污染物排放浓度是否满足许可排放限值要求。

（中国排污许可公众号）

《排污许可证申请与核发技术规范　制鞋工业》（HJ 1123—2020）重点内容解读

2020-04-03

为帮助大家更好地了解《排污许可证申请与核发技术规范　制鞋工业》（HJ 1123—2020）的编制思路、主要内容和重点、难点，相关技术专家对本标准进行了重点内容解读。

适用范围

本标准适用于制鞋工业（对应 GB/T 4754—2017 国民经济行业代码为 C195）排污单位排放的大气污染物、水污染物的排污许可管理。

废气产排污环节

冷黏工艺单元废气主要包括合布环节废气，丝网印刷环节废气，刷胶黏剂环节废气，帮底起毛环节废气，刷胶黏剂、处理剂环节废气，喷光环节废气。

硫化工艺单元废气主要包括合布环节废气，刷胶黏剂环节废气，鞋底生产环节废气，硫化环节废气，帮底起毛环节废气，刷胶黏剂、处理剂环节废气、喷光环节废气。

注塑工艺单元废气主要包括合布环节废气、刷胶黏剂环节废气、原料搅拌环节废气、帮底起毛环节废气、合成树脂注塑环节废气、橡胶注射废气、喷光环节废气。

模压工艺单元废气主要包括合布环节废气、刷胶黏剂环节废气、帮底起毛环节废气、模压废气、喷光环节废气。

线缝工艺单元废气主要包括合布环节废气、刷胶黏剂环节废气、喷光环节废气。

公用单元废气主要产污环节为污水处理，主要污染物种类为臭气浓度。

废水产排污环节

废水主要包括生活污水、成鞋整饰及包装工序喷光废水。

典型生产工艺

以皮面皮鞋为例，基本流程及产污环节如下。

（1）鞋料划裁工序

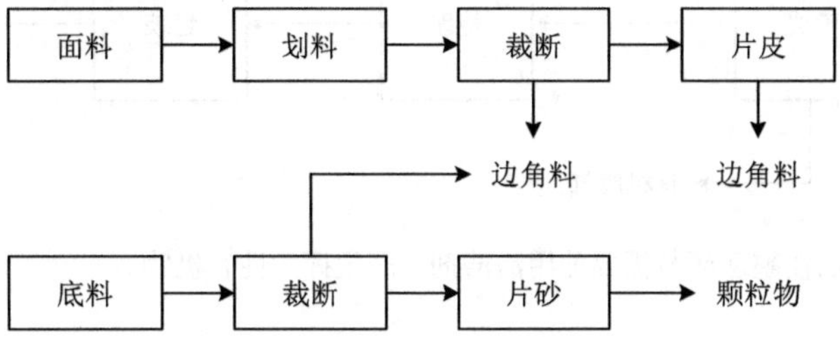

注：部分纺织面料鞋使用的面料，在划裁前需使用胶黏剂进行合布操作，产生有机废气。

（2）帮底制作工序

采用冷黏工艺的制鞋生产企业，鞋底通常外部采购，此处只列出帮面制作环节。

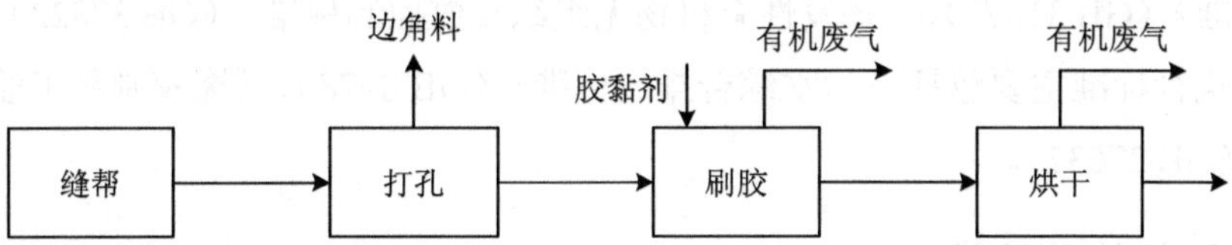

注：部分运动鞋帮面使用油墨等进行丝网印刷，产生有机废气。

（3）帮底装配工序

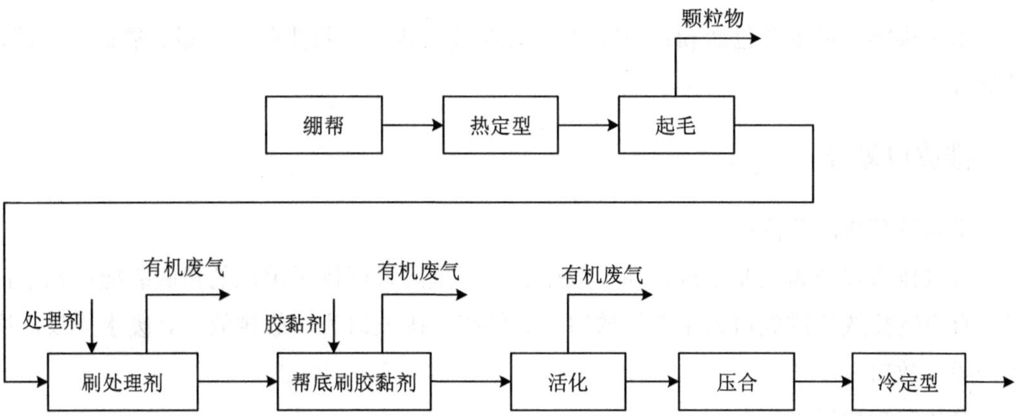

（4）成鞋整饰及包装工序

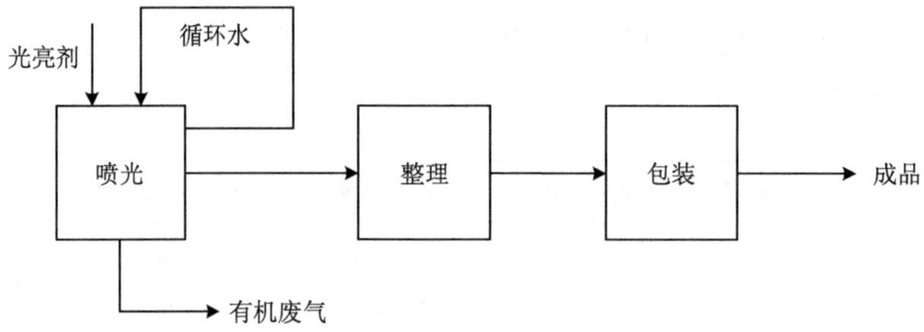

注：部分运动鞋等产品在整理环节需要使用清洁剂，产生挥发性有机物。

执行标准

废气执行标准主要包括《恶臭污染物排放标准》（GB 14554）、《大气污染物综合排放标准》（GB 16297）、《橡胶制品工业污染物排放标准》（GB 27632）、《合成树脂工业污染物排放标准》（GB 31572）、《挥发性有机物无组织排放控制标准》（GB 37822）。

废水执行标准主要包括《污水综合排放标准》（GB 8978）、《橡胶制品工业污染物排放标准》（GB 27632）。

重点污染物管控类型

有组织许可排放浓度的大气污染物项目主要包括颗粒物、苯、甲苯、二甲苯、挥发性有机物，无组织许可排放浓度的大气污染物项目主要包括颗粒物、挥发性有机物、臭气浓度等。

水污染物项目主要包括 pH、悬浮物、化学需氧量、五日生化需氧量、氨氮、总磷、总氮等。

排放口划分

重点管理排污单位：

废气排放口分为主要排放口和一般排放口，重点管理排污单位的帮底装配单元中挥发性有机物排放的排放口为主要排放口，其他废气排放口为一般排放口。废水排放口均为一般排放口。

简化管理排污单位：

废气排放口均为一般排放口，废水排放口均为一般排放口。

许可排放浓度管控指标

重点管理排污单位：

对于大气污染物，以排放口为单位确定有组织排放的主要排放口和一般排放口许可排放浓度，以厂界监测点为单位确定无组织许可排放浓度。对于水污染物，以排放口为单位确定许可排放浓度。

简化管理排污单位：

对于大气污染物，以排放口为单位确定有组织排放的排放浓度，以厂界监测点为单位确定无组织许可排放浓度。

对于水污染物，以排放口为单位确定许可排放浓度。

许可排放限值管理要求

重点管理排污单位：

对有组织排放废气主要排放口、一般排放口和无组织废气不许可排放量。对废水排放口不许可排放量。

简化管理排污单位：

对有组织排放废气一般排放口、无组织废气及废水排放口不许可排放量。对废水排放口不许可排放量。

运行管理要求

废气：

（1）加强源头替代，在满足产品质量要求的前提下，采用水基型胶黏剂替代溶剂型胶黏剂。

（2）产生颗粒物的主要产污环节，应采取相应的治理措施。

（3）使用 VOCs 质量占比大于等于 10%的原辅材料的排污单位，应满足以下要求：

1）VOCs 质量占比大于等于 10%的原辅材料，其使用过程应采用密闭设备或在密闭空间内操作，废气应排至 VOCs 废气收集处理系统；无法密闭的，应采取局部气体收集措施，废气应排放至 VOCs 废气收集处理系统。

2）各生产工艺单元对应的帮底装配单元，刷处理剂、刷胶黏剂、硫化、注塑、模压等操作应采用围闭式集气系统或局部集气系统，将产生的废气经由密闭排气系统导入废气收集系统和（或）处理设施。

3）废气处理设备应先于或与其对应的生产工艺设备同步运转，保证在生产工艺设备运行波动情况下仍能正常运转。采用吸附工艺的，当排气浓度不能满足设计或排放要求时应更换吸附剂。加强废气处理设备巡检，定期维护、消除设备隐患；废气收集系统或处理设备故障，应停止运转对应的生产工艺设备，待检修完毕后共同投入使用。生产工艺设备不能停止运行或不能及时停止运行的，应设置废气应急处理设施或采取其他替代措施。

4）废气收集系统排风罩（集气罩）的设置应符合 GB/T 16758 的规定。采用外部排风罩的，应按 GB/T 16758、AQ/T 4274—2016 规定的方法测量控制风速，测量点应选取在距排风罩开口面最远处的 VOCs 无组织排放位置，控制风速应不低于 0.3 米/秒。

5）收集的废气中 NMHC 初始排放速率大于等于 3 千克/小时，应配置 VOCs 处理设施，处理效率不应低于 80%；对于重点地区，收集的废气中 NMHC 初始排放速率大于等于 2 千克/小时，应配置 VOCs 处理设施，处理效率不应低于 80%。

6）排气筒高度不低于 15 米（因安全考虑或有特殊工艺要求的除外），具体高度以及与周围建筑物的相对高度关系应根据环境影响评价文件确定。

7）溶剂型胶黏剂、溶剂型处理剂等含 VOCs 的物料应储存于密闭的容器、包装袋、储库、料仓中；盛装 VOCs 物料的容器或包装袋应放于具有防渗设施的室内或专用场地，在非取用状态时应加盖、封口，保持密闭。废弃的溶剂型胶黏剂桶、溶剂型处理剂桶或有机溶剂桶等在移交回收处理机构前，应密封储存。

8）废气处理设备单独设置电表。

（4）根据 GB 37822，使用 VOCs 质量占比小于 10%的原辅材料的排污单位，可不采取相应措施。

废水：

（1）废水处理站应加强源头管理、加强对工艺废水来水的监测，并通过管理手段控制工艺废水来水水质，满足废水处理站的进水要求。

（2）排污单位根据运行管理需要及规范管理要求开展污染治理设施运行效果的监测、分析。

（3）所有治理设施应制定操作规程，明确各项运行参数。

（4）对所有治理设施的计量装置，如 pH 计、液位计等要定期校验和比对。

土壤和地下水：

（1）排污单位应当按 HJ 942 要求采取相应防治措施，防止有毒有害物质渗漏、泄漏造成土壤和地下水污染。

（2）列入设区的市级以上地方人民政府生态环境主管部门制定的土壤污染重点监管单位名录的排污单位，应当履行下列义务并在排污许可证中载明：

1）严格控制有毒有害物质排放，并按年度向生态环境主管部门报告排放情况；

2）建立土壤污染隐患排查制度，保证持续有效防止有毒有害物质渗漏、流失、扬散；

3）制定、实施自行监测方案，并将监测数据报生态环境主管部门。

工业固体废物：

（1）一般工业固体废物和危险废物在专门区域分隔存放，减少固体废物的转移次数，防止发生撒落和混入的情况。

（2）一般工业固体废物贮存间应设置防渗、防风、防晒、防雨措施和环境保护图像标志。

（3）危险废物贮存间应按照 GB 18597 相关要求进行防渗、防漏、防淋、防风、防火等，有效防止临时存放过程中发生二次污染。

（4）危险废物产生、收集、贮存、利用、处置过程应满足危险废物有关法律法规、标准规范相关规定要求。危险废物转移过程应执行《危险废物转移联单管理办法》。

自行监测要求

重点管理排污单位：

自行监测污染物项目主要包括颗粒物、苯、甲苯、二甲苯、挥发性有机物、臭气浓度等废气污染物，pH、色度、化学需氧量、五日生化需氧量、氨氮、总磷、总氮、悬浮物等废水污染物，雨水对化学需氧量、悬浮物开展自行监测。有组织废气挥发性有机物采取自动监测。废气主要排放口的颗粒物、苯、甲苯、二甲苯最低监测频次为 1 次/半年，一般排放口最低监测频次原则上为 1 次/年；废水总排放口直接排放监测频次为 1 次/季度，间接排放监测频次为 1 次/半年；雨水排放口每月有流动水排放时开展 1 次监测；厂界监测频次为 1 次/半年。

简化管理排污单位：

自行监测污染物项目主要包括颗粒物、苯、甲苯、二甲苯、挥发性有机物、臭气浓度等废气污染物，pH、色度、化学需氧量、五日生化需氧量、氨氮、总磷、总氮、悬浮物等废水污染物。废气排放口、厂界最低监测频次为 1 次/年，废水总排放口直接排放监测频次为 1 次/半年，间接排放监测频次为 1 次/年。

台账记录要求

重点管理排污单位：

台账记录内容应包括基本信息、生产设施运行管理信息、污染治理设施运行管理信息、监测记录信息及其他环境管理信息等。

记录频次：对于未发生变化的基本信息，按年记录，1 次/年；对于发生变化的基本信息，在发生变化时记录。生产运行状况按照排污单位生产批次记录，每批次记录 1 次。污染治理设施运行状况按照污染治理设施管理单位生产班制记录，每班次记录 1 次。非正常情况期记录，1 次/非正常情况期，包括起止时间、污染物排放浓度、非正常原因、应对措施、是否报告等。采取无组织废气污染控制措施的信息记录频次原则上不低于1 次/日。

简化管理排污单位：

台账记录内容应包括基本信息、生产设施运行管理信息、污染治理设施运行管理信息、监测记录信息及其他环境管理信息等。

记录频次：对于未发生变化的基本信息，按年记录，1 次/年；对于发生变化的基本信息，在发生变化时记录。生产运行状况按照排污单位生产批次记录，每批次记录1次。污染治理设施运行状况按照污染治理设施管理单位生产班制记录，每班次记录 1 次。非正常情况期记录，1 次/非正常情况期。采取无组织废气污染控制措施的信息记录频次原则上不低于1 次/日。

执行报告要求

重点管理排污单位：

应提交年度执行报告和季度执行报告。

年度执行报告内容应包括排污单位生产运行情况，污染治理设施正常运行情况，污染治理设施异常情况，有组织废气、无组织废气、废水污染物监测数据，特殊时段有组织废气监测数据，环境管理台账执行情况，超标异常情况以及信息公开等内容。

季度执行报告内容应包括污染物实际排放浓度、合规判定分析、超标排放或污染治理设施异常情况说明等内容，还应包括各月度生产小时数、主要产品及其产量、新水用量及废水排放量等信息。

简化管理排污单位：

应提交年度执行报告。

年度执行报告内容应包括排污单位生产运行，污染防治设施正常运行和非正常情况，有组织废气、无组织废气、废水和特殊时段污染物排放监测数据，台账管理情况及废气、废水超标情况等内容，相关记录参数内容与重点管理排污单位记录参数内容少，详见本标准附录 D。

合规判定

合规包括许可事项合规和环境管理要求合规。其中，许可事项合规是指排污单位排污口位置和数量、排放方式、排放去向、排放污染物项目、排放限值、环境管理要求符合排污许可证规定。其中，排放限值合规是指排污单位污染物实际排放浓度满足许可排放限值要求。环境管理要求合规是指排污单位按排污许可证规定落实自行监测、台账记录、执行报告、信息公开等环境管理要求。

废气排放口污染物排放浓度合规是指“任一小时浓度均值均满足许可排放浓度要求”。废气污染物小时浓度均值根据排污单位自行监测（包括自动监测和手工监测）、执法监测进行确定。国务院生态环境主管部门发布相关合规判定方法的，从其规定。

废水排放口污染物（除 pH、色度外）排放浓度合规是指任一监测日的有效日均值均满足许可排放浓度限值要求。各项废水污染物监测日的有效日均值可根据执法监测、排污单位自行监测（包括自动监测和手工监测）确定。国务院生态环境主管部门发布相关合规判定方法的，从其规定。

（中国排污许可公众号）

《排污许可证申请与核发技术规范　铁路、船舶、航空航天和其他运输设备制造业》（HJ 1124—2020）重点内容解读

2020-04-03

为帮助大家更好地了解《排污许可证申请与核发技术规范　铁路、船舶、航空航天和其他运输设备制造业》（HJ 1124—2020）的编制思路、主要内容和重点、难点，相关技术专家对本标准进行了重点内容解读。

适用范围

本标准适用于《国民经济行业分类》（GB/T 4754—2017）中的“铁路运输设备制造”（国民经济代码 371）、“城市轨道交通运输设备制造”（国民经济代码 372）、“船舶及相关装置制造”（国民经济代码 373）、“航空、航天器及设备制造”（国民经济代码 374）、“摩托车制造”（国民经济代码 375）、“自行车和残疾人座车制造”（国民经济代码 376）、“助动车制造”（国民经济代码 377）、“非公路休闲车及零配件制造”（国民经济代码 378）、“潜水救捞及其他未列明运输设备制造”（国民经济代码 379）。

表面处理（涂装）排污单位（不包括已有相关行业排污许可证申请与核发规定的排污单位，如汽车制造业、家具制造工业排污单位）参考本标准附录 A 执行。

废气产排污环节

废气主要包括下料、机械加工、焊接、锻造、热喷涂、非金属材料加工、热处理、化学加工、黏接、预处理、涂装、检测试验、工业炉窑等环节或设施产生的废气。其中：

（1）下料、干式机械加工、焊接、锻造、热喷涂、机械预处理、荧光检测过程产生含尘废气，主要污染物种类为颗粒物。

（2）湿式机械加工、表面热处理过程产生油雾，主要污染物为油雾和挥发性有机物。

（3）化学热处理过程产生热处理工艺废气，主要污染物为氰化物、氯化氢、硫酸雾、氨、氮氧化物、氟化物等。

（4）化学加工、化学预处理（酸洗）过程产生酸雾，主要污染物为氮氧化物、氯化氢、铬酸雾、氟化物、硫酸雾等。

（5）非金属材料加工、粘接、涂装（电泳、涂胶、浸涂、喷漆、烘干、调漆）等工序产生有机废气，主要污染物为挥发性有机物及苯、甲苯、二甲苯等特征污染物。

（6）发动机检测试验过程产生试验废气，主要污染物为颗粒物、氮氧化物和挥发性有机物。

（7）工业炉窑化石燃料燃烧过程产生燃料废气，主要污染物为颗粒物、二氧化硫、氮氧化物。

（8）废水处理设施运行过程产生恶臭气体，主要污染物为恶臭（氨、硫化氢）。

废水产排污环节

废水主要包括检测试验废水、转化膜废水、化学加工废水、喷漆废水、含油废水、生活污水等。其中：

（1）航天发动机检测试验产生发动机试验废水，主要污染物种类包括肼、一甲基肼、偏二甲基肼、三乙胺、二乙烯三胺、甲醛、苯胺类等。

（2）转化膜生产单元中含镍磷化、含铬钝化过程产生含一类污染物废水，主要污染物为pH、化学需氧量、悬浮物、磷酸盐、总镍、六价铬、总铬等；采用锆化、硅烷化工艺的转化膜废水，主要污染物为pH、化学需氧量、悬浮物、氟化物、磷酸盐等。

（3）拆解、冲压、机加、热处理、预处理、装配、检测试验等过程产生含油废水，主要污染物为pH、石油类、化学需氧量、悬浮物。

（4）生活污水产生于厂区内员工生活及办公等，主要污染物种类包括pH、悬浮物、化学需氧量、五日生化需氧量、氨氮、阴离子表面活性剂等。

典型生产工艺

详见图1～图5。

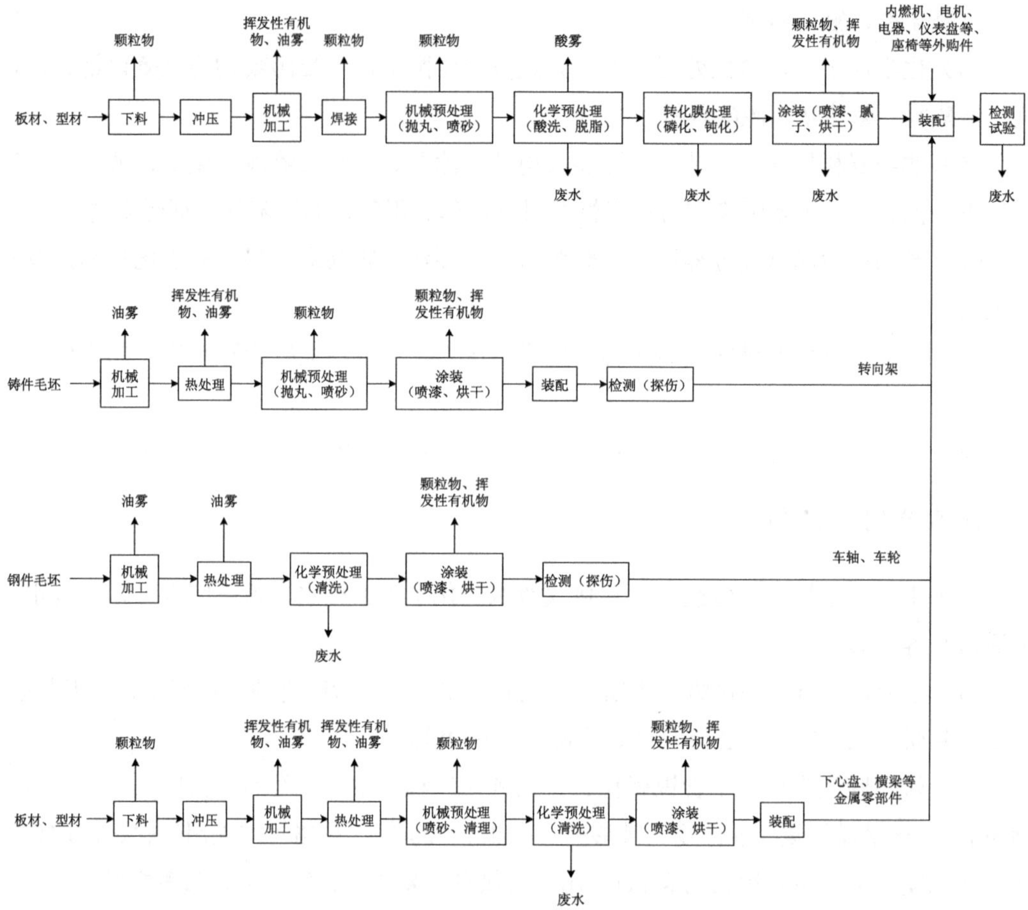

图 1 铁路运输设备制造典型生产工艺及产排污环节示意

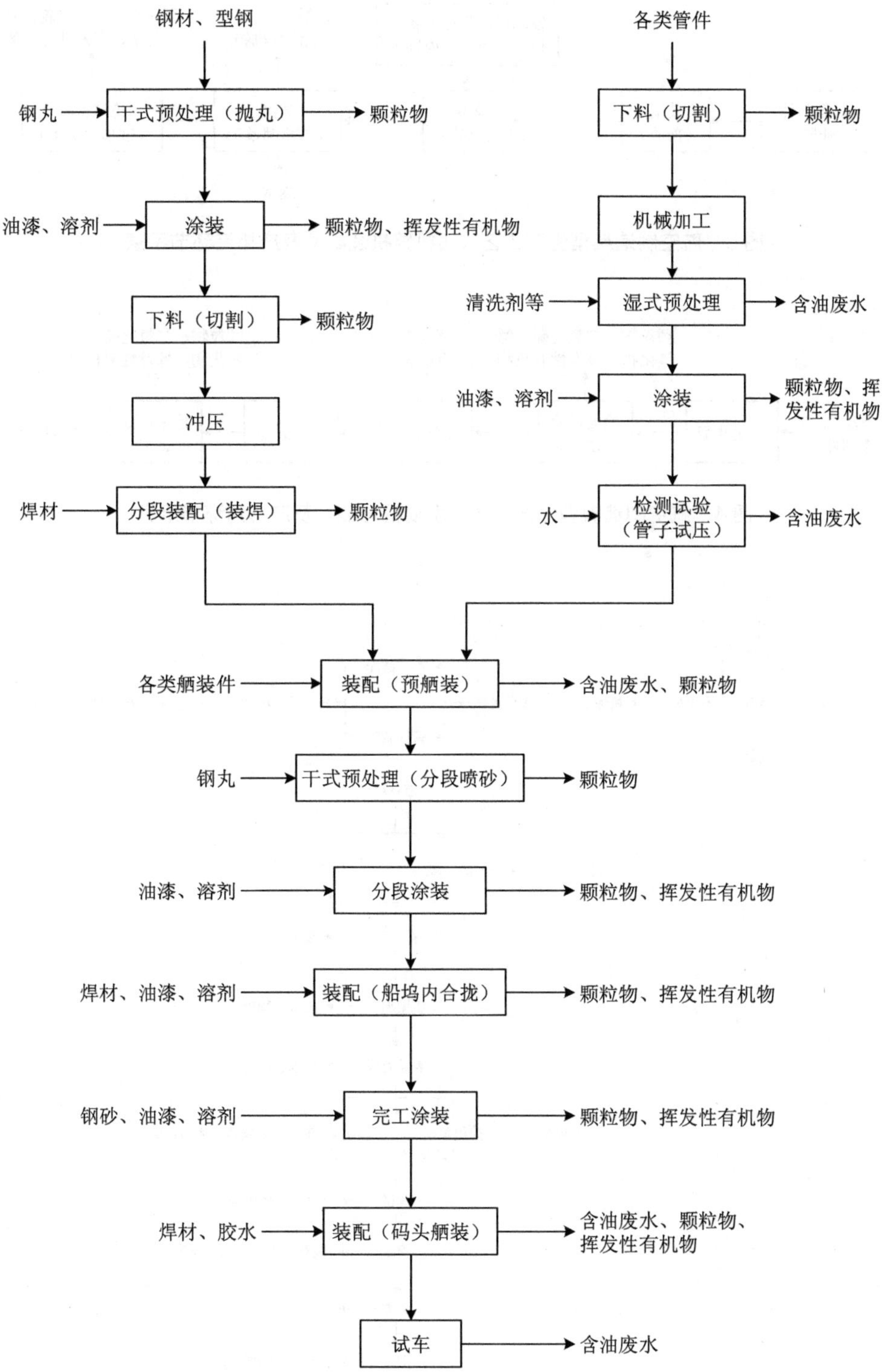

图 2　船舶及相关装置制造典型生产工艺及产排污环节示意

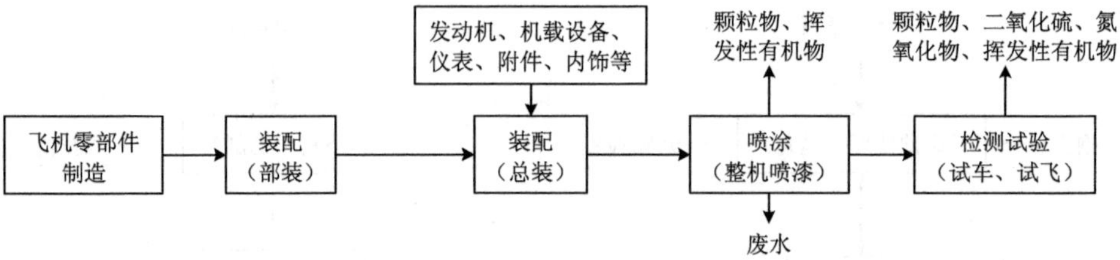

图 3 航空制造典型生产工艺（飞机整机装配）及产排污环节示意

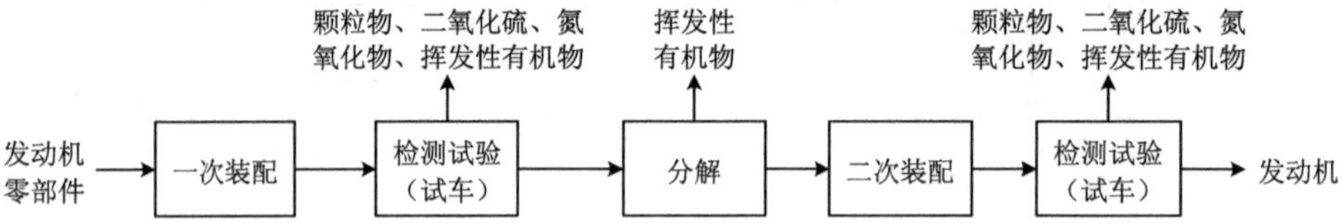

图 4 航空制造典型生产工艺（发动机总装）及产排污环节示意

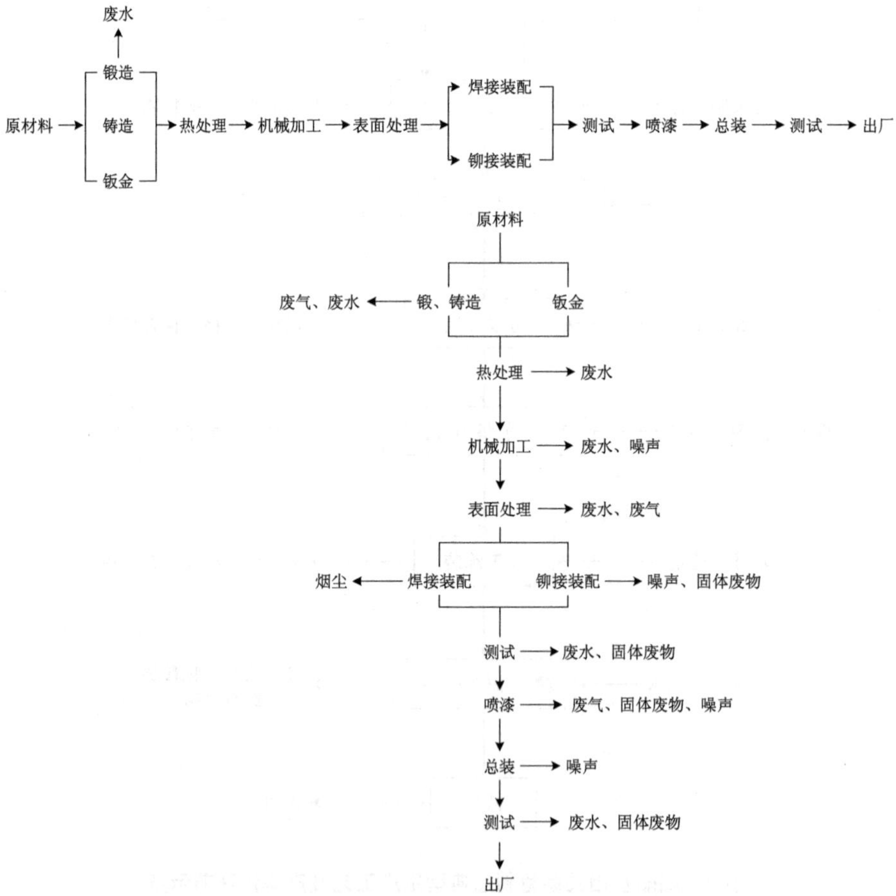

图 5 航天制造典型生产工艺（运载火箭制造）及产排污环节示意

执行标准

废气执行《工业炉窑大气污染物排放标准》(GB 9078)、《大气污染物综合排放标准》(GB 16297)、《恶臭污染物排放标准》(GB 14554)、《合成树脂工业污染物排放标准》(GB 31572)等；废水执行《污水综合排放标准》(GB 8978)、《航天推进剂水污染物排放标准》(GB 14374)、《汽车维修业水污染物排放标准》(GB 26877)等。

重点污染物管控类型

重点污染物管控类型包括国家重点管控污染物、GB 8978 中第一类污染物以及其他行业特征污染物等。其中：

(1) 国家重点管控污染物包括颗粒物、氮氧化物、二氧化硫，化学需氧量、氨氮。

(2) GB 8978 中第一类污染物包括总铬、六价铬、总镍等。

(3) 其他行业特征污染物包括废气中的苯、甲苯、二甲苯、挥发性有机物、烟气黑度、氟化物、氰化氢、氯化氢、硫酸雾、氨、硫化氢；废水中的五日生化需氧量、石油类、悬浮物、磷酸盐、氰化物、氟化物、肼、一甲基肼、偏二甲基肼、三乙胺、二乙烯三胺、甲醛、苯胺类、阴离子表面活性剂。

排放口划分

废气排放口：

重点管理排污单位的溶剂型涂料喷漆废气及喷漆烘干废气有组织排放口为主要排放口，其他均为一般排放口。

废水排放口：

重点管理排污单位的废水总排放口、车间或车间处理设施排放口（航天发动机检测试验单元车间或车间处理设施排口除外）为主要排放口，其他均为一般排放口。

对表面处理（涂装）排污单位：

废气排放口：

重点管理排污单位的溶剂型涂料喷漆废气及固化成膜废气有组织排放口为主要排放口，其他均为一般排放口。

废水排放口：

重点管理排污单位的废水总排放口、车间或车间处理设施排放口为主要排放口，其他均为一般排放口。

许可排放浓度管控指标

废气许可排放浓度指标：苯、甲苯、二甲苯、挥发性有机物、二氧化硫、氮氧化物、颗粒物、烟气黑度、氟化物、氰化氢、氯化氢、硫酸雾、氨、硫化氢等。

废水许可排放浓度指标：pH、总镍、总铬、六价铬、化学需氧量、五日生化需氧量、石油类、悬浮物、磷酸盐、氨氮、氰化物、氟化物、肼、一甲基肼、偏二甲基肼、三乙胺、二乙烯三胺、甲醛、苯胺类、阴离子表面活性剂等。

许可排放限值管理要求

大气污染物许可排放限值：以排放口为单位确定主要排放口和一般排放口的许可排放浓度（速率），厂界监控点确定无组织许可排放浓度。废气排放口和无组织废气原则上对许可排放量不作要求，地方有更严格管理要求的，按其要求执行。

水污染物许可排放限值：以排放口为单位确定主要排放口的许可排放浓度和排放量，一般排放口仅许可排放浓度，主要排放口许可排放浓度和排放量。单独排入市政污水处理厂的生活污水仅说明排放去向，不许可排放浓度和排放量；废水主要排放口中，废水总排放口应申请化学需氧量、氨氮年许可排放量，车间或车间处理设施排放口应申请六价铬、总镍年许可排放量。对在《“十三五”生态环境保护规划》及生态环境部正式发布的文件中规定的总磷和总氮总量控制的区域内的排污单位，还应申请总磷、总氮许可排放量。

运行管理要求

废气：

（1）源头控制：

1）排污单位应采用先进的污染防治技术，提高原辅材料和能源的利用效率。

2）鼓励使用高固体分涂料、水性涂料、粉末涂料、紫外光固化涂料等低挥发性有机物含量涂料，其挥发性有机物含量应满足低挥发性有机化合物含量涂料产品技术要求规定；推广采用静电喷涂、浸涂、高压无气喷涂等效率较高的涂装工艺。

3）鼓励排污单位做好生产组织，同色产品集中喷涂；推广机器自动喷涂技术，减小换色容量；调整长短清洗程序，减少清洗溶剂用量。

4）鼓励排污单位在喷漆工位设置废溶剂回收设备，确保洗枪、机器自动喷涂工作过程中废漆和清洗废溶剂的有效回收。回收的废漆和废溶剂应按照危险废物进行管理，做到妥善处理和处置，避免产生二次污染。

5）鼓励船舶及相关装置制造排污单位优化涂装工艺，将涂装工序提前至分段涂装阶段，推广采用通用型底漆。

6）鼓励航空设备制造排污单位采用无铬底漆。

（2）有组织排放：

1）废气污染防治设施的设计、施工和建设应遵守国家、地方或相关行业技术规范，污染物排放指标应满足环境影响评价文件及审批意见的要求。

2）废气污染防治设施运行应按照操作规程要求进行，明确各项运行参数，实际运行参数应与操作规程一致。确保废气的集输、处理和排放符合国家、地方或相关行业污染物排放标准的规定。

3）环保设施应先于其对应的生产设施运转，后于对应设施关闭，保证在生产设施运行波动情况下仍能正常运转，实现达标排放。产生大气污染物的生产工艺和装置需设立局部或整体气体收集系统和净化处理装置，集气方向应与污染气流运动方向一致。

4）鼓励排污单位结合自身生产特点，对喷漆废气采用浓缩燃烧等高效治理设施处理，对烘干废气采用燃烧治理设施处理，实现达标排放。

5）废气燃烧装置应按设计温度运行，并安装燃烧温度连续监控系统。

6）采用一次性活性炭吸附技术的，应定期更换活性炭，废旧活性炭应再生或处理处置。

7）排污单位应根据操作规程定期对设备、电气、自控仪表及构筑物进行检查维护，确保污染防治设施处于良好状态。定期对污染防治设施的计量装置，如气体流量、检测排放浓度值等在线监控设备进行校验和比对。

8）环境影响评价文件或地方相关规定中有针对原辅料、生产过程等其他污染防治强制要求的，还应根据环境影响评价文件或地方相关规定，明确其他需要落实的污染防治要求。

（3）无组织排放：

1）排污单位挥发性有机物物料储存以及转移和输送的无组织排放控制要求、设备与管线组件挥发性有机物泄漏控制要求、敞开液面挥发性有机物无组织排放控制要求、挥发性有机物无组织排放废气收集处理系统要求，应符合 GB 37822 和环大气〔2019〕53号文规定。

2）黏接、涂胶、调漆、浸涂、喷漆（除船舶及相关装置制造排污单位船坞、码头、平台涂装外）等使用含 VOCs 物料（VOCs 质量占比≥10%）的操作应在封闭设备或密闭空间中进行，废气应排至挥发性有机物废气收集处理系统；无法密闭的，应采取局部气体收集措施，且废气应排至挥发性有机物废气收集处理系统。

3）船舶及相关装置制造排污单位密闭喷涂施工应达到总涂装作业量的60%以上，车间有机废气收集率不低于 80%。船舶及相关装置制造排污单位船坞、码头、平台室外喷涂作业宜采取有效的有机废气收集处理措施；船坞区船舱室涂装作业时，应设有临时收集处理设备。

4）船舶及相关装置制造排污单位船坞、码头、平台室外喷涂作业，宜在周边设置防风网，以减少涂装漆雾向周围空气的散发量，鼓励室外涂装作业工位采用移动式喷漆雾捕集装置或其他有效收集治理措施，尽可能降低废气排放。

5）载有挥发性有机物物料的设备及其管道在开停工（车）、检维修和清洗时，应在退料阶段将残存物料退净，并用密闭容器盛装，退料过程废气应排至挥发性有机物废气收集处理系统；清洗及吹扫过程排气应排至挥发性有机物废气收集处理系统。

6）对于焊接车间无组织废气产生点，排污单位应配备有效的废气捕集装置，如局部收集罩、大容积密闭罩等，并配备烟尘净化设施，尽可能降低车间废气无组织排放量。

7）排污单位应按照环大气〔2019〕56 号文要求，加强工业炉窑无组织排放管理。生产工艺产尘点（装置）应采取密闭、封闭或设置集气罩等措施。煤粉、粉煤灰、石灰、除尘灰、脱硫灰等粉状物料应密闭或封闭贮存，采用密闭皮带、封闭通廊、管状带式输送机或密闭车厢、真空罐车、气力输送等方式输送。粒状、块状物料应采用入棚入仓或建设防风抑尘网等方式进行贮存，粒状物料采用密闭、封闭等方式输送。物料输送过程中产尘点应采取有效抑尘措施。

8）排放臭气的相关工段宜采取除臭措施，降低恶臭气体的无组织排放。

废水：

（1）排污单位根据运行管理需要及规范管理要求开展污染治理设施运行效果的监测、分析。

（2）所有污染治理设施应制定操作规程，明确各项运行参数，实际运行参数应与操作规程中的规定一致。

（3）生产设施、废水收集系统及废水治理设施应同步运行，涉及一类污染物的生产废水地下收集、输送管路宜采用地上明管或架空管路。

（4）推广采用无磷磷化剂、无镍磷化剂、无铬钝化剂、低氮脱脂剂等环保材料，降低废水一类污染物及磷酸盐的排放。

（5）推广使用逆流漂洗、电泳超滤反渗透等节水技术，降低废水排放量。

（6）定期对污染防治设施的计量装置，如 pH 计、液位计、废水在线监控设备等进行校验和比对。

（7）根据工艺要求，定期对构筑物、设备、电气及自控仪表进行检查维护，确保污染防治设施稳定运行。

（8）根据废水处理设施生产及区域环境实际情况，考虑各种可能的突发性事故，做好应急预案，配备人力、设备、通信等资源，预留应急处置的条件。

工业固体废物：

（1）固体废物不允许擅自倾倒、堆放、丢弃、遗撒，应根据国家有关法律法规及标准规范进行合理的贮存、利用、处置。

（2）生产过程产生的各类固体废物，应进行分类管理并及时处理处置。属于危险废物的，应委托有相关资质的单位进行处理。

（3）生产车间产生的外购件包装物、废焊接材料、金属边角等废料应尽可能进行综合利用。

（4）鼓励企业采用洗枪溶剂回收装置，降低废溶剂产生量，在自行利用过程应确保在综合利用过程中不产生二次污染或采取有效的二次污染防治措施。

（5）机加工废切削液、工件清洗废液自行处理时，应确保在收集、暂存过程中不产生二次污染，产生的废油渣及含油污泥应纳入危险废物进行管理。喷漆室内产生的废石灰粉、废过滤材料应妥善包装后外委处理，避免其在转运、转移过程中产生挥发性有机物的二次污染。

（6）喷漆室喷漆产生的漆渣、污水处理产生的生化污泥应及时处理处置，并达到相应的污染物排放或控制标准要求。

（7）加强固体废物收集、贮存、利用、处置、转移各个环节的运行管理，危险废物暂存应采取措施有效防止有毒有害物质渗漏、流失和扬散。

（8）应记录固体废物产生量和去向（贮存、处置、利用）及相应量。

（9）危险废物应按规定严格执行危险废物转移联单制度。

土壤及地下水：

（1）源头控制：有毒有害物质的贮存及输送过程应保障包装容器具有相应的耐腐蚀、耐压、密封性能，避免有毒有害物质渗漏或泄漏。

（2）防渗控制：原辅料及燃料贮存区、涂装车间、危废暂存设施、污水治理设施等应采取防渗措施，防渗性能应满足国家和地方标准、防渗技术规范要求。

（3）渗漏、泄漏检测：管道、储罐等应配置泄漏、渗漏检测装置，并定期进行检查和维护。

（4）纳入土壤环境污染重点监管单位名录的排污单位，还应满足以下土壤污染预防运行管理要求：

1）严格控制有毒有害物质排放，并按年度向生态环境主管部门报告排放情况。

2）建立土壤污染隐患排查制度，保证持续有效防止有毒有害物质渗漏、流失、扬散。

3）制定、实施自行监测方案，并将监测数据报生态环境主管部门。

自行监测要求

按《排污单位自行监测技术指南 总则》（HJ 819）等的要求，自行监测污染源和污染物应包括行业相关污染物排放标准和污染控制标准中涉及的废气、废水污染源和污染物。排污单位应开展自行监测的包括有组织废气外排口监测点位，废水排放口、车间或生产设施废水排放口（涉及第一类污染物的）监测点位，无组织排放监测点位，内部监测点位等。

排污单位溶剂型涂料喷漆废气排放口（主要排放口）及喷漆烘干废气排放口（主要排放口）挥发性有机物应安装挥发性有机物自动监测设备。

排污单位全厂废水总排放口（主要排放口）流量、pH、化学需氧量、氨氮、磷酸盐应采用自动监测，其他污染物鼓励采用自动监测，无法开展自动监测的，应采用手工监测。

排污单位应按规定安装污染源自动监测设施，实时监测污染物的排放情况并与生态环境主管部门联网，强化环境监管；排污单位应按照《排污单位自行监测技术指南 总则》（HJ 819）要求进行自行监测信息公开。

台账记录要求

台账记录内容：包括基本信息、生产设施运行管理信息、污染治理设施运行管理信息、监测记录信息及其他环境管理信息等。

记录频次：对于未发生变化的基本信息，按年记录，1 次/年；对于发生变化的基本信息，在发生变化时记录 1 次；产品产量按日或周期记录；生产设施、污染治理设施运行状况，正常工况按日或班次记录，非正常工况（或异常工况）按照工况期记录；原辅材料、燃料按照采购批次记录，每批次记录 1 次。

记录存储及保存：台账应当按照纸质储存和电子化储存两种形式同步管理，台账保存期限不得少于 3 年。电子台账根据地方生态环境主管部门管理要求定期上传，纸质台账由排污单位留存备查。

执行报告要求

年度执行报告编制内容应包括排污单位基本信息、污染治理设施运行情况、自行监测执行情况、环境管理台账记录执行情况、实际排放情况及合规判定分析、信息公开情况、排污单位内部环境管理体系建设与运行情况、其他排污许可证规定的内容执行情况、其他需要说明的问题、结论、附图附件要求等。季度执行报告应包括污染物实际排放浓度和排放量、合规判定分析、超标排放或污染防治设施非正常状况说明等内容，以及各月度生产小时数、主要产品及其产量、主要燃料及其处理（消耗）量等。

合规判定

排污单位可通过环境管理台账记录、按时提交执行报告和开展自行监测、信息公开，自证其依证排污、满足排污许可证要求。生态环境主管部门可依据排污单位环境管理台账、执行报告、自行监测记录中的内容，判断其污染物排放浓度（速率）和排放量是否满足许可排放限值要求，也可通过执法监测判断其污染物排放是否满足许可排放限值要求。

废气排放口（主要排放口、一般排放口）污染物排放浓度合规是指按照相关监测技术规范要求获取的自动监测、执法监测或自行手工监测污染物排放浓度（速率）数据满足 GB 9078、GB 14554、GB 31572、GB 16297 等的要求。国务院生态环境主管部门发布相关达标判定方法的，从其规定。

废水污染物排放浓度合规是指按照相关监测技术规范要求获取的任一有效日均值（除 pH 外）低于或等于许可排放浓度要求，排放标准中浓度限值为非日均值的污染物，其排放浓度达标是指按相关监测规范要求测定的排放浓度低于或等于许可排放浓度要求。污染物排放量合规是指排污单位污染物年实际排放量满足年许可排放量要求。

（中国排污许可公众号）

《排污许可证申请与核发技术规范 稀有稀土金属冶炼》（HJ 1125—2020）重点内容解读

2020-04-03

为帮助大家更好地了解《排污许可证申请与核发技术规范 稀有稀土金属冶炼》（HJ 1125—2020）的编制思路、主要内容和重点、难点，相关技术专家对本标准进行了重点内容解读。

适用范围

本标准适用于稀有稀土金属冶炼排污单位排放的大气污染物、水污染物的排污许可管理，具体包括《2017 国民经济行业分类注释》（网络版）（国统办设管字〔2018〕93 号）中 3231 钨钼冶炼、3232 稀土金属冶炼、3239 其他稀有金属冶炼。属于 3239 其他稀有金属冶炼的钽铌冶炼排污单位排放的大气污染物、水污染物的排污许可管理适用本标准；锆、铍冶炼排污单位排放的大气污染物、水污染物的排污许可管理参照本标准执行；除钽、铌、锆、铍以外的属于 3239 其他稀有金属冶炼的排污单位排放的大气污染物、水污染物的排污许可管理均参照其原料伴生矿主金属冶炼过程对应的行业排污许可证申请与核发技术规范执行。

稀有稀土金属冶炼排污单位中，执行《锅炉大气污染物排放标准》（GB 13271）的生产设施和排放口，适用《排污许可证申请与核发技术规范 锅炉》（HJ 953）。

废气产排污环节

钨钼冶炼排污单位：①钨精矿分解—离子交换工艺：解析、除杂、浓缩结晶；②钨精矿分解—萃取工艺：除杂、萃取、浓缩结晶；③仲钨酸铵生产工艺：煅烧、还原、烧结；④钼精矿氧化焙烧工艺：备料、破碎、焙烧；⑤纯三氧化钼生产工艺：还原、烧结。

稀土金属冶炼排污单位：①包头混合型稀土精矿浓硫酸强化焙烧—萃取分离工艺：酸化焙烧、配酸、萃取、沉淀、煅烧；②包头混合型稀土精矿碱法分解处理—萃取分离碱法分解处理—萃取分离工艺：配酸、酸洗、酸溶、萃取、沉淀、煅烧；③氟碳铈稀土精矿分解提取和分组、分离生产工艺：氧化焙烧、配酸、盐酸浸出、萃取、沉淀、煅烧；④南方离子吸附型矿分解提取和分组、分离生产工艺：配酸、酸溶、萃取、沉淀、煅烧；⑤熔盐电解工艺：电解；⑥稀土二次资源回收工艺：焙烧、配酸、酸溶、萃取、沉淀、煅烧。

钽铌冶炼排污单位：①氢氟酸分解—萃取分离工艺：酸分解、洗涤沉淀、煅烧；②碳还原法工艺：配混料、碳还原。

废水产排污环节

钨钼冶炼排污单位：冶炼含重金属废水、含氨氮废水、含酸废水、萃取废水、初期雨水、生活污水。

稀土金属冶炼排污单位：硫酸焙烧尾气喷淋的酸性废水，碱转等过程产生的含氟碱性废水，离子型稀土矿提取富集产生的含氨氮废水，稀土萃取分离及沉淀产生的含氨氮废水，萃取分离产生的含有机相、化学需氧量和含磷废水，草酸沉淀废水等。

钽铌冶炼排污单位：萃取酸洗废水、沉淀洗涤废水、钠还原酸洗废水、中和洗水、初期雨水、生活污水。

执行标准

钨钼冶炼排污单位和钽铌冶炼排污单位废气执行《大气污染物综合排放标准》（GB 16297）、《工业炉窑大气污染物排放标准》（GB 9078）、《恶臭污染物排放标准》（GB 14554）。稀土金属冶炼排污单位废气执行《稀土工业污染物排放标准》（GB 26451）。

钨钼冶炼排污单位和钽铌冶炼排污单位废水执行《污水综合排放标准》（GB 8978），稀土金属冶炼排污单位废水执行《稀土工业污染物排放标准》（GB 26451）。

排放口划分

废气排放口：钨钼冶炼排污单位的浓缩结晶器、煅烧炉、回转窑、多膛炉和烧结炉的烟气排放口纳入主要排放口管理，许可污染物排放浓度和排放量。

稀土金属冶炼排污单位的焙烧窑、煅烧窑纳入主要排放口管理，许可污染物排放浓度和排放量。钽铌冶炼排污单位的分解槽、洗涤槽、煅烧炉纳入主要排放口管理，许可污染物排放浓度和排放量。其他废气排放口按一般排放口管理，仅许可污染物排放浓度。

废水排放口：排污单位的车间或车间处理设施废水排放口、废水总排放口均为主要排放口，许可污染物排放浓度和排放量。对于单独排入公共污水处理设施的生活污水仅说明排放去向即可。

许可排放浓度管控指标

废气许可排放浓度指标：

（1）钨钼冶炼排污单位：颗粒物、二氧化硫、氨、硫化氢、非甲烷总烃、氯化氢。

（2）稀土金属冶炼排污单位：颗粒物、二氧化硫、氮氧化物（以 NO_2 计）、氟化物、硫酸雾、氯化氢、氯气、钍、铀总量。

（3）钽铌冶炼排污单位：颗粒物、二氧化硫、氟化物、氨。

废水许可排放浓度指标：

（1）钨钼冶炼排污单位：pH、悬浮物、氨氮、化学需氧量、五日生化需氧量、磷酸盐（总磷）、氟化物、石油类、总锌、动植物油、总铅、总砷、总镉、总汞。

（2）稀土金属冶炼排污单位：pH、悬浮物、化学需氧量、总磷、总氮、氨氮、氟化物、石油类、总锌、钍、铀总量、总镉、总铅、总砷、总铬、六价铬。

（3）钽铌冶炼排污单位：pH、氨氮、化学需氧量、悬浮物、五日生化需氧量、磷酸盐（总磷）、氟化物、石油类、总锌、动植物油。

许可排放限值管理要求

废气污染物许可排放限值：

以排放口为单位确定有组织主要排放口和一般排放口的许可排放浓度，无组织废气按照污染物排放执行标准要求的监控点确定许可排放浓度；有组织主要排放口逐一计算烟尘（颗粒物）、二氧化硫、氮氧化物和氨许可排放量，排污单位许可排放量为各有组织主要排放口年许可排放量之和，有组织一般排放口和无组织排放不设置许可排放量。

废水污染物许可排放限值：

以排放口为单位确定主要排放口许可排放浓度和许可排放量，计算主要排放口化学需氧量、氨氮、总铅、总砷、总镉、总汞许可排放量；对于单独排入公共污水处理设施的生活污水仅说明排放去向即可。

运行管理要求

废气污染物排放控制运行管理要求：

（1）有组织排放控制要求：

①污染防治设施应先于或与其对应的生产工艺设备同步运转，保证在生产工艺设备运行波动情况下仍能正常运转，实现达标排放。②加强除尘设备巡检，消除设备隐患，保证正常运行。袋式除尘器应定期更换滤袋，保证滤袋完整无破损。③排污单位污染防治设施检维修期间，产生废气的生产工艺设备应停止运行，并向生态环境主管部门提交

污染防治设施检维修计划，检维修计划应至少包括检维修的起始时间、情形描述、预计结束时间、拟采取的应对措施等内容。

（2）无组织排放控制要求：

排污单位的运输、贮存工序应满足以下无组织排放控制要求：①运输产生粉尘的物料，其车辆应采取密闭、苫盖等措施。厂区道路应硬化，并采取洒水、喷雾等降尘措施。运输车辆出厂前应清洗车轮，或采取其他控制措施。②产生粉尘的物料应贮存在有硬化地面和完整围墙（围挡）及屋顶结构的储库或仓库中。③产生粉尘的物料转运点、落料点应采用清扫、吸尘、洒水等方式控制堆场扬尘。

冶炼分离工序应满足以下无组织排放控制要求：①原料和辅料的预处理应在厂房中进行，产生粉尘的工序应设置集气罩，并配备除尘设施。②焙烧、煅烧、萃取、离子交换、沉淀、还原、破碎、成型等工序的操作应在厂房中进行。炉窑的加料口、出料口应设置集气罩，并配备袋式除尘器等高效除尘设施。萃取槽上部应设置集气罩，并配备废气净化设施。

此外，钨钼冶炼排污单位的金属制备工序应满足以下无组织排放控制要求：①原料和辅料的预处理应在厂房中进行，产生粉尘的工序应设置集气罩，并配备除尘设施。②焙烧、煅烧、还原、碳化、烧结等工序的操作应在厂房中进行。炉窑的加料口、出料口应设置集气罩，并配备袋式除尘器等高效除尘设施。破碎、成型、机械加工等产生粉尘处应设置集气罩，并配备废气净化设施。

废水污染物排放控制运行管理要求：

（1）废水处理设施应该按照国家和地方规范进行设计，应进行雨污分流、清污分流、冷热分流、分类收集、分质处理、循环利用，污染物稳定达到排放标准要求。

（2）生产设施、废水收集系统及废水处理设施应同步运行。废水收集系统或废水防治设施发生故障或检修时，应停止运行对应的生产设施，报告当地生态环境主管部门，待检修完毕后同时投入使用。

（3）废水处理设施应在满足设计工况条件下运行，并根据工艺要求，定期检查维护，确保正常稳定运行。

（4）排污单位产生的废水处理后回用需满足相应回用水水质标准要求。

固体废物运行管理要求：

（1）应妥善收集、贮存反渗透膜、废弃滤袋、冶炼渣、收尘灰等，并按照《国家危险废物名录》或国家规定的危险废物鉴别标准鉴定类别后采取相应的处置方式，属于一般工业固体废物的，其贮存、处置应符合 GB 18599 的相关要求；属于危险废物的，其贮存应符合 HJ 2025 的相关要求，并委托具有危险废物经营许可证的单位进行处理。

（2）应记录固体废物产生量、处置量及去向（综合利用或外运）和贮存量。

（3）危险废物转移过程应执行《危险废物转移联单管理办法》。

土壤及地下水污染预防要求：

（1）源头控制：对有毒有害物质，特别是液体或粉状危险废物贮存及输送、利用、处置、污水处理等过程采取相应的防渗漏、泄漏措施。

（2）分区防控：危险废物及燃料贮存区、生产装置区、输送管道、污水处理设施等的防渗要求，应该满足国家和地方标准、防渗技术规范要求。

（3）渗漏、泄漏检测：对管道、储罐等配置泄漏、渗漏检测装置，定期巡检，做好泄漏、渗漏应急措施及预案。

自行监测要求

排污单位在申请排污许可证时，应当按照本标准确定的产排污环节、排放口、污染物项目及许可排放限值等要求，制定自行监测方案，并在全国排污许可证管理信息平台填报。本标准未规定的其他监测因子指标按照 HJ 819 等标准规范执行。

排污单位的主要排放口颗粒物、二氧化硫、氮氧化物、化学需氧量、氨氮应实行自动监测。

排污单位可自行或委托第三方监测机构开展监测工作，并安排专人对监测数据进行记录、整理、统计和分析。排污单位对监测结果的真实性、准确性、完整性负责。

台账记录要求

台账记录内容：包括排污单位基本信息、主要生产设施运行管理信息和污染防治设施运行管理信息、监测记录信息及其他环境管理信息等。

记录频次：基本信息未发生变化的，按年记录，发生变化的，在发生变化时记录；正常工况按日或班次记录，非正常工况按照工况期记录。

记录存储及保存：纸质存储：应将纸质台账存放于保护袋、卷夹或保护盒等保存介质中；由专人签字、定点保存；应采取防光、防热、防潮、防细菌及防污染等措施；如有破损应及时修补，并留存备查。电子化存储：应存放于电子存储介质中，并进行数据备份；可在全国排污许可证管理信息平台填报并保存；由专人定期维护管理。

执行报告要求

排污单位应按照排污许可证中规定的内容和频次定期提交执行报告，排污单位可参照本标准，根据环境管理台账记录等归纳总结报告期内排污许可证执行情况，按照执行报告提纲编写执行报告，保证执行报告的规范性和真实性，按时提交至有核发权的生态环境主管部门，台账记录留存备查。技术负责人发生变化时，应当在年度执行报告中及时报告。

稀有稀土金属冶炼排污单位应提交年度执行报告和季度执行报告。地方生态环境主管部门根据环境管理需求，可要求排污单位提交月度执行报告，并在排污许可证中明确。

合规判定

合规是指排污单位许可事项和环境管理要求符合排污许可证规定。许可事项合规是指排污单位排放口位置和数量、排放方式、排放去向、排放污染物项目、排放限值符合排污许可证规定，其中排放限值合规是指排污单位污染物实际排放浓度（速率）和排放量满足许可排放限值要求。环境管理要求合规是指排污单位按排污许可证规定落实自行监测、台账记录、执行报告、信息公开等环境管理要求。排污单位可通过环境管理台账记录、按时提交执行报告和开展自行监测、信息公开，自证其依证排污、满足排污许可证要求。生态环境主管部门可依据排污单位环境管理台账、执行报告、自行监测记录中的内容，判断其污染物排放浓度和排放量是否满足许可排放限值要求，也可通过执法监测判断其污染物排放浓度是否满足许可排放限值要求。

（中国排污许可公众号）

（二）常见问题解析

《固定污染源排污许可分类管理名录（2019 年版）》20 问（第一批）

近日，生态环境部发布《固定污染源排污许可分类管理名录（2019 年版）》（生态环境部令 第 11 号）。为全面做好政策解读，生态环境部组织制定《〈固定污染源排污许可分类管理名录（2019 年版）〉20 问》，现予以播发。

1. 根据《固定污染源排污许可分类管理名录（2019 年版）》要求，未做规定的排污单位，排污许可管理类别是否可以由省级生态环境主管部门提出建议来确定。对于已有规定的行业，地方是否也可以根据实际需要对管理类别提出调整建议，该如何操作？

答：根据《固定污染源排污许可分类管理名录（2019 年版）》（以下简称《名录》）第八条明确，未作规定的排污单位，确需纳入排污许可管理的，其排污许可管理类别由省级生态环境主管部门提出建议，报生态环境部确定。对于《名录》中已经有明确规定的，必须严格按照《名录》管理类别要求执行。

2. 重点管理和简化管理是以生产能力区别的，这个生产能力以环评批复为准，还是以实际生产规模为准？

答：重点管理和简化管理的生产能力界定是以实际生产能力为准。强调一下生产能力、生产量的区别，生产能力是能生产多少，生产量是生产了多少，生产量通常小于或者等于生产能力，所以不要把生产量和生产力混淆了。

3. 对于《名录》第 61 类中，实行简化管理的橡胶制品业 291，提出的年耗胶量 2 000 吨及以上的，是仅适用橡胶板、管、带制造 2912，还是同时也适用橡胶零件制造 2913 及 2914、2915、2916？

答：《名录》规定的行业判别，如果中间使用顿号隔开的，定语是从前一直管到最后的；如果是逗号隔开，定语就是截止的。所以这种对于年耗胶量 2 000 吨及以上的都是适用的，即不仅适用 2912，同时还适用 2913、2914、2915、2916。

4.《名录》第七条（六）“其他单项有毒有害大气、水污染物污染当量数大于 3 000 的。污染当量数按照《中华人民共和国环境保护税法》的规定计算”。请问污染当量怎么核算，是否需要税务部门出具手续？

答：污染当量根据《中华人民共和国环境保护税法》进行计算，无须税务部门出具手续。

5.《名录》第七条，COD 大于 30 吨的需重点管理，这 30 吨指的是排环境的量还是纳管量？

答：30 吨是指排出企业厂界的量。

6. 请问工业建筑如何判定，位于非工业用地内的企业且从事生产的，是否认定为也是工业建筑？

答：工业建筑和是不是工业用地、商业用地没有直接关系。混合功能的商场、民房所在位置虽然不是工业建筑，但专门从事生产的，《名录》一律认定为工业建筑。工业建筑的具体定义可参见《工程结构设计基本术语标准》（GB/T 50083—2014）。

7. 请问《名录》提出的“汽车、摩托车修理与维护 811”中纳入简化管理条件为“营业面积 5 000 平方米及以上且有涂装工序的”，这里营业面积特指涂装工序面积还是整个面积呢？

答：汽车、摩托车修理和维护的营业面积包括涂装工序，以及销售、洗车的配套设施所占的总面积。

8. 某企业所属行业是按照通用工序确定管理类别的，但是没有锅炉、工业炉窑、表面处理，只是生产废水进入调节池，仅调节 pH，然后就排入污水处理厂，且水处理量大约为每天 2.5 万吨。请问这种情况是什么管理类别？通用工序水处理设施指的是什么？一级处理的算不算？

答：该企业需要按照通用工序水处理的要求实行简化管理，水处理设施包括对水进行物理处理、化学处理的所有设施，包括过滤、沉淀等。

9. 如果属于《名录》第 108 类，但不涉及通用工序，而是属于危险废物重点排污单位或土壤重点排污单位，请问是否纳入许可管理？

答：属于《名录》第 108 类，但不涉及通用工序的，不纳入许可管理范围。《名录》中通用工序提出的纳入重点排污单位的，是指纳入水环境或者大气环境重点排污单位名录的排污单位。

10.《名录》中重点单位的名单是我们区县自己定吗？还是指纳入国控省控的企业？

答：重点排污单位是指设区的市级地方人民政府生态环境主管部门确定的重点排污单位名录内的排污单位，具体划定根据《重点排污单位名录管理规定（试行）》执行。

11. 根据《名录》规定，某企业属于简化或登记管理，通用工序（锅炉）属于重点管理，企业的管理是什么类别？锅炉管理要求该怎样填报？

答：根据《名录》要求，划分管理类别时，明确要求按照行业管理的，执行行业管理类别划分；按照通用工序管理的，则执行通用工序类别划分。例如，某企业属于人造板行业登记管理的排污单位，该企业的锅炉（完全为本企业生产工艺服务，不涉及对外供汽或供热等），不论其吨位多大，均随同主行业一并登记。

如果某企业属于《名录》中明确按照通用工序管理的行业，该企业的锅炉应按照锅炉通用工序管理要求执行，锅炉管理要求按照《排污许可证申请与核发技术规范　锅炉》进行填报。

12．废塑料回收都是简化管理，还是有水洗工艺的才是简化管理？

答：废塑料回收都属于简化管理类别。

13．请问一个洗衣服的企业，属于《名录》第 108 类，有污水处理通用工序，根据污水处理量该企业属于登记管理；但是废水 COD 排放超过 30 吨，按照第七条应该登记管理还是重点管理？

答：属于重点管理。属于《名录》第 108 类的排污单位，还要考虑《名录》第七条中的相关情形。

14．《名录》中的金属表面处理及热处理加工 336 和通用工序表面处理如何合法界定？假定一家五金件来料加工的小企业不在重点排污单位名录内，有含铬钝化工序，是属于金属表面处理及热处理加工 336 的重点管理，还是属于通用工序表面处理简化管理？

答：金属表面处理及热处理加工 336 是指对外来的金属物件表面进行的电镀、镀层、抛光、喷涂、着色等专业性作业加工，即专业进行金属表面处理的企业；而通用工序表面处理是指一家企业涉及多道工序，而表面处理只是生产工序其中之一。例如，通用设备制造和专用设备制造企业既涉及机械加工工艺，又涉及表面处理工艺，那么这家企业不属于专业进行金属表面处理的企业，不属于金属表面处理及热处理加工 336，而是属于涉及《名录》中通用工序表面处理的企业。例如，五金件来料加工的企业专业做表面处理，属于金属表面处理及热处理加工 336。

15．"二污普"中有大量的农村分散式生活污水处理设施，且由地方政府部门建设。请问此类生活污水治理设施是否属"城乡污水集中处理场所"？是否需要列入《名录》第 99 类进行登记管理？

答：根据《中华人民共和国环境保护税法实施条例》，"二污普"中的农村分散式生活污水处理设施，属于为社会公众提供生活污水处理服务的场处，应属于城乡污水集中处理场所，需要对照《名录》第 99 类，按照日处理能力规模实行分类管理。

16．热力生产与供应和通用工序的锅炉有哪些区别？企业用的锅炉什么时候按热力生产与供应的分管理类别管理，什么时候按通用工序的锅炉分管理类别管理？

答：热力生产与供应的锅炉是指存在对外供热或供气等经营行为；通用工序的锅炉为内部生产配套设施，为内部其他生产行为供热或供气。按照锅炉用途对其进行热力生产与供应或通用工序管理的识别。

17．城市内河污水截污建的那种日处理 1 万吨污水的小污水处理站，是属于《名录》

第 99 类污水处理及再生利用，还是属于通用工序的第 112 类水处理？

答：属于《名录》第 99 类污水处理及再生利用 462。

18．学校、医院的锅炉算热力生产与供应还是算通用工序的锅炉？

答：学校的锅炉属于通用工序；医院有明确的管理类别划分，其锅炉不属于热力生产，应根据医院排污许可技术规范要求，对其锅炉和其他生产设备、相应排放口等一起填报和管理。

19．木质门窗制造有喷漆（表面处理），且有机溶剂使用量达到 10 吨以上，根据《名录》是要针对通用工序申请许可证，但是家具行业技术规范提出木质门窗制造参照该技术规范来申请，请问此木质门窗制造企业如何申领许可证？

答：该企业只针对通用工序相关内容申请排污许可证即可；行业管理类别划分依据《名录》，技术规范主要适用于排污许可证的申请填报和审核。

20．请问个体工商户是否应申领排污许可证？

答：对照《名录》规定的行业类型进行识别。根据《环境保护法》《水污染防治法》《大气污染防治法》及《排污许可管理办法（试行）》等有关要求，纳入《名录》中的企业事业单位和其他生产经营者，应当按照规定的时限申请并取得排污许可证；未纳入《名录》的排污单位，暂不需申请排污许可证。

（中国排污许可公众号）

《固定污染源排污许可分类管理名录（2019 年版）》20 问（第二批）

为做好固定污染源清理整顿和 2020 年排污许可证核发登记工作、解析当前工作难点、提高工作效率，现将管理名录常见问题及解答结果汇总如下。

21．排污单位以前申领了简化管理许可证，但根据 2019 年版名录被列为重点管理，在首发许可证期限内，排污单位未申请变更的，是否无须强制变更？

答：原证书有效，排污单位可以申请变更，但无须强制要求排污单位进行变更。

22．根据 2019 年版名录，很多行业均以是否纳入重点排污单位名录来区分重点管理和简化管理，但重点排污单位名录每年年初定期更新一次。如新建排污单位在重点排污单位名录公示后申领，尚未纳入重点排污单位名录，但按照《重点排污单位名录管理规定（试行）》又符合重点排污单位的筛选条件，初次申领是按照重点管理还是简化管理？

答：此类行业排污单位管理类别划分只看其是否在重点排污单位目录中，不考虑其是否满足重点排污单位筛选条件。

23．除《名录》涉及的排污行业，其他行业排污单位是否需要申报省版排污许可证？

答：对于未纳入《名录》的其他行业，地方法规有规定的，依法办理省版排污许可证。

24．对于《名录》第七条的六种情形之一的申请重点管理排污许可，是只针对第 108 类的排污单位吗？第 1—107 类行业的排污单位需要考虑这六种情形吗？

答：《名录》第七条六种情形只适用于第 108 类排污单位，对于第 1—107 类行业的排污单位不需要考虑以上六种情形。

25．《名录》第七条规定，存在六种情形之一的，还应当对其生产设施和相应的排放口等申请取得重点管理排污许可证，如何实现对其生产设施和相应的排放口等申请取得重点管理排污许可证？

答：排污单位应当承担环境保护主体责任，主动对照《名录》判别自身属于哪一种管理类别，是否符合《名录》第七条六种情形；生态环境主管部门可以通过对排污单位排查、日常环境监管、环境税征收等监管过程，提醒排污单位依法申领重点管理排污许可证，具体按照《排污许可证申请与核发技术规范　总则》申请填报。

26．请问关于家具行业的“或者”的理解，《名录》中写道“年使用 20 吨及以上水性涂料或者胶黏剂的”。我们现在有一家排污单位，水性漆年用量 9 吨，水性胶黏剂年用量 18 吨，那应该是简化管理吗？“或者”的意思是 20 吨=水性漆+水性胶黏剂，还是说水性漆、水性胶黏剂各 20 吨？

答：只要二者用量之和超过 20 吨就属于简化管理。

27．《名录》中所涉及溶剂型油墨、涂料、稀释剂、胶黏剂的范围和界定是什么？水性油墨、水性漆属于溶剂型吗？

答：溶剂型（油性）油墨、涂料、稀释剂、胶黏剂一般指的是以溶剂为载体的油墨、涂料、稀释剂、胶黏剂；水性油墨、涂料、稀释剂、胶黏剂一般指的是以水为载体的油墨、涂料、稀释剂、胶黏剂。《名录》这么规定的初衷就是鼓励使用水性油墨、涂料、稀释剂、胶黏剂。

28．《名录》第 29 类橡胶和塑料制品业中提及“耗胶量 2 000 吨”及以上，排污单位胶料一般也包括配料的，胶包不包括各类添加剂（如各类防老剂、促进剂、碳酸钙、硫黄等）？胶也有合成胶和天然胶，应该是天然胶和合成胶之和吗？

答：耗胶量不包括各类添加剂等辅料，仅指主原料，即天然胶、合成胶、再生胶之和。

29．某有色金属冶炼排污单位，主要产品为金属铋，属于 C3219 其他常用有色金属冶炼，该排污单位与其他金属冶炼排污单位一样，建有精炼锅、电解池、富氧侧吹炉及转窑等冶炼设施，管理类别如何判断？主产品是铋，有部分副产品铜、银等。

答：《名录》常用有色金属冶炼 321 中重点管理的只有《名录》中明确提到的 11 种常用有色金属，其他常用有色金属（包括硅、铋、镉、碱土等）冶炼均为登记管理。本项目若只包含铋冶炼，则是登记管理，若还涉及前面所说的 11 种有色金属，则须申领许可证。

30．请问以含锡危废为原料通过冶炼生产锡锭的排污单位属于什么行业类别？

答：此排污单位属于 C3214 锡冶炼中的再生锡冶炼。根据《2017 年国民经济行业分类注释》，危险废物提炼金属的活动列入 31（黑色金属冶炼和压延加工业）和 32（有色金属冶炼和压延加工业）相关分类中。

31．工业硅应该是按常用有色金属冶炼这个行业来判定排污许可管理类别，还是按照硅的氧化物判定？碳化硅排污单位属于什么行业类别？

答：行业类别需要根据产品来判定。根据《国民经济行业分类》（GB/T 4754—2017），工业硅、冶金级硅属于 3218 常用有色金属冶炼，根据 2019 年版名录，11 种常用有色金属之外（硅、铋、镉、碱土等）属登记管理。排污登记虽然不属于行政许可，但是不代表企业可以免除应遵守的环保责任，实行登记管理的企业仍应依照生态环境法律法规开展生产经营。

碳化硅属于 2613 无机盐制造中的碳化物。

32.《名录》中汽车、摩托车等修理与维护 811 的重点管理和登记管理的地方打“/”，仅符合“营业面积 5 000 平方米及以上”或“有涂装工序的”其中一项条件的，是否不用管了呢？

答：只有同时满足“营业面积 5 000 平方米及以上”和“有涂装工序的”两个条件的汽车、摩托车等修理与维护的排污单位纳入简化管理。

33.《名录》中加油站位于城市建成区为简化管理，城市建成区如何判定？

答：据《城市规划基本术语标准》（GB/T 50280—98）中的解释，城市建成区，指城市行政区内实际已成片开发建设、市政公用设施和公共设施基本具备的地区。实际情况以各地住建部门划定的区域为准。

34.《名录》第 102 类危险品仓储 594 中重点管理和简化管理仅涉及油库，是不是说不包含油库的危险品仓储是不纳入《名录》的？储备油库指战略储备库还是也包括商业储备库？

答：不是。不包含油库的危险品仓储（包括 5941 中的燃气仓储、5942 危险化学品仓储和 5943 其他危险品仓储）属于登记管理。储备油库不包括商业储备库。

35. 从事废矿物油、废铅酸蓄电池收集贮存的排污单位需要领取危险废物经营许可证，是按照其他危险品仓储进行登记管理吗？

答：不是。废矿物油、废铅酸蓄电池属于危险废物，其收集贮存的排污单位属于《名录》第 103 类环境治理业，应为重点管理，按照《排污许可申请与核发技术规范　工业固体废物和危险废物治理》申请排污许可证。

36. 请问卫生院、卫生服务中心、疾控中心、妇幼保健院属于《名录》管理范围吗？

答：按照《国民经济行业分类》(GB/T 4754—2017)，卫生院和卫生服务中心属于 842，纳入《名录》第 108 类管理。疾病预防控制中心和妇幼保健院属于 843，其中疾病预防控制中心为登记管理，纳入《名录》第 107 类管理，妇幼保健院指“非医院的妇女及婴幼儿保健活动”，未纳入《名录》。

37. 综合医院的老人床位（用于护理的）是否算在该医院的总床位内？

答：是。考虑在实际判别过程中的可操作性，医院不同类型的床位均计入该综合医院的总床位。

38. 磷化和陶化都属于化学转化膜，那《名录》中表面处理中的简化管理是否包括这两道工序？

答：根据《名录》，表面处理中重点管理和简化管理均未包括这两道工序，则仅含上述两道工序的排污单位属于表面处理中的“其他”，进行登记管理。

39．通用工序中的表面处理是否包括喷涂、抛丸和喷丸？

答：通用工序中的表面处理包含喷涂、抛丸和喷丸。

40．如果某排污单位属于 C331 结构性金属制品制造并且有喷涂工序，如果该排污单位被纳入重点排污单位名录，该排污单位是不是属于重点管理？

答：该排污单位属于 C331 结构性金属制品制造，根据《名录》该排污单位是否属于重点管理或简化管理，须根据其涉及的通用工序判定，该排污单位涉及的通用工序是表面处理中的喷涂。根据《名录》表面处理中规定纳入重点排污单位名录的属于重点管理，那么该排污单位属于重点管理排污单位。

（中国排污许可公众号）

《固定污染源排污许可分类管理名录（2019 年版）》12 问（第三批）

为做好固定污染源清理整顿和 2020 年排污许可证核发登记工作、解析当前工作难点、提高工作效率，现将管理名录常见问题及解答结果汇总如下。

41．根据《国民经济行业分类》（GB/T 4754—2017），钢管厂属于钢压延加工行业（3130）。按照《名录》，焊管排污单位应该实施登记管理。如焊管排污单位带酸洗工艺，则是按照钢压延加工行业实施登记管理还是按照通用工序表面处理行业实施简化管理？

答：《名录》第 1—108 类行业中，明确按照通用工序判断管理类别的，按照通用工序对应的要求进行判定；没有提到通用工序的，只需按照该行业的描述判定管理类别，即使该行业涉及第 109—112 类中通用工序的一种或多种工艺，也不需要按照通用工序判断管理类别，不交叉执行。

焊管排污单位属于钢压延加工行业（3130），按照《名录》中该行业对应的要求判断其管理类别，应属于登记管理类。

42．某豆制品厂，废水纳管排放，水处理能力 1 000 吨/日，COD 年排放 50 吨。是应该按《名录》第 16 类登记管理，还是按《名录》第七条重点管理？

答：该排污单位属于 C139 中豆制品生产，应按照《名录》中第 16 类进行登记管理，无须执行《名录》第七条相关规定。

43．按照《名录》第 17 类，“米、面制品制造 1431*，速冻食品制造 1432*，方便面制造 1433*，其他方便食品制造 1439*，食品及饲料添加剂制造 1495*，以上均不含手工制作、单纯混合或者分装的”为简化管理，“以上”是指上述提及的 1431、1432 等明确类别，还是指 143 和 149 里面的所有类别？例如，1494 盐加工，是直接全部登记管理还是说非单纯混合或分装的就要发证呢？

答：“以上”指《名录》第 17 类简化管理中列出的“米、面制品制造 1431*，速冻食品制造 1432*，方便面制造 1433*，其他方便食品制造 1439*，食品及饲料添加剂制造 1495*”。属于行业 143、149 但未在《名录》重点管理和简化管理中列明的，按“其他”进行登记管理。

44．生产罐装水（纯净水）的排污单位，按照《国民经济行业分类》（GB/T 4754—2017）属于“自来水生产和供应 4610”还是属于“饮料制造 152”？

答：根据《国民经济行业分类》（GB/T 4754—2017），瓶（罐）装饮用水属于瓶（罐）装饮用水制造 1522。

45．有很多纸制品制造的排污单位（代码 223），其工艺就是将纸板切割、黏结、印刷，可否能按照 231 印刷进行分类？

答：该纸制品生产排污单位代码为 223，主行业为纸制品制造，按《名录》第 38 类进行分类，不需要按照印刷行业进行分类。

46．根据《排污许可申请与核发技术规范　陶瓷砖瓦工业》（HJ 954—2018），切割单位是立方米，切边单位是平方米，用的生产设施都是切割机如何理解？一般切割工艺本身就带磨边，如何理解生产工艺仅为切割加工的呢？

答：《排污许可申请与核发技术规范　陶瓷砖瓦工业》（HJ 954—2018）中切割指的是对原石进行切割，所以单位是米^3/时，切边指的是对石板材进行切割，所以单位是米^2/时。如果是切割完用简易手持磨边机进行磨边，可以按仅有切割加工进行管理；如果使用专门的磨边机进行磨边，不能认定为仅有切割加工。

47．煤制气为燃料的砖瓦排污单位纳入重点还是简化管理？

答：以煤制气为原料的砖瓦排污单位不属于以煤为燃料的烧结砖瓦制造，根据《名录》第 64 类应为简化管理。

48．某排污单位生产塑料汽车零部件，到底属于《名录》内的汽车零部件行业还是塑料制品行业？

答：C 292 塑料制品行业分类中包括了汽车配件制造，所以该排污单位应属于塑料制品行业。

49．从事电池系统组装的排污单位，至少是简化管理，这样理解对吗？

答：是的，铅酸蓄电池制造 3843 为重点管理，其他电池制造为简化管理。

50．请问某家多晶体铸锭排污单位，对应属于 C3985 电子元件及电子专用材料制造，排污单位未纳入重点排污单位名录，溶剂使用量低于 10 吨，对应《名录》不属于重点管理、简化管理，请问是按登记管理吗？

答：是的，按照《名录》规定的管理类别，应按登记管理。

51．一家公司同一个沿海码头有多个泊位，有的达到 1 万吨级，有的达不到 1 万吨级，是不是只要有一个泊位达到 1 万吨级，该码头就应该发证？

答：是。《名录》中明确描述为“单个泊位 1 万吨级及以上的”。

52．一般工业固体废物的贮存点（废品收购站）、养护院（养老院）在《名录》范围内吗？

答：废品收购站属于“5191 再生物资回收与批发”行业，养老院属于“8514 老年人、残疾人养护服务”行业，如涉及污染物排放则应按照《名录》第 108 类规定进行管理。

（中国排污许可公众号）

污水处理及再生利用行业排污许可申请与核发十问

2020-03-20

为做好污水处理及再生利用行业排污许可证核发登记工作、解析当前工作难点、提高工作效率，现将此行业排污许可常见问题及解答结果汇总如下。

1．城乡污水集中处理场所包括乡镇污水处理厂吗？包括农村污水处理设施吗？

城乡污水集中处理场所，是指为社会公众提供生活污水处理服务的场所，包括为城镇、乡镇提供污水处理服务的场所，也包括为农村提供污水集中处理服务的场所，不包括为工业园区、开发区等工业聚集区域内的排污单位提供污水处理服务的场所，以及排污单位自建自用的污水处理场所，对应的《国民经济行业分类》（GB/T 4754—2017）为污水处理及其再生利用 462。

2．目前乡镇和农村污水集中处理设施运营管理主体复杂，有的委托专业第三方运营公司，有的是乡镇政府或村委会进行日常运维管理，这些情况应如何发证登记？

首先，要对照《固定污染源排污许可分类管理名录（2019 年版）》（以下简称《名录》），按日处理能力确定纳入排污许可管理类别。

其次，对于简化管理的，应依法由运营单位申领排污许可证，目前暂时无运营单位的，由目前实际运行维护的单位申领。对于登记管理的，由目前实际运行维护单位进行登记。后续责任主体变更的，则相应由责任主体重新申领排污许可证或重新登记。

3．污水处理厂设计处理能力大于 500 吨/日，但实际处理水量不到 100 吨/日，应该简化管理还是登记管理呢？实际设计处理能力和环评批复的设计处理能力不一致的情况下，按照哪个划分类别？

《名录》中所指规模一般是指设计处理能力，上述情形设计处理能力大于 500 吨/日的应进行简化管理。实际设计处理能力和环评批复的设计处理能力不一致的情况下，以实际设计处理能力为准。

4．一个运营商负责几个乡镇的污水处理站运行管理，并且单独开展了环评，每个农村污水处理站规模不足 500 吨/日，但全部加起来规模达到简化管理的 2 万吨/日。这种情况下是每个污水处理站单独登记还是运营商整体申请一个简化管理的排污许可证？

根据《名录》，污水处理类别划分是按照单个处理厂的规模，因此每个规模不足500吨/日的农村污水处理站均应登记。为减轻运营单位负担，同一乡/镇（街）的多个污水处理站登记时，运营单位可在平台注册一个账号，在同一登记页面主要产品信息处分别填报每个污水处理站规模、工艺等，并在备注中说明具体污水处理站名称和位置等信息，获取一份登记回执。

5．养殖废水集中治理点是否属于《名录》中第 99 类污水处理及其再生利用？是否需要发证登记？

属于污水处理及其再生利用，需要按《名录》第 99 类要求发证登记。

6．农村人工湿地、化粪池等无动力设施是否纳入排污许可管理？

已纳入“二污普”清单的农村人工湿地、化粪池等无动力设施，按照清理整顿要求，归入“无实体企业类”；未纳入“二污普”清单的农村人工湿地、化粪池等无动力设施，不纳入排污许可管理。

7．城市内河污水截污建的日处理 1 万吨的小污水处理站，是属于《名录》第 99 类污水处理及再生利用，还是属于水处理通用工序？

属于《名录》第 99 类污水处理及再生利用，不属于水处理通用工序，按《名录》应为简化管理。

8．一家企业其主行业属于纺织印染行业，配套有污水治理设施，但这套污水处理设施同时收集并处理周边其他纺织印染废水，这套污水处理设施是否纳入污水处理及再生利用行业，还是作为该印染厂的配套污水处理设施？

作为印染厂的配套污水处理设施，按《排污许可证申请与核发技术规范　纺织印染工业》（HJ 861）的配套污水处理核发排污许可证，不适用《排污许可证申请与核发技术规范　水处理（试行）》（HJ 978）。

9．《名录》第七条提出化学需氧量年排放量大于 30 吨需要重点管理，如果污水处理厂化学需氧量年排放量大于 30 吨，但是日处理能力为 2 万吨以下，是否进行重点管理？

《名录》中第七条只适用于第 108 类，即除第 1—107 类外的其他行业，污水处理厂属于第 99 类污水处理及其再生利用，不适用第七条要求。

10．《名录》第 99 类污水处理及其再生利用和第 112 类水处理通用工序如何区分？《排污许可证申请与核发技术规范　水处理（试行）》和《排污许可证申请与核发技术规范　水处理通用工序》的区别是什么？

《名录》第 99 类重点针对城乡生活污水和工业废水的集中处置，适用《排污许可证申请与核发技术规范水处理（试行）》；第 112 类水处理通用工序属于兜底类别，指第 1—108 类行业中明确排污单位管理涉及水处理通用工序的，适用《排污许可证申请与核发技术规范　水处理通用工序》。对照《国民经济行业分类》（GB/T 4754—2017）和《名录》，水处理通用工序涉及采矿、生产、服务多个行业。

畜禽养殖行业排污许可申请与核发十五问

2020-03-20

为做好畜禽养殖行业排污许可证核发登记工作、解析当前工作难点、提高工作效率，现将此行业排污许可常见问题及解答结果汇总如下。

1．畜禽养殖行业排污许可重点管理和登记管理的范围是什么？包括的养殖品种有哪些？

根据《固定污染源排污许可分类管理名录（2019年版）》（以下简称《名录》），纳入排污许可重点管理的畜牧业排污单位包括牲畜饲养031、家禽饲养032中设有污水排放口的规模化畜禽养殖场、养殖小区。主要养殖品种包括生猪、肉牛、奶牛、蛋鸡、肉鸡、鸭、鹅、羊及省级人民政府有明确规定规模标准的其他畜种。纳入登记管理的畜牧业类别包括牲畜饲养031、家禽饲养032中无污水排放口的规模化畜禽养殖场、养殖小区；其他畜牧业039中设有污水排放口的养殖场、养殖小区。散养类型的养殖场、牧场，不属于固体废物污染源，不纳入排污许可管理范围。

2．畜禽养殖规模化标准是什么？如何确定发证规模？

《畜禽规模养殖污染防治条例》中明确规定，畜禽养殖场、养殖小区的具体规模标准由省级人民政府确定，并报国务院环境保护主管部门和国务院农牧主管部门备案。根据《农业农村部办公厅关于做好畜禽粪污资源化利用跟踪监测工作的通知》（农办牧〔2018〕28号），全国31个省（自治区、直辖市）均有已公开发布或报农业农村部、生态环境部备案的规模化标准。关于畜禽养殖规模化认定标准，建议以此文件作为确定依据。

3．“设有污水排放口”具体如何判断？

根据《名录》，“设有污水排放口的规模化畜禽养殖场、养殖小区”属于排污许可重点管理类别，实际中，部分养殖场污水排放口不规范，有的甚至难以判断。为便于排污单位和核发部门识别和判断，建议以下几种情形判定为“设有污水排放口”：

一是排污单位采用达标排放模式，废水经厌氧+好氧等方式处理后排放，设有明确的污水排放口，污水经固定排放口直接排入江、河、湖泊、水库、海域等自然水体环境和市政污水管网；

二是排污单位废水经厌氧好氧等方式处理后排放，设有污水排放口，污水排入土地、池塘、沟渠、湿地等外环境，且排放方式不是资源化利用方式，即污水排放口后未配套规范的污水储存池，未配套与养殖规模匹配的粪污消纳土地和规范的粪污输送设施等。

4．无营业执照的个人或家庭兴办的畜禽养殖场需要发证或登记吗？

已纳入“二污普”清单的无营业执照的个人或家庭畜禽养殖场，但未纳入《名录》的，由生态环境部门统一登记，标记为“无实体企业类”，不再要求由个人或家庭业主进行登记；对于未纳入“二污普”清单的，规模化养殖场按《名录》要求发证或登记，非规模化养殖场不纳入排污许可管理。

5．养殖污水排向鱼塘，在什么条件下可以认为是有污水排放口的？关于污水用于池塘养鱼进行资源化利用的，企业需要提供什么材料证明水质符合渔业用水水质标准？

如果养殖污水是作为资源化利用进行水产养殖的，且塘水水质符合《渔业用水水质标准》（GB 11607），则属于资源化利用；如果该池塘是作为养殖污水处理和消纳设施的，则属于有污水排放口的情形。

塘水水质是否符合水质标准，由养殖企业自行提供有效监测材料，生态环境部门在监管中抽查，没有具体明确的频次规范要求。

6．一家大型养猪场建设有一台4吨锅炉，并配备沼气发电，其排污许可证该如何填报？

同一排污单位在同一场所从事《名录》中两个或两个以上行业生产经营的，申请一张排污许可证。在全国排污许可证管理信息平台，根据实际情况选取主行业类别（牲畜饲养031）及其他行业类别（锅炉），该养猪场按照畜禽养殖行业排污许可技术规范要求申报，锅炉及发电部分参照锅炉排污许可技术规范申报。

7．畜禽养殖行业排污单位如何选择行业类别？

畜禽养殖行业排污单位在选择行业类别时应选择国民经济代码的小类，例如生猪养殖应选择猪的饲养（A0313），不能选择牲畜饲养（A031）或畜牧业（A03）。

8．针对养殖不同畜种的畜禽养殖场、养殖小区，如何判断其是否达到规模化标准？

针对有不同养殖种类的畜禽养殖场、养殖小区，可将各养殖种类折算成生猪量，再根据生猪规模标准判断其是否达到规模化标准，折算系数可参考本标准6.2.1中的相关规定。

9．畜禽养殖行业排污单位养殖量如何确定？一个养牛场没有育肥出栏，不育肥，卖种牛，养殖量应该怎么填？

养殖量为排污单位同一养殖种类年养殖量之和。原则上填写环境影响评价审批、审核意见或经地方生态环境主管部门备案的设计养殖量，排污单位无法提供设计养殖量时，填写近3年最大养殖量。其中，出产肉食、动物皮等产品的规模化畜禽养殖场（小区）填写出栏量，出产乳、蛋、动物毛等产品的规模化畜禽养殖场（小区）填写存栏量。

同一养殖种类涉及出栏不同生长时期畜禽时，养殖量需根据本标准4.3.5中的相关方式进行折算。如果养牛场没有育肥出栏，不育肥，卖种牛，则种牛按肉牛折算即可，填养殖量的时候将种牛的存栏量按折算系数折算成出栏量。

10．同一法人单位或者其他组织所属，位于不同生产经营场所的畜禽养殖行业排污单位是否需要分开领证？

同一法人单位或者其他组织所属，位于不同生产经营场所的畜禽养殖行业排污单位应当以其所属的法人单位或者其他组织的名义，分别向生产经营场所所在地有核发权的生态环境主管部门申请排污许可证。

11．畜禽养殖行业排污单位没有营业执照或组织机构代码的，如何在全国排污许可证管理信息平台上注册填报信息？

没有营业执照或组织机构代码的排污单位，在平台注册时可在代码类型中填“无”。

12．畜禽养殖行业排污单位养殖栏舍数量较多，是否需要逐一填报养殖栏舍信息？

排污单位根据本标准 4.3.6 中的栏舍类别和清粪方式分类汇总填写养殖栏舍信息。同一栏舍类别、同种清粪方式的栏舍汇总填报信息，不需要逐一填报；但同一栏舍类别、不同清粪方式的栏舍，需按清粪方式分别填报。

13．排污许可申报系统中总氮许可排放限值如何填报？

针对总氮许可排放浓度限值，排污许可申报系统中涉及废水的污染物控制项目均需填报总氮，执行《畜禽养殖业污染物排放标准》（GB 18596）的产污设施和排放口，总氮许可浓度限值可填“/”，地方标准中明确总氮排放浓度限值的，按照地方排放标准从严确定。针对总氮许可排放量限值，地方标准中明确总氮排放浓度限值的，总氮年许可排放量分别按照浓度法、排放绩效法进行计算，从严确定；地方标准中未明确总氮排放浓度限值的，按照排放绩效法计算。

14．废气产排污节点、污染物及污染治理设施信息表格如何填报？

有锅炉设施的畜禽养殖行业排污单位，锅炉的废气产排污节点、污染物及污染治理设施信息按照《排污许可证申请与核发技术规范　锅炉》（HJ 953）中的相关要求填报；无锅炉设施的畜禽养殖行业排污单位，不需要填报废气产排污节点、污染物及污染治理设施信息表（此部分信息在系统填报时已合并至大气污染物无组织排放信息表格中填写），关于废气的相关信息分别在大气污染物无组织排放信息表和畜禽养殖行业无组织排放控制要求表格中填报。

15．规模化畜禽养殖场环评批复为粪污全部资源化利用，而目前实际建设有污水排放口，其是否属于重点管理类别？

规模化畜禽养殖场、养殖小区是否为重点管理以目前实际建设情况为准，属于《名录》规定的重点管理类别的，需按要求申领排污许可证。

食品制造工业——方便食品、食品及饲料添加剂制造工业排污许可申请与核发十三问

2019-09-09

为帮助大家更好地了解《排污许可证申请与核发技术规范　食品制造工业——方便食品、食品及饲料添加剂制造工业》（HJ 1030—2019）的编制思路、主要内容和重点、难点，相关技术专家对本标准进行了详细解读。

1．纳入排污许可管理的方便食品、食品和饲料添加剂制造工业排污单位包括哪些类型？

按照《国民经济行业分类》（GB/T 4754—2017），纳入排污许可管理的方便食品制造（C143）包括米、面制品制造（C1431）、速冻食品制造（C1432）、方便面制造（C1433）、其他方便食品制造（C1439）；食品及饲料添加剂制造则对应于《国民经济行业分类》（GB/T 4754—2017）的 C1495。

2．冷冻水产品制造、方便汤料生产、用作食品及饲料添加剂的无机盐制造等排污单位申请排污许可证是否适用于本标准？

以下排污单位的生产尽管与方便食品、食品及饲料添加剂制造相似或存在交叉，但其排污许可证申请与核发不适用于本标准：①冷冻水产品（国民经济代码 C1361）适用《排污许可证申请与核发技术规范　农副食品加工工业——水产品加工工业》；②方便汤料生产（C1469），味精（C1461）、酵母（C1469）、柠檬酸（C1469）和赖氨酸（C1469）生产适用《排污许可证申请与核发技术规范　食品制造工业——调味品、发酵制品制造工业》（HJ 1030.2—2019）；③淀粉及淀粉制品生产（C1391）适用《排污许可证申请与核发技术规范　农副食品加工工业——淀粉工业》（HJ 860.2—2018）；④香精、香料生产（C2684）适用《排污许可证申请与核发技术规范　日用化学产品制造工业》；⑤用作食品及饲料添加剂的无机盐制造（C2613）适用《排污许可证申请与核发技术规范　无机化学工业》。

3．哪些方便食品、食品及饲料添加剂制造工业单位应实施排污许可重点管理？

根据《固定污染源排污许可分类管理名录（2017 年版）》，纳入 2015 年环境统计的有

提炼工艺的方便食品制造、纳入 2015 年环境统计的食品及饲料添加剂制造工业排污单位（均不含单纯混合分装）应实施重点管理。

4．方便食品、食品及饲料添加剂制造工业排污单位主要排放口和一般排放口如何识别？

方便食品、食品及饲料添加剂制造工业排污单位废气排放口均为一般排放口。

实行重点管理的方便食品、食品及饲料添加剂制造工业排污单位废水总排放口（综合污水处理站排放口）为主要排放口，单独的生活污水直接排放口为一般排放口。实行简化管理的方便食品、食品及饲料添加剂制造工业排污单位废水总排放口、单独的生活污水直接排放口均为一般排放口。

5．方便食品、食品及饲料添加剂制造工业排污单位废水主要排放口和一般排放口分别许可哪些主要内容？

实行重点管理的方便食品、食品及饲料添加剂制造工业排污单位废水主要排放口规定许可排放浓度和排放量；一般排放口仅规定许可排放浓度，不规定许可排放量。实行简化管理的排污单位废水排放口仅规定许可排放浓度，不规定许可排放量。单独排入公共污水处理系统的生活污水不规定许可排放浓度和排放量。

方便食品制造工业排污单位许可排放浓度的水污染控制项目有 pH、化学需氧量、氨氮、悬浮物、五日生化需氧量、磷酸盐（总磷）和动植物油。食品及饲料添加剂制造工业排污单位许可排放浓度的水污染控制项目有 pH、化学需氧量、氨氮、悬浮物、五日生化需氧量、磷酸盐（总磷）、挥发酚、苯胺类、硝基苯、石油类、总铜和甲苯等，其中挥发酚和苯胺类应根据环评及其批复文件以及生产原料、工艺等确定，石油类、总铜和甲苯仅适用于糖精制造排污单位。

实行重点管理的方便食品、食品及饲料添加剂制造工业排污单位应明确废水化学需氧量、氨氮的年许可排放量，可以明确受纳水体环境质量年均值超标且列入排污许可管控污染物的年许可排放量。地方生态环境主管部门有更严格规定的，从其规定。

6．方便食品、食品及饲料添加剂制造工业排污单位废气许可哪些内容？

由于方便食品、食品及饲料添加剂制造工业排污单位的废气排放口均为一般排放口，因此，有组织废气的排放口和厂界无组织废气排放仅规定许可排放浓度（速率），不规定许可排放量。

方便食品制造工业排污单位许可排放浓度的大气污染控制项目有颗粒物、油烟、氨和臭气浓度；食品及饲料添加剂制造工业排污单位许可排放浓度的大气污染控制项目有颗粒物、烟气黑度、非甲烷总烃、甲苯、甲醇、二氧化硫、氯气、氨和臭气浓度，其中甲苯、甲醇、二氧化硫和氯气仅适用于糖精制造排污单位。

7. 方便食品、食品及饲料添加剂制造工业排污单位废气无组织排放控制要求有哪些？

方便食品、食品及饲料添加剂制造工业排污单位具有的无组织排放控制环节，应满足以下无组织排放控制要求：①加强装卸料、输运设备的密封或密闭，或者收集送除尘装置处理后排放。②调粉、和面等设备和食品及饲料添加剂制造工业排污单位的去壳、破碎、配料混合等设备，应加强密封或密闭，或者收集送除尘装置处理后排放。③和面车间应加强通风，在车间安装排风扇。④包装机应加强密闭，或者包装废气颗粒物在满足生产要求的前提下回用到生产前端，或者收集送除尘装置处理后排放。⑤应采用自动控制的硫黄燃烧炉，或者收集处理其废气后排放。⑥存储设备（罐区）应加强密封或密闭、加强检测，或者收集废气经处理后排放。⑦对制冷系统（以氨为制冷剂时）和液氨储罐，应定期加强密封检查和检测，并及时更换老化阀门和管道，加强液氨储罐装载过程中的气体检测。⑧应对厂内综合污水处理站产生恶臭气体的区域加罩或加盖，或者投放除臭剂，或者收集恶臭气体到除臭装置处理后经排气筒排放。

8. 实施重点管理的方便食品、食品及饲料添加剂制造工业排污单位应开展哪些项目的自动监测？

无论实行重点管理还是简化管理，方便食品、食品及饲料添加剂制造工业排污单位废气有组织排放和无组织排放的最低自行监测频次均为 1 次/半年。

9. 方便食品、食品及饲料添加剂制造工业排污单位废气有组织排放和无组织排放的最低自行监测频次是多少？

无论实行重点管理还是简化管理，方便食品、食品及饲料添加剂制造工业排污单位废气有组织排放和无组织排放的最低自行监测频次均为 1 次/半年。

10. 实行重点管理的方便食品、食品及饲料添加剂制造工业排污单位环境管理台账应记录哪些内容？记录频次有什么要求？

实行重点管理的方便食品、食品及饲料添加剂制造工业排污单位台账记录内容包括排污单位基本信息、生产设施运行管理信息、污染防治设施运行管理信息、监测记录信息及其他环境管理信息等，记录频次原则上对于未发生变化的基本信息，按年记录，1 次/年；对于发生变化的基本信息，在发生变化时记录 1 次；其余信息一般每日或每批次记录 1 次，非正常情况按次记录，采用电子台账和纸质台账两种记录形式同步管理。

11. 实行简化管理的方便食品、食品及饲料添加剂制造工业排污单位环境管理台账应记录哪些内容？记录频次有哪些要求？

实行简化管理的方便食品、食品及饲料添加剂制造工业排污单位，环境台账主要记录基本信息和生产及污染治理设施运行管理信息，原则上应反映排污单位生产运营及污染防治状况。记录频次可按月记录废气无组织污染防治措施管理信息，除此之外，其他记录频次按照重点管理的相关要求执行。

12．方便食品、食品及饲料添加剂制造工业排污单位应提交哪些执行报告？

实施重点管理的方便食品、食品及饲料添加剂制造工业排污单位应提交年度执行报告和季度执行报告，实行简化管理的排污单位应提交年度执行报告。地方生态环境主管部门根据环境管理需求，可要求排污单位上报季度/月度执行报告，并在排污许可证中明确。

13．方便食品、食品及饲料添加剂制造工业排污单位废水和废气污染物排放浓度达标应符合什么条件？

方便食品、食品及饲料添加剂制造工业排污单位各废水排放口污染物的排放浓度达标是指任一有效日均值（除 pH 外）均满足许可排放浓度要求。无组织排放的厂界臭气浓度达标是指“任一次测定均值满足许可限值要求”。无组织排放的厂界其他污染物和有组织废气排放浓度均是指“任一小时浓度均值均满足许可排放浓度要求”。

电子工业排污许可申请与核发十五问

2019-08-07

为帮助大家更好地了解《排污许可证申请与核发技术规范　电子工业》（HJ 1031—2019）的编制思路、主要内容和重点、难点，相关技术专家对本标准进行了详细解读。

1．纳入排污许可管理的电子工业排污单位包括哪些类型？

纳入排污许可管理的电子工业排污单位包括《国民经济行业分类》（GB/T 4754—2017）中的计算机制造（C391）、电子器件制造（C397）、电子元件及电子专用材料制造（C398）、其他电子设备制造（C399）等排污单位。

2．有电镀工序的电子工业排污单位申请排污许可证适用哪个标准？

有电镀工序的电子工业排污单位申请排污许可证适用《排污许可证申请与核发技术规范　电子工业》。

3．《电子工业污染物排放标准》发布实施前，电子工业排污单位废气、废水污染控制项目按照哪个排放标准来确定？

《电子工业污染物排放标准》发布实施前，电子工业排污单位废气污染物按照《大气污染物综合排放标准》(GB 16297)确定，废水污染物按照《污水综合排放标准》(GB 8978)确定，地方有更严格要求的，从其规定。

4．哪些电子工业排污单位应实施排污许可重点管理？

按照即将发布的《固定污染源排污许可分类管理名录（2019 年版）》，纳入重点排污单位的电子工业排污单位应实施重点管理。

5．实施重点管理的电子工业排污单位主要排放口如何识别？

电子工业排污单位主要废气排放口包括实施重点管理的计算机制造或者其他电子设备制造排污单位的喷漆生产线有机废气排放口，实施重点管理的集成电路制造排污单位的有机废气排放口，实施重点管理的显示器件制造排污单位的有机废气排放口。

电子工业排污单位主要废水排放口包括实施重点管理的排污单位车间或者生产设施排放口和废水总排口。

6．实施重点管理的电子工业排污单位废气主要排放口许可哪些主要内容？

实施重点管理的电子工业排污单位废气主要排放口许可污染物排放浓度，原则上不许可排放量。地方生态环境主管部门有许可要求的，从其规定。

7．实施重点管理的电子工业排污单位废水主要排放口许可哪些主要内容？

实施重点管理的电子工业排污单位废水主要排放口许可污染物排放浓度和排放量。

重点管理排污单位的废水总排口应申请化学需氧量、氨氮的年许可排放量，车间或者生产设施排放口应申请六价铬、总铬、总镍、总镉、总银、总砷、总铅的年许可排放量；半导体液晶面板制造（有表面涂装工序的）的排污单位，其废水总排口还许可总磷的年许可排放量。位于《“十三五”生态环境保护规划》及生态环境部正式发布的文件中规定的总磷、总氮总量控制区域内的电子工业排污单位，还要求许可总磷及总氮年许可排放量。生态环境主管部门另有规定的，从其规定。

8．电子工业排污单位许可排放限值包括哪些？许可排放量包括哪些？

电子工业排污单位许可排放限值包括许可排放浓度限值和许可排放量限值，许可排放量包括年许可排放量和特殊时段许可排放量。

原则上废气排放口和无组织排放废气不许可排放量，仅许可排放浓度。主要排放口的废水许可排放浓度和排放量，一般排放口仅许可排放浓度。单独排入市政污水处理厂的生活污水仅说明排放去向，不许可排放浓度和排放量。

9．实施重点管理的电子工业排污单位应提交哪些执行报告？

实施重点管理的电子工业排污单位应提交年度执行报告和季度执行报告。地方生态环境主管部门根据环境管理需求，可要求排污单位提交月度执行报告，并在排污许可证中明确。

10．电子工业排污单位有组织排放口废气污染物排放浓度达标应符合哪些条件？

电子工业排污单位有组织排放口废气污染物排放浓度达标应符合任一小时浓度均值满足许可排放浓度要求。

11．电子工业排污单位废气排放浓度合规判定方法有哪些？

电子工业排污单位废气排放浓度合规判定方法包括执法监测和排污单位自行监测，排污单位自行监测包括自动监测和手工监测。

12．实施重点管理的电子工业排污单位应开展哪些项目的自动监测？

纳入重点管理的计算机制造或者其他电子设备制造排污单位的喷漆生产线的有机废气排放口、集成电路制造排污单位和显示器件制造排污单位的有机废气排放口，应对挥发性有机物实行自动监测；纳入重点管理的生产废水总排口，应对化学需氧量、氨氮实行自动监测。

13．实施重点管理的电子工业排污单位环境管理台账应记录哪些内容？保管期限多久？

实施重点管理的电子工业排污单位台账记录内容包括排污单位基本信息、生产设施运行管理信息、污染防治设施运行管理信息、监测记录信息及其他环境管理信息等，记录频次原则上每月记录 1 次，排污单位基本信息按年记录，非正常工况按照工况期记录，台账记录纸质和电子件保存年限原则上不低于 3 年。

14．实施简化管理的电子工业排污单位的环境管理台账应记录哪些内容？保管期限为多久？

实施简化管理的电子工业排污单位台账记录内容包括污染治理设施运行管理信息、监测记录信息，记录频次原则上每季度记录 1 次，非正常工况按照工况期记录，台账记录纸质和电子件保存年限原则上不低于 3 年。

15．纳入简化管理的电子工业排污单位废气有组织排放和无组织排放的最低自行监测频次是多少？

实施简化管理的电子工业排污单位废气有组织排放和无组织排放的最低自行监测频次为 1 次/年。

人造板工业排污许可申请与核发十五问

2019-08-21

为帮助大家更好地了解《排污许可证申请与核发技术规范　人造板工业》（HJ 1032—2019）的编制思路、主要内容和重点、难点，相关技术专家对本标准进行了详细解读。

1．本标准主要规定了哪些内容，适用于什么范围？

本标准规定了人造板工业排污单位排污许可证申请与核发的基本情况填报要求、许可排放限值确定、实际排放量核算、合规判定的技术方法以及自行监测、环境管理台账与排污许可证执行报告等环境管理要求，提出了人造板工业污染防治可行技术要求。本标准适用于人造板工业排污单位填报《排污许可证申请表》及在全国排污许可证管理信息平台填报相关申请信息，同时适用于指导核发机关审核确定人造板工业的排污许可证许可要求。

2．重点管理、简化管理和登记管理排污单位是如何确定的？

人造板工业排污单位的排污许可管理类别应依据即将发布的《固定污染源排污许可分类管理名录（2019 年版）》确定。

3．本标准执行的主要污染物排放标准有哪些？

废气执行《大气污染物综合排放标准》（GB 16297），废水执行《污水综合排放标准》（GB 8978）。待《人造板工业污染物排放标准》发布实施后，从其规定。地方有更严格排放标准要求的，从其规定。

4．排污单位基本情况填报有哪些要求？

排污单位基本情况包括排污许可执行情况及排污单位基本信息，排污单位应按照标准要求，在排污许可证管理信息平台申报系统填报《排污许可证申请表》中的相应信息表。填报系统下拉菜单中未包括的、地方生态环境主管部门有规定需要填报或排污单位认为需要填报的，可自行增加内容。设区的市级以上地方生态环境主管部门可以根据环境保护地方性法规，增加需要在排污许可证中载明的内容，并填入排污许可证管理信息平台系统中“有核发权的地方生态环境主管部门增加的管理内容”一栏。

5．排污单位填报图件有哪些要求？

排污单位填报图件应包括生产工艺流程图（包括全厂及各工序）、厂区总平面布置图、雨水和污水管网平面布置图。生产工艺流程图应包括主要生产设施（设备）、主要原辅材料及燃料的流向、生产工艺流程等内容。厂区总平面布置图应包括主要生产单元、厂房、设备位置关系，注明厂区运输路线等内容。雨水和污水管网布置图应包括厂区雨水和污水集输管线走向、排放口位置及排放去向等内容。

6．废气的主要排放口和一般排放口如何确定？

重点管理排污单位的纤维板、刨花板生产干燥废气排放口纳入主要排放口管理。纳入简化管理排污单位的排放口均为一般排放口。

热压废气不采用焚烧方式的，纳入有组织排放一般排放口管理；铺装、砂光、锯切、分选等其他工段风送除尘系统若为负压输送，废气排放口纳入一般排放口管理，若为正压输送，纳入无组织排放管理。胶合板及其他人造板生产干燥、压机、锯切和砂光工段的废气排放口纳入一般排放口管理。

7．废气排放管控的污染因子以及许可内容是什么？

废气排放管控因子主要包括甲醛、VOCs、颗粒物、氮氧化物。主要排放口既许可排放浓度，又许可排放量；一般排放口仅许可排放浓度。

8．废水排放管控的污染因子以及许可内容是什么？

废水排放管控因子主要包括 pH、色度、悬浮物、化学需氧量、五日生化需氧量、氨氮、总氮、总磷、甲醛。废水排放口仅许可排放浓度。

9．排污单位年许可排放量和实际排放量如何确定？

人造板工业排污单位中主要排放口许可排放量依据许可排放物浓度限值、基准排气量、主要产品产能、年运行时间等计算。

废气实际排放量核算方法主要有实测法（包括采用连续在线监测数据核算、采用手工采样监测数据核算）、产排污系数法等。针对不同的企业类型，现有企业优先采用实测法，其次选用产排污系数法。

10．对排污单位自行监测的监测机构有何要求？

排污单位应当开展自行监测工作，并安排专人专职对监测数据进行记录、整理、统计和分析。排污单位对监测结果的真实性、准确性、完整性负责。手工监测时生产负荷应不低于本次监测与上一次监测周期内的平均生产负荷。

11．排污单位自行监测方案主要包括哪些内容？

排污单位自行监测污染源和污染物应包括排放标准、环境影响评价文件及其审批意见和其他环境管理要求中涉及的各项废气、废水污染源和污染物。排污单位应当开展自行监测的污染源包括有组织废气、无组织废气、生产废水等全部污染源，污染源的监测点位、主要监测指标、最低监测频次按本标准表 11、表 12、表 13 的要求执行。

12．环境管理台账记录有哪些基本要求？

环境管理台账记录内容可参考本标准附录 B，主要包括排污单位基本信息、主要生产设施运行参数（应记录主要生产设施，如热磨机、刨片机、干燥机、铺装机、热压机、砂光机等；产品产量；主要原辅料，特别是含有毒有害成分的胶黏剂、添加剂等）、燃料信息参数（如燃煤、生物质燃料等）、废气污染治理设施运行参数（如湿法静电除尘设施、活性炭吸附、旋风分离设施等）、废水污染治理设施运行参数（如混凝沉淀设施、厌氧处理设施、好氧处理设施等）、固体废物产生及处置运行管理信息等。

有核发权的地方生态环境主管部门可以依据法律法规、标准规范合理调整台账记录要求，排污单位可以根据生产实际情况记录环境管理台账。环境管理台账应按照电子化储存和纸质储存两种形式同步管理。

13．排污许可证执行报告编制有哪些基本要求？

排污许可证执行报告可参考本标准附录 D 和附录 E 编写，即包括排污单位基本信息（应包括胶黏剂、添加剂种类及用量，主要产品及产量、能源消耗量等）、污染防治设施正常情况汇总表、废气和废水污染物排放浓度监测数据、非正常工况废气和废水污染物排放浓度监测数据、废气和废水污染物实际排放量报表等。

14．如果排污单位采用的污染防治技术不在本标准附录的可行技术参考表中怎么办？

对于不在本标准可行技术参考表中的污染防治技术，排污单位应当在申请时提供相关证明材料（如提供已有监测数据；对于国内外首次采用的污染治理技术，还应当提供中试数据等说明材料），证明可达到与污染防治可行技术相当的处理能力。

15．非正常工况主要有哪些常见情况？

非正常工况包括设备检修、设备维护、备件更换等造成热能中心启停机等情况。

工业固体废物和危险废物治理排污许可申请与核发十五问

2019-09-03

为帮助大家更好地了解《排污许可证申请与核发技术规范　工业固体废物和危险废物治理》（HJ 1033—2019）的编制思路、主要内容和重点、难点，相关技术专家对本标准进行了详细解读。

1．本标准的适用范围是什么？

本标准适用于开展一般工业固体废物贮存、处置及危险废物贮存、利用、处置经营性活动的排污单位，主要包括国民经济类别“N772 环境治理业”中“7723 固体废物治理”和“7724 危险废物治理”行业类别。

工业固体废物和危险废物治理排污单位中：

①执行《危险废物焚烧污染控制标准》（GB 18484）的焚烧处置设施或排放口，适用《排污许可证申请与核发技术规范　危险废物焚烧》（HJ 1038）；

②执行《水泥窑协同处置固体废物污染控制标准》（GB 30485）的生产设施或排放口，适用《排污许可证申请与核发技术规范　水泥工业》（HJ 847）；

③执行《生活垃圾焚烧污染控制标准》（GB 18485）的一般工业固体废物焚烧处置设施或排放口，适用《排污许可证申请与核发技术规范　生活垃圾焚烧》（HJ 1039）；

④执行《无机化学工业污染物排放标准》（GB 31573）及其他无机化学工业专项排放标准的生产设施或排放口，适用《排污许可证申请与核发技术规范　无机化学工业》（HJ 1035）；

⑤执行《合成树脂工业污染物排放标准》（GB 31572）的生产设施或排放口，适用《排污许可证申请与核发技术规范　石化工业》（HJ 853）；

⑥执行《锅炉大气污染物排放标准》（GB 13271）的生产设施或排放口，适用《排污许可证申请与核发技术规范　锅炉》（HJ 953）；

⑦废矿物油加工适用《排污许可证申请与核发技术规范　废弃资源加工工业》（HJ 1034）；

⑧标准未作规定但排放工业废水、废气或者国家规定的有毒有害污染物的工业固体废物和危险废物治理排污单位的其他生产设施和排放口，参照《排污许可证申请与核发技术规范　总则》（HJ 942）执行。

从工业固体废物和危险废物中提炼金属的排污单位，属于黑色金属冶炼和压延加工业或有色金属冶炼和压延加工业，不适用本标准。

2．企业自行配套建设的固体废物/危险废物处置设施如何领证？

固体废物/危险废物产生单位自建固体废物/危险废物利用处置设施的，其主行业技术规范明确规定固体废物相关内容的，按照行业技术规范要求执行，不要求根据本标准申领许可证。

3．实施排污许可重点管理的排污单位有哪些？

根据即将发布的《固定污染源排污许可分类管理名录（2019 年版）》，纳入本标准适用范围的经营性的危险废物贮存、利用、处理、处置（不含焚烧发电），经营性的一般工业固体废物贮存、处置（不含焚烧发电），均实施重点管理。

4．如何识别主要排放口？

工业固体废物和危险废物治理排污单位中，采用熔融技术、热脱附技术处置危险废物的废气排放口，以及铬渣干法解毒对应的废气排放口为主要排放口，许可主要污染物的年许可排放量和特殊时段许可排放量。

工业固体废物和危险废物治理排污单位废水排放口均为一般排放口。

5．许可排放浓度限值执行的标准如何确定？

排污许可证是针对具体排放口按执行的排放标准许可排放浓度。本标准分别给出了一般工业固体废物贮存、处置，危险废物（不含医疗废物）利用，危险废物（不含医疗废物）处置，医疗废物处置排污单位的废气、废水执行标准。对于因有适用的具体行业标准等而不适用所列出标准的，可参考项目环境影响评价文件及批复确定污染因子应执行的标准。地方有更严格要求的，从其规定。

6．如何确定废气、废水污染物控制因子？

工业固体废物和危险废物治理排污单位因处理的废物成分和性质不确定，本标准仅写明需控制的常规指标，其他污染控制因子根据环境影响评价文件及其审批、审核意见等相关环境管理规定以及固体废物特性，从执行的排放标准中选取。

7．总量控制文件包括哪些内容和形式？

总量控制指标文件具体形式包括地方政府或环境保护主管部门发文确定的排污单位总量控制指标、环评批复时的总量控制指标（取得的总量指标函，而非环评及环评批复文件）、现有排污许可证中载明的总量控制指标、通过排污权有偿使用和交易确定的总量控制指标等地方政府或生态环境主管部门与排污许可证申领企业以一定形式确认的总量控制指标。

8．自行监测频次的确定原则是什么？

各工艺单元执行的排放标准和污染控制标准中有明确规定的污染物控制项目及监测频次的，根据标准要求确定最低监测频次；标准中无明确要求的，根据《排污单位自行监测技术指南　总则》（HJ 819—2017）确定。排污单位应按照本标准要求制定自行监测方案。对于2015年1月1日（含）后取得环境影响评价审批、审核意见的排污单位，还应按照环境影响报告文件及其审批、审核意见完善自行监测要求。有核发权的地方生态环境主管部门可根据环境质量改善需求，增加排污单位自行监测管理要求。

9．哪些污染物项目需安装自动监测？

废气方面：熔融废气排放口、热脱附废气排放口需要安装自动监测，监测项目包括烟尘（颗粒物）、一氧化碳、二氧化硫、氮氧化物和氯化氢；铬渣干法解毒单元的破碎、筛分、烘干、输送、进料、球磨废气排放口需要安装自动监测，监测项目包括颗粒物、铬及其化合物。

废水方面：医疗废物处置排污单位的废水总排口需要安装自动监测，监测废水流量。

10．企业同时有自动监测和日常监测数据的，如何计算年度污染物排放量？

核算时段内的污染物实际排放量首先采用实测法核算。排污许可证中要求采用自动监测的污染物，应采用符合监测规范的有效自动监测数据核算污染物实际排放量。未要求采用自动监测的排放口或污染物，按照优先顺序依次选取有效的自动监测数据、手工监测数据进行核算。要求采用自动监测的排放口或污染物而未采用的，或未按照相关规范文件等要求进行手工监测（无有效监测数据）的，采用产污系数法核算污染物实际排放量。若同一时段的手工监测数据与执法监测数据不一致，以执法监测数据为准。

11．台账记录有哪些要求？

环境管理台账记录的主要目的是规范排污单位环境管理，真实反映排污单位日常生产运营状况及污染治理情况，是排污单位证明其按照排污许可证要求进行环境管理和污染物排放的主要依据。本标准针对基本信息、接收固体废物信息、生产设施运行管理信息、污染防治设施运行管理信息、监测记录信息及其他环境管理信息等分别规定了记录内容，未作出格式要求。

12．排污单位提交执行报告有哪些要求？

工业固体废物和危险废物治理排污单位均实施重点管理，应提交年度执行报告和季度执行报告。地方生态环境主管部门根据环境管理要求，可要求排污单位提交月度执行报告，并在排污许可证中明确。

13．限期治理未完成的企业如何发放排污许可证？

在排污许可证中需要提出限期整改的要求和时限，在发放排污许可证后直至整改完成前，整改内容涉及的工艺和设备须停产整改。

14．非甲烷总烃给出的废气治理可行技术为“吸附+燃烧/催化氧化等”，仅采用吸附或催化氧化是否算可行技术？

根据《重点行业挥发性有机物综合治理方案》（环大气〔2019〕53 号），活性炭吸附适用于低浓度、大风量废气，低温等离子、光催化、光氧化技术主要适用于恶臭异味气体治理，对于挥发性有机物治理属于低效技术。对于危险废物暂存仓库等高浓度有机废气，宜采用“吸附+燃烧/催化氧化”等多种技术的组合工艺。

15．排污单位基本信息填报有哪些图件要求？

排污单位需要提供生产工艺流程图、废水处理工艺流程图、厂区总平面布置图、雨水和污水管网平面布置图。Ⅱ类一般工业固体废物贮存、处置场和危险废物填埋场还应提供地下水监测井布置图（标明井深参数）、防渗层结构图，排污许可证有效期内需进行封场或已经封场的排污单位应提供封场结构图，该类图件仅在申报时上传供核发机关审核，最终不在排污许可证副本中生成。

废弃资源加工工业排污许可申请与核发十五问

2019-09-05

为帮助大家更好地了解《排污许可证申请与核发技术规范　废弃资源加工工业》（HJ 1034—2019）的编制思路、主要内容和重点、难点，相关技术专家对本标准进行了详细解读。

1．纳入排污许可管理的废弃资源加工工业排污单位包括哪些类型？

主要包括以废弃电器电子产品、废电池、废汽车、废电机、废五金、废塑料、废矿物油、废船、废轮胎（含废橡胶）及其他废弃资源为原料加工获取金属或非金属材料的排污单位。其中，其他废弃资源的加工方式仅限于清洗、破碎、分选等物理加工方式。

其他利用废弃资源生产相关产品的排污单位，适用相应行业的排污许可证申请与核发技术规范。例如，再生铜、再生铝、再生铅（包含废铅蓄电池）、再生锌排污单位，适用《排污许可证申请与核发技术规范　有色金属工业——再生金属》（HJ 863.4）；废纸加工工业排污单位，适用《造纸行业排污许可证申请与核发技术规范》；废弃资源加工制造建筑材料排污单位，适用《排污许可证申请与核发技术规范　陶瓷砖瓦工业》（HJ 954）、《排污许可证申请与核发技术规范　水泥工业》（HJ 847）。

本标准不适用于固体废物和危险废物处置设施排放的大气污染物、水污染物的排污许可管理。本标准未作出规定但排放大气污染物、水污染物或国家规定的有毒有害污染物的废弃资源加工工业排污单位其他产污设施或排放口，参照《排污许可证申请与核发技术规范　总则》（HJ 942）执行。

2．废弃资源加工工业排污单位的锅炉排放口适用哪些技术规范？

在废弃资源加工工业排污单位中，执行《锅炉大气污染物排放标准》（GB 13271）的产污设施或排放口，适用《排污许可证申请与核发技术规范　锅炉》（HJ 953）。

3．废弃资源加工工业排污单位废气、废水污染控制项目按照哪个排放标准来确定？

在废弃资源加工工业排污单位中，废电池热解大气污染物按照《工业炉窑大气污染物排放标准》（GB 9078）、《大气污染物综合排放标准》（GB 16297）确定；废电机热解大气污染物按照《危险废物焚烧污染控制标准》（GB 18484）确定；废轮胎热裂解大气污染物按照《石油化学工业污染物排放标准》（GB 31571）确定；恶臭污染物按照《恶臭污染物排放标准》（GB 14554）确定；其他大气污染物按照《大气污染物综合排放标准》（GB 16297）确定。废弃资源加工工业排污单位废水污染物按照《污水综合排放标准》（GB 8978）确定。地方有更严格排放标准要求的，按照地方排放标准从严确定。

4．哪些废弃资源加工工业排污单位应实施排污许可重点管理？

按照即将发布的《固定污染源排污许可分类管理名录（2019 年版）》纳入重点排污单位的废弃资源加工工业排污单位应实施重点管理。

5．实施重点管理的废弃资源加工工业排污单位主要排放口如何识别？

纳入《固定污染源排污许可分类管理名录》重点管理的废轮胎生产再生橡胶工艺中解交联、捏炼、精炼环节或常压连续再生环节的废气处理设施排放口以及废轮胎热裂解工艺中热裂解及加热装置废气处理设施排放口为主要排放口，其他为一般排放口。

纳入《固定污染源排污许可分类管理名录》重点管理的排污单位的废水总排口、车间或生产设施排放口为主要排放口，其他为一般排放口。

6．实施重点管理的废弃资源加工工业排污单位废气主要排放口许可哪些主要内容？

主要许可主要排放口排放的污染物排放浓度（速率）和主要污染物的排放量。

废轮胎生产再生橡胶工艺中解交联、捏炼、精炼环节或常压连续再生环节的废气处理设施排放口需要许可颗粒物、甲苯、二甲苯、非甲烷总烃、硫化氢的排放浓度（速率），同时还要许可颗粒物、非甲烷总烃的排放量；废轮胎热裂解工艺中热裂解及加热装置废气处理设施排放口需要许可颗粒物、二氧化硫、氮氧化物、甲苯、二甲苯、非甲烷总烃、二噁英、硫化氢的排放浓度（速率），同时许可颗粒物、非甲烷总烃、二氧化硫、氮氧化物的排放量。

7．实施重点管理的废弃资源加工工业排污单位废水主要排放口许可哪些主要内容？

主要许可主要排放口排放的污染物排放浓度和主要污染物的排放量。

废电池加工排污单位萃取车间废水处理设施排放口主要许可总铜、总锰、总镍、总钴、总锌的排放浓度，同时许可总镍的排放量；废水总排放口主要许可化学需氧量、悬浮物、氨氮、总铜、总锰、总钴、总锌、氟化物、五日生化需氧量、总磷排放浓度，同时许可化学需氧量、氨氮的排放量。

实施重点管理的废塑料加工工业排污单位的废水总排放口主要许可悬浮物、化学需氧量、石油类、氨氮、五日生化需氧量、总磷排放浓度，同时许可化学需氧量、氨氮的排放量。

8．废弃资源加工工业排污单位许可排放限值包括哪些？

废弃资源加工工业排污单位许可排放限值包括许可排放浓度限值和许可排放量限值，许可排放量包括年许可排放量和特殊时段许可排放量。

主要排放口的废气许可排放浓度和排放量，一般排放口和无组织排放废气不许可排放量，仅许可排放浓度。主要排放口的废水许可排放浓度和排放量，一般排放口仅许可排放浓度。单独排入市政污水处理厂的生活污水仅说明排放去向，不许可排放浓度和排放量。

9．实施重点管理的废弃资源加工工业排污单位应开展哪些项目的自动监测？

废轮胎解交联、捏炼、精炼、常压连续再生排放口的颗粒物应安装自动监测设备；废轮胎热裂解排放口的颗粒物、氮氧化物、二氧化硫应安装自动监测设备。鼓励其他排放口及污染物采用自动监测设备监测，无法开展自动监测的，应采用手工监测。

废电池、废塑料加工工业排污单位生产废水总排放口应安装流量、pH、化学需氧量、氨氮自动监测设备。鼓励其他废水排放口及污染物采用自动监测设备监测，无法开展自动监测的，应采用手工监测。

10．实施重点管理的废弃资源加工工业排污单位环境管理台账记录哪些内容？记录采取何种保存形式？

实行重点管理的废弃资源加工工业排污单位台账记录内容包括排污单位基本信息、生产设施运行管理信息、污染防治设施运行管理信息、监测记录信息及其他环境管理信息等，排污单位基本信息按年记录，其他信息一般按日或批次记录，非正常工况按照工况期记录。

环境管理台账应当按照电子台账和纸质台账两种记录形式同步管理。

11．实施简化管理的废弃资源加工工业排污单位的环境管理台账应记录哪些内容？

主要记录基本信息和生产及污染防治设施运行管理信息。实行简化管理的排污单位可按月记录废气无组织污染防治措施管理信息，除此之外，其他信息记录频次和重点管理单位一样。

12．实施重点管理的废弃资源加工工业排污单位应提交哪些执行报告？

实施重点管理的废弃资源加工工业排污单位应提交年度执行报告和季度执行报告。地方生态环境主管部门根据环境管理需求，可要求排污单位提交月度执行报告，并在排污许可证中明确。

13．实施简化管理的废弃资源加工工业排污单位提交哪些执行报告应报告？

实行简化管理的废弃资源加工工业排污单位应提交年度执行报告，主要包括排污单位基本情况、污染防治设施运行情况、自行监测执行情况、环境管理台账执行情况、实际排放情况及合规判定分析、结论等内容。

14．废弃资源加工工业排污单位废气排放浓度合规判定方法有哪些？

废弃资源加工工业排污单位废气排放浓度合规判定方法包括执法监测和排污单位自行监测，排污单位自行监测包括自动监测和手工监测。

15．废弃资源加工工业排污单位有组织排放口废气污染物排放浓度达标应符合哪些条件？

废弃资源加工工业排污单位有组织排放口废气污染物排放浓度达标应符合任一小时浓度均值满足许可排放浓度要求。

无机化学工业排污许可申请与核发十七问

2019-09-10

为帮助大家更好地了解《排污许可证申请与核发技术规范　无机化学工业》（HJ 1035—2019）的编制思路、主要内容和重点、难点，相关技术专家对本标准进行了详细解读。

1．纳入排污许可管理的无机化学工业排污单位包括哪些类型？

《国民经济行业分类》（GB/T 4754—2017）中无机酸制造 2611、无机碱制造 2612、无机盐制造 2613 及其他基础化学原料制造 2619 中无机化学工业产品制造。

2．冶炼企业的烟气制硫酸、石化企业的克劳斯工艺制硫黄是否适用《排污许可证申请核发技术规范　无机化学工业》？

硫酸、硫黄分别属于《国民经济行业分类》（GB/T 4754—2017）中无机酸和其他基础化学原料中的无机化工产品，但本标准中以上述物质作为副产品的其他化工生产排污单位排放的大气污染物、水污染物的排污许可管理不适用本标准，执行相应行业的排污许可证申请与核发技术规范。即冶炼企业烟气制酸执行有色行业排污许可证申请与核发技术规范、石化企业克劳斯制硫黄执行石化行业排污许可证申请与核发技术规范。

3．还存在哪些产品属于无机化学工业产品但不执行无机化学工业行业排污许可证申请与核发技术规范？

生产生物氢气、一般气体（电解制氢气除外）、稀有气体、液态空气及压缩空气等无机化学工业排污单位排放的大气污染物、水污染物的排污许可管理不执行本标准，而是参照《排污许可证申请与核发技术规范　总则》（HJ 942）执行。此外，湿法磷酸已纳入磷肥工业排污许可证申请与核发技术规范内，无机化工行业仅包括热法磷酸生产。

4．哪些无机化学工业排污单位应实施排污许可重点管理？

按照即将发布的《固定污染源排污许可分类管理名录（2019 年版）》，纳入重点排污单位的无机化学工业排污单位应实施重点管理。

5．无机化工行业产品品种众多，本标准中仅针对硫酸、硝酸、磷酸、烧碱（盐酸）、纯碱、无机盐的部分产品、黄磷等给出明确生产工序及产污环节，其他无机化工产品生产的排污单位该如何申请排污许可证呢？

由于无机化工产品众多，单无机盐制造业就涉及约 22 个系列 1 500 种产品，本标准无法一一列出各产品生产工序、产污环节等具体信息，因此筛选了无机化工行业中产品产量大、产污环节代表性强或已发布行业污染物排放标准的工业行业。对于其他无机化工行业，本技术规范根据无机化工行业生产特点，将其生产过程划分为原料预处理/制备、反应单元、粗品分离、产品精制、干燥包装、公用单元等 6 个通用生产单元，各生产单元中列出了常用生产工序，排污单位需根据其生产工序、生产设施按照通用生产单元进行填报，对通用生产单元中未包括的生产工序或设施，排污单位可根据实际生产情况自行填报。

6．无机化学工业排污单位涉及生产设施较多，在申请排污许可证时是否所有的生产设施均需填报？

对无机化学工业排污单位生产设施填报也分为必填项和选填项。其中表征生产能力的设施（如原料预处理/制备单元的破碎机或磨机、反应单元各类反应炉、粗品分离单元的各类萃取或过滤设备、干燥包装单元的包装机等），产生或排放工艺废水、废气的生产设施，煤气发生炉，火炬等均为必须申报的生产设施，其他生产设施可选择性填报。

7．生产设施的设施参数该如何填报？

生产设施的设施参数也分为选填项和必填项，主反应器（釜、塔等）等的规格或处理量、数量，原料库贮存能力，辅助生产系统的处理（贮存）能力为必填项，其他为选填项。

8．无机化学工业排污单位申报排污许可证时需要填报哪些污染物？

无机化学工业排污单位在申报污染物种类时，应依据所执行的国家或地方污染物排放标准确定污染物种类，有行业污染物排放标准的按标准确定污染物种类。排放其他有毒有害污染物的，也应如实填报。

9．无机化学工业行业种类众多，如何确定各类生产企业的废气主要排放口？

本标准明确了硫酸、硝酸、磷酸、烧碱（盐酸）、纯碱、无机盐的部分产品、黄磷等行业主要排放口，上述行业确定主要排放口的原则为：一是反应单元主要生产设施产生的工艺废气对应的排放口为主要排放口；二是涉及工业炉窑的废气排放口为主要排放口。其他无机化学工业产品生产过程涉及工业炉窑的废气排放口也均为主要排放口。

10．无机化学工业行业许可排放量的污染物项目有哪些？

废气许可排放量的污染因子包括颗粒物、二氧化硫、氮氧化物，铬盐行业对铬及其化合物许可排放量，实行重金属污染总量控制的区域，还应明确重金属污染物许可排放量。

废水许可排放量的污染因子包括化学需氧量、氨氮，硝酸行业还需许可总氮，无机磷化学行业还需许可总磷，铬盐行业车间排放口对总铬及六价铬许可排放总量。实行总磷、总氮总量控制的区域，还应明确总磷、总氮许可排放量。

11．哪些无机化学工业行业需要许可废气污染物排放总量？

本标准根据行业特点明确了硫酸、硝酸、磷酸、烧碱（盐酸）、纯碱、无机盐的部分产品、黄磷等行业主要排放口，依据行业特征污染物列出主要排放口及需要许可排放量的污染物项目。对其他行业（位于重金属污染总量控制的区域外的）不需要许可废气污染物排放总量。

12．哪些无机化学工业行业需要许可废水污染物排放量？

本标准对硫酸、硝酸、无机磷化学、含铬重金属无机化合物生产行业许可废水中相应污染物排放总量。此外，实行总磷、总氮总量控制的区域，明确总磷、总氮许可排放量。地方对其他行业中污染物有许可排放量要求的，从其规定。其他行业废水污染物不需要许可排放量。

13．若排污单位未采用本规范列出的废水或废气可行技术，是否可申领排污许可证？

采用本标准中所列的废气或废水可行技术且污染物排放设计出口浓度满足许可排放浓度限值要求，原则上认为符合规定的污染防治设施或污染物处理能力。若未采用本标准所列可行技术，无机化学工业排污单位应当在申请时提供相关证明材料（如提供已有监测数据；对于国内外首次采用的污染治理技术，还应当提供中试数据等说明材料），证明可达到与污染治理可行技术相当的处理能力，则依然可申请排污许可证。

14．无机化学工业排污单位应在哪些方面加强土壤环境管理？

无机化学工业排污单位生产、使用、贮存、运输、回收、处置、排放有毒有害物质的，应当采取有效措施，防止有毒有害物质渗漏、流失、扬散，避免土壤受到污染。对纳入土壤污染重点监管单位名录的企业，还应满足以下土壤污染预防运行管理要求：严格控制有毒有害物质排放，并按年度向生态环境主管部门报告排放情况；建立土壤污染隐患排查制度，保证持续有效防止有毒有害物质渗漏、流失、扬散；制定、实施自行监测方案，并将监测数据报生态环境主管部门。

15．无机化学工业排污单位合规判定中废气排放浓度的确定方法有哪些？

无机化学工业排污单位废气排放浓度合规判定采用小时浓度均值，可根据执法监测和排污单位自行监测确定，排污单位自行监测包括自动监测和手工监测。

16．需要开展总氮、总磷自动监测的排污单位有哪些？

总磷实施总量控制区域及《关于加强固定污染源氮磷污染防治的通知》中规定的总磷排放重点行业，总磷须采取自动监测。

总氮实施总量控制区域及《关于加强固定污染源氮磷污染防治的通知》中规定的总氮排放重点行业，待自动监测技术规范发布后，须采用自动监测。

17．实行简化管理的排污单位环境管理台账需要记录哪些内容？

实行简化管理的排污单位环境管理台账内容可适当缩减，至少记录污染治理设施运行管理信息和监测记录信息，记录频次可适当降低。

聚氯乙烯工业排污许可申请与核发十五问

2019-09-11

为帮助大家更好地了解《排污许可证申请与核发技术规范　聚氯乙烯工业》（HJ 1036—2019）的编制思路、主要内容和重点、难点，相关技术专家对本标准进行了详细解读。

1．纳入排污许可管理的聚氯乙烯工业排污单位包括哪些类型？

纳入排污许可管理的聚氯乙烯工业排污单位包括《国民经济行业分类》（GB/T 4754—2017）中的初级形态塑料和合成树脂制造（C2651）中的通用树脂（聚氯乙烯树脂）制造的排污单位，具体包括乙炔法、乙烯法、单体法生产聚氯乙烯、氯乙烯和二氯乙烷的排污单位。

2．聚氯乙烯工业排污单位排污许可重点管理、简化管理的划分为何？

按照即将发布的《固定污染源排污许可分类管理名录（2019 年版）》，聚氯乙烯工业排污单位全部纳入重点排污单位实施重点管理。

3．聚氯乙烯工业排污单位主要排放口如何识别？

聚氯乙烯工业排污单位废气主要排放口包括乙炔法、氯乙烯合成单元的精馏尾气排放口、聚氯乙烯干燥包装单元的干燥废气排放口、乙烯法氯乙烯生产单元的裂解废气排放口、焚烧炉尾气排放口，其他排放口为一般排放口。

聚氯乙烯工业排污单位废水主要排放口包括乙炔法氯乙烯合成单元的车间排放口和废水总排口。

4．聚氯乙烯工业排污单位废气主要排放口许可哪些主要内容？

聚氯乙烯工业排污单位废气主要排放口许可污染物排放浓度，部分污染因子［二氧化硫、氮氧化物、颗粒物、挥发性有机物（以非甲烷总烃计）］许可排放量；一般排放口仅许可污染物排放浓度，原则上不许可排放量。地方生态环境主管部门有许可要求的，从其规定。

5．聚氯乙烯工业排污单位废水主要排放口许可哪些主要内容？

聚氯乙烯工业排污单位废水主要排放口以及氯乙烯合成车间排放口总汞许可污染物排放浓度和排放量。

废水总排口应申请化学需氧量、氨氮的年许可排放量，车间排放口应申请总汞的年许可排放量。位于《“十三五”生态环境保护规划》及生态环境部正式发布的文件中规定的总磷、总氮总量控制区域内的排污单位，还要求许可总磷及总氮年许可排放量。受纳水体环境质量超标且列入 GB 15581 中的其他污染物项目也要求许可年许可排放量；生态环境主管部门另有规定的，从其规定。

6．聚氯乙烯工业排污单位许可排放限值包括哪些？许可排放量包括哪些？

聚氯乙烯工业排污单位许可排放限值包括许可排放浓度限值和许可排放量限值，许可排放量包括年许可排放量和特殊时段许可排放量。

原则上废水和废气的一般排放口以及无组织的废气不许可排放量，仅许可排放浓度；主要排放口许可排放浓度和排放量。单独排入市政污水处理厂的生活污水仅说明排放去向，不许可排放浓度和排放量。

7．聚氯乙烯工业排污单位许可排放量如何确定？

按照技术规范规定的许可排放量核算方法和依法分解落实到排污单位的重点污染物排放总量控制指标，从严确定许可排放量。其中：总量控制指标包括地方政府或生态环境主管部门发文确定的排污单位总量控制指标、环境影响评价文件批复中确定的总量控制指标、现有排污许可证中载明的总量控制指标、通过排污权有偿使用和交易确定的总量控制指标等地方政府或生态环境主管部门与排污许可证申领排污单位以一定形式确认的总量控制指标。

8．聚氯乙烯工业排污单位应开展哪些项目的自动监测？

聚氯乙烯工业排污单位中废气主要排放口的二氧化硫、氮氧化物应安装自动监测装置。鼓励其他排放口及污染物采用自动监测装置监测。无法开展自动监测的，应采用手工监测。

聚氯乙烯工业排污单位生产废水总排放口应安装流量、pH、化学需氧量、氨氮自动监测装置。鼓励其他排放口及污染物采用自动监测装置监测。无法开展自动监测的，应采用手工监测。

9．聚氯乙烯工业排污单位环境管理台账记录哪些内容？保管期限为多久？

聚氯乙烯工业排污单位台账记录内容包括排污单位基本信息、生产设施运行管理信息、污染防治设施运行管理信息、监测记录信息及其他环境管理信息等，记录频次原则上每班次记录 1 次，排污单位基本信息按年记录，非正常工况按照工况期记录，台账记录纸质和电子件保存年限原则上不低于 3 年。

10．聚氯乙烯工业排污单位应提交哪些执行报告？

聚氯乙烯工业排污单位应提交年度执行报告和季度执行报告。地方生态环境主管部门根据环境管理需求，可要求排污单位提交月度执行报告，并在排污许可证中明确。

11．聚氯乙烯工业排污单位执行报告上报频次如何规定？

聚氯乙烯工业排污单位应至少每年上报一次排污许可证年度执行报告，各类执行报告均于下一周期首月 15 日前提交至排污许可证发证机关。

对于持证时间超过 3 个月的年度，报告周期为当年全年（自然年）；对于持证时间不足 3 个月的年度，当年可不提交年度执行报告，排污许可证执行情况纳入下一年度执行报告。

12．聚氯乙烯工业排污单位合规判定包括哪些内容？

合规是指聚氯乙烯工业排污单位许可事项和环境管理要求符合排污许可证规定。许可事项合规是指排污单位排放口位置和数量、排放方式、排放去向、排放污染物种类、排放限值符合排污许可证规定。其中，排放限值合规是指聚氯乙烯工业排污单位污染物实际排放浓度和排放量满足许可排放限值要求；环境管理要求合规是指聚氯乙烯工业排污单位按排污许可证规定落实自行监测、台账记录、执行报告、信息公开等环境管理要求。

13．聚氯乙烯工业排污单位废气排放浓度合规判定方法有哪些？

聚氯乙烯工业排污单位废气排放浓度合规判定方法包括执法监测和排污单位自行监测，排污单位自行监测包括自动监测和手工监测。

14．聚氯乙烯工业排污单位废气主要排放口排放量合规判定方法为何？

排污单位有组织排放源主要排放口的大气污染物年实际排放量之和不超过主要排放口污染物年许可排放量之和，即视为合规。

有特殊时段许可排放量要求的，特殊时段实际排放量不得超过特殊时段许可排放量。

15．聚氯乙烯工业排污单位废水主要排放口排放量合规判定方法为何？

废水主要排放口污染物年实际排放量之和不超过相应污染物的年许可排放量，即视为合规。

危险废物焚烧排污许可申请与核发十五问

2019-09-07

为帮助大家更好地了解《排污许可证申请与核发技术规范 危险废物焚烧》(HJ 1038—2019)的编制思路、主要内容和重点、难点，相关技术专家对本标准进行了详细解读。

1．本标准的适用范围是什么，企业自建危废焚烧处置设施是否适用本标准？

本标准适用于指导和规范危险废物（含医疗废物）焚烧排污单位在全国排污许可证管理信息平台填报相关申请信息，适用于指导核发机关审核确定排污单位排污许可证许可要求。

本标准适用于危险废物集中焚烧处置单位（即焚化燃烧危险废物使之分解并无害化的危险废物处置单位）。企业自建危险废物焚烧处置设施且其适用的主行业排污许可证申请与核发技术规范未作相关规定的可参照本标准执行。例如，《排污许可证申请与核发技术规范 石化工业》对自建危险废物焚烧处置设施作出了规定，则执行石化工业技术规范相关要求，而《排污许可证申请与核发技术规范 家具制造工业》未作相关规定，若家具企业自建危险废物焚烧处置设施应执行本标准相关要求。

2．若一家排污单位既有焚烧又有填埋等处置设施该如何填报？

对于既有焚烧又有填埋等其他危险废物处置设施的排污单位，非共用的设施按照各自执行的技术规范进行填报。若存在共用的设施，如分析化验室等，全国排污许可证管理信息平台中可选择在其中一项主要工程中填报，其污染物种类和相关要求按从严原则确定，在满足本标准要求的同时，还应满足相应处置工艺适用的排污许可证申请与核发技术规范要求。

3．危险废物焚烧排污单位如何选择行业类别？

填报行业类别时，危险废物焚烧排污单位应选择“生态保护和环境治理业（N77）”“环境治理业（N772）”中的“7724 危险废物治理”类别。

4．危险废物焚烧排污单位哪些设施需要进行编号？

排污单位的生产设施、环保设施和排放口均需进行编号，生产设施和环保设施可填报排污单位现有内部编号，若排污单位无内部编号，则根据 HJ 608 进行编号并填报。排放口编号应填报地方生态环境主管部门现有编号，若无现有编号，则根据 HJ 608 进行编号并填报。

5．排污单位填报图件有哪些要求？

排污单位填报图件应包括生产工艺流程图和厂区总平面布置图。生产工艺流程图应至少包括主要生产设施（设备）、主要燃辅料的流向、生产工艺流程、产排污环节等内容。厂区总平面布置图应至少包括主体设施、公辅设施、环保设施等内容，同时注明废气主要排放口、一般排放口和无组织排放的生产单元，厂区雨水和污水排水管线走向，雨水和污水排放口位置及排放去向等内容。

6．排污单位主要排放口和一般排放口如何界定？其实施的排污许可管理要求主要差别是什么？

按照排污许可管理要求，排污单位有组织废气和废水排放口分为主要排放口和一般排放口，对于主要排放口设置许可排放浓度（速率）和许可排放量“双管控”要求，对于一般排放口仅设置许可排放浓度（速率）要求。

对于危险废物焚烧排污单位，其主要排放口仅为焚烧烟气排气筒，其余有组织废气和全部废水排放口均为一般排放口，即只有焚烧烟气排气筒排放的主要废气要设置许可排放浓度和许可排放量要求，其他废气和废水的排放口均仅设置许可排放浓度要求，不设置许可排放量要求。

7．废气排放管控的污染因子以及许可内容是什么？

主要排放口（焚烧烟气排气筒）依据《危险废物焚烧污染控制标准》（GB 18484）确定污染物种类和许可排放浓度，包括该标准规定控制的所有污染物；其他有组织废气排放口和无组织废气按照《大气污染物综合排放标准》（GB 16297）、《恶臭污染物排放标准》（GB 14554）等对本标准表 2 所列的污染物种类确定许可排放浓度；地方污染物排放执行标准有更严格要求的，按照地方标准增加相应污染物种类或从严许可排放浓度限值。

8．废水排放管控的污染因子以及许可内容是什么？

排污单位水污染物按照《污水综合排放标准》（GB 8978）等对本标准表 3 所列的污染物种类确定许可排放浓度；地方污染物排放执行标准有更严格要求的，按照地方标准增加相应污染物种类或从严许可排放浓度限值。

9．挥发性有机物许可排放浓度限值按照什么标准确定？

鉴于目前尚无适用于危险废物焚烧行业挥发性有机物的行业排放标准或综合排放标准，因此本标准规定以《大气污染物综合排放标准》（GB 16297）中非甲烷总烃为挥发性有机物的综合控制指标，待生态环境主管部门发布或修订挥发性有机物排放执行的相关标准后从其规定。

10．主要排放口（焚烧烟气排气筒）排放的哪些因子需要设置许可排放量？

针对国家主要废气控制因子的烟尘（颗粒物）、二氧化硫和氮氧化物设置许可排放量，排污单位许可排放量为各有组织主要排放口年许可排放量之和。排污单位承诺的排放量严于本标准要求的，在排污许可证中载明。

11．主要排放口（焚烧烟气排气筒）许可排放量如何确定？

依据本标准规定的许可排放量核算方法和依法分解落实到排污单位的重点污染物排放总量控制指标，从严确定许可排放量。2015 年 1 月 1 日（含）以后取得环境影响评价审批意见的排污单位，许可排放量还应同时满足环境影响评价文件及审批意见确定的要求，即“三者取严”。本标准规定的许可排放量核算方法见第 5.2.3 条。

12．未采用本标准推荐的污染防治可行技术，是否影响发证？

对于未采用本标准推荐的污染防治可行技术的危险废物焚烧排污单位，提供相关证明材料（如已有污染物排放监测数据；对于国内外首次采用的污染防治技术，还应当提供中试数据等说明材料），能够证明可达到与污染防治可行技术相当的处理能力的，不影响发证。

13．自行监测要求中，自行监测因子如何确定？

本标准列出了应开展自行监测的主要污染因子的最低监测频次，其他监测因子按照 HJ 819 以及相关污染物排放标准和污染控制标准要求进行填报，危险废物焚烧相关自行监测技术指南正在编制，待发布后从其规定。

14．在什么情形下采用产污系数法核算污染物实际排放量？

对于排污许可证中要求采用自动监测的排放口或污染物而未采用的，采用产污系数法核算实际排放量；自动监测数据季度有效捕集率不到 75%的，自动监测数据不能作为核算实际排放量的依据，实际排放量按照“要求采用自动监测的排放口或污染物项目而未采用”的相关规定进行核算；排污单位自动监测数据缺失或数据异常等情况是排污单位责任的，采用产污系数法核算污染物实际排放量。

15．产排污系数法的系数如何取得？

大气污染物的产污系数按照全国污染源普查成果相关数据核算；水污染物的产污系数优先按照全国污染源普查成果相关数据核算，其次按照批复的环境影响评价文件中废水污染物年产生量和设计年焚烧处置能力进行折算。

生活垃圾焚烧排污许可申请与核发十五问

2019-10-30

为帮助大家更好地了解《排污许可证申请与核发技术规范　生活垃圾焚烧》（HJ 1039—2019）的编制思路、主要内容和重点、难点，相关技术专家对本标准进行了详细解读。

1．本标准的适用范围是什么？

本标准适用于指导和规范生活垃圾焚烧排污单位（指以焚烧方式集中处理生活垃圾、生活污水处理设施产生的污泥、一般工业固体废物的焚烧厂或焚烧发电厂），在全国排污许可证管理信息平台填报相关申请信息，适用于指导核发机关审核确定生活垃圾焚烧排污单位排污许可证许可要求。

2．生活垃圾焚烧排污单位如何选择行业分类？

本标准所适用的排污单位，对应《国民经济行业分类》（GB/T 4754—2017）中的三个类别：一是生活垃圾、生活污水处理设施产生的污泥焚烧发电企业填报“电力、热力生产和供应业（D44）”“电力生产（D441）”中的“4417 生物质能发电”类别，为区别农林生物质行业，许可平台填报时需选择 4417-1；二是一般工业固体废物焚烧及焚烧发电企业填报“生态保护和环境治理业（N77）”“环境治理业（N772）”中的“7723 固体废物治理”类别，许可平台填报时选择 7723-1；三是生活垃圾、生活污水处理设施产生的污泥焚烧（仅焚烧，不发电）企业填报“公共设施管理业（N78）”中的“782 环境卫生管理”类别，许可平台填报时选择 782-1。若一家企业焚烧燃料类型既有生活垃圾又掺烧一般工业固体废物，则按照主要焚烧燃料类型填报。

表 1　本标准所涉行业类别

燃料类型	焚烧发电	焚烧（不发电）
生活垃圾	行业类别 4417	行业类别 782
污泥	行业类别 4417	行业类别 782
一般工业固体废物	行业类别 7723	

3．若一家企业既有焚烧又有填埋等处置设施，应如何填报？

对于既有焚烧又有填埋等其他处置设施的排污单位，行业类别可填两个（分别为行业类别和其他行业类别），对于有焚烧发电的企业原则上将焚烧发电行业类别作为主行业类别填报。

对于两种及以上的处置设施，非共用的设施（如焚烧、填埋等）按照各自执行的规范进行填报。若存在共用的设施（如渗滤液处理站等），可在全国排污许可证管理信息平台选择在一个主要工程中填报，其污染物种类按从严原则确定，在满足本标准要求的同时，还应满足相应处置工艺适用的排污许可证申请与核发技术规范要求。

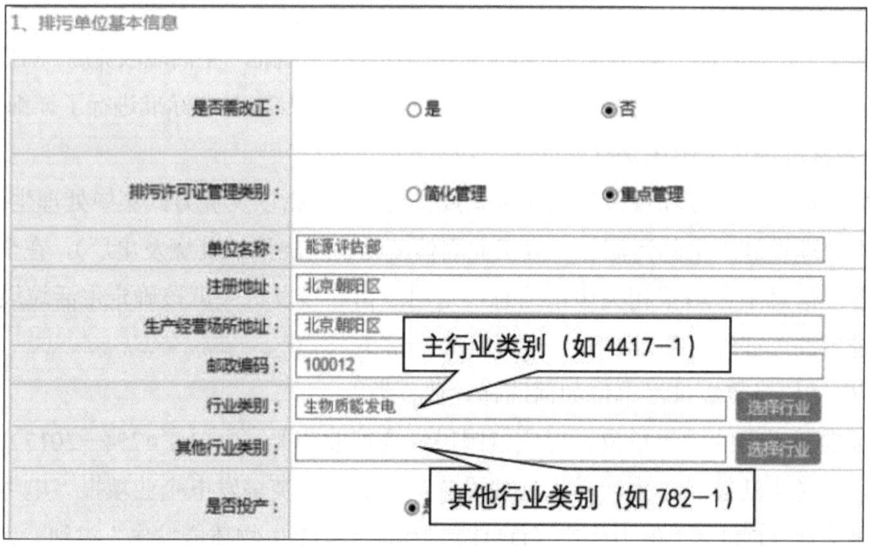

图 1　填报界面

4．生活垃圾焚烧排污单位哪些设施需要进行编号？

排污单位的生产设施、环保设施和排放口均需进行编号，生产设施和环保设施可填报排污单位现有内部编号，若排污单位无内部编号，则根据 HJ 608 进行编号并填报。排放口编号应填报地方生态环境主管部门现有编号，若无现有编号，可填报企业内部编号或者根据 HJ 608 进行编号填报。

5．排污单位填报图件有哪些要求？

排污单位填报图件应包括生产工艺流程图和厂区总平面布置图。生产工艺流程图应至少包括主要生产设施（设备）、主要燃辅料的流向、生产工艺流程、产排污环节等内容。厂区总平面布置图应至少包括主体设施、公辅设施、环保设施等内容，同时注明废气主要排放口、一般排放口和无组织排放的生产单元；厂区雨水和污水排水管线走向；雨水和污水排放口位置及排放去向等内容。

6. 排污单位主要排放口和一般排放口如何界定？实施的排污许可管理要求主要差别是什么？

按照排污许可管理要求，排污单位有组织废气和废水排放口分为主要排放口和一般排放口，对于主要排放口设置许可排放浓度限值和许可排放量“双管控”要求，对于一般排放口仅设置许可排放浓度限值要求。

对于生活垃圾焚烧排污单位，其主要排放口仅为焚烧烟气排气筒，其余有组织废气和全部废水排放口均为一般排放口，即只有焚烧烟气排气筒排放的主要废气要设置许可排放浓度和许可排放量要求，其他废气和废水排放口原则上仅设置许可排放浓度要求，不设置许可排放量要求。

7. 废气、废水排放管控的污染因子以及许可内容是什么？

主要排放口（焚烧烟气排气筒）依据《生活垃圾焚烧污染控制标准》（GB 18485）确定污染物种类和许可排放浓度，包括该标准规定控制的所有污染物；其他有组织废气排放口和无组织废气按照《大气污染物综合排放标准》（GB 16297）、《恶臭污染物排放标准》（GB 14554）等对本标准表 2 所列的污染物种类确定许可排放浓度；排污单位水污染物按照《生活垃圾焚烧污染控制标准》（GB 18485）、《生活垃圾填埋场污染控制标准》（GB 16889）、《污水综合排放标准》（GB 8978）等对本标准表 3 所列的污染物种类确定许可排放浓度。

地方污染物排放执行标准有更严格要求的，按照地方标准增加相应污染物种类，并从严许可排放浓度限值。地方环境管理要求或企业自行加严排放要求，可在许可证中载明。

8. 生产设施中的预处理车间指什么？

对于生活垃圾焚烧排污单位生产设施名称不尽统一，本标准中的预处理车间单指对生活垃圾（污泥、一般工业固体废物）等燃料物质入炉前的筛分、脱水等预处理。

9. 主要排放口（焚烧烟气排气筒）排放的哪些因子需要设置许可排放量？许可排放量的确定原则是什么？

针对国家主要废气控制因子的颗粒物、二氧化硫和氮氧化物设置许可排放量，排污单位许可排放量为各有组织主要排放口年许可排放量之和。

依据本标准规定的许可排放量核算方法和依法分解落实到排污单位的重点污染物排放总量控制指标，从严确定许可排放量。2015 年 1 月 1 日（含）以后取得环境影响评价审批意见的排污单位，许可排放量还应同时满足环境影响评价文件及审批意见确定的要求，即“三者取严”。本标准规定的许可排放量核算方法见 5.2.3 条。排污单位承诺的排放量严于本标准要求的，在排污许可证中载明。

10．未采用本标准推荐的污染防治可行技术，是否影响发证？

对于排污单位采用本标准所列污染防治可行技术的，或者新建、改建、扩建建设项目排污单位采用环境影响评价审批意见要求的污染治理技术的，有核发权的地方生态环境主管部门可以认为排污单位采用的污染防治设施或者措施有能力达到许可排放浓度要求。本标准附录 A 给出了废气、废水污染防治可行技术参考表。对于未采用的，排污单位提供相关证明材料（如已有污染物排放监测数据；对于国内外首次采用的污染防治技术，还应当提供中试数据等说明材料），能够证明可达到与污染防治可行技术相当的处理能力的，不影响发证。

11．废气自行监测要求中，监测因子和监测频次如何确定？

本标准按照《生活垃圾焚烧污染控制标准》（GB 18485）列出了应开展自行监测的主要污染因子的最低监测频次，主要包括废气颗粒物、氮氧化物（以 NO_2 计）、二氧化硫、氯化氢、一氧化碳，应实施在线监测；重金属 1 次/月；二噁英类 1 次/年。其中，考虑到二噁英类为生活垃圾焚烧排污单位重要的污染因子，从加强污染管控和企业自证清白的角度，本标准鼓励排污单位按照 1 次/半年的频次开展自行监测。其他排放口、监测因子按照 HJ 819 以及相关污染物排放标准和污染控制标准要求进行填报。

待生活垃圾焚烧相关自行监测技术指南发布后，从其规定。

12．在什么情形下采用产污系数法核算污染物实际排放量？

对于排污许可证中要求采用自动监测的排放口或污染物而未采用的，采用产污系数法核算实际排放量；自动监测数据季度有效捕集率不到 75%的，自动监测数据不能作为核算实际排放量的依据，实际排放量按照“要求采用自动监测的排放口或污染物项目而未采用”的相关规定进行核算；排污单位自动监测数据缺失或数据异常等情况是排污单位责任的，采用产污系数法核算污染物实际排放量。

13．废气污染物达标判定如何执行？

废气污染物达标判定方法按照《生活垃圾焚烧污染控制标准》（GB 18485）中达标考核要求执行。待生活垃圾焚烧发电企业自动监测数据相关管理办法发布后，从其规定。

14．非正常情况主要有哪些？

非正常情况包括生产设施非正常工况（如焚烧炉烘炉、启停炉、设备检修、焖炉压火等）及污染防治（控制）设施非正常状况（如故障等引起的达不到应有治理效果或同步运转率）。

15．对于北方地区生活垃圾焚烧排污单位用于供暖的工业锅炉如何填报？

生活垃圾焚烧排污单位中执行《锅炉大气污染物排放标准》（GB 13271）的生产设施和排放口，适用《排污许可证申请与核发技术规范　锅炉》（HJ 953）。分别在许可平台中“其他行业类别”“生产设施”等信息中按照 HJ 953 要求补充填报。

煤炭加工——合成气和液体燃料生产排污许可申请与核发十五问

2020-03-16

为帮助大家更好地了解《排污许可证申请与核发技术规范　煤炭加工——合成气和液体燃料生产》（HJ 1101—2020）的编制思路、主要内容和重点、难点，相关技术专家对本标准进行了详细解读。

1．本标准的适用范围是什么？

本标准适用于煤制合成气生产（C2522）和煤制液体燃料生产（C2523）行业的排污单位。

煤制合成气生产是指以煤或焦炭为原料，以氧气（空气、富氧或纯氧）、水蒸气等为气化剂，在高温条件下通过化学反应把煤或焦炭中的可燃部分转化为气体过程，其有效成分包括一氧化碳、氢气和甲烷等，该合成气用于工业生产或作为化工生产的原料。这些排污单位既包括煤制天然气等现代煤化工企业，也包括采用常压煤气化工艺生产合成气的企业。不包括：列入4513（煤气生产和供应业）的用于燃气供应的煤制合成气；列入相关制造业中的采用非煤制合成工艺生产的一氧化碳、氢气、甲烷等。

煤制液体燃料生产指通过化学加工过程把固体煤炭转化成液体燃料、化工原料和产品活动的排污单位，如煤制甲醇、煤制二甲醚、煤制乙二醇、煤制油、煤制烯烃等。这些排污单位既包括煤制气、煤制油等现代煤化工企业，也包括采用常压煤气化工艺的生产企业。不包括：列入相关制造业中的采用非煤制合成工艺生产各种燃料的；列入其他原油制造（2519）以煤焦油为原料加氢精制和转化的活动。

若排污单位中有执行《合成树脂工业污染物排放标准》（GB 31572）的生产单元，适用《排污许可证申请与核发技术规范　石化工业》（HJ 853）。排污单位中自备热电站执行《火电行业排污许可证申请与核发技术规范》或《排污许可证申请与核发技术规范　锅炉》（HJ 953）。

2．本标准中未作出规定但排放工业废水、废气或国家规定的有毒有害大气污染物的产污设施和排放口在申领排污许可证时应如何填报？

本标准未作出规定但排放工业废水、废气或国家规定的有毒有害大气污染物的排污单位其他产污设施和排放口，参照《排污许可证申请与核发技术规范　总则》（HJ 942）执行。

3．排污单位如何选择行业类别？

填报行业类别时，煤制合成气生产排污单位应选择“煤炭加工（C252）”“煤制合成气生产（C2522）”类别；煤制液体燃料生产排污单位应选择“煤炭加工（C252）”“煤制液体燃料生产（C2523）”类别。

4．哪些设施需要进行编号？

排污单位的生产设施、环保设施和排放口均需进行编号，生产设施和污染治理设施可填报排污单位现有内部编号，若排污单位无内部编号，则根据《排污单位编码规则》（HJ 608）进行编号并填报。排放口编号填报地方生态环境管理部门现有编号，或者由排污单位根据 HJ 608 进行编号并填报。

5．排污单位填报图件有哪些要求？

排污单位填报图件应包括厂区总平面布置图、全厂雨水和污水管线走向图和生产工艺总流程图。厂区总平面布置图应标明主要生产装置、公用设施等名称和位置，有组织废气排放源和废水排放口位置。全厂雨水和污水管线走向图应给出厂区雨水、污水集输管线走向及排放去向等。生产工艺总流程图应给出全厂总物料加工流程图，图中应标明主要生产装置名称、主要物料走向等。地方生态环境主管部门另有规定或排污单位认为有必要的，可给出生产装置工艺流程图，并标明物料走向和产排污环节（设备位号、排放位置和去向）。

6．排污单位主要排放口和一般排放口如何界定？在排污许可管理中有何差别化要求？

按照排污许可管理要求，排放口分为主要排放口、一般排放口和其他排放口。本行业中硫回收尾气排放口、吹风气余热回收系统或“三废”混燃系统废气排放口、粉煤加压气化备煤干燥废气排放口、部分工艺加热炉烟气排放口等为主要排放口，原料煤储运系统废气排风口、酸性气洗涤装置排放口等为一般排放口。主要排放口许可排放浓度（速率）和排放量。一般排放口仅许可排放浓度（速率）。其他排放口不设置许可要求，仅需填报排放口相关信息。

7．废气排放管控的污染物项目和许可排放浓度如何确定？

废气中污染物项目及许可排放浓度依据 GB 16297、GB 14554、GB 18484、GB 37822 等确定。待本行业污染物排放标准发布后，从其规定。国家、地方管理文件或环境影响评价批复文件中对排污单位废气排放浓度限值有明确要求的，从严确定。地方污染物排放标准有更严格要求的，从其规定。

8．废水排放管控的污染物项目和许可排放浓度如何确定？

废水中污染物项目及许可排放浓度依据 GB 8978 确定。待行业污染物排放标准发布后，从其规定。国家、地方管理文件或环境影响评价批复文件中对排污单位废水排放浓度限值有明确要求的，从严确定。地方污染物排放标准有更严格要求的，从其规定。

9．挥发性有机物如何管控？

本标准未对挥发性有机物排放量进行许可，但排污单位应参照环办〔2015〕104 号文所附《石化行业 VOCs 污染源排查工作指南》，对挥发性有机液体贮存与调和、挥发性有机液体装载等环节核算挥发性有机物实际排放量。待新核算方法发布后，从其规定。同时，为加强对挥发性有机物的管控，在运行管理中要求提出工艺过程、挥发性有机物物料贮存转移输送、敞开液面、设备与管线组件、废气收集处理系统等涉及的挥发性有机物无组织排放应满足 GB 37822 中相关排放控制要求。

10．废气主要排放口哪些污染物项目需要许可排放量？

14 兆瓦及以上加热炉许可氮氧化物年排放量，硫回收生产单元许可二氧化硫年排放量，其余主要排放口许可颗粒物、二氧化硫、氮氧化物年排放量。许可排放量包括正常工况下年许可排放量和特殊时段许可排放量。

11．废气主要排放口许可排放量如何确定？

年许可排放量分别按照基于许可排放浓度、单位燃料排放绩效两种方法计算，并从严确定。依据本标准规定的许可排放量核算方法和依法分解落实到排污单位的重点污染物排放总量控制指标，从严确定许可排放量。2015 年 1 月 1 日（含）以后取得环境影响评价审批意见的排污单位，许可排放量还应同时满足环境影响评价文件及审批意见确定的要求，即“三者取严”。

12．废水外排的排污单位，其总排口哪些污染因子需许可排放量？根据环评批复或管理要求，废水不外排的排污单位，如何许可排放量？

废水外排的排污单位，废水总排口中化学需氧量、氨氮应明确年许可排放量。

废水不外排的排污单位，不许可废水中污染物排放量，但需要在填报产排污环节时明确各股废水排放去向。对于废水排入蒸发塘的排污单位，进蒸发塘废水需要开展相关监测。

13．未采用本标准推荐的污染防治可行技术，是否影响发证？

不影响发证。对于未采用本标准推荐的污染防治可行技术的，提供相关证明材料，如已有污染物排放监测数据。对于国内外首次采用的污染防治技术，还应当提供中试数据等说明材料，证明可达到与污染防治可行技术相当的处理能力。

14．自行监测要求中，自行监测因子如何确定？

本标准列出了应开展自行监测的主要污染因子的最低监测频次，本标准未规定的其他监测因子指标按照 HJ 819 等标准规范执行。行业自行监测指南发布后，从其规定。

15．排污许可证要求采用自动监测而未采用的，如何计算污染物实际排放量？

排污许可证要求采用自动监测而未采用的污染物，硫回收单元排放的二氧化硫采用物料衡算法核算实际排放量，其他污染物采用产污系数法核算实际排放量，且按产生量进行核算。

化学纤维制造业排污许可申请与核发十五问

2020-03-16

为帮助大家更好地了解《排污许可证申请与核发技术规范　化学纤维制造业》（HJ 1102—2020）的编制思路、主要内容和重点、难点，相关技术专家对本标准进行了详细解读。

1. 本标准适用范围是什么？

本标准适用范围涵盖了《国民经济行业分类》（GB/T 4754—2017）中化学纤维制造业（28）中的纤维素纤维原料及纤维制造（281），281 中包括了化纤浆粕制造（2811）中的棉浆粕制造、纤维素纤维制造（2812），合成纤维（282）中的锦纶纤维制造（2821）、涤纶纤维制造（2822）、腈纶纤维制造（2823）、维纶纤维制造（2824）、氨纶纤维制造（2826）、其他合成纤维制造（2829），以及生物基材料制造（283）中的莱赛尔纤维制造。

2. 循环再利用涤纶制造企业在《国民经济行业分类》（GB/T 4754—2017）中并无明确分类，是否适用本标准？

循环再利用涤纶制造企业适用本标准，循环再利用涤纶纤维排污单位需要按照本标准的要求填报。

3. 醋酯纤维制造中的醋酐生产单元、循环再利用涤纶制造中的原料制造（瓶片、泡料等）单元是否按照本标准填报？

醋酯纤维制造中的醋酐产污设施和排放口适用《排污许可证申请与核发技术规范　石化工业》（HJ 853）；循环再利用涤纶制造中的原料制造（瓶片、泡料等）产污设施和排放口适用《排污许可证申请与核发技术规范　废弃资源加工工业》（HJ 1034）。

4. 化学纤维制造业中哪些行业属于重点管理？哪些属于简化管理？

根据《固定污染源排污许可分类管理名录（2019 年版）》，化纤浆粕制造（2811）、人造纤维（纤维素纤维）制造（2812）、腈纶纤维制造（2821）、涤纶纤维制造（2822）、腈纶纤维制造（2823）、维纶纤维制造（2824）、氨纶纤维制造（2826）、其他合成纤维制造（2829）、生物基化学纤维制造（2831）中莱赛尔纤维制造属于排污许可重点管理，其余为登记管理类别。

5．化学纤维制造业排污单位涉及子行业多，生产设施繁杂，请问是否所有的生产设施都需要填报？

对于化学纤维制造业排污单位，其生产设施填报时分为必填项和选填项。必填项内容包括表征生产装置生产能力的设备、产生和排放工艺废水和工艺废气的生产设备等（详见本标准第4章表1～表12），其余为选填内容。

6．本行业哪些设施需要进行编号？如何编号？

排污单位的生产设施、环保设施和排放口均需进行编号，生产设施和污染治理设施可填报排污单位现有内部编号，若排污单位无内部编号，则根据《排污单位编码规则》（HJ 608）进行编号并填报。排放口编号填报地方生态环境管理部门现有编号，或者由排污单位根据HJ 608进行编号并填报。

7．化学纤维制造业行业种类众多，如何确定各类生产企业的废气主要排放口？

本标准中明确了主要排放口判定原则：一是合成纤维聚合工序产生和排放的含挥发性有机物废气排放口为主要排放口；二是醋酯纤维醋片生产、醋酸回收和丙酮回收单元产生和排放的含挥发性有机物废气排放口为主要排放口，合成纤维中的溶剂回收单元产生和排放的含挥发性有机物废气排放口为主要排放口，棉浆粕中以煤、生物质及油为燃料的热风炉产生和排放的含颗粒物、二氧化硫废气排放口以及所有燃料的热风炉产生和排放的含氮氧化物废气排放口为主要排放口，详见本标准中表13～表22。

8．合成纤维排污单位废水和废气污染物许可浓度如何确定？

合成纤维排污单位中的炼化一体化合成纤维生产单元和具有聚合工序的独立合成纤维排污单位，其大气和水污染物许可浓度按照《石油化学工业污染物排放标准》（GB 31571）、《合成树脂工业污染物排放标准》（GB 31572）确定。仅有纺丝及后处理工序的独立合成纤维企业以及循环再利用涤纶纤维排污单位，其大气和水污染物许可浓度分别按照《大气污染物综合排放标准》（GB 16297）和《污水综合排放标准》（GB 8978）确定，其挥发性有机物还需要满足《挥发性有机物无组织排放控制标准》（GB 37822）。涉及工业炉窑的大气污染物按照《工业炉窑大气污染物排放标准》（GB 9078）确定。地方有更严格的排放标准要求的，从其规定。

9．化学纤维制造业许可排放量的污染物项目都有哪些？

废气许可排放量的污染因子包括颗粒物、二氧化硫、氮氧化物、挥发性有机物，其中，许可颗粒物、二氧化硫和氮氧化物项目的是棉浆粕制造排污单位热风炉排气筒，许可挥发性有机物的包括醋酯纤维的酸排气洗涤塔排放筒，醋酸回收的工艺尾气排放筒，丙酮回收和纺丝的吸附床尾气收集处理系统排放筒，锦纶6聚合装置尾气处理系统排气筒，锦纶66反应器尾气处理系统排气筒，锦纶纤维胶液调配及浸胶、烘干排气筒，涤纶纤维真空系统排气筒，胶液调配及浸胶、烘干排气筒，循环再利用涤纶纤维均化增粘尾气收集处理排气筒，腈纶纤维聚合釜尾气排气筒，储罐排气筒，精馏塔废气排气筒，维纶纤维的醇解尾气吸收塔排气筒，氨纶纤维纺丝甬道尾气收集处理系统排气筒，精馏回收系统尾气处理系统收集处理排气筒，以及其他合成纤维聚合反应尾气排气筒，详见本标准中表 13～表 22。

废水许可排放量污染因子包括化学需氧量、氨氮。同时，对位于《"十三五"生态环境保护规划》及生态环境部发布文件中规定的总氮和总磷控制区域内执行 GB 31571 和 GB 31572 的合成纤维排污单位的总氮和总磷实施年许可排放量管控，此外，地方生态环境主管部门根据需要，可以明确受纳水体环境质量年均值超标且列入许可排放管控的污染物项目的许可排放量，地方生态环境主管部门另有规定的，从其规定。

10．化学纤维制造业哪些行业需要许可废气污染物排放量？

本标准根据行业特点明确了棉浆粕制造，醋酯纤维制造，合成纤维中的锦纶纤维、涤纶纤维、腈纶纤维、维纶纤维、氨纶纤维、其他合成纤维制造等行业主要排放口，依据行业特征污染物列出主要排放口及需要许可排放量的污染物项目。

11．化学纤维制造业哪些行业需要许可废水污染物排放量？

本标准对所有纳入管理范畴的化学纤维制造业的废水总排放口均为主要排放口，对其化学需氧量和氨氮实施许可排放总量控制要求。同时，对位于《"十三五"生态环境保护规划》及生态环境部发布文件中规定的总氮和总磷控制区域内执行 GB 31571 和 GB 31572 的合成纤维排污单位的总氮和总磷实施年许可排放量管控，此外，地方生态环境主管部门根据需要，可以明确受纳水体环境质量年均值超标且列入许可排放管控的污染物项目的许可排放量。

12．若排污单位未采用本规范列出的废水或废气可行技术，是否影响申领排污许可证？

采用本标准中所列的废气或废水可行技术，原则上认为符合规定的污染防治设施或污染物处理能力。若未采用本标准所列可行技术的，化学纤维制造业排污单位应当在申请时提供相关证明材料，如提供已有监测数据；对于国内外首次采用的污染治理技术，还应当提供中试数据等说明材料，证明可达到与污染治理可行技术相当处理能力的依然可申请排污许可证。

13．粘胶纤维排污单位废气均为一般排放口，但原液制备、酸站和纺丝（纺练）排放口硫化氢和二硫化碳排放要求最低监测频次为次/月，有何考虑？涤纶纤维排污单位废水为何监测总锑？合成纤维中的真空煅烧炉排放口为一般排放口，为何挥发性有机物排放最低监测频次为次/月？

（1）一是考虑到粘胶纤维排污单位原液制备、酸站和纺丝（纺练）排放口硫化氢和二硫化碳排放量占全厂排放量的 80%～90%；二是考虑到硫化氢和二硫化碳环境危害性较大，因此虽然为一般排放口，但监测频次要求为次/月。

（2）一是考虑到聚合工序涤纶排污单位使用含锑物质作为催化剂；二是考虑到相应污染物排放标准中并无总锑限值要求，综上，并未将具有聚合工序的涤纶纤维排污单位总锑纳入许可管控，但要求实际监测。

（3）考虑到真空煅烧过程为间歇过程，因此很难实施许可总量控制，但与此同时，其挥发性有机物排放浓度呈现一开始浓度较高，随后断崖式下降的规律，鉴于此，本标准提出其至少每月在煅烧期间 1 小时内开展监测。

14. 排污许可证要求采用自动监测而未采用的污染物，如何计算污染物实际排放量？

本标准对棉浆粕排污单位热风炉排放口提出了自动监测要求，若排污单位应采用自动监测而未采用，棉浆粕排污单位热风炉排放的二氧化硫采用物料衡算法核算实际排放量，其他污染物（颗粒物和氮氧化物）采用产污系数法核算实际排放量，且按产生量进行核算，其产污系数参考《排污许可证申请与核发技术规范　工业窑炉》（HJ 1121）中干燥炉的相应系数。

15. 排污许可证未要求采用自动监测的污染物如何计算污染物实际排放量？

对于行业排污许可证未要求采用自动监测的污染物（挥发性有机物），按照优先顺序依次选取有效的自动监测数据、执法监测数据、手工监测数据和排污系数法核算实际排放量，其中，监测数据均应符合国家环境监测相关标准要求，排污系数参考本标准附录 D1 和附录 D2。

专用化学产品制造工业排污许可申请与核发十五问

2020-03-16

为帮助大家更好地了解《排污许可证申请与核发技术规范　专用化学产品制造工业》（HJ 1103—2020）的编制思路、主要内容和重点、难点，相关技术专家对本标准进行了详细解读。

1．本标准适用范围是什么？

本标准适用以下排污单位许可证申领核发：《国民经济行业分类》（GB/T 4754—2017）中的专用化学产品制造（266）工业，包括化学试剂和助剂制造（2661）、专项化学用品制造（2662）、林产化学产品制造（2663）、文化用信息化学品制造（2664）、医学生产用信息化学品制造（2665）、环境污染处理专用药剂材料制造（2666）、动物胶制造（2667）及其他专用化学产品制造（2669）。

2．本标准使用过程中对于适用范围判断需要注意哪些问题？

专用化学产品制造的产品作为副产品的生产排污单位排放的大气污染物、水污染物的排污许可管理执行相应行业的排污许可证申请与核发技术规范，不适用本标准；林产化学产品中的以林产品为原料的水解酒精制造、水解木糖醇适用本标准；化学试剂及催化剂中涉及无机酸、无机碱、无机盐等原料制造适用《排污许可证申请与核发技术规范　无机化学工业》（HJ 1035）；调制黏合剂企业中涉及合成树脂生产及改性的生产装置适用《排污许可证申请与核发技术规范　石化工业》（HJ 853）；催化剂中陶瓷类载体制造适用《排污许可证申请与技术核发规范　陶瓷砖瓦工业》（HJ 954）。

3．哪些专用化学产品制造工业排污单位应实施排污许可重点管理？

根据《固定污染源排污许可分类管理名录（2019 年版）》，化学试剂和助剂制造 2661、专项化学用品制造 2662、林产化学产品制造 2663（有热解或者水解工艺的）排污单位实施排污许可重点管理，但单纯混合或者分装的除外。

4．本行业内的工业炉窑如何确定和选择适用的标准？

本标准规定了部分专用化学产品排污单位中工业炉窑的设施及排放口，已规定的工业炉窑按本标准执行；未列入本标准“主要行业部分生产设施表”且执行《工业炉窑大气污染物排放标准》（GB 9078）的生产设施或排放口，待工业炉窑排污许可证申请与核发技术规范发布后从其规定，未发布前参照《排污许可证申请与核发技术规范 总则》（HJ 942）执行。

5．专用化学产品制造工业产品品种众多，本标准部分产品系列列出生产工序及产污环节，其他未列出的专用化学产品制造排污单位该如何申请排污许可证？

专用化学产品具有产品种类多、规模大小不一、生产工艺多样且更新速度快等特点，例如，化学试剂和助剂制造（2661）就包括 14 个产品系列上千种产品，本标准无法全部列出各产品生产工序、产污环节等具体信息。因此，本标准筛选了专用化学产品中生产工艺和产排污环节代表性强、污染物排放量相对较大的产品系列，给出明确的生产工序及产污环节。对于其他专用化学产品制造排污单位，本标准根据专用化学产品制造生产特点，将其生产过程划分为原料预处理/制备单元、生产/反应单元、分离精制单元、成品单元、公用单元等五项通用生产单元，各生产单元中列出了常用生产工序，排污单位可根据其生产工序、生产设施按照通用生产单元进行填报，对通用生产单元中未包括的生产工序或设施，排污单位可根据实际生产情况自行填报；对于本标准未列入的其他专用化学产品排污单位可参照类似产品或生产工艺的生产工序填报。

6．专用化学产品制造工业排污单位需填报的生产设施有哪些？

需要填报包括表征生产能力的设施，如原料预处理/制备单元的计量设备，生产/反应单元各类反应釜/罐，分离精制单元各类精馏塔、过滤设备，成品单元的干燥器、包装机等，产生或排放生产废水、废气的生产设施，煤气发生炉、火炬等公用设施。

7．专用化学产品制造排污单位申报排污许可证时需要填报哪些污染物？

专用化学产品制造排污单位在申报污染物种类时，应依据所执行的国家或地方污染物排放标准并结合原辅材料成分、环境影响评价文件及审批意见确定污染物种类，有行业排放标准的按行业污染物排放标准确定污染物种类。排放其他有毒有害污染物的，也应如实填报。

8．专用化学产品制造行业许可排放量的污染物项目都有哪些？

废气许可排放量的污染物包括颗粒物、二氧化硫、氮氧化物。对于氮氧化物许可排放量，实施分类管控：属于京津冀及周边地区、长三角地区、汾渭平原等大气污染防治重点区域或地方有要求的，对工业炉窑氮氧化物许可排放量，无相关要求的可不许可氮氧化物排放量。

废水许可排放量污染因子包括化学需氧量、氨氮。实行总磷、总氮总量控制的区域，可根据地方生态环境部门要求申报总磷、总氮许可排放量。

9．哪些专用化学品制造工业排污单位需要许可废气污染物排放量？

本标准根据行业特点明确了炭黑生产排污单位中油炉或油炉（含尾气处理转化装

置）、木质活性炭生产排污单位中炭化炉（窑）和活化炉、木炭（竹炭）生产排污单位中炭化炉（窑）废气排放口为主要排放口，依据行业特征污染物列出需要许可排放量的污染物项目。其他行业不需要许可废气污染物排放总量。

10．哪些专用化学产品制造工业排污单位需要许可废水污染物排放量？

本标准对工业用脂肪酸、木材水解产品等生产行业许可废水中化学需氧量、氨氮排放总量要求。此外，实行总磷、总氮总量控制的区域，明确总磷、总氮许可排放量。地方对其他污染物有许可排放量要求的，从其规定。其他行业废水污染物不需要许可排放量。

11．若排污单位未采用本标准列出的废水或废气治理可行技术，是否影响申领排污许可证？

采用本标准中所列的废气或废水治理可行技术且污染物排放设计出口浓度满足许可排放浓度限值要求，原则上认为符合规定的污染防治设施或污染物处理能力。若未采用本标准所列可行技术的，专用化学产品制造工业排污单位应当在申请时提供相关证明材料，如提供已有监测数据；对于国内外首次采用的污染治理技术，还应当提供中试数据等说明材料，证明可达到与污染治理可行技术相当的处理能力，依然可申请排污许可证。

12．专用化学产品制造工业排污单位合规性判定中废气排放浓度确定方法有哪些？

专用化学产品制造工业排污单位废气排放浓度合规判定采用小时浓度均值，可根据执法监测和排污单位自行监测确定，排污单位自行监测包括自动监测和手工监测。

13．本标准规定炭黑、木质活性炭、木材热解产品（木炭、竹炭等）生产企业废气许可排放量，这些排污单位在许可排放量计算时须注意什么问题？

排放口污染物年许可排放量依据许可排放浓度限值、排气量和年设计操作时数核定，其对应排放口排气量取近 3 年实际废气排放量的平均值，运行不满 3 年的则从投产之日开始计算，未投入运行的排污单位取设计排气量。由于上述企业的排放口执行的排放标准未规定氮氧化物的排放浓度限值，因此在许可排放量计算时，油炉（含尾气处理转化装置）的氮氧化物浓度取值按照《大气污染物综合排放标准》（GB 16297）执行，京津冀及周边地区、长三角地区、汾渭平原等大气污染防治重点区域工业炉窑的氮氧化物浓度取值可参照《工业炉窑大气污染综合治理方案》（环大气〔2019〕56 号）执行，地方有更严格要求的从其规定。

14．需要开展自动监测的排污单位有哪些？

专用化学产品制造工业中，实施排污许可重点管理的排污单位废气主要排放口污染物项目中颗粒物、二氧化硫、氮氧化物采用自动监测，其他污染物采用手工监测。地方根据规定可相应加密手工监测频次。

专用化学产品制造工业中，实施排污许可重点管理排污单位的废水主要排放口应安装流量、pH、化学需氧量和氨氮自动监测设备，其他污染物至少应采取手工监测；其他行业废水排放口应至少采取手工监测。地方根据规定可相应加密手工监测频次。

相应行业排污单位自行监测技术指南发布后，废水、废气自行监测从其规定。

15．实行简化管理的排污单位环境管理台账需要记录哪些内容？

本标准附录D环境管理台账记录参考表中给出了环境管理台账记录参考表。对实行简化管理的排污单位，应至少记录污染治理设施运行管理信息和监测记录信息，以及对应的主要生产设施运行管理信息。

日用化学产品制造工业排污许可申请与核发十五问

2020-03-16

为帮助大家更好地了解《排污许可证申请与核发技术规范　日用化学产品制造工业》（HJ 1104—2020）的编制思路、主要内容和重点、难点，相关技术专家对本标准进行了详细解读。

1．本标准适用范围是什么？

本标准适用于指导日用化学产品制造工业排污单位在全国排污许可证管理信息平台填报相关申请信息，适用于指导核发机关审核确定日用化学产品制造工业排污单位排污许可证许可要求。

本标准适用于日用化学产品制造工业排污单位排放的水污染物、大气污染物的排污许可管理。日用化学产品制造工业排污单位中，除以油脂为原料的肥皂（含香皂、皂粒、皂粉）制造中含有的脂肪酸、甘油生产适用本标准外，涉及工业用脂肪醇、工业用脂肪酸、工业用脂肪胺、表面活性剂，以及松节油类、松香类、林产油脂等专用化学产品生产的产污设施和排放口，适用《排污许可证申请与核发技术规范　专用化学产品制造工业》（HJ 1103）；执行《锅炉大气污染物排放标准》（GB 13271）的产污设施或排放口，适用《排污许可证申请与核发技术规范　锅炉》（HJ 953）。

2．日用化学产品制造工业排污单位在全国排污许可证管理信息平台申报排污许可证时应如何选择行业类别？

在全国排污许可证管理信息平台上填报基本信息中行业类别时，日用化学产品制造工业排污单位根据实际情况填报“化学原料和化学制品制造业（C26）”“日用化学产品制造业（C268）”中“肥皂及洗涤剂制造（C2681）”“香料、香精制造（C2684）”行业类别。

3．同一企业在同一场所既有日用化学产品制造又有其他行业生产经营的，应如何申领排污许可证？

首先，根据《固定污染源排污许可分类管理名录（2019年版）》（以下简称《名录》）确定应当申请领取排污许可证或填报排污登记表。同一排污单位在同一场所从事《名录》中两个或两个以上行业生产经营的，申请一张排污许可证。应当申领排污许可证的排污单位，在全国排污许可证管理信息平台，根据实际情况选取主行业类别及其他行业类别，日用化学产品制造按照本标准要求申报，其他行业按照相应行业排污许可证申请与核发技术规范执行。本标准未作规定，但排放工业废水、废气或者国家规定的有毒有害污染物的日用化学产品制造工业排污单位其他产污设施和排放口，参照《排污许可证申请与核发技术规范 总则》（HJ 942）执行。实行登记管理的排污单位，不需要申请取得排污许可证，应当在全国排污许可证管理信息平台填报排污登记表，登记基本信息、污染物排放去向、执行的污染物排放标准以及采取的污染防治措施等信息。

4．本标准中所指实行重点管理与简化管理的日用化学产品制造工业排污单位依据什么确定？具体分别指什么类型的排污单位？

本标准所指实行重点管理与简化管理的排污单位依据《固定污染源排污许可分类管理名录》确定，现行有效版本为2019年版。根据《名录》，对肥皂及洗涤剂制造（C2681）中以油脂为原料的肥皂或皂粒制造和香料、香精制造（C2684）中香料制造排污单位（以上均不含单纯混合或者分装的）实行排污许可重点管理；对肥皂及洗涤剂制造（C2681）中采用高塔喷粉工艺的合成洗衣粉制造和香料、香精制造（C2684）中采用热反应工艺的香精制造排污单位实行排污许可简化管理。

5．日用化学产品制造工业排污单位哪些设施需要进行编号，应当如何编号？

排污单位的生产设施、污染治理设施、废水和废气排放口、雨水排放口均须进行编号。生产设施和污染治理设施可填报排污单位现有内部编号，若排污单位无内部编号，则根据《排污单位编码规则》（HJ 608）进行编号并填报。废水和废气排放口编号应填写地方生态环境主管部门现有编号，若无现有编号，可填写排污单位内部编号或根据《排污单位编码规则》（HJ 608）进行编号并填报。雨水排放口编号可填写排污单位内部编号，或采用“YS+三位流水号数字”（如YS001）进行编号并填报。

6．日用化学产品制造工业排污单位主要排放口和一般排放口如何界定？

按照排污许可管理要求，排污单位废水和废气排放口分为主要排放口和一般排放口。

实行重点管理的日用化学产品制造工业排污单位废水总排放口（综合污水处理站排放口）为主要排放口，其他废水排放口均为一般排放口。实行简化管理的日用化学产品制造工业排污单位所有废水排放口为一般排放口。单独排向公共污水处理系统的生活污水仅需说明排放去向。

日用化学产品制造工业排污单位所有废气排放口均为一般排放口。

7．如何判断日用化学产品制造工业排污单位排放口设置是否符合规范化要求？

日用化学产品制造工业排污单位根据《排污口规范化整治技术要求（试行）》（国家环境保护局 环监〔1996〕470号）、地方相关管理要求，以及日用化学产品制造工业排污单位执行的排放标准中有关排放口规范化设置的规定，填报排放口设置是否符合规范化要求。

8. 日用化学产品制造工业排污单位许可排放限值主要包括哪些内容和要求?

日用化学产品制造工业排污单位许可排放限值包括污染物许可排放浓度(速率)和许可排放量。据国家或地方污染物排放标准，按照从严原则确定许可排放浓度(速率)。

依据本标准5.2.3条规定的允许排放量核算方法和依法分解落实到排污单位的重点污染物排放总量控制指标，从严确定许可排放量。2015年1月1日及以后取得环境影响评价文件审批(审核)意见的排污单位，许可排放量还应同时满足环境影响评价文件和审批(审核)意见确定的排放量的要求。

9. 日用化学产品制造工业排污单位不同排放口的排污许可管理要求主要差别是什么?

根据排污许可管理要求，原则上对主要排放口设置许可排放浓度(速率)限值和许可排放量限值“双管控”要求，对一般排放口仅设置许可排放浓度(速率)限值要求。

对于水污染物，实行重点管理的日用化学产品制造工业排污单位废水主要排放口许可排放浓度和排放量；一般排放口仅许可排放浓度，不许可排放量。实行简化管理的排污单位排放水污染物仅许可排放浓度，不许可排放量。单独排入公共污水处理系统的生活污水排放口不许可排放浓度和排放量。

对于大气污染物，排污单位废气一般排放口和厂界无组织排放许可排放浓度(速率)，不许可排放量。

10. 日用化学产品制造工业排污单位废水污染物控制项目、许可排放浓度限值如何确定?

日用化学产品制造工业排污单位废水污染控制项目依据《污水综合排放标准》(GB 8978)确定。地方有更严格排放标准要求的，从其规定。

对于日用化学产品制造工业排污单位废水直接排向环境水体的情况，依据GB 8978中的直接排放限值确定排污单位废水总排放口和生活污水直接排放口的水污染物许可排放浓度。地方有更严格排放标准要求的，从其规定。

对于排污单位废水间接排向环境水体的情况，当废水排入城镇污水集中处理设施时，依据GB 8978的间接排放限值确定排污单位废水总排放口的水污染物许可排放浓度；当废水排入其他污水集中处理设施时，按照排污单位与污水集中处理设施责任单位的协商值确定。地方有更严格排放标准要求的，从其规定。

排污单位在同一个废水排放口排放两种或两种以上工业废水，且每种废水同一种污染物执行的排放控制要求或排放标准不同时，若有废水适用行业水污染物排放标准的，则执行相应水污染物排放标准中关于混合废水排放的规定；行业水污染物排放标准未作规定，或各种废水均适用GB 8978的，则按GB 8978附录A的规定确定许可排放浓度；若无法按GB 8978附录A规定执行的，则按从严原则确定许可排放浓度。

11．未采用本标准推荐的污染防治可行技术，是否影响发证？

本标准所列污染防治可行技术及运行管理要求可作为生态环境主管部门对日用化学产品制造工业排污单位排污许可证申请材料审核的参考。本标准附录 A 给出了废水、废气污染防治可行技术参考表。

对于排污单位采用本标准所列污染防治可行技术的，或者新建、改建、扩建建设项目排污单位采用环境影响评价审批意见要求的污染治理技术的，具有核发权的地方生态环境主管部门可以认为排污单位采用的污染防治设施或者措施有能力达到许可排放浓度要求。

对于未采用本标准所列污染防治可行技术的，排污单位应在申请时提供相关证明材料（如已有污染物排放监测数据；对于国内外首次采用的污染防治技术，应当提供工程试验数据等说明材料），能够证明具备与污染防治可行技术相当的处理能力的，不影响发证。

对于污染物排放实施特别排放限值的，排污单位自行填报可行的污染治理技术及管理要求。待日用化学产品制造工业相关污染防治可行技术指南发布后，从其规定。

12．日用化学产品制造工业排污单位自行监测的具体要求是什么？

日用化学产品制造工业排污单位在申请排污许可证时，应当按照本标准确定的产排污节点、排放口、污染物项目及许可限值等要求，制定自行监测方案，并在全国排污许可证管理信息平台申报。本标准未规定的其他监测指标按照 HJ 819 等标准规范执行。事故等非正常状态下，排污单位应加强对特征污染物排放情况的检测。日用化学产品制造工业排污单位自行监测技术指南发布后，自行监测方案的制定从其要求。

有核发权的地方生态环境主管部门可根据环境质量改善需求，增加排污单位自行监测管理要求。对于 2015 年 1 月 1 日（含）后取得环境影响评价文件审批（审核）意见的排污单位，其环境影响评价文件及审批（审核）意见中有其他自行监测管理要求的，应当同步完善排污单位自行监测管理要求。

13．环境管理台账记录、存储和保存的主要要求有哪些？

日用化学产品制造工业排污单位应建立环境管理台账记录制度，落实环境管理台账记录的责任部门和责任人，明确工作职责，包括台账的记录、整理、维护和管理等。环境管理台账应当按照电子台账和纸质台账两种形式同步管理，保存期限不得少于 3 年。

日用化学产品制造工业排污单位环境管理台账应真实记录排污单位基本信息、生产运行管理信息、污染防治设施运行信息、监测信息及其他环境管理信息等，参照本标准附录 B。实行简化管理的日用化学产品制造工业排污单位，环境管理台账主要记录污染防治设施运行管理信息、监测信息中的主要内容，具体记录内容详见本标准 8.1.2.6 条，记录频次要求详见本标准 8.1.3.6 条。

14．在什么情形下采用产排污系数法核算水污染物实际排放量？

日用化学产品制造工业排污单位的水污染物在核算时段内的实际排放量等于正常情况与非正常情况实际排放量之和。

核算时段内正常情况下的实际排放量首先采用实测法核算，要求采用自动监测而未采用的排放口或污染物，采用产污系数法核算污染物排放量，且按直接排放进行核算。未按照相关规范文件等要求进行手工监测（无有效监测数据）的排放口或污染物，有有效治理设施的按排污系数法核算，无有效治理设施的按产污系数法核算。

如因特殊原因造成污染治理设施未正常运行、超标排放污染物的或偷排偷放污染物的，按产污系数法核算非正常排放期间实际排放量。

15．如何判定日用化学产品制造工业排污单位废水排放口污染物排放浓度是否合规？

日用化学产品制造工业排污单位各废水排放口污染物的排放浓度达标是指任一有效日均值（除 pH 外）均满足许可排放浓度要求。各项水污染物有效日均值采用自动监测、执法监测、排污单位自行开展的手工监测三种方法分类进行确定。排放标准中浓度限值非日均值的污染物，其排放浓度达标是指按相关监测规范要求测定的排放浓度满足许可排放浓度要求。生态环境部发布在线监测数据达标判定方法的，从其规定。若同一时段的执法监测数据与排污单位自行监测数据不一致，以执法监测数据为优先证据使用。

医疗机构排污许可证申请与核发十五问

2020-03-16

为帮助大家更好地了解《排污许可证申请与核发技术规范　医疗机构》（HJ 1105—2020）的编制思路、主要内容和重点、难点，相关技术专家对本标准进行了详细解读。

1．本标准适用范围是什么？社区医疗机构、街道和乡镇卫生院、妇幼保健院以及体检中心等是否纳入本标准适用范围？

本标准适用的医疗机构排污单位指依法定程序设立的从事疾病诊断、治疗活动的综合医院、中医医院、中西医结合医院、民族医院、专科医院和疗养院等，国民经济代码包括综合医院 8411、中医医院 8412、中西医结合医院 8413、民族医院 8414、专科医院 8415 和疗养院 8416 等。社区医疗机构、街道和乡镇卫生院、妇幼保健院以及体检中心等不属于本标准适用范围，其中妇幼保健院指“非医院的妇女及婴幼儿保健活动”，根据《固定污染源排污许可分类管理名录》不纳入排污许可管理。

2．哪些医疗机构应实施排污许可重点管理？

根据《固定污染源排污许可分类管理名录（2019 年版）》，床位 500 张及以上的医疗机构（不含专科医院 8415 中的精神病、康复和运动康复医院以及疗养院 8416）应实施重点管理。实行重点管理的医疗机构排污单位在台账记录和执行报告等方面的管理要求较为严格。

3．医疗机构排污单位申请时需要提交哪些图件？

排污单位在申请排污许可证时，需提交污水处理工艺流程图和院区平面布置图。污水处理流程图应包括工艺名称和处理规模；院区平面布置图应至少包括主体设施、公辅设施，以及危险废物暂存间、污水处理站等环保设施，同时注明院区雨水和污水收集和运输走向、排放口位置及排放去向等内容。

4．医疗机构排污单位填报时，原辅材料信息填报哪些内容？

排污单位主要原辅材料信息仅填报污水及废气处理过程中添加的化学药剂等辅料信息。

5．如何识别医疗机构排污单位的主要排放口和一般排放口？

重点管理排污单位的污水总排放口和涉及一类污染物的科室或设施排放口为主要排

放口；简化管理排污单位的污水总排放口为一般排放口；单独的生活污水排放口直接排入环境水体的为一般排放口。医疗机构排污单位污水处理站废气排放口为一般排放口，锅炉的废气排放口分类参考《排污许可证申请与核发技术规范　锅炉》（HJ 953）。

6．医疗机构排污单位废水许可哪些内容？

医疗机构排污单位对医疗污水仅许可排放浓度，不许可排放量；单独排入城镇集中污水处理设施的生活污水不规定许可排放浓度和许可排放量。污水总排口的纳入许可限值管理的水污染物主要有粪大肠菌群数、肠道致病菌、肠道病毒、化学需氧量、氨氮、pH、悬浮物、五日生化需氧量、动植物油、石油类、阴离子表面活性剂、挥发酚、色度、总氰化物、总余氯；传染病、结核病专科医疗机构还应将结核杆菌纳入许可管理。此外，对于检验室、实验室、放射科、口腔科等产生的含第一类污染物的特殊医疗污水，应在科室或设施排放口对第一类污染物进行浓度限值管理。

7．医疗机构排污单位废水排放浓度的执行标准有哪些？

传染病和结核病专科医疗机构排污单位，污水污染物许可排放浓度按照《医疗机构水污染物排放标准》（GB 18466）中的表 1 确定；非传染病和结核病专科医院的医疗机构排污单位，污水污染物许可排放浓度按照 GB 18466 中的表 2 确定。

8．在出现重大疫情的情况下，无感染性疾病科的医疗机构被指定为传染病定点收治医院，在排污许可管理过程中对该类医院是否有特殊管理要求？排放标准是否改变？

根据排污许可证管理要求，应将传染病房污水与非传染病房污水分开，传染病房的污水、粪便经过单独的消毒设施处理后方可与其他污水合并处理。考虑到新冠肺炎疫情期间医疗机构没有充足的时间进行污水处理设施改造，在污水处理过程中应按 GB 18466 中传染病医疗机构的要求加强对医疗污水的消毒工作，新冠肺炎疫情期间应提高监测频次，并做好相关的台账记录。排放标准仍按原标准执行。

9．医疗机构排污单位废气许可哪些内容？

医疗机构排污单位主要对污水处理站废气的排放浓度进行许可限值管理，纳入管理的污染物指标包括氨、硫化氢、臭气浓度、甲烷和氯气。医疗机构排污单位的锅炉废气的许可内容参考 HJ 953，不在本标准范围内。

10．医疗机构污水处理站废气排放浓度的执行标准有哪些？

医疗机构排污单位的污水处理站废气许可排放限值根据排放形式进行区分，无组织排放的浓度限值执行 GB 18466；有组织排放的速率限值执行《恶臭污染物排放标准》（GB 14554）。

11．医疗机构排污单位危险废物许可哪些内容？

医疗机构纳入排污许可管理的危险废物包括医疗废物（HW01）、废药物、药品（HW03）和污水处理站污泥，须按《医疗废物集中处置技术规范（试行）》《危险废物转移联单管理办法》和 GB 18466 的要求进行管理、贮存和转移，按照规定危险废物不允许排放，许可排放量为 0。

12．医疗机构排污单位产生的生活污水排至城镇污水处理厂，是否需要进行监测？

单独排入城镇集中污水处理设施的生活污水仅说明排放去向，不需要许可排放浓度，也不需要开展自行监测；如生活污水与医疗污水混合排放，则按医疗污水进行管理，依据 GB 18466 和本标准的要求开展自行监测。

13．医疗机构排污单位应开展哪些项目的自动监测？

医疗机构排污单位应对流量进行自动监测，设区的市级及以上生态环境主管部门明确要求安装在线监测设备的，须采取在线监测。

14．实行重点管理的医疗机构排污单位环境管理台账应记录哪些内容？记录频次有什么要求？与简化管理有什么区别？

实行重点管理的医疗机构排污单位环境管理台账应记录污染治理设施运行管理信息、危险废物管理信息和监测记录信息。其中，污染治理设施运行管理信息主要记录处理水量、污染物排放浓度、药剂投放情况以及设施运维记录，记录频次为 1 次/日；危险废物管理信息主要记录危险废物种类、产生量、转移量、处理消毒情况、处理人员和运输人员等，记录频次为 1 次/日；监测记录信息主要记录监测时间、监测点位和污染物排放浓度等，记录频次依据监测频次确定。实行简化管理的区别主要在污染治理设施运行管理信息，主要记录污水处理设施的运行状态和药剂投放情况等，记录频次为 1 次/周，其他与重点管理一致。

15．医疗机构排污单位应提交哪些执行报告？

实施重点管理的排污单位应提交年度执行报告和季度执行报告，实行简化管理的排污单位应提交年度执行报告。地方生态环境主管部门根据环境管理需求，可要求排污单位上报季度/月度执行报告，并在排污许可证中明确。

环境卫生管理业排污许可申请与核发十五问

2020-03-16

为帮助大家更好地了解《排污许可证申请与核发技术规范　环境卫生管理业》（HJ 1106—2020）的编制思路、主要内容和重点、难点，相关技术专家对本标准进行了详细解读。

1．本标准适用范围是什么？

本标准适用范围主要包括集中处理生活垃圾（含餐厨废弃物）、生活污水处理污泥、城镇粪便的排污单位，也包括生活垃圾转运站。

2．环境卫生管理业排污单位中哪些情形不适用本标准？

环境卫生管理业排污单位中，执行《生活垃圾焚烧污染控制标准》（GB 18485）的生产设施和排放口，适用《排污许可证申请与核发技术规范　生活垃圾焚烧》（HJ 1039）；执行《火电厂大气污染物排放标准》（GB 13223）的生产设施和排放口，适用《火电行业排污许可证申请与核发技术规范》；执行《锅炉大气污染物排放标准》（GB 13271）的生产设施和排放口，适用《排污许可证申请与核发技术规范　锅炉》（HJ 953）。水泥制造、砖瓦制造等活动中协同处置生活垃圾的，适用相关行业技术规范。

本标准未作规定但排放工业废水、废气或者国家规定的有毒有害污染物的环境卫生管理业排污单位的其他生产设施和排放口，参照《排污许可证申请与核发技术规范　总则》（HJ 942）执行。

3．适用本标准的排污单位中哪些属于重点管理？

根据《固定污染源排污许可分类管理名录（2019 年版）》，纳入本标准适用范围的生活垃圾（含餐厨废弃物）、生活污水处理污泥集中填埋的排污单位应实施重点管理。

4．每个垃圾转运站都要单独申请排污许可证吗？

同一地区同一法人的转运站可纳入一张许可证申报，但在申报材料中需填写各个转运站的污染物排放情况。

5．所有处理污泥的排污单位都执行本标准吗？

本标准适用于生活污水处理产生的污泥，生活污水与工业废水混合处理污泥、工业污水处理污泥的治理不在本标准的适用范围内；生活污水处理产生的污泥采用好氧及厌氧工艺的执行本标准，采用焚烧及其他工艺的不执行本标准。

6．如何确定垃圾填埋场渗滤液及其他废水污染物控制因子？

生活垃圾填埋场依据《生活垃圾填埋场污染控制标准》（GB 16889）确定管控因子。其他废水本标准中仅给出常规指标，其他污染因子由排污单位根据环境影响评价文件及其审批意见等相关环境管理规定从执行的排放标准中选取。

7．垃圾转运站废水排放应执行什么标准？

与生活垃圾填埋场配套建设的生活垃圾转运站废水污染物许可排放浓度依据GB 16889 确定，其他情形许可排放浓度依据 GB 8978 确定。地方有更严格排放标准要求的，按照地方排放标准从严确定。

8．本标准规定哪些排放口为主要排放口？如何管控？

本标准将生活垃圾填埋场废水排放口定为主要排放口，但仅许可排放浓度，对许可排放量不作要求，排污单位应按照《污染源自动监控管理办法》的规定，安装污染物排放自动监控设备，保证设备正常运行，并与环保部门的监控中心联网，同时应核算实际排放量，并在执行报告中上报实际排放量数据。

9．如何对生活垃圾填埋场进行全过程管理？

生活垃圾填埋场应按照《生活垃圾填埋场污染控制标准》（GB 16889）的相关要求运行、维护与管理，并由相应核发机关将管理要求纳入排污许可证。

10．排污单位必须采用本标准中列出的污染防治可行技术吗？

对于采用本标准所列污染防治可行技术的，或者新建、改建、扩建建设项目排污单位采用环境影响评价审批意见要求的污染治理技术的，原则上认为具备符合规定的污染防治设施或污染物处理能力。对于未采用本标准所列污染防治可行技术的，排污单位应在申请时提供相关证明材料（如已有监测数据等），证明具备同等污染防治能力。对不属于污染防治可行技术的污染治理技术，排污单位应当加强自我监测、台账记录，评估达标可行性。

11．生活垃圾填埋场配套沼气发电项目的，如何申请排污许可？

本标准适用范围内的生活垃圾（含餐厨废弃物）、生活污水处理污泥、城镇粪便处理企业，配套建设的沼气/填埋气发电或供热锅炉，应按照《排污许可证申请与核发技术规范　锅炉》（HJ 953）另行申请排污许可。

12．哪些排放口需要安装自动监测设备？

生活垃圾填埋场废水总排口的主要污染物需实施在线监测。同时，鼓励其他排放口及污染物采用自动监测设备监测，无法开展自动监测的，应采用手工监测。

13．企业同时有自动监测和日常监测数据的，如何计算年度污染物排放量？

核算时段内的污染物实际排放量首先采用实测法核算。排污许可证中要求采用自动监测的污染物，应采用符合监测规范的有效自动监测数据核算污染物实际排放量。未要求采用自动监测的排放口或污染物，按照优先顺序依次选取有效的自动监测数据、手工监测数据进行核算。要求采用自动监测的排放口或污染物而未采用的，或未按照相关规范文件等要求进行手工监测（无有效监测数据）的，采用产污系数法核算污染物实际排放量。若同一时段的手工监测数据与执法监测数据不一致，以执法监测数据为准。

14．生活垃圾填埋场实际填埋量大于设计填埋量时如何填报？

针对生活垃圾填埋场普遍存在“超量处理”的问题，根据排污许可证的申报要求和技术规范规定，申请表中分别填写设计处理能力和实际处理能力。本标准对大气污染物和水污染物仅许可排放浓度，不许可排放量，但应核算水污染物实际排放量，并在执行报告中上报实际排放量数据。

15．排污单位填报图件有哪些特殊要求？

生活垃圾填埋场除上传生产工艺流程图、废水处理工艺流程图、厂区总平面布置图、雨水和污水管网平面布置图外，还需提供防渗层结构图、地下水监测井布置图，排污许可证有效期内需进行封场或已经封场的排污单位应提供封场结构图。

码头排污许可申请与核发十五问

2020-03-16

为帮助大家更好地了解《排污许可证申请与核发技术规范　码头排污》（HJ 1107—2020）的编制思路、主要内容和重点、难点，相关技术专家对本标准进行了详细解读。

1．本标准适用范围是什么？

本标准适用于指导专业化干散货码头（煤炭、矿石）、通用散货码头排污单位在全国排污许可证管理信息平台填报相关申请信息。根据《固定污染源排污许可分类管理名录（2019年版）》，液体散货码头、集装箱码头、多用途码头、件杂货码头、滚装船码头等排污单位按照排污许可登记相关要求填报。

2．同一码头排污单位拥有不同类型码头时应如何填报？

同一法人码头排污单位同时拥有专业化干散货码头（煤炭、矿石）和通用散货码头的情形，应分类型填报相关信息，申请同一排污许可证；同一法人码头排污单位所拥有的专业化干散货码头（煤炭、矿石）、通用散货码头位于不同行政区或港区的情形，应分别填报相关信息、分别申请排污许可证。

3．填报时如何区分码头排污单位所在水域？

按照本标准要求，沿海码头排污单位基本信息填报时应选择环渤海地区、长三角地区、珠三角地区、东南地区及西南地区。根据《全国沿海港口布局规划》，环渤海地区主要包括辽宁、津冀和山东沿海港口；长三角地区主要包括浙江、江苏、上海沿海及长江下游沿江港口；珠三角地区主要包括粤东和珠江三角洲地区港口；东南地区主要以福建沿海港口为主；西南地区主要包括粤西、广西沿海及海南省港口。内河码头排污单位应按本标准选择所处的内河水系进行填报，包括长江水系、珠江水系、黑龙江水系、京杭运河、黄河水系、淮河水系、闽江水系及其他水系。

4．码头排污单位哪些设施需要进行编号？

排污单位的生产设施、环保设施和排放口均须进行编号。生产设施和环保设施可填报排污单位现有内部编号，若排污单位无内部编号，则根据《排污单位编码规则》（HJ 608）进行编号并填报。其中，环保设施若包含不同的组成单元，则仅对整体设施进行编号，如散货堆场喷淋系统包括泵房、管路、控制及喷枪等组成单元，无须对组成单元逐一编号，仅对整套喷淋系统进行编号即可；排放口编号应填报地方生态环境主管部门现有编号，若无现有编号，则根据《排污单位编码规则》（HJ 608）进行编号并填报。

5．废气排放管控的污染因子以及许可内容是什么？

本标准确定废气排放管控的污染因子为颗粒物，依据《大气污染物综合排放标准》确定一般排放口许可排放浓度（速率）和厂界许可排放浓度。地方有更严格排放标准要求的，从其规定。

6．废水排放管控的污染因子以及许可内容是什么？

本标准确定码头排污单位废水类别包括生活污水、含尘污水、含油污水及其他废水。生活污水排放管控的污染因子主要为 pH、化学需氧量（COD_{Cr}）、悬浮物、氨氮、磷酸盐（总磷）；含尘污水排放管控的污染因子为悬浮物；含油污水排放管控的污染因子为石油类。依据《污水综合排放标准》确定各类别废水一般排放口许可排放浓度。地方有更严格排放标准要求的，从其规定。

7．废气排放控制要求有哪些？

本标准根据干散货码头污染物排放特点，确定颗粒物为专业化干散货码头（煤炭、矿石）和通用散货码头废气污染物管控重点，分别从环保设备运行、排污单位作业管理及环境管理等方面提出颗粒物无组织排放管控要求，具体参照本标准 6.4.1 条执行。

8．固体废物应如何管理？

码头排污单位产生的一般工业固体废物和危险废物应在专门区域分隔存放，设置防渗、防风、防晒、防雨措施，设置环境保护图形标志；危险废物应按规定严格执行危险废物转移联单制度。

9．码头排污单位自行监测方案主要包括哪些内容？

自行监测方案中应明确码头排污单位的基本情况、监测点位及示意图、监测指标、执行排放标准及其限值、监测频次、采样和样品保存方法、监测方法和仪器、监测质量控制等。

10．所有废气排放口都需要开展监测吗？

本标准确定的码头排污单位废气排放口为干式除尘器（布袋除尘器、静电除尘器等）排气筒，并规定为一般排放口，许可颗粒物排放浓度与速率，均须开展监测，最低监测频次为 1 次/年。

11．台账记录包括哪些内容？

码头排污单位环境管理台账应包括生产工况信息、污染防治设施运行管理信息及监测记录信息，其中生产工况信息与污染防治设施运行管理信息每班次记录 1 次，监测记录信息参照本标准 7.7 条执行，应记录纸质和电子件，保存时间原则上不低于 3 年。

12．码头排污单位应提交哪些执行报告？

码头排污单位应提交年度执行报告，报告内容主要包括排污单位基本情况、污染防治设施运行情况、自行监测执行情况、环境管理台账记录执行情况、实际排放情况及合规判定分析、其他需要说明的问题、结论及附图附件等。

13．如何确定排污系数？

本标准给出了码头排污单位不同作业工艺的分档排污系数，当满足系数表中所列所有作业方式与粉尘污染防治措施条件时，才能选择该档排污系数进行计算。

14．码头排污单位废气和废水污染物排放达标应符合什么条件？

码头排污单位有组织排放口颗粒物排放浓度达标是指“任一小时浓度均值均满足许可排放浓度要求”；厂界颗粒物无组织排放浓度达标是指“任一次测定小时浓度均值满足许可排放浓度要求”。废水排放口污染物的排放浓度达标是指任一有效日均值（除 pH 外）均满足许可排放浓度要求。

15．码头排污单位填报图件有哪些特殊要求？

码头排污单位基本情况还应包括总平面布置图、雨污水管网平面布置图、生产工艺流程图等。其中，总平面布置图应至少包括码头泊位、堆场、转运设施、污染物防治设施等内容；雨污水管网平面布置图应包括码头和堆场雨污水集输管线走向、排放口位置及排放去向等内容；生产工艺流程图应至少包括主要装卸、转运设施及其工艺流程等内容。

羽毛（绒）加工工业排污许可申请与核发十五问

2020-03-16

为帮助大家更好地了解《排污许可证申请与核发技术规范　羽毛（绒）加工工业》（HJ 1108—2020）的编制思路、主要内容和重点、难点，相关技术专家对本标准进行了详细解读。

1．本标准适用范围是什么？

按照《国民经济行业分类》（GB/T 4754—2017），“C194 羽毛（绒）加工及制品制造”行业分为“C1941 羽毛（绒）加工”和“C1942 羽毛（绒）制品加工”，适用本规范的为含水洗工序的 C1941 羽毛（绒）加工工业排污单位。

2．屠宰和肉类加工工业中的羽绒清洗工序是否适用本标准？

屠宰和肉类加工工业中的羽绒清洗工序不适用本标准，适用《排污许可证申请与核发技术规范　农副食品加工工业——屠宰及肉类加工工业》（HJ 860.3）。

3．哪些羽毛（绒）加工工业排污单位应实施排污许可重点管理？

按照《固定污染源排污许可分类管理名录（2019 年版）》，对含水洗工序的羽毛（绒）加工工业排污单位实施重点管理，对不含水洗工序的羽毛（绒）加工工业排污单位实施登记管理。

4．生产设施的设施参数该如何填报？

生产设施的设施参数分为选填项和必填项，解冻料场/水池、除灰机、洗毛机、脱水机、烘干机、冷却机、分毛机、拼堆机、打包机、原料及产品仓库、厂内综合污水处理站等的处理量或面积为必填项，其他为选填项。

5．规范执行的主要污染物排放标准有哪些？

废水执行《羽绒工业水污染物排放标准》（GB 21901），废气执行《大气污染物综合排放标准》（GB 16297）、《恶臭污染物排放标准》（GB 14554）。地方有更严格排放标准要求的，按照地方排放标准从严确定。

6．排污单位填报图件有哪些要求？

排污单位填报图件应包括生产工艺流程图（包括全厂及各工序）、厂区总平面布置图、污水管网平面布置图。生产工艺流程图应包括主要生产设施（设备）、主要原辅材料及燃料的流向、生产工艺流程等内容。厂区总平面布置图应包括主要生产单元、厂房、设备位置关系，注明厂区运输路线等内容。污水管网布置图应包括厂区污水集输管线走向、排放口位置及排放去向等内容。

7．如何识别羽毛（绒）加工工业排污单位的主要排放口和一般排放口？

羽毛（绒）加工工业排污单位的主要废水排放口为废水总排放口（厂内综合污水处理站排放口），仅有生活污水排放且接管至集中污水处理厂的排放口为一般排放口。

羽毛（绒）加工行业排污单位废气有组织排放口均为一般排放口。

8．羽毛（绒）加工工业排污单位废水主要排放口和一般排放口分别许可哪些主要内容？

羽毛（绒）加工工业排污单位废水总排放口为主要排放口，需许可排放浓度和排放量。许可排放浓度的污染因子包括 pH、悬浮物、化学需氧量、五日生化需氧量、氨氮、总磷、总氮、阴离子表面活性剂、动植物油等，许可排放量的污染因子为化学需氧量、氨氮。

单独排入城镇集中污水处理设施的生活污水仅说明排放去向，该排放口不许可排放浓度和排放量。

9．废气污染物许可哪些内容？

羽毛（绒）加工工业排污单位废气有组织排放口为一般排放口，许可排放浓度，污染因子主要为颗粒物，还有臭气浓度、氨、硫化氢等；对厂界无组织排放许可排放浓度，污染因子包括颗粒物、臭气浓度、氨、硫化氢等。

一般排放口和无组织排放不许可排放量。

10．如果排污单位采用的污染防治技术不在本标准附录的可行技术参考表中，是否影响发证？

对于不在本标准可行技术参考表中的污染防治技术，排污单位应当在申请时提供相关证明材料，如提供已有监测数据；对于国内外首次采用的污染防治技术，还应当提供中试数据等说明材料，证明可达到与污染防治可行技术相当的处理能力。

11．羽毛（绒）加工工业排污单位废气最低的自行监测频次是多少？

羽毛（绒）加工工业排污单位废气有组织排放口和厂界无组织排放的最低自行监测频次均为 1 次/年。

12．羽毛（绒）加工工业排污单位环境管理台账记录哪些内容？保管期限多久？

羽毛（绒）加工工业排污单位台账记录内容包括排污单位基本信息、生产设施和污染防治设施运行管理信息、监测记录信息和其他环境管理信息等。一般按日或按批次进行记录，异常情况应按次记录，排污单位基本信息按年记录，非正常工况按照工况期记录。台账记录纸质和电子件保存年限原则上不低于 3 年。

13．排污单位提交执行报告有哪些要求？

羽毛（绒）加工工业排污单位应按照排污许可证规定的时间提交年度执行报告和季度执行报告。

对于持证时间超过 3 个月的年度，报告周期为当年全年（自然年）；对于持证时间不足 3 个月的，当年可不提交年度执行报告，排污许可证执行情况纳入下一年度执行报告。

对于持证时间超过 1 个月的季度，报告周期为当季全季（自然季度）；对于持证时间不足 1 个月的，当季可不提交季度执行报告，排污许可证执行情况纳入下一季度执行报告。

14．羽毛（绒）加工工业排污单位合规判定包括哪些内容？

羽毛（绒）加工工业排污单位合规判定包括许可事项合规和环境管理要求合规。其中，许可事项合规指排放口、排放方式、排放去向、污染物种类、污染物实际排放浓度和实际排放量符合许可证规定；环境管理要求合规是指自行监测、台账记录、执行报告、信息公开等符合许可证规定。

15．羽毛（绒）加工工业排污单位废水主要排放口排放量合规判定方法有哪些？

在执行报告中应填报废水总排放口污染物实际排放量，年实际排放量不超过相应污染物的年许可排放量，即视为合规。对于许可证载明应采用自动监测的废水总排放口污染物，需根据符合监测规范的自动监测数据采用实测法核算实际排放量；对于应采用自动监测的污染物而实际没有自动监测的，需采用产污系数法按照直排进行核算；对于没有要求采用自动监测的污染物，可根据监督性监测数据、手工监测数据核算实际排放量。

水产品加工工业排污许可申请与核发十五问

2020-03-17

为帮助大家更好地了解《排污许可证申请与核发技术规范　农副食品加工工业——水产品加工工业》（HJ 1109—2020）的编制思路、主要内容和重点、难点，相关技术专家对本标准进行了重点内容解读。

1．本标准适用范围是什么？

适用按照《国民经济行业分类》（GB/T 4754—2017），水产品加工（C136）中包括水产品冷冻加工（C1361）、鱼糜制品及水产品干腌制加工（C1362）、鱼油提取及制品制造（C1363）以及其他水产品加工（C1369）的排污单位。

2．水产品饲料生产的排污单位申请排污许可证是否适用本标准？还有哪些不适用本标准的水产品加工相关行业？

以水产品及其加工废弃物为原料生产饲料的排污单位适用《排污许可证申请与核发技术规范　农副食品加工工业——饲料加工、植物油加工工业》，不适用本标准。此外，由水产品生产助剂和添加剂类及医药品类等化工类产品的排污单位，以及从事水产品罐头制造的排污单位均不适用本标准。

3．水产品加工工业的主要生产单元包括哪些？主要产品包括哪些？

水产品加工工业排污单位一般包括原料系统、前处理系统、深加工系统和公用单元等 4 个主要生产单元。主要产品包括水产品冷冻品、鱼糜及鱼糜制品、水产品干腌制品、海藻加工品、鱼油制品等。

4．水产品加工工业排污单位执行的污染物排放标准有哪些？

废水执行《污水综合排放标准》（GB 8978），待食品加工制造业水污染物排放标准发布后，其适用范围内的排污单位或生产设施从其规定。废气执行《大气污染物综合排放标准》（GB 16297）、《工业炉窑大气污染物排放标准》（GB 9078）、《恶臭污染物排放标准》（GB 14554）和《饮食业油烟排放标准（试行）》（GB 18483）。地方有更严格排放标准要求的，按照地方排放标准从严确定。

5．水产品加工工业排污单位如何判别排污许可重点管理、简化管理和登记管理？

根据《固定污染源排污许可分类管理名录（2019 年版）》，水产品加工工业排污单位均未列入重点管理范围。年加工 10 万吨及以上的水产品冷冻加工 1361、鱼糜制品及水产品干腌制加工 1362、鱼油提取及制品制造 1363、其他水产品加工 1369 排污单位实施简化管理，其余均实施登记管理。

6．如何识别水产品加工工业排污单位的主要排放口和一般排放口？

水产品加工工业排污单位废气排放口全部为一般排放口。

根据《固定污染源排污许可分类管理名录（2019 年版）》，水产品加工工业排污单位均未列入重点管理范围。因此，水产品加工工业排污单位废水总排放口、单独的生活污水直接排放口均为一般排放口。

7．水产品加工工业排污单位废水排放口许可哪些内容？

由于水产品加工工业排污单位的废水排放口均为一般排放口，因此仅规定许可排放浓度，不规定许可排放量。单独排入公共污水处理系统的生活污水仅说明排放去向，不规定许可排放浓度和许可排放量。

水产品加工工业排污单位许可排放浓度的水污染控制项目有 pH、化学需氧量（COD_{Cr}）、氨氮、悬浮物、五日生化需氧量（BOD_5）、磷酸盐（总磷）、动植物油和色度。

8．水产品加工工业排污单位废气许可哪些内容？

由于水产品加工工业排污单位的废气排放口均为一般排放口，因此，有组织废气的排放口和厂界无组织排放仅规定许可排放浓度（速率），不规定许可排放量。

水产品加工排污单位许可排放浓度的大气污染控制项目有颗粒物、油烟、氨、硫化氢、非甲烷总烃和臭气浓度。

9．水产品加工工业排污单位废气无组织排放控制要求有哪些？

水产品加工工业排污单位具有的无组织排放控制环节，应满足以下无组织排放控制要求：①原料仓、输运带、保鲜仓等应采用库房堆放、定期清理残存原料、传输设备加强密封；投放除臭剂；收集处理后排放。②脱脂机应该提高废气收集率，采用引风机引至 VOCs 处理装置处理，或者设置喷淋塔除臭。③应对厂内综合污水处理站产生恶臭的区域加罩或加盖密封；或者投放除臭剂；或者集中收集恶臭气体到除臭装置处理后经排气筒排放。④废物堆放仓应提高废气收集率，及时清洗、清运，投放除臭剂；或者集中收集恶臭气体经处理后排放。

10．未采用本标准推荐的污染防治可行技术，申请发证时应如何填报？

对于排污单位采用本标准所列污染防治可行技术的，或者新建、改建、扩建建设项目排污单位采用环境影响评价审批意见要求的污染治理技术的，有核发权的地方生态环境主管部门可以认为排污单位采用的污染防治设施或者措施有能力达到许可排放浓度要求。本标准附录 B 和附录 C 给出了废水、废气污染防治可行技术参考表。对于未采用的，排污单位应提供能够证明可达到与污染防治可行技术相当的处理能力的相关证明材料如已有污染物排放监测数据；对于国内外首次采用的污染防治技术，还应当提供中试数据等说明材料。

11．水产品加工工业排污单位应如何开展自行监测？

水产品加工工业排污单位在申请排污许可证时，应当按照《排污单位自行监测技术指南　农副食品加工业》（HJ 986）和本标准确定的产排污节点、排放口、污染控制项目及许可限值等要求，制定自行监测方案。地方生态环境管理部门有更严格规定的，从其规定。

12．水产品加工工业排污单位废气有组织排放和无组织排放的最低自行监测频次是多少？

水产品加工工业排污单位废气自行监测执行《排污单位自行监测技术指南　农副食品加工业》（HJ 986）的频次要求。其中，有组织排放的颗粒物、油烟最低自行监测频次均为 1 次/半年，非甲烷总烃、氨、硫化氢最低自行监测频次均为 1 次/季度。无组织排放的最低自行监测频次均为 1 次/半年。

13．实行简化管理的水产品加工工业排污单位环境管理台账应记录哪些内容？记录频次有什么要求？

实行简化管理的水产品加工工业排污单位，环境台账主要记录基本信息和生产及污染治理设施运行管理信息，原则上应反映排污单位生产运营及污染防治状况。记录频次原则上对于未发生变化的基本信息，按年记录，1 次/年；对于发生变化的基本信息，在发生变化时记录 1 次；其余信息一般每日或每批次记录 1 次，非正常情况按次记录，按月记录废气无组织污染防治措施管理信息，采用电子台账和纸质台账两种记录形式同步管理。

14．水产品加工工业排污单位应提交哪些执行报告？

根据 2019 年版名录，水产品加工工业排污单位均实行简化管理或登记，实行简化管理的排污单位应提交年度执行报告。对于持证时间超过 3 个月的年度，报告周期为当年全年（自然年）；对于持证时间不足 3 个月的年度，当年可不提交年度执行报告，排污许可证执行情况纳入下一年度执行报告。

15. 水产品加工工业排污单位废水污染物和废气污染物排放浓度达标应符合什么条件？

水产品加工工业排污单位各废水排放口污染物的排放浓度达标是指任一有效日均值（除 pH 外）均满足许可排放浓度要求。无组织排放的厂界臭气浓度达标是指“任一次测定均值满足许可限值要求”。无组织排放的厂界其他污染物和有组织废气排放浓度均是指“任一小时浓度均值均满足许可排放浓度要求”。

饲料加工、植物油加工工业排污许可申请与核发十五问

2020-03-17

为帮助大家更好地了解《排污许可证申请与核发技术规范　农副食品加工工业——饲料加工、植物油加工工业》（HJ 1110—2020）的编制思路、主要内容和重点、难点，相关技术专家对本标准进行了重点内容解读。

1．纳入排污许可管理的饲料加工、植物油加工工业排污单位包括哪些类型？

按照《国民经济行业分类》（GB/T 4754—2017），纳入排污许可管理的饲料加工工业（C132）包括宠物饲料加工（C1321）、其他饲料加工（C1329）；植物油加工工业（C133）包括食用植物油加工（C1331）、非食用植物油加工（C1332）。

2．饲料添加剂生产的排污单位申请排污许可证是否适用本标准？

饲料添加剂生产（C1495）适用《排污许可证申请与核发技术规范　食品制造工业——方便食品、食品及饲料添加剂制造工业》（HJ 1030.3），不适用本标准。

3．饲料加工、植物油加工工业的主要工序包括哪些？主要产品包括哪些？

饲料加工工业排污单位一般包括原料处理、粉碎、混料、发酵、制粒、脱臭（水产饲料）、包装等工序，并辅以公用单元（输运、贮存、污水处理等），主要产品包括配合饲料、浓缩饲料、精料补充料、预混合饲料（添加剂预混合、复合预混合、维生素预混合、微量元素预混合）等。

植物油加工工业排污单位一般包括原料处理、压榨、浸出、精炼、包装等工序，并辅以公用单元（输运、贮存、污水处理等），主要产品包括大豆油、棕榈油、菜籽油、花生油、棉籽油、葵花籽油、油茶籽油、玉米油、米糠油、亚麻籽油、玉米胚芽油、芝麻油、花椒油、桐油、蓖麻油、梓油等。

4．饲料加工、植物油加工工业排污单位执行的污染物排放标准有哪些？

废水执行《污水综合排放标准》（GB 8978），待食品加工制造业水污染物排放标准发布后，其适用范围内的排污单位或生产设施从其规定。废气执行《大气污染物综合排放标准》（GB 16297）、《工业炉窑大气污染物排放标准》（GB 9078）、《恶臭污染物排放标准》（GB 14554）和《挥发性有机物无组织排放控制标准》（GB 37822）。地方有更严格排放标

准要求的，按照地方排放标准从严确定。

5．饲料加工、植物油加工工业排污单位如何分辨实施排污许可重点管理、简化管理和登记管理？

根据《固定污染源排污许可分类管理名录（2019 年版）》（以下简称《名录》），饲料加工、植物油加工工业排污单位均不实施重点管理。含有发酵工艺的饲料加工排污单位实施简化管理，除单纯混合或者分装以外的植物油加工工业排污单位实施简化管理外，其余均实施登记管理。

6．饲料加工、植物油加工工业排污单位主要排放口和一般排放口如何识别？

饲料加工、植物油加工工业排污单位废气排放口全部为一般排放口。

根据《名录》，饲料加工、植物油加工工业排污单位均未列入重点管理范围。因此，饲料加工、植物油加工工业排污单位废水总排放口、单独的生活污水直接排放口均为一般排放口。

7．饲料加工、植物油加工工业排污单位废水排放口分别许可哪些内容？

由于饲料加工、植物油加工工业排污单位的废水排放口均为一般排放口，因此仅规定许可排放浓度，不规定许可排放量。单独排入公共污水处理系统的生活污水仅说明排放去向，不规定许可排放浓度和许可排放量。

饲料加工工业排污单位许可排放浓度的水污染控制项目有 pH、化学需氧量（COD_{Cr}）、氨氮、悬浮物、五日生化需氧量（BOD_5）、磷酸盐（总磷）和动植物油（适用于动物源性饲料加工）。植物油加工工业排污单位许可排放浓度的水污染控制项目有 pH、COD_{Cr}、氨氮、悬浮物、BOD_5、磷酸盐（总磷）、色度。

8．饲料加工、植物油加工工业排污单位废气许可哪些内容？

由于饲料加工、植物油加工工业排污单位的废气排放口均为一般排放口，因此，有组织废气的排放口和厂界无组织排放仅规定许可排放浓度（速率），不规定许可排放量。

饲料加工排污单位许可排放浓度的大气污染控制项目有颗粒物、油烟、氨、硫化氢、三甲胺、二甲二硫醚、甲硫醚、甲硫醇和臭气浓度；植物油加工工业排污单位许可排放浓度的大气污染控制项目有颗粒物、二氧化硫、烟气黑度、非甲烷总烃和臭气浓度。

9．饲料加工、植物油加工工业排污单位废气无组织排放控制要求有哪些？

饲料加工、植物油加工工业排污单位具有的无组织排放控制环节，应满足以下无组织排放控制要求：①加强装卸料、输运设备的密封或密闭，或者收集送除尘装置处理后排放。②饲料加工排污单位应加强发酵车间、水产饲料脱臭环节的通风，安装排风扇，及时清洗、清运；或者集中收集经水封或处理后经排气筒排放。③植物油加工工业排污单位应加强蒸炒、焙炒环节的通风，安装排风扇；或者集中收集经水封或处理后经排气筒排放。④饲料加工、植物油加工工业排污单位的包装机应加强密闭，或者包装废气颗粒物在满足生产要求的前提下回用到生产前端，或者收集送除尘装置处理后排放。⑤植物油加工工业排污单位应注意有机溶剂须贮存于密闭存储装置中，置于专用场地，并保持非取用状态密闭。⑥应对厂内综合污水处理站产生恶臭的区域加罩或加盖密封；或者投放除臭剂；或者集中收集恶臭气体到除臭装置处理后经排气筒排放。

10．未采用本标准推荐的污染防治可行技术，申请发证时应如何填报？

对于排污单位采用本标准所列污染防治可行技术的，或者新建、改建、扩建建设项目排污单位采用环境影响评价审批意见要求的污染防治技术的，有核发权的地方生态环境主管部门可以认为排污单位采用的污染防治设施或者措施有能力达到许可排放浓度要求。本标准附录 B 和附录 C 给出了废水、废气污染防治可行技术参考表。对于未采用的，排污单位应提供能够证明可达到与污染防治可行技术相当的处理能力的相关证明材料，如已有污染物排放监测数据；对于国内外首次采用的污染防治技术，还应当提供中试数据等说明材料。

11．饲料加工、植物油加工工业排污单位应如何开展自行监测？

饲料加工、植物油加工工业排污单位在申请排污许可证时，应当按照《排污单位自行监测技术指南　农副食品加工工业》（HJ 986）和本标准确定的产排污节点、排放口、污染控制项目及许可限值等要求，制定自行监测方案。地方生态环境管理部门有更严格规定的，从其规定。

12．饲料加工、植物油加工工业排污单位废气有组织排放和无组织排放的最低自行监测频次是多少？

饲料加工、植物油加工工业排污单位废气自行监测执行《排污单位自行监测技术指南　农副食品加工工业》（HJ 986）的频次要求。其中，有组织排放的颗粒物、二氧化硫、烟气黑度最低自行监测频次均为 1 次/半年，非甲烷总烃、氨、硫化氢、三甲胺、二甲二硫醚、甲硫醚、甲硫醇最低自行监测频次均为 1 次/季度。无组织排放的最低自行监测频次均为 1 次/半年。

13．实行简化管理的饲料加工、植物油加工工业排污单位环境管理台账应记录哪些内容？记录频次有什么要求？

实行简化管理的饲料加工、植物油加工工业排污单位，环境台账主要记录基本信息和生产及污染治理设施运行管理信息，原则上应反映排污单位生产运营及污染防治状况。记录频次原则上对于未发生变化的基本信息，按年记录，1 次/年；对于发生变化的基本信息，在发生变化时记录 1 次；其余信息一般每日或每批次记录 1 次，非正常情况按次记录，按月记录废气无组织污染防治措施管理信息，采用电子台账和纸质台账两种记录形式同步管理。

14．饲料加工、植物油加工工业排污单位应提交哪些执行报告？

根据《名录》，饲料加工、植物油加工工业排污单位均实行简化管理或登记管理，实行简化管理的排污单位应提交年度执行报告。对于持证时间超过 3 个月的年度，报告周期为当年全年（自然年）；对于持证时间不足 3 个月的年度，当年可不提交年度执行报告，排污许可证执行情况纳入下一年度执行报告。

15．饲料加工、植物油加工工业排污单位废水和废气污染物排放浓度达标应符合什么条件？

饲料加工、植物油加工工业排污单位各废水排放口污染物的排放浓度达标是指任一有效日均值（除 pH 外）均满足许可排放浓度要求。无组织排放的厂界臭气浓度达标是指“任一次测定均值满足许可限值要求”。无组织排放的厂界其他污染物和有组织废气排放浓度均是指“任一小时浓度均值均满足许可排放浓度要求”。

金属铸造工业排污许可申请与核发十五问

2020-03-12

金属铸造工业历史悠久，属于工业之基，主要包括黑色金属铸造和有色金属铸造，其中黑色金属铸造主要分布在河北、山东、山西等地，有色金属铸造主要分布在长三角、重庆、珠三角等地区。金属铸造工业污染物主要来自废气排放，废气排放中尤以颗粒物为主。本标准按照生产工序对金属铸造排污单位产排污特点、污染因子进行全面梳理，针对重点管理和简化管理，分别规定废气污染物排放浓度和排放量的许可限值要求，明确废水、废气、固体废物污染防治等运行管理要求，并对排污单位自行监测、环境管理台账和排污许可证执行报告等环境管理要求进行规范。同时，本标准还与即将颁布的《铸造工业大气污染物排放标准》进行了充分衔接。本标准的发布实施，将在提升金属铸造行业大气污染防治水平、整体提升行业环保管理水平、规范排污许可证核发与监管等方面发挥重要作用。

为帮助大家更好地了解《排污许可证申请与核发技术规范　金属铸造工业》（HJ 1115—2020），相关技术专家对本标准进行了详细解读。

1．本标准的适用范围是什么？

本标准适用于指导和规范金属铸造工业排污单位（黑色金属铸造企业和有色金属铸造企业）在全国排污许可证管理信息平台填报相关申请信息，也适用于指导排污许可证核发部门审核确定金属铸造工业排污单位排污许可证许可要求。

2．采用短流程生产铸件的铸造企业适用哪个技术规范？

短流程铸造企业烧结、球团工序废气排放口执行《钢铁烧结、球团工业大气污染物排放标准》（GB 28662），高炉工序废气排放口执行《炼铁工业大气污染物排放标准》（GB 28663），故其烧结、球团和高炉工序排放口适用《排污许可证申请与核发技术规范　钢铁工业》（HJ 846），其他排放口执行本标准。

3．排污单位如何选择行业分类？

金属铸造工业排污单位指的是生产各种金属铸件的制造业。对应《国民经济行业分类》（GB/T 4754—2017）中归属 C33 金属制品业，分为 C3391 黑色金属铸造和 C3392 有色金属铸造。

4. 哪些铸造企业实行重点管理，哪些实行简化管理？

根据《固定污染源排污许可分类管理名录（2019 年版）》相关规定，使用冲天炉熔炼（化）和生产铅基及铅青铜铸件的铸造企业实行重点管理，其他铸造企业实行简化管理。

5. 排污单位主要排放口和一般排放口如何界定？实施的排污许可管理要求主要差别是什么？

按照排污许可管理要求，排污单位有组织废气和废水排放口分为主要排放口和一般排放口，对于主要排放口设置许可排放浓度限值和排放量“双管控”要求，对于一般排放口仅设置许可排放浓度限值要求。

对于金属铸造工业排污单位，其主要排放口为冲天炉排放口和铅基及铅青铜合金铸造熔炼（化）工序排放口，其余有组织废气和全部废水排放口均为一般排放口，即只有冲天炉排放口和铅基及铅青铜合金铸造熔炼（化）工序排放口的主要废气要设置许可排放浓度和许可排放量要求，其他废气和废水排放口原则上仅设置许可排放浓度要求，不设置许可排放量。

6. 主要排放口的哪些污染物许可排放量？

冲天炉排放口许可颗粒物、二氧化硫、氮氧化物排放量；铅基及铅青铜合金铸造熔炼（化）工序排放口仅许可颗粒物排放量。

7. 各工序废气、废水排放管控的污染因子有哪些，排放浓度执行什么标准？

本标准表 4 中“许可排放浓度污染物”所列对应工序的污染因子为重点管理排污单位各工序废气排放管控的污染因子；表 12 中“许可排放浓度污染物”所列对应工序的污染因子为简化管理排污单位各工序废气排放管控的污染因子；表 3 和表 11 中“主要污染物项目”所列污染因子为废水排放管控的污染因子。

目前，金属铸造工业排污单位废气排放执行《工业炉窑大气污染物排放标准》（GB 9078）和《大气污染物综合排放标准》（GB 16297），《铸造工业大气污染物排放标准》发布实施后，从其规定；废水排放执行《污水综合排放标准》（GB 8978）。

8. 排污单位哪些设施需要进行编号？

排污单位的生产设施、环保设施和排放口均需进行编号，生产设施和环保设施可填报排污单位现有内部编号，若排污单位无内部编号，则根据 HJ 608 进行编号并填报。排放口编号应填报地方生态环境主管部门现有编号，若无现有编号，可填报企业内部编号或者根据 HJ 608 进行编号填报。

9. 排污单位生产能力如何界定，如何计量？

排污单位的生产能力为主要产品设计产能，不包括国家或地方人民政府予以淘汰或取缔的产能。没有设计产能数据的，以近 3 年实际产量均值计算；投运满 1 年但未满 3 年的，按自然年实际产量的最大值填报；投运不满 1 年的，根据实际产能折算产能。

产能计量单位为吨/年。对于设计产能为其他计量单位的应根据主要产品情况进行换算。

10．排污单位填报提交的图件有哪些要求？

排污单位提交的图件应包括生产工艺流程图（包括全厂及生产单元）、厂区总平面布置图、雨水和污水管网平面布置图。其中，生产工艺流程图应至少包括主要生产设施（设备）、主要生产工艺流程和产排污环节等内容。厂区总平面布置图应至少包括主体设施、公辅设施、废气处理设施、废水处理设施等，并标注废气主要排放口、一般排放口和无组织排放的生产单元。雨水和污水管网平面布置图应包括厂区雨水和污水集输管线走向、排放口位置及排放去向等内容。

11．未采用本标准推荐的污染防治可行技术，是否影响发证？

对于排污单位采用本标准所推荐的污染防治可行技术的，或者新建、改建、扩建建设项目排污单位采用环境影响评价审批意见要求的污染治理技术的，有核发权的地方生态环境主管部门可以认为排污单位采用的污染防治设施或者措施有能力达到许可排放浓度要求。本标准附录 A 给出了废气、废水污染防治可行技术参考表。对于未采用的，排污单位应提供相关证明材料（如已有污染物排放监测数据；对于国内外首次采用的污染防治技术，还应当提供中试数据等说明材料），能够证明可达到与污染防治可行技术相当的处理能力的，不影响发证。

12．废气自行监测要求中，监测因子和监测频次如何确定？

本标准参照《工业炉窑大气污染物排放标准》（GB 9078）、《大气污染物综合排放标准》（GB 16297）和正在编制中的《铸造工业大气污染物排放标准》，分别列出了实行重点管理和简化管理的铸造企业开展自行监测的主要污染因子及最低监测频次，其中冲天炉排放口的颗粒物、二氧化硫、氮氧化物和铅基及铅青铜合金铸造熔炼（化）工序排放口的颗粒物应实施自动监测。金属铸造行业自行监测指南出台实施后，排污单位还应据此执行。

13．非正常情况主要有哪些情形？

本标准所指的非正常情况包括生产设施非正常工况（如设施启停机、设备故障、设备检修等）及污染防治（控制）设施非正常状况（如故障等引起的达不到应有治理效果或同步运转率）。

14．排污单位合规判定主要指哪些内容？

排污单位合规包括排污单位许可事项、环境管理要求符合排污许可证规定。

许可事项合规是指排污单位排污口位置和数量、排放方式、排放去向、排放污染物项目、排放限值符合排污许可证规定。其中，排放限值合规对于重点管理企业是指排污单位污染物实际排放浓度和排放量满足许可排放限值要求；对于简化管理企业是指排污单位污染物实际排放浓度满足许可排放限值要求。

环境管理要求合规是指排污单位按排污许可证规定落实自行监测、台账记录、执行报告、信息公开等环境管理要求。

15. 金属铸造排污单位主要排放口未采用自动监测，请问污染物浓度达标如何判定？

金属铸造排污单位主要排放口应依法安装运行自动监测设备。对于应当采用自动监测的排放口或污染物种类而未采用的以及自动监测设备不符合规定的，即认为不合规。

涂料、油墨、颜料及类似产品制造业排污许可申请与核发十五问

2020-03-12

涂料、油墨、颜料及类似产品制造业包括涂料制造、油墨及类似产品制造、工业颜料制造、工艺美术颜料制造、染料制造（含有机颜料制造、染颜料中间体制造）、密封用填料及类似品制造涂料制造，根据该行业具有产品类型多、排污单位规模差异大、特征污染物差异大等特点，涂料制造和油墨及类似产品制造聚焦到挥发性有机物的控制，工业颜料制造重点关注煅烧单元废气排放以及涉及重金属的废水排放环节，染料制造重点关注反应单元的废水和废气排放，明确了许可排放浓度限值、实际排放量核算、合规判定方法以及自行监测、环境管理台账与排污许可证执行报告等环境管理要求，细化了废水去向的填报要求以及废水、废气、工业固体废物污染防治的运行管理要求，本标准实施后，将对提升涂料、油墨、颜料及类似产品制造业污染防治水平，推进行业排污许可证核发具有重要意义。

为帮助大家更好地了解《排污许可证申请与核发技术规范　涂料、油墨、颜料及类似产品制造业》（HJ 1116—2020），相关技术专家对本标准进行了详细解读。

1．本标准的适用范围是什么？

本标准适用于指导涂料、油墨、颜料及类似产品制造（C2641 涂料制造、C2642 油墨及类似产品制造、C2643 工业颜料制造、C2644 工艺美术颜料制造、C2645 染料制造、C2646 密封用填料及类似品制造）排污单位在全国排污许可证管理信息平台填报相关申请信息，适用于指导核发机关审核确定排污单位排污许可证许可要求。

本标准适用于涂料、油墨、颜料及类似产品制造业排污单位排放大气污染物、水污染物的排污许可管理。

2．涂料、油墨、颜料及类似产品制造排污单位不适用本标准的情况有哪些？

涂料、油墨、颜料及类似产品制造业排污单位中，执行《火电厂大气污染物排放标准》（GB 13223）的生产设施或排放口，适用《火电行业排污许可证申请与核发技术规范》；执行《锅炉大气污染物排放标准》（GB 13271）的生产设施或排放口，适用《排污许可证

申请与核发技术规范　锅炉》(HJ 953)；执行《合成树脂工业污染物排放标准》(GB 31572)的生产设施或排放口，适用《排污许可证申请与核发技术规范　石化工业》(HJ 853)；工业颜料中执行《无机化学工业污染物排放标准》(GB 31573)的氧化锌等生产设施或排放口，适用《排污许可证申请与核发技术规范　无机化学工业》(HJ 1035)；执行《石油化学工业污染物排放标准》(GB 31571)的染颜料中间体的生产设施或排放口，适用《排污许可证申请与核发技术规范　石化工业》(HJ 853)。

本标准未作出规定但排放工业废水、废气或者国家规定的有毒有害污染物的涂料、油墨、颜料及类似产品制造业排污单位的其他产污设施和排放口，参照《排污许可证申请与核发技术规范　总则》(HJ 942)要求执行。

3．重点/简化管理排污单位如何确定？

根据《固定污染源排污许可分类管理名录（2019 年版）》确定排污单位管理类别。其中，重点管理排污单位是指纳入《固定污染源排污许可分类管理名录（2019 年版）》重点管理的排污单位，简化管理排污单位是指纳入《固定污染源排污许可分类管理名录（2019 年版）》简化管理的排污单位。

4．排污单位填报图件有哪些要求？

排污单位填报图件应包括生产工艺流程图（包括全厂及各生产单元）、厂区平面布置图、雨水和污水管网平面布置图。其中，生产工艺流程图应至少包括主要生产设施（设备）、生产工艺流程和产排污节点等内容。厂区平面布置图应至少包括主体设施、公辅设施、废气处理设施、废水处理设施、污水处理设施、危险废物贮存仓库等，并注明废气排放口和无组织排放的生产单元。雨水和污水管网布置图应包括厂区雨水和污水集输管线走向、排放口位置及排放去向等内容。

5．排污单位主要排放口和一般排放口如何界定？其实施的排污许可管理要求主要差别是什么？

按照排污许可管理要求，排污单位有组织废气和废水排放口分为主要排放口和一般排放口，对于主要排放口设置许可排放浓度限值和排放量“双管控”要求，对于一般排放口仅设置许可排放浓度限值要求。

对于涂料、油墨、颜料及类似产品制造排污单位的废气排放口，除本标准表 8 中重点排污单位的主要排放口外，其他排放口都是一般排放口。

对于涂料、油墨、颜料及类似产品制造排污单位的废水排放口，重点排污单位的主要排放口如本标准表 12 所示。

6．废水、废气排放管控的污染因子以及许可内容是什么？

涂料、油墨、颜料及类似产品制造排污单位的废气污染物项目应依据 GB 9078、GB 14554、GB 16297、GB 31572、GB 37822、GB 37824 等适用标准确定；地方污染物排放标准有更严格要求的，按照地方排放标准确定。

涂料制造排污单位废水污染物种类依据 GB 8978、GB 31572 确定；油墨及类似产品制造排污单位废水污染物种类依据 GB 8978、GB 25463、GB 31572 确定；工业颜料制造、工艺美术颜料制造排污单位废水污染物种类依据 GB 8978、GB 31573 确定；染料制造排污单位废水污染物种类依据 GB 8978、GB 31571 确定。地方有更严格排放标准要求的，按照地方排放标准确定。

7．废气主要排放口排放的哪些因子需要设置许可排放量，许可排放量的确定原则是什么？

重点管理排污单位废气主要排放口针对挥发性有机物、颗粒物、二氧化硫、氮氧化物、铅及其化合物、铬及其化合物等设置许可排放量，具体产品和工艺的许可排放量因子参照规范中要求。许可排放量包括年许可排放量和特殊时段许可排放量，排污单位许可排放量为各有组织主要排放口年许可排放量之和。许可排放量的确定原则是基于许可排放浓度、单位产品基准排气量和产能确定。

8．废水主要排放口排放的哪些因子需要设置许可排放量，许可排放量的确定原则是什么？

重点管理排污单位废水总排放口纳入主要排放口的应该申请化学需氧量和氨氮的年许可排放量，车间或者生产设施排放口应该申请六价铬、总铬、总铅的年许可排放量。具体产品和工艺的许可排放量因子参照规范中要求。

对于位于国家正式发布的文件中规定的总磷和总氮总量控制区域内的排污应申请总磷、总氮年许可排放量。

许可排放量的确定原则是基于许可排放浓度、单位产品基准排气量和产能确定。

9．未采用本标准推荐的污染防治可行技术，是否影响发证？

采用本标准所列废水或废气可行技术且污染物排放设计出口浓度满足许可排放浓度限值要求的，原则上认为具备符合规定的污染防治设施或污染物处理能力。

对于未采用本标准所列污染防治推荐可行技术的，排污单位应当在申请时提供相关证明材料（如已有污染物排放监测数据；对于国内外首次采用的污染防治技术，还应当提供中试数据等说明材料），证明材料应该具有时效性，证明可达到与污染防治可行技术相当的处理能力。

10．重点管理单位自行监测要求中，废气和废水监测因子有哪些？

重点排污单位应当开展自行监测的污染源包括有组织废气、无组织废气、生产废水、生活污水等污染源；自行监测的要求需要满足相应排污单位自行监测技术指南要求。指南未发布的，按照相适用标准，结合本技术规范要求执行。自行监测的废气污染物项目主要包括颗粒物、二氧化硫、氮氧化物、氯气、氯化氢、硫酸雾、铬及其化合物、铅及其化合物、挥发性有机物、臭气浓度及其他相关特征污染物；废水监测因子包括总铬、总铅、总镉、总砷、pH、化学需氧量、氨氮、总氮、总磷、石油类等。自动监测针对重点排污单位废水总排放口的pH、化学需氧量、氨氮和流量。

11．重点排污单位实际排放量核算包括哪些内容，核算方法有哪些？

涂料、油墨、颜料及类似产品制造重点排污单位应核算废气污染物有组织实际排放量和废水污染物实际排放量，核算方法包括实测法、产污系数法等，具体见本标准4.6条。

12．在什么情形下采用产污系数法核算污染物实际排放量？

排污单位应核算废气污染物有组织实际排放量和废水污染物实际排放量，核算方法包括实测法、产污系数法等。排污许可证要求应采用自动监测的污染物项目，根据符合监测规范的有效自动监测数据采用实测法核算实际排放量。对于排污许可证未要求采用自动监测的污染物项目，按照优先顺序依次选取自动监测数据、执法监测数据和手工监测数据核算实际排放量。监测数据应符合国家环境监测相关标准技术规范要求。对于排污许可证中载明要求应当采用自动监测的排放口或污染因子而未采用的，采用产污系数法核算污染物排放量，且均按直接排放进行核算。

13．合规判定包括哪些内容？

合规是指排污单位许可事项和环境管理要求符合排污许可证管理规定。

许可事项合规是指排污单位排放口位置和数量、排放去向、排放污染物种类、排放限值符合许可证规定。其中，排放限值合规是指排污单位污染物实际排放浓度满足许可排放限值要求；环境管理要求合规是指排污单位按许可证规定落实自行监测、台账记录、执行报告、信息公开等环境管理要求。

14．废水、废气主要排放口排放量合规的判定方法是什么？

废水、废气主要排放口污染物年实际排放量不超过相应污染物的年许可排放量，即视为合规。

15．重点管理单位台账要求记录哪些内容？

涂料、油墨、颜料及类似产品制造重点排污单位台账应包括基本信息、生产设施运行管理信息、污染防治设施运行管理信息、污染防治设施非正常情况记录信息、监测记录信息及其他环境管理信息等。参照本标准中的资料性附录B。

铁合金、电解锰工业排污许可申请与核发十五问

2020-03-12

铁合金、电解锰工业涉及产品众多，生产工艺多样，其中铁合金生产以火法冶炼为主，主要污染为原料处理、冶炼、浇铸等生产过程中烟（粉）尘排放；电解锰生产以湿法冶炼为主，主要污染为废水排放。结合上述行业特点，本标准分为铁合金和电解锰两部分，目前上述行业排污单位均纳入排污许可重点管理类别。本标准规定了铁合金排污单位的冶炼工序的废气排放口为主要排放口以及电解锰排污单位的含铬废水和废水总排放口为主要排放口，对废气主要排放口许可颗粒物排放量，对废水主要排放口许可总铬、COD 和氨氮排放量。同时将无组织排放纳入本标准管控，地方政府也可根据本区域环境质量改善需求对焙烧烟气中的二氧化硫、氮氧化物许可排放量。因此，本标准的实施，将对提升铁合金和电解锰行业环境管理水平、推进行业排污许可证核发具有重要意义。

为帮助大家更好地了解《排污许可证申请与核发技术规范　铁合金、电解锰工业》（HJ 1117—2020），相关技术专家对本标准进行了详细解读。

1．本标准的适用范围是什么？

本标准分为铁合金排污单位和电解锰排污单位两部分，分别适用于指导和规范铁合金排污单位［采用电炉法、高炉法、转炉法、炉外法（金属热法）等生产铁合金］和电解锰排污单位（采用电解法生产金属锰），在全国排污许可证管理信息平台申报系统中填报相关申请信息；适用于指导核发机关审核确定铁合金和电解锰排污单位排污许可证许可要求。其中铁合金排污单位中，执行《钢铁烧结、球团工业大气污染物排放标准》（GB 28662）的烧结机、球团焙烧等生产设施和排放口，适用《排污许可证申请与核发技术规范　钢铁工业》（HJ 846）。

2．铁合金、电解锰排污单位排污许可重点管理、简化管理是如何划分的？

按照《固定污染源排污许可分类管理名录（2019 年版）》的规定，对《国民经济行业分类》（GB/T 4754—2017）定义范围内铁合金冶炼实施重点管理。目前所有铁合金、电解锰工业排污单位排污许可管理均为重点管理。为满足后续名录调整，本标准中增加了铁合金和电解锰简化管理排污单位内容。简化管理排污单位不设置主要排放口，不许可

排放量，进一步减少自行监测频次，简化环境管理台账和执行报告内容。

3．铁合金排污单位主要排放口和一般排放口如何识别？实施的排污许可管理要求主要差别是什么？

铁合金排污单位主要废气排放口包括电炉法冶炼原料系统焙烧烟气排放口、半封闭式矿热炉废气排放口（生产硅铁除外）、高炉法冶炼高炉矿槽废气排放口、高炉法冶炼高炉出铁场废气排放口、转炉法冶炼转炉烟气排放口；除主要排放口之外的均为一般排放口。废水排放口均为一般排放口。

废气主要排放口许可污染物排放浓度和排放量；废气一般排放口仅许可污染物排放浓度，原则上不许可排放量；废气无组织排放按措施管控。废水排放口不许可排放量，仅许可污染物排放浓度。地方生态环境主管部门有许可要求的，从其规定。

4．电解锰排污单位主要排放口和一般排放口如何识别？实施的排污许可管理要求主要差别是什么？

电解锰排污单位废气排放口均为一般排放口。废水主要排放口包括全厂综合废水排放口和车间或生产设施含铬废水排放口；其他废水排放口为一般排放口。

废气排放口仅许可污染物排放浓度，无组织排放按措施管控。废水主要排放口许可污染物排放浓度和排放量，废水一般排放口仅许可污染物排放浓度，原则上不许可排放量。地方生态环境主管部门有许可要求的，从其规定。

5．铁合金排污单位废气、废水污染控制项目按照哪个排放标准来确定？

在铁合金排污单位中，电炉法冶炼大气污染物按照《铁合金工业污染物排放标准》（GB 28666）确定，其中烧结机（球团）大气污染物按照《烧结、球团大气污染物排放标准》（GB 28662）确定；高炉法冶炼大气污染物按照 GB 28662、《炼铁大气污染物排放标准》（GB 28663）确定；转炉法冶炼大气污染物按照《炼钢大气污染物排放标准》（GB 28664）确定；炉外法（金属热法）冶炼大气污染物按照《工业炉窑大气污染物排放标准》（GB 9078）确定；其他污染源大气污染物按照 GB 28666 确定。

高炉法冶炼的废水污染物按照《钢铁工业水污染物排放标准》（GB 13456）确定，其他冶炼法的废水污染物项目依据 GB 28666 确定。

6．铁合金排污单位许可排放限值包括哪些？许可排放量包括哪些？

铁合金排污单位许可排放限值包括许可排放浓度限值、许可排放量限值和无组织管控措施，许可排放量包括年许可排放量和特殊时段许可排放量。

铁合金排污单位废气主要排放口许可颗粒物排放量。地方政府可根据本区域环境质量改善需求对焙烧烟气中二氧化硫、氮氧化物许可排放量。

7．电解锰排污单位许可排放限值包括哪些？许可排放量包括哪些？

电解锰排污单位许可排放限值包括许可排放浓度限值、许可排放量限值和无组织管控措施。

废气许可排放浓度时，应依据《大气污染物综合排放标准》（GB 16297）、《恶臭污染物排放标准》（GB 14554）确定。废水许可排放浓度时，应依据《污水综合排放标准》（GB 8978）确定。有地方排放标准要求的，按照地方排放标准确定。

车间或生产设施含铬废水排放口许可总铬和六价铬年许可排放量，全厂综合废水排放口化学需氧量、氨氮年许可排放量。单独排入城镇集中污水处理设施的生活污水无须申请许可排放量。

8．铁合金、电解锰排污单位许可排放量如何确定？

按照技术规范规定的许可排放量核算方法和依法分解落实到排污单位的重点污染物排放总量控制指标，从严确定许可排放量。2015 年 1 月 1 日及以后取得环境影响评价审批意见的排污单位，许可排放量还应同时满足环境影响评价文件审批意见确定的要求。

9．铁合金排污单位无组织控制措施包括哪些？

铁合金排污单位废气无组织产污环节包括供卸料、原料处理、冶炼、浇铸、成品处理等工序排放的颗粒物。因铁合金排污单位中大部分企业规模较小且无组织排放量大，需按照无组织措施管控。本标准对无组织废气采取区别管控方式，分为重点区域和非重点区域来进行管控，重点区域范围按照《国务院关于印发打赢蓝天保卫战三年行动计划的通知》中的要求执行。地方有更严格无组织排放控制管理要求的，从其规定。

铁合金排污单位对物料存储与运输、冶炼、浇铸和成品破碎环节规定了无组织控制要求，其中将生产硅铁合金的矿热炉也纳入无组织管控。对于非重点区域生产硅铁排污单位要求：冶炼车间外无可见烟尘外逸；矿热炉烟气可采用正压回收系统收集颗粒物，并配备除尘设施；正压除尘箱体四周及顶部封闭，并设置高清视频监控设施与生态环境主管部门联网。对于重点区域生产硅铁排污单位要求矿热炉烟气采用负压回收系统收集颗粒物，并配备除尘设施。

10．铁合金、电解锰排污单位应开展哪些项目的自动监测？

重点管理铁合金排污单位中废气主要排放口的颗粒物应安装在线自动监测设备。此外，根据《关于加强京津冀高架源污染物自动监控有关问题的通知》（环办环监函〔2016〕1488 号）中的相关内容，京津冀地区及传输通道城市铁合金排污单位排放烟囱超过 45 米的高架源应安装污染源自动监控设备。鼓励其他排放口及污染物采用自动监测设备监测，无法开展自动监测的，应采用手工监测。重点管理铁合金排污单位中废水的总排放口废水排放量大于 100 吨/日时应安装在线自动监测设备。重点管理电解锰排污单位全厂综合废水排放口的化学需氧量和氨氮应安装在线自动监测设备。鼓励其他排放口及污染物采用自动监测设备监测，无法开展自动监测的，应采用手工监测。

11．铁合金、电解锰排污单位环境管理台账记录哪些内容？保管期限为多久？

重点管理铁合金、电解锰工业排污单位台账记录内容包括排污单位基本信息、生产设施运行管理信息、污染防治设施运行管理信息、监测记录信息及其他环境管理信息等，记录频次原则上每班次记录 1 次，排污单位基本信息按年记录，非正常工况按照工况记录，台账记录纸质和电子件保存年限原则上不低于 3 年。

12．铁合金、电解锰排污单位提交哪些执行报告？

重点管理铁合金、电解锰排污单位应提交年度执行报告和季度执行报告。地方生态环境主管部门根据环境管理要求，可要求排污单位提交月度执行报告，并在排污许可证中明确。

13．铁合金、电解锰排污单位执行报告上报频次如何规定？

铁合金、电解锰工业排污单位应至少每年上报 1 次排污许可证年度执行报告，各类执行报告均于下一周期首月 15 日前提交至排污许可证发证机关。

对于持证时间超过 3 个月的年度，报告周期为当年全年（自然年）；对于持证时间不足 3 个月的年度，当年可不提交年度执行报告，排污许可证执行情况纳入下一年度执行报告。

14．铁合金、电解锰排污单位合规判定包括哪些内容？

合规是指铁合金、电解锰排污单位许可事项和环境管理要求符合排污许可证规定。许可事项合规是指铁合金、电解锰排污单位排污口位置和数量、排放方式、排放去向、排放污染物项目、排放限值符合许可证规定，其中，排放限值合规是指铁合金、电解锰排污单位污染物实际排放浓度和排放量满足许可排放限值要求。无组织排放合规以现场检查本标准无组织控制要求情况为主，必要时辅以现场监测方式判定排污单位无组织排放合规性。环境管理要求合规是指铁合金、电解锰排污单位按许可证规定落实自行监测、台账记录、执行报告、信息公开等环境管理要求。

15．铁合金、电解锰排污单位废气、废水排放浓度合规判定方法有哪些？

铁合金、电解锰排污单位废气、废水排放浓度合规判定方法包括执法监测和排污单位自行监测，排污单位自行监测包括自动监测和手工监测。

储油库、加油站排污许可申请与核发十五问

2020-03-12

储油库、加油站行业都不是生产性行业。储油库排污单位污染物的排放主要以储存、装卸过程和动静密封点泄漏的挥发性有机物为主；加油站排污单位污染物的排放主要以汽油加油、储油过程排放的挥发性有机物为主。围绕重点管控挥发性有机物的核心，本标准规定了储油库、加油站排污单位排污许可证申请与核发的基本情况填报要求、许可排放限值确定、实际排放量核算和合规判定的方法，以及自行监测、环境管理台账和排污许可证执行报告等环境管理要求。本标准发布实施后，对提高行业大气污染物管控防治水平、推进行业排污许可证核发具有重要意义。

为帮助大家更好地了解《排污许可证申请与核发技术规范　储油库、加油站》（HJ 1118—2020），相关技术专家对本标准进行了详细解读。

1．本标准的适用范围是什么？

本标准适用于储油库（包括码头配套的储油库区）、加油站排污单位排放水污染物、大气污染物的排污许可管理。储存液体有机化学品的排污单位排放水污染物、大气污染物的排污许可管理可参照执行。

储油库、加油站排污单位中执行《锅炉大气污染物排放标准》（GB 13271）的生产设施和排放口适用《排污许可证申请与核发技术规范　锅炉》（HJ 953）。

2．排污单位如何选择行业类别？

在填报选择行业类别时，储油库（包括码头配套的储油库区）排污单位选择GB/T 4754—2017 中 G 5941 油气仓储，加油站排污单位选择 GB/T 4754—2017 中 F 5265 机动车燃油销售。

3．如何确定企业是重点管理、简化管理还是登记管理？

依据《固定污染源排污许可分类管理名录（2019 年版）》，分类管理情况如下：

（1）储油库排污单位。总容量 10 万立方米及以上的油库（含油品码头后方配套油库，不含储备油库）为重点管理，总容量 1 万立方米及以上 10 万立方米及以下的油库（含油品码头后方配套油库，不含储备油库）为简化管理，其他油库为登记管理。

（2）加油站排污单位。位于城市建成区的加油站为简化管理，其他加油站为登记管理。

考虑到将来名录的调整，本标准在监测频次和执行报告频次两个方面体现了对重点管理加油站排污单位的要求。

4．标准中罗列的生产设施都需要设置排气筒吗？

排污单位应按实际情况进行排污许可证申报。如涉及标准运行管理要求或地方生态环境主管部门明确要求整改的，应在整改要求中明确。

5．排污单位主要排放口和一般排放口的排污许可管理要求的主要区别是什么？

排污单位有组织废气和废水排放口分为主要排放口和一般排放口，对于主要排放口设置许可排放浓度（速率）和许可排放量“双管控”要求，对于一般排放口仅设置许可排放浓度（速率）要求。

6．许可排放限值的确定原则是什么？

许可排放浓度根据国家或地方污染物排放标准确定。许可排放量依据本标准规定的许可排放量核算方法和依法分解落实到排污单位的重点污染物排放总量控制指标，从严确定。2015 年 1 月 1 日（含）以后取得环境影响评价审批意见的排污单位，许可排放量还应同时满足环境影响评价文件及审批意见确定的要求，即“三者取严”。

7．排污单位填报图件有哪些要求？

（1）储油库排污单位应给出厂区平面布置图、全厂雨水和污水管线走向图及生产工艺总流程图。厂区平面布置图应标明主要生产单元及生产设施名称、位置，有组织废气排放源，废水排放口、雨水排放口位置；全厂雨水和污水管线走向图应分别给出厂区雨水、污水集输管线走向及排放去向；生产工艺总流程图应标明主要生产设施等。

（2）加油站排污单位应给出厂区平面布置图，图中应标明主要生产设施名称、位置，有组织废气排放口位置。

8．排污单位的废气排放管控的污染因子许可排放浓度按照什么标准确定？

（1）储油库排污单位：汽油油气回收设施排放的挥发性有机物许可排放浓度或处理效率按照 GB 20950 确定；其他物料油气回收设施排放的挥发性有机物许可排放浓度或处理效率按照 GB 37822 确定。污水处理设施的有机废气收集处理装置排放的挥发性有机物许可排放浓度或处理效率按照 GB 37822 确定。

汽油油气密闭收集系统任何泄漏点排放的油气体积分数浓度和底部装油结束并断开快接头时汽油泄漏量按照 GB 20950 确定。

企业边界无组织排放挥发性有机物、硫化氢许可排放浓度分别按照GB 16297和GB 14554确定。

（2）加油站排污单位：汽油油气处理装置排放的挥发性有机物许可排放浓度按照 GB 20952 确定；加油枪气液比，油气回收系统的液阻、密闭性压力限值要求按照 GB 20952

确定；企业边界无组织排放挥发性有机物许可排放浓度按照 GB 16297 确定。

9．排污单位的废水排放管控的污染因子许可排放浓度按照什么标准确定？

（1）储油库排污单位：水污染物许可排放浓度按照 GB 8978 确定，许可排放浓度为日均浓度（pH 为任何一次监测值）。地方有更严格排放标准要求的，按照地方排放标准从严确定。单独排入城镇污水集中处理设施的生活污水仅说明去向。

（2）加油站排污单位：单独排入城镇污水集中处理设施的生活污水说明去向即可，无须许可污染因子排放限值。

10．排污单位废气主要排放口中的哪些污染因子需要设置许可排放量？

（1）储油库排污单位：应明确有组织主要排放口和挥发性有机液体常压储罐无组织排放的挥发性有机物年许可排放量。

（2）加油站排污单位：本标准对加油站排污单位废气的许可排放量不作要求。

11．储油库排污单位如没有详细完整的储罐信息能否计算许可排放量？

如果排污单位未填报相关参数信息，平台选取默认值计算许可排放量。

12．排污单位废水排放管控污染因子需要许可排放量吗？

本标准对储油库、加油站排污单位废水的许可排放量不作要求。

13．加油站排污单位必须安装油气处理装置吗？

汽油加油站卸油、储油、加油过程油气排放控制应符合 GB 20952 要求。地方污染物排放标准有更严格要求的，从其规定。

14．自行监测要求中，自行监测因子如何确定？

本标准列出了应开展自行监测的主要污染因子的最低监测频次，其他监测因子按照 HJ 819 以及相关污染物排放标准和污染控制标准要求进行填报，待相关排污单位自行监测技术指南发布后，自行监测方案的制订从其规定。

15．排污单位可以继续采用自己原有的环境管理台账吗？

本标准所列环境管理台账记录参考表为排污单位建立完善的环境管理台账制度提供参考，排污单位可以继续采用自己原有的环境管理台账，但应满足本标准对污染治理设施运行管理信息、监测记录信息和其他环境管理信息等内容的记录要求。

石墨及其他非金属矿物制品制造排污许可申请与核发十五问

2020-03-12

石墨及其他非金属矿物制品制造涉及的行业类型较多，主要包括石墨、碳素制品，碳纤维，多晶硅棒，单晶硅棒，沥青混合料等生产排污单位。石墨及其他非金属矿物制品制造污染物主要来自废气排放，废气污染物主要有颗粒物、二氧化硫、氮氧化物、沥青烟、苯并[*a*]芘、氟化物、氯化氢等。本标准按照生产工序对石墨及其他非金属矿物制品制造企业产排污点、污染因子进行了全面梳理，按照重点管理和简化管理排污单位分别规定了废气和废水污染物的许可限值要求，明确了废气、废水、固体废物污染防治等运行管理要求，以及企业自行监测、环境管理台账和排污许可证执行报告等环境管理要求。本标准的发布实施，将对提升行业污染防治水平、规范行业排污许可证核发等具有重要意义。

为帮助大家更好地了解《排污许可证申请与核发技术规范　石墨及其他非金属矿物制品制造》（HJ 1119—2020），相关技术专家对本标准进行了详细解读。

1．本标准的适用范围是什么?

本标准适用于石墨及其他非金属矿物制品制造排污单位排放的大气污染物和水污染物的排污许可管理。石墨及其他非金属矿物制品制造排污单位中，执行《火电厂大气污染物排放标准》（GB 13223）的生产设施和排放口，适用《火电行业排污许可证申请与核发技术规范》；执行《锅炉大气污染物排放标准》（GB 13271）的生产设施和排放口，适用《排污许可证申请与核发技术规范　锅炉》（HJ 953）。

2．重点管理和简化管理排污单位是如何确定的?

石墨及其他非金属矿物制品制造排污单位的排污许可管理类别依据《固定污染源排污许可分类管理名录（2019 年版）》确定。重点管理排污单位主要包括石墨、碳素制品生产排污单位，碳纤维生产排污单位，多晶硅棒生产排污单位等。简化管理排污单位主要包括单晶硅棒生产排污单位，沥青混合料生产排污单位等。

3．本标准执行的主要污染物排放标准有哪些？

废气执行《大气污染物综合排放标准》(GB 16297)、《工业炉窑大气污染物排放标准》(GB 9078)、《恶臭污染物排放标准》(GB 14554)和《铝工业污染物排放标准》(GB 25465)，废水执行《污水综合排放标准》(GB 8978) 和《铝工业污染物排放标准》(GB 25465)。

4．废气的主要排放口和一般排放口如何划分？

石墨、碳素制品生产排污单位的煅烧炉（窑）和焙烧炉（窑）的烟气排放口纳入主要排放口管理，许可污染物排放浓度和排放量。碳纤维生产排污单位的废气焚烧系统排放口纳入主要排放口管理，仅许可污染物排放浓度。多晶硅棒生产排污单位的酸性废气处理系统排放口纳入主要排放口管理，仅许可污染物排放浓度。其他废气排放口按一般排放口管理，仅许可污染物排放浓度。

5．废水的主要排放口和一般排放口如何划分？

石墨及其他非金属矿物制品制造排污单位的废水排放口均为一般排放口，仅许可污染物排放浓度。对于单独排入公共污水处理设施的生活污水仅说明排放去向即可。

6．主要排放口排放的哪些因子需要许可排放量？

针对国家主要废气控制因子的烟尘（颗粒物）、二氧化硫和氮氧化物设置许可排放量，排污单位许可排放量为各有组织主要排放口年许可排放量之和。排污单位承诺的排放量严于本标准要求的，在排污许可证中载明。

7．主要排放口许可排放量确定原则是什么？

依据本标准规定的许可排放量核算方法和依法分解落实到排污单位的重点污染物排放总量控制指标，从严确定许可排放量。2015 年 1 月 1 日（含）以后取得环境影响评价审批意见的排污单位，许可排放量还应同时满足环境影响评价文件及审批意见确定的要求，即“三者取严”。本标准给出了许可排放量核算方法，主要根据工序（炉窑）年产品产量、排污绩效系数计算废气主要排放口的烟尘（颗粒物）、二氧化硫和氮氧化物的年许可排放量。

8．未采用本标准推荐的污染防治可行技术，是否影响发证？

对于未采用本标准推荐的污染防治可行技术的排污单位，提供相关证明材料（如已有污染物排放监测数据；对于国内外首次采用的污染防治技术，还应当提供中试数据等说明材料），能够证明可达到与污染防治可行技术相当的处理能力的，不影响发证。

9．石墨、碳素制品生产排污单位废气无组织排放控制要求有哪些？

石墨、碳素制品生产排污单位应满足以下无组织排放控制要求：

（1）应加强除尘设备巡检，消除设备隐患，保证正常运行。布袋除尘器应安装差压计，及时更换布袋除尘器滤袋，保证滤袋完整无破损。电除尘器应定期检修维护极板、极丝、振打清灰装置。

（2）固体沥青熔化装置、液体沥青储槽（罐）等产生沥青烟的位置均应设置烟气收集装置；高温糊料输送设备均应采取密闭措施并设置局部烟气收集装置，设备无法密闭的，应置于密闭空间内，并对密闭空间设置排风收集装置；沥青烟气的收集处理装置的管道应设置有效的防止堵塞的措施，如加热、伴热等；沥青烟收集处理装置宜优先选用不产生液态焦油等二次污染的净化工艺；沥青烟收集处理装置的净化、处理效率应满足排放标准的要求。

（3）煅烧炉（窑）、焙烧炉（窑）等炉窑烟气处理系统不应设置烟气旁通通道；炉窑开口位置均应为负压状态，防止气态污染物外泄；主要排放口除尘、排烟风机应安装计时器。

（4）环保设施应与其对应的生产工艺设备同步运转，保证在生产工艺设备运行波动情况下仍能正常运转，实现达标排放。

10．排污单位自行监测方案主要包括哪些内容？

排污单位自行监测污染源和污染物应包括排放标准、环境影响评价文件及其审批意见和其他环境管理要求中涉及的各项废气、废水污染源和污染物。排污单位应当开展自行监测的污染源包括有组织废气、无组织废气、废水等全部污染源，污染源的监测点位、主要监测指标、最低监测频次按本规范要求执行。

11．实行简化管理的排污单位环境管理台账需要记录哪些内容？

实行简化管理的排污单位环境管理台账内容可适当简化，至少记录污染治理设施运行管理信息和监测记录信息，记录频次可适当降低。

12．排污单位应提交哪些执行报告？

实施重点管理的排污单位应提交年度执行报告和季度执行报告，实施简化管理的排污单位应提交年度执行报告。地方生态环境主管部门根据环境管理需求，可要求排污单位提交季度或月度执行报告，并在排污许可证中明确。

13．在什么情形下采用产污系数法核算污染物实际排放量？

对于排污许可证中要求采用自动监测的排放口或污染物而未采用的，采用产污系数法核算实际排放量；自动监测季度数据有效捕集率不到 75%的，自动监测数据不能作为核算实际排放量的依据，实际排放量按照“要求采用自动监测的排放口或污染物项目而未采用”的相关规定进行核算；排污单位自动监测数据缺失或数据异常等情况是排污单位责任的，采用产污系数法核算污染物实际排放量。

14．排污单位废水和废气污染物排放浓度达标应符合什么条件？

排污单位废水污染物的排放浓度达标是指任一有效日均值（除 pH 外）均满足许可排放浓度要求，废气污染物排放浓度达标是指“任一小时浓度均值均满足许可排放浓度要求”。

15．排污单位合规判定包括哪些内容？

合规是指排污单位许可事项和环境管理要求符合排污许可证规定。许可事项合规是指排污单位排放口位置和数量、排放方式、排放去向、排放污染物项目、排放限值符合排污许可证规定，其中排放限值合规是指排污单位污染物实际排放浓度（速率）和排放量满足许可排放限值要求。环境管理要求合规是指排污单位按排污许可证规定落实自行监测、台账记录、执行报告、信息公开等环境管理要求。排污单位可通过环境管理台账记录、按时提交执行报告和开展自行监测、信息公开，自证其依证排污、满足排污许可证要求。

水处理通用工序排污许可申请与核发十五问

2020-03-27

为帮助大家更好地了解《排污许可证申请与核发技术规范　水处理通用工序》（HJ 1120—2020）的编制思路、主要内容和重点、难点，相关技术专家对该标准进行了重点内容解读。

1．本标准的适用范围是什么？

本标准适用《固定污染源排污许可分类管理名录（2019 年版）》（以下简称《名录》）第 1 至 108 类行业的排污单位，以及第 112 类中重点管理和简化管理的排污单位水处理设施通用工序排污许可证申请与核发。对照《国民经济行业分类》（GB/T 4754—2017）和《名录》，本标准具体适用行业多，行业特点各有不同，为便于理解和实施，按照排污特点将排污单位分为采矿类、生产类和服务类。本标准不替代行业排污许可证申请与核发技术规范，已有行业技术规范的，水处理设施执行其行业技术规范相关规定。

2．适用本标准的采矿类排污单位具体指哪些行业？

采矿类排污单位包括《国民经济行业分类》（GB/T 4754—2017）采矿业 B 中煤炭开采和洗选业 06，石油和天然气开采业 07 中陆地石油开采 0711、陆地天然气开采 0721，黑色金属矿采选业 08，有色金属矿采选业 09，非金属矿采选业 10 和其他采矿业 12 涵盖的采矿类排污单位。

3．适用本标准的生产类排污单位具体指哪些行业？

生产类排污单位包括《国民经济行业分类》（GB/T 4754—2017）制造业 C，电力、热力、燃气及水生产和供应业 D 中涵盖的排污单位。

4．适用本标准的服务类排污单位具体指哪些行业？

服务类排污单位包括《国民经济行业分类》（GB/T 4754—2017）交通运输、仓储业 G 中客运火车站、货运火车站、客运汽车站、货运枢纽（站）、机场、客运港口、除危险品仓储外的其他仓储，住宿和餐饮业 H，居民服务、修理和其他服务业 O，教育 P，卫生和社会工作 Q 中社会工作等涵盖的排污单位。

5．排污单位填报时如何选择“行业类别”？

填报“行业类别”时，应依据《国民经济行业分类》（GB/T 4754—2017）选择主行业，子行业选择“水处理通用工序”。

6．排污单位的哪些设施需要进行编号？怎样编号？

排污单位的生产设施、污染治理设施和排放口均需进行编号，生产设施和污染治理设施可填报排污单位现有内部编号，若排污单位无内部编号，则根据《排污单位编码规则》（HJ 608）进行编号并填报。

7．排污单位填报图件有哪些要求？

采矿类排污单位应填报采矿、选矿及污水处理设施工艺流程图和总平面布置图。总平面布置图应包括主体设施、公辅设施、污水处理站等，同时注明废水外排口、车间或车间处理设施废水排放口、雨水排放口位置，并给出雨水、废水集输管线走向和排放去向。

生产类排污单位应填报生产工艺流程图（包括全厂及各工序）和厂区总平面布置图。生产工艺流程图应包括主要生产设施（设备）、主要原辅料流向、生产工艺流程等内容。厂区总平面布置图应包括主体设施、公辅设施、污水处理设施等，同时注明废水外排口、车间或车间处理设施废水排放口、雨水排放口位置，并给出全厂雨水、污水集输管线走向和排放去向。

服务类排污单位应填报总平面布置图，图中应包括主体工程、公辅工程、污水处理设施等，同时注明废水外排口、车间或车间处理设施废水排放口、雨水排放口位置，并给出全厂雨水、污水集输管线走向和排放去向。

有核发权的地方生态环境主管部门另有规定或排污单位认为有必要的，可增加填报图件要求或自行提交其他图件。

8．排污单位主要排放口和一般排放口如何界定？其管理要求有何差别？

属于重点管理的排污单位中，采矿类和生产类排污单位废水外排口，以及《关于加强涉重金属行业污染防控的意见》（环土壤〔2018〕22 号）中重点行业排污单位车间排放口为主要排放口，其他为一般排放口；服务类排污单位中，重点管理排污单位废水排入环境水体的外排口为主要排放口，其他为一般排放口。

对于主要排放口，同时许可排放浓度（速率）和排放量，实施“双管控”；对于一般排放口，仅许可排放浓度（速率）；对于其他排放口，不设置许可要求。

9．废水排放标准和纳入管控的污染因子如何确定？

对于采矿类排污单位，煤炭采选业执行《煤炭工业污染物排放标准》（GB 20426），铁矿采选业执行《铁矿采选工业污染物排放标准》（GB 28661），镁、钛矿采选业执行《镁、钛工业污染物排放标准》（GB 25468），铜、镍、钴矿采选业执行《铜、镍、钴工业污染物排放标准》（GB 25467），铅、锌矿采选业执行《铅、锌工业污染物排放标准》（GB 25466），铝矿采选业执行《铝工业污染物排放标准》（GB 25465），锡、锑、汞矿采选业执行《锡、锑、汞工业污染物排放标准》（GB 30770），稀土矿采选业执行《稀土工业污染物排放标准》（GB 26451），其他排污单位执行《污水综合排放标准》（GB 8978）。

对于生产类排污单位，火炸药兵器工业执行《兵器工业水污染物排放标准　火炸药》（GB 14470.1），火工药剂兵器工业执行《兵器工业水污染物排放标准　火工药剂》（GB 14470.2），弹药装药行业执行《弹药装药行业水污染物排放标准》（GB 14470.3），其他排污单位执行《污水综合排放标准》（GB 8978）。

服务类排污单位执行《污水综合排放标准》（GB 8978）。

排污单位废水排放有其他标准要求的，从其规定。若行业废水污染物排放标准发布，从其规定。纳入管控的污染因子根据执行的标准确定。

10．主要废水排放口的哪些污染因子需要许可排放量？

采矿类和生产类排污单位主要排放口要许可化学需氧量、氨氮排放量，主要车间或车间处理设施废水排放口，还应根据废水中所含重金属因子情况，明确铅、汞、铬、镉、砷五项重金属的许可排放量。生态环境主管部门另有规定的，从其规定。

服务类排污单位主要排放口应许可化学需氧量、氨氮排放量。

11．如何确定废水主要排放口的许可排放量？

许可排放量基于许可排放浓度、产品产能和单位产品基准排水量进行计算，并与排污单位污染物排放总量控制指标从严确定。2015 年 1 月 1 日（含）以后取得环境影响评价审批意见的排污单位，许可排放量还应同时满足环境影响评价文件及审批意见确定的要求，即“三者取严”。

12．废水不外排的排污单位，申报时如何填报排放量？

废水不外排的企业不许可废水中污染物排放量，但需要在填报产排污环节时明确各股废水排放去向。

13．未采用本标准推荐的污染防治可行技术，是否影响发证？

不影响发证。对于未采用本标准推荐的污染防治可行技术的，提供相关证明材料，如已有污染物排放监测数据。对于国内外首次采用的污染防治技术，还应当提供中试数据等说明材料，证明可达到与污染防治可行技术相当的处理能力。

14．自行监测要求中，监测因子和频次如何确定？

本标准列出了应开展自行监测的主要污染因子的最低监测频次，未规定的其他监测因子指标按照《排污单位自行监测技术指南　总则》（HJ 819）等标准规范执行。待行业自行监测指南发布后从其规定。

15．排污许可证要求采用自动监测而未采用的，如何计算污染物实际排放量？

排污许可证要求采用自动监测而未采用的，使用产污系数法核算污染物实际排放量，且按产生量进行核算。

工业炉窑排污许可申请与核发十五问

2020-04-02

为帮助大家更好地了解《排污许可证申请与核发技术规范　工业炉窑》（HJ 1121—2020）的编制思路、主要内容和重点、难点，相关技术专家对本标准进行了详细解读。

1．所有含工业炉窑生产设施的排污单位申请排污许可证都适用《排污许可证申请与核发技术规范　工业炉窑》吗？

不是。含工业炉窑生产设施的排污单位首先要明确所属行业，再根据所属行业判断是否按照或参照《排污许可证申请与核发技术规范　工业炉窑》申请排污许可证。具体可分为两类：一是根据《固定污染源排污许可分类管理名录（2019 年版）》（以下简称《名录》）规定，按照工业炉窑通用工序申请许可证的排污单位，适用本标准；二是《名录》规定行业以内、拥有工业炉窑且无相关排污许可证申请与核发规定的排污单位，可参照本标准执行。

2．《工业炉窑大气污染物排放标准》（GB 9078）没有氮氧化物的排放浓度要求，排污单位还需要申请许可氮氧化物的排放浓度吗？

具体可分三种情形。情形一：执行地方工业炉窑排放标准，地方工业炉窑排放标准有氮氧化物排放浓度要求的，需要申请许可氮氧化物的排放浓度。情形二：环境影响评价文件及其审批意见、地方政府对违规项目的认定或备案文件中明确氮氧化物排放浓度执行标准的，以及地方依法依规管控氮氧化物排放浓度的，需要申请许可氮氧化物的排放浓度。情形三：其他情形不需要申请许可氮氧化物的排放浓度。

3．主要排放口都需要安装自动监测设备吗？

本标准依据《排污单位自行监测技术指南　总则》（HJ 819）规定了炉窑最低监测频次，如果《大气污染防治法》等法律法规以及 HJ 819 等管理文件要求安装自动监测的，从其规定。

4．《工业炉窑大气污染物排放标准》（GB 9078）只规定了有色金属冶炼、燃煤（油）炉窑的二氧化硫排放浓度，这三类炉窑以外的其他炉窑二氧化硫申请许可浓度怎么填报？

除有色金属冶炼、燃煤（油）炉窑之外的其他炉窑不许可二氧化硫排放浓度。若有地方排放标准要求的，按照地方排放标准确定；环境影响评价文件及其审批意见、地方政府对违规项目的认定或备案文件有相关规定的，以及地方依法依规管理规定的，从其规定。

5．如何理解《排污许可证申请与核发技术规范 工业炉窑》中污染物项目依据的排放标准为“GB 9078 等国家污染物排放标准，有地方污染物排放标准的，从其规定”？

一方面，除工业炉窑以外的排放口，如原料预处理和成品后处理等的排放口，执行《大气污染物综合排放标准》（GB 16297）等；另一方面，按照环评及环评批复或地方政府对违规项目的认定或备案文件执行其他排放标准，或地方在实际管理过程中，依法依规要求执行的其他排放标准。

6．简化管理的企业需要填报废水相关内容吗？

原则上简化管理企业不需要填报废水相关内容。但是地方如果有相关环境管理要求的，可以要求填报废水相关内容。

7．脱硝工艺没有推荐可行技术，“是否为可行技术”那项如何填报？

可行技术是以满足相应排放标准为基础制定的，《工业炉窑大气污染物排放标准》（GB 9078）没有规定氮氧化物的排放标准，故本标准没有推荐脱硝工艺的可行技术。排污单位在填报脱硝工艺时可不填报工艺“是否为可行技术”。

8．耐火材料、石灰、日用玻璃、玻璃纤维、有色金属合金制造、有色金属压延、贵金属冶炼等行业为参照执行，原先按照《排污许可证申请与核发技术规范 总则》（HJ 942）申领过许可证，需要做变更吗？

参照本标准执行的行业，如果在本标准发布前按照《排污许可证申请与核发技术规范 总则》（HJ 942）申领过排污许可证的，不需要做排污许可证变更。按照本标准执行的行业，如果在本标准发布后按照《排污许可证申请与核发技术规范 总则》（HJ 942）申领过排污许可证的，则需要进行排污许可证变更。

9．耐火材料和石灰制造管理类别属于简化管理，需要许可排放量吗？

耐火材料和石灰制造参照执行本标准，若确定参照本标准执行，则需要许可排放量。

10．计算许可排放量时可以自由选取本标准推荐的算法吗？

不可以。应按照本标准推荐的优先顺序选取计算方法计算许可排放量。

11．工业炉窑排污单位如何选择填报行业？

排污单位根据《国民经济行业分类》（GB/T 4754—2017）确定所属行业，并将相应行业填报为“主行业”，“子行业”填报“工业炉窑”。

12．合规判定中排放浓度达标如何判定？需要折算吗？

根据所执行的污染物排放标准进行判定。排放标准有要求对排放浓度进行折算的需要进行折算。若执行《工业炉窑大气污染物排放标准》（GB 9078），则除熔炼炉按实测浓度计外，其他工业炉窑要按本标准 1.7 条的过量空气系数进行换算。

13.《排污许可证申请与核发技术规范　工业炉窑》没有规定大气污染物相关测定方法，怎样才能满足相关监测要求？

因为《工业炉窑大气污染物排放标准》（GB 9078）没有对污染物测定方法作出规定，故本标准没有测定方法，只要采用国家和地方现行有效的测定方法开展监测都满足监测要求。

14．台账的记录形式是电子和纸质的都需要吗？

台账记录形式只要求电子或纸质的其中一种即可。

15．工业炉窑排污单位的无组织废气污染物监测内容除包括厂界浓度外，为何还要开展工业炉窑的无组织废气污染物监测？

工业炉窑生产设施的无组织废气污染物监测确定依据为《工业炉窑大气污染物排放标准》（GB 9078），根据 GB 9078，各种工业炉窑（不分安装时间）根据其炉窑的设置方式，如有车间厂房，或露天（或有顶无围墙），需执行相应的无组织排放烟（粉）尘最高允许浓度。由此需按本标准开展工业炉窑的无组织废气污染物监测。

橡胶和塑料制品工业排污许可申请与核发十五问

2020-04-02

为帮助大家更好地了解《排污许可证申请与核发技术规范　橡胶和塑料制品工业》（HJ 1122—2020）的编制思路、主要内容和重点、难点，相关技术专家对本标准进行了详细解读。

1．本标准的适用范围是什么？

本标准分为橡胶制品工业、塑料制品工业两部分，分别适用于指导和规范橡胶制品工业排污单位、塑料制品工业排污单位在全国排污许可证管理信息平台填报相关申请信息，适用于指导排污许可证核发机关审核确定橡胶和塑料制品工业排污单位排污许可证许可要求。本标准适用《国民经济行业分类》（GB/T 4754—2017）行业代码 291 除再生橡胶制造 2914 之外的橡胶制品工业排污单位，以及行业代码 292 的塑料制品工业排污单位。以再生橡胶、再生塑料为原料的制品制造适用本标准，而生产再生橡胶、再生塑料原料的适用《排污许可证申请与核发技术规范　废弃资源加工工业》（HJ 1034）。

2．哪些排污单位应申请排污许可证？

依据《固定污染源排污许可分类管理名录》相关规定，纳入重点管理、简化管理的排污单位应申请排污许可证；纳入登记管理的排污单位应按照《固定污染源排污登记工作指南（试行）》进行排污登记。

3．排污单位涉及生产设施较多，在申请排污许可证时是否所有的生产设施均需填报？

应按照本标准第一部分“橡胶制品工业”及第二部分“塑料制品工业”中的主要生产单元、生产设施对应填报。有实际产污的生产设施不可漏填，不产污的可不填报。

4．排污单位申请排污许可证时，需要填报哪些污染物指标？

橡胶和塑料制品工业以废气排放相对显著，其中橡胶制品工艺废气的恶臭污染物、塑料人造革与合成革制品工艺废气的二甲基甲酰胺等的排放不容忽视。此外，日用及医用橡胶制品、湿法合成革制品的废水排放也为管控重点。排污单位应按照所属行业类别，对应填报大气、水污染物指标。

橡胶制品工业大气污染物指标主要包括颗粒物、非甲烷总烃、氨、恶臭污染物等；

水污染物指标主要包括 pH、悬浮物、化学需氧量、五日生化需氧量、氨氮、总锌等。塑料制品工业大气污染物指标主要包括二甲基甲酰胺、颗粒物、VOCs、非甲烷总烃、恶臭污染物等；水污染物指标主要包括 pH、色度（稀释倍数）、悬浮物、化学需氧量、五日生化需氧量、氨氮、二甲基甲酰胺（DMF）等；此外，执行《合成树脂工业污染物排放标准》（GB 31572）的排污单位还应选取特征污染物指标。

5．如何识别排放口类型？

橡胶制品工业，纳入重点管理的轮胎制造、橡胶板管带制造、橡胶零件制造、运动场地用塑胶制造和其他橡胶制品制造排污单位，炼胶、硫化废气的单根排气筒，非甲烷总烃排放速率≥3 千克/小时、重点地区非甲烷总烃排放速率≥2 千克/小时的废气排放口为主要排放口；纳入重点管理的日用及医用橡胶制品制造排污单位的浸渍、硫化废气排放口，厂区综合废水处理设施排放口为主要排放口。其他废气、废水排放口均为一般排放口。

塑料制品工业，纳入重点管理的塑料人造革与合成革制造的人造革生产线（直接涂刮法、转移法、压延法等）、合成革生产线（干法、湿法、超细纤维）、配料、后处理、二甲基甲酰胺回收废气排放口，以及厂区综合废水处理设施排放口为主要排放口；涉及喷涂工序的年用溶剂型涂料量（含稀释剂）10 吨及以上的喷涂（含喷涂、流平）、烘干废气排放口为主要排放口。水性、无溶剂合成革制品工艺废气排放口，以及其他废气、废水排放口均为一般排放口。

6．排污单位许可排放量如何确定？

按照本标准规定的许可排放量核算方法和依法分解落实到排污单位的重点污染物排放总量控制指标，从严确定许可排放量。2015 年 1 月 1 日及以后取得环境影响评价审批意见的排污单位，许可排放量还应同时满足环境影响评价文件审批意见确定的要求。

7．哪些污染物需要申请许可排放量？

橡胶制品工业，日用及医用橡胶制品排污单位废气主要排放口应申请颗粒物许可排放量，废水主要排放口应申请化学需氧量、氨氮许可排放量。其他橡胶制品排污单位暂不申请许可排放量。

塑料制品工业，人造革与合成革制造排污单位的废气主要排放口应申请颗粒物、挥发性有机物许可排放量，废水主要排放口应申请化学需氧量、氨氮许可排放量；涉及喷涂工序且年用溶剂型涂料（含稀释剂）量 10 吨及以上的喷涂（含喷涂、流平）、烘干废气主要排放口应申请颗粒物、挥发性有机物许可排放量。

位于国家正式发布文件中规定的总磷、总氮总量控制区内的排污单位，还应分别申请总磷、总氮许可排放量。

8．何种情况下采用产物系数法核算污染物实际排放量？

本标准规定，污染物实际排放量核算方法为实测法和产污系数法。实测法包括自动监测法和手工监测法。对于排污许可证中明确要求采用自动监测而未采用的排放口或污染物，应采用产污系数法核算污染物实际排放量（喷涂工序采用实测法），且按直接排放进行核算。

9．未采用本标准推荐的污染防治可行技术，是否影响发证？

对于排污单位采用本标准所列污染防治可行技术的，或者新建、改建、扩建建设项目采用环境影响评价审批意见要求的污染治理技术的，有核发权的地方生态环境主管部门可原则上认为排污单位采用的污染防治设施或措施有能力达到许可排放浓度要求。本标准附录A给出了废气、废水污染防治可行技术参考表。对于未采用的，排污单位应提供相关证明材料（如污染物排放监测数据；对于国内外首次采用的污染防治技术，还应当提供中试数据等说明材料），能够证明可达到与污染防治可行技术相当的处理能力的，不影响发证。

10．排污单位自行监测方案主要包括哪些内容？

排污单位自行监测应包括排放标准、环境影响评价文件及其审批意见和其他环境管理要求中涉及的各项废气、废水污染源和污染物。排污单位应自行监测包括有组织废气、无组织废气、废水等全部污染源。污染源的监测点位、主要监测指标、最低监测频次按本标准要求执行，即实施重点、简化管理的橡胶和塑料制品排污单位分别参照本标准第一部分“橡胶制品工业”表5、表6、表10、表11，第二部分“塑料制品工业”表4、表5、表9、表10确定。

11．何种情况下需要实施自动监测？

橡胶制品工业，废气主要排放口应对颗粒物、非甲烷总烃实施自动监测，废水主要排放口应对流量、pH、化学需氧量、氨氮实施自动监测。

塑料制品工业，废气主要排放口应对颗粒物、非甲烷总烃（喷涂工序）实施自动监测，废水主要排放口应对流量、pH、化学需氧量、氨氮实施自动监测。人造革与合成革制造排污单位执行的GB 21902标准中规定以VOCs作为挥发性有机污染物综合控制指标，待相关在线监测技术规范发布后从其规定。

12．哪些属于非正常情况？

包括生产过程中开停车（工、炉）、设备检修，工艺设备运转异常等非正常工况以及污染物排放控制措施达不到应有效率等情况下排放大气污染物的；因特殊原因造成废水处理设施未正常运行，超标排放水污染物的，或其他情况外排水污染物的。

13．环境管理台账记录内容、频次及保存期限有哪些要求？

重点管理、简化管理排污单位，环境管理台账记录内容可分别对照本标准附录B、C填报，有核发权的地方生态环境主管部门可依据法律法规、标准规范合理调整台账记录要求，排污单位可根据生产实际情况记录环境管理台账。记录频次原则按批次或日记录，排污单位基本信息按年记录，非正常工况按工况记录。环境管理台账以电子化或纸质储存其中一种形式管理，保存期限不得少于3年。

14．执行报告期限要求有哪些？

实行重点管理的排污单位应提交年度执行报告和季度执行报告，实行简化管理的排污单位应提交年度执行报告。对于持证时间不足 3 个月的年度或不足 1 个月的季度，相应报告周期内可不提交执行报告，排污许可执行情况纳入下一周期报告。

15．合规判定包括哪些内容？

合规是指排污单位许可事项符合排污许可证管理规定。许可事项合规是指排污单位排放口位置和数量、排放方式、排放去向、排放污染物种类、排放限值、环境管理要求符合排污许可证规定。其中，排放限值合规是指排污单位污染物实际排放浓度和排放量（简化管理排污单位仅涉及污染物实际排放浓度）满足许可排放限值要求；环境管理要求合规是指排污单位按照许可证规定落实自行监测、台账记录、执行报告、信息公开等环境管理要求。

制鞋工业排污许可申请与核发十五问

2020-04-02

为帮助大家更好地了解《排污许可证申请与核发技术规范 制鞋工业》（HJ 1123—2020）的编制思路、主要内容和重点、难点，相关技术专家对本标准进行了详细解读。

1．纳入排污许可管理的制鞋工业排污单位包括哪些类型？

纳入排污许可管理的制鞋工业排污单位为《国民经济行业分类》（GB/T 4754—2017）中的制鞋业（C195），包括纺织面料鞋制造（C1951）、皮鞋制造（C1952）、塑料鞋制造（C1953）、橡胶鞋制造（C1954）、其他制鞋业（C1959）。

2．哪些制鞋工业排污单位应实施排污许可重点管理？

按照《固定污染源排污许可分类管理名录（2019 年版）》，纳入重点排污单位的制鞋工业排污单位应实施重点管理；除重点管理以外的年使用 10 吨及以上溶剂型胶黏剂或者 3 吨及以上溶剂型处理剂的实施简化管理；其他的实施登记管理，仅登记排污信息。

3．制鞋工业产品包括哪些？

制鞋工业产品包括纺织面料鞋、皮鞋、塑料鞋、橡胶鞋、其他鞋。

4．实施重点管理的制鞋工业排污单位如何区分排放口类型？

实施重点管理的制鞋工业排污单位的帮底装配单元中挥发性有机物排放的排放口为主要排放口，其他废气排放口为一般排放口。排污单位废水排放口均为一般排放口。

5．制鞋工业排污单位哪些设施需要进行编号？

排污单位的生产设施、环保设施和排放口均需进行编号，生产设施和环保设施可填报排污单位现有内部编号，若排污单位无内部编号，则根据 HJ 608 进行编号并填报。排放口编号应填报地方生态环境主管部门现有编号，若无现有编号，则根据 HJ 608 进行编号并填报。

6．实施重点管理的制鞋工业排污单位废气主要排放口许可哪些主要内容？

实施重点管理的制鞋工业排污单位废气主要排放口许可污染物排放浓度，有组织排放的废气主要排放口和一般排放口以及无组织排放的废气原则上不许可排放量。

7．制鞋工业排污单位许可排放限值包括哪些？许可排放量包括哪些？

排污单位许可排放限值包括污染物许可排放浓度和许可排放量。许可排放量包括年许可排放量和特殊时段许可排放量。

原则上废气排放口和无组织废气不许可排放量，仅许可排放浓度。对于水污染物，以排放口为单位确定一般排放口，仅许可排放浓度，不许可排放量。单独排入公共污水处理设施的生活污水仅说明排放去向，不许可排放浓度和排放量。

8．制鞋工业排污单位废气许可排放浓度限值按照什么标准确定？

排污单位大气主要污染物项目应依据 GB 14554、GB 16297、GB 27632、GB 31572、GB 37822 等确定，主要包括颗粒物、苯、甲苯、二甲苯、挥发性有机物等，使用非甲烷总烃作为废气排放口挥发性有机物排放的综合控制指标，待《皮革制品和制鞋工业大气污染物排放标准》发布实施后，从其规定。地方污染物排放标准有更严格要求的，从其规定。

9．未采用本标准推荐的污染防治可行技术，是否影响发证？

对于未采用本标准推荐的污染防治可行技术的制鞋工业排污单位，提供相关证明材料（如已有污染物排放监测数据；对于国内外首次采用的污染防治技术，还应当提供中试数据等说明材料），能够证明可达到与污染防治可行技术相当的处理能力的，不影响发证。

10．实施重点管理的制鞋工业排污单位应提交哪些执行报告？

重点管理排污单位应提交年度执行报告和季度执行报告。地方生态环境主管部门根据环境管理需求，可要求排污单位提交月度执行报告，月度执行报告要求参照《排污单位环境管理台账及排污许可证执行报告技术规范　总则（试行）》（HJ 944）确定，并在排污许可证中明确。

11．制鞋工业排污单位有组织排放口废气污染物排放浓度达标应符合哪些条件？

制鞋工业排污单位有组织排放口废气污染物排放浓度达标应符合任一小时浓度均值满足许可排放浓度要求。国务院生态环境主管部门发布相关合规判定方法的，从其规定。

12．制鞋工业排污单位废气排放浓度合规判定方法有哪些？

制鞋工业排污单位废气排放浓度合规判定方法包括执法监测和排污单位自行监测，排污单位自行监测包括自动监测和手工监测。

13．实施重点管理的制鞋工业排污单位环境管理台账应记录哪些内容？保管期限多久？

实施重点管理的制鞋工业排污单位台账记录内容包括排污单位基本信息、生产设施运行管理信息、污染治理设施运行管理信息、监测记录信息及其他环境管理信息等。台账记录纸质和电子件保存年限原则上不低于 3 年。

14．实施简化管理的制鞋工业排污单位的环境管理台账应记录哪些内容？保管期限多久？

实施简化管理的电子工业排污单位台账记录内容包括污染治理设施运行管理信息、监测记录信息，台账记录纸质和电子件保存年限原则上不低于 3 年。

15．纳入简化管理的制鞋工业排污单位废气有组织排放和无组织排放的最低自行监测频次是多少？

实施简化管理的制鞋工业排污单位废气有组织排放和无组织排放的最低自行监测频次为 1 次/年。

铁路、船舶、航空航天和其他运输设备制造业排污许可申请与核发十五问

2020-04-02

为帮助大家更好地了解《排污许可证申请与核发技术规范 铁路、船舶、航空航天和其他运输设备制造业》（HJ 1124—2020）的编制思路、主要内容和重点、难点，相关技术专家对本标准进行了详细解读。

1．本标准适用范围是什么？

本标准适用于指导铁路、船舶、航空航天和其他运输设备制造业排污单位在全国排污许可证管理信息平台填报相关申请信息，适用于指导核发机关审核确定铁路、船舶、航空航天和其他运输设备制造业排污单位排污许可证许可要求。对照《国民经济行业分类》（GB/T 4754—2017），涵盖 C371 至 C379 共 9 个中类、29 个小类的排污单位。

此外，《固定污染源排污许可分类管理名录（2019 年版）》（以下简称《名录》）发布后，粗略估算有 11 万家以上涉及通用工序表面处理（涂装）的排污单位新增纳入排污许可管理范畴。考虑到本标准涵盖行业范围广、涉及涂装方法多、内容较为全面，在标准附录 A 增加表面处理（涂装）技术规范内容，供表面处理（涂装）排污单位参考执行（不包括已有相关行业排污许可证申请与核发规定的排污单位，如汽车制造业、家具制造工业排污单位）。对照《国民经济行业分类》（GB/T 4754—2017），主要涵盖金属制品业、通用设备制造业、专用设备制造业、电气机械和器材制造业等共计 12 个大类、67 个中类的排污单位。

2．与本标准中涵盖行业排污单位共线生产其他行业产品，这种情况下排污单位如何申请排污许可证？

本标准中涵盖行业，如某船舶及相关装置制造排污单位生产的产品有多种，除金属船舶外，还有钢结构产品，上述产品共线生产。按照《国民经济行业分类》（GB/T 4574—2017），金属船舶属于“373 船舶及相关装置制造”，而钢结构属于“331 结构性金属制品制造”，这种情况下，对于钢结构部分，在产品和产能均合法的情况下，可参照本标准要求进行填报。

3．本标准涵盖的排污单位中，尤其是航空航天制造业排污单位，涉密排污单位较多，该类排污单位排污许可证如何申请与核发？是否要进行信息公开？

涉及国家秘密的排污单位，其排污许可证的申请与核发工作应当按照保密规定执行。具体来说，即为核发部门发放排污许可证申请表给排污单位—排污单位线下填报—核发部门线下审核、打印并发证—线下反馈给排污单位。与非密排污单位相比，除申请与核发的形式由线上变为线下之外，其余要求均一致。

此外，根据《企业事业单位环境信息公开办法》（环境保护部令 第31号）中“第六条 企业事业单位环境信息涉及国家秘密、商业秘密或者个人隐私的，依法可以不公开；法律、法规另有规定的，从其规定”的规定，涉密排污单位可不对排污许可信息进行信息公开。

4．船舶拆除排污单位是否适用本标准？

不适用。本标准在“1 适用范围”中明确“铁路、船舶、航空航天和其他运输设备制造业排污单位中，船舶拆除排污单位适用《排污许可证申请与核发技术规范 废弃资源加工工业》（HJ 1034）”，这主要是基于HJ 1034已将废船加工工业排污单位纳入管理，该类排污单位指“以废船舶为原料通过物理加工方式，获取金属、可回用零部件等材料的排污单位”，包括《国民经济行业分类》（GB/T 4754—2017）中“C3736 船舶拆除”排污单位，故本标准不重复纳入管理。

5．涉及修理活动的排污单位应如何申请排污许可证？

为保障设备稳定可靠运行，铁路运输设备、船舶、飞机等设备须定期进行有计划的修理和维护。其中，修理活动包括专业修理和返厂修理，相应地，从事修理活动的排污单位既包括专业修理排污单位，也包括整机制造排污单位（兼具制造和修理功能）。以铁路机车为例，修理活动按照检修周期不同分为段修和厂修等，通常段修由各机务段、车辆段负责，而厂修则在主机制造排污单位或专业修理排污单位内进行。

《国民经济行业分类》（GB/T 4754—2017）将铁路、船舶、航空航天等运输设备专业修理和返厂修理进行了区分。铁路运输设备回制造厂修理、船舶回造船厂修理、民用航空器及器材回生产厂修理，分属于“371 铁路运输设备制造”“373 船舶及相关装置制造”和“374 航空航天器及设备制造”；而对应的专业修理则分属于“C4341 铁路运输设备修理”、“C4342 船舶修理”和“C4343 航空航天器修理”。对于上述情况，本标准进行了考虑，明确返厂修理活动的，适用本标准；而从事专业修理活动的排污单位，根据《名录》，只需对表面处理设施和相应的排放口申请重点或简化的排污许可证，参照本标准附录A要求进行填报。

表 1　行业类别与技术规范对照表

<table>
<tr><th>名称</th><th>分类</th><th>GB/T 4754—2017 中行业类型</th><th>适用标准情况</th></tr>
<tr><td rowspan="4">铁路运输设备修理</td><td>铁路运输设备回制造厂修理</td><td>371 铁路运输没备制造</td><td>本标准</td></tr>
<tr><td>铁路机车、铁路车辆和其他铁路设备专业修理和维护</td><td>4341 铁路运输设备修理</td><td rowspan="3">对应《名录》中“涉及通用工序的”，执行 HJ 942、HJ 855（有电镀工序的）或参照本标准附录 A</td></tr>
<tr><td>附属于铁路机务段对铁路运输车辆的维护和修理</td><td rowspan="2">5333 铁路运输维护活动、5339 其他铁路运输辅助活动</td></tr>
<tr><td>附属于车辆段对铁路运输车辆的维护和修理</td></tr>
<tr><td rowspan="2">船舶修理</td><td>船舶回造船厂修理</td><td>373 船舶及相关装置制造</td><td>本标准</td></tr>
<tr><td>各种船舶专业修理</td><td>4342 船舶修理</td><td>对应《名录》中“涉及通用工序的”，执行 HJ942、HJ855（有电镀工序的）或参照本标准附录 A</td></tr>
<tr><td rowspan="2">航空航天器修理</td><td>民用航空器及器材回生产厂修理</td><td>374 航空航天器及设备制造</td><td>本标准</td></tr>
<tr><td>各种民用航空器及器材专业修理</td><td>4343 航空航天器修理</td><td>对应《名录》中“涉及通用工序的”，执行 HJ 942、HJ 855（有电镀工序的）或参照本标准附录 A</td></tr>
</table>

6．本标准中各类排污单位主要生产单元如何确定？

本标准参考《面向装备制造业　产品全生命周期工艺知识　第 1 部分：通用制造工艺分类》（GB/T 22124.1），进行了下列工作：

一是对于铁路、船舶、航空航天和其他运输设备制造业排污单位，结合生产工艺特点、产排污特征及行业惯例，将排污单位生产组成划分为下料、机械加工（简称“机加”）、冲压、焊接、锻造、非金属材料加工、热处理、化学加工、黏接、预处理、转化膜处理、热喷涂、涂装、装配、拆解、检测试验、工业炉窑、公用和其他等 19 个生产单元，每一类排污单位由其中部分生产单元组成。为便于排污单位填报，在本标准附录 B 中列出了各小类排污单位“产品分类与主要生产单元一览表”；此外，还列出了主要生产单元和生产工艺对照表，供核发部门和排污单位参考。

二是对于附录 A 表面处理（涂装）排污单位，根据《名录》，只需对表面处理设施和相应的排放口申请重点或简化的排污许可证，本次将排污单位生产组成包括预处理、转化膜处理、涂装、公用等 4 个生产单元，排污单位填报上述生产单元即满足排污许可管理要求。

7．本标准中哪些为重点管理排污单位？

本标准中在“3 术语和定义”中对重点管理排污单位进行了定义，指纳入《固定污染源排污许可分类管理名录》重点管理的排污单位。根据《名录》，“纳入重点排污单位名录的”为重点管理排污单位。而根据《关于印发〈重点排污单位名录管理规定（试行）〉的通知》（环办监测〔2017〕86 号），重点排污单位名录实行分类管理，按照受污染的环境要素分为水环境重点排污单位名录、大气环境重点排污单位名录、土壤环境污染重点监管单位名录、声环境重点排污单位名录，以及其他重点排污单位名录共五类，同一家企业事业单位因排污种类不同可以同时属于不同类别重点排污单位。

本标准中排污单位按照环境要素进行分类管理，鉴于标准适用于对大气污染物、水污染物的排污许可管理，纳入大气环境重点排污单位或（和）水环境重点排污单位名录的，属于标准重点管理排污单位。

8．如何确定溶剂、涂料或者胶黏剂的年使用量？

根据《名录》，本标准铁路、船舶、航空航天和其他运输设备制造业排污单位中，“除重点管理以外的年使用 10 吨及以上溶剂型涂料或胶黏剂（含稀释剂、固化剂、清洗溶剂）的”为简化管理排污单位；附录 A 表面处理（涂装）排污单位中，“年使用 10 吨及以上有机溶剂的”为简化管理排污单位。

《名录》中也对溶剂、涂料或者胶黏剂的年使用量如何确定进行了明确规定，即排污单位投运满 3 年的，使用量按照近 3 年年最大量确定；投运满 1 年但不满 3 年的，使用量按投运期间年最大量确定；未投运或者投运不满 1 年的，按照环境影响报告书（表）批准文件确定；投运日期为排污单位发生实际排污行为的日期。

9．本标准中重点管理排污单位的排放口类型是什么？

本标准中对于重点管理排污单位，根据环境要素类别确定废气和废水的排放口类型，如某排污单位同时纳入水和大气环境重点排污单位名录，为重点管理排污单位，废气、废水排放口均划分为主要排放口、一般排放口；某排污单位仅纳入水环境重点排污单位名录，为重点管理排污单位，废水排放口划分为主要排放口、一般排放口，而废气排放口则均为一般排放口。

表 2　重点管理排污单位排放口类型判定表

<table>
<tr><th>重点排污单位名录类型</th><th>排污许可体系下排污单位类型</th><th>废气排放口类型</th><th>废水排放口类型</th></tr>
<tr><td>同时纳入水和大气环境重点排污单位名录的</td><td rowspan="3">重点管理</td><td colspan="2">主要排放口、一般排放口</td></tr>
<tr><td>仅纳入水环境重点排污单位名录的</td><td>一般排放口</td><td>主要排放口、一般排放口</td></tr>
<tr><td>仅纳入大气环境重点排污单位名录的</td><td>主要排放口
一般排放口</td><td>一般排放口</td></tr>
<tr><td rowspan="2">纳入土壤环境污染重点监管单位名录的、声环境重点排污单位名录的，以及其他重点排污单位名录</td><td>简化管理</td><td colspan="2">一般排放口</td></tr>
<tr><td>登记管理</td><td colspan="2">—</td></tr>
</table>

10. 排污单位主要排放口和一般排放口如何界定？其实施的排污许可管理要求主要差别是什么？

本标准中，对于废气排放口，重点管理排污单位溶剂型涂料喷漆废气及喷漆烘干（或固化成膜）废气有组织排放口为主要排放口；其他均为一般排放口。废水排放口中，重点管理排污单位的废水总排放口、车间或车间处理设施排放口（航天发动机检测试验单元车间或车间处理设施排口除外）为主要排放口；其他均为一般排放口。

对于废水排放口，主要排放口设置许可排放浓度限值和排放量“双管控”要求，一般排放口仅设置许可排放浓度限值要求；而对于废气排放口，根据生态环境部有机溶剂使用类行业排污许可管理思路，主要排放口和一般排放口均仅许可排放浓度，但要求废气主要排放口挥发性有机物设置挥发性有机物自动监测设施。

11. 废气排放管控的污染因子是什么？

各废气排放口均仅许可排放浓度。依据《工业炉窑大气污染物排放标准》（GB 9078）、《恶臭污染物排放标准》（GB 14554）、《合成树脂工业污染物排放标准》（GB 31572）、《大气污染物综合排放标准》（GB 16297）等确定排污单位有组织排放废气和无组织排放废气许可排放浓度（速率）限值及无组织排放废气管控位置。有组织废气许可排放浓度污染物为苯、甲苯、二甲苯、挥发性有机物、二氧化硫、氮氧化物、颗粒物、烟气黑度、氟化物、氰化氢、氯化氢、硫酸雾、氨、硫化氢等，无组织排放废气许可排放浓度污染物为挥发性有机物、颗粒物等。

12. 废水排放管控的污染因子以及许可排放限值是什么？

废水许可排放限值包括许可排放浓度和许可排放量。

一是对于许可排放浓度，铁路、船舶、航空航天和其他运输设备制造业排污单位，应依据《污水综合排放标准》（GB 8978）、《航天推进剂水污染物排放标准》（GB 14374）等确定排污单位水污染物许可排放浓度，许可排放浓度污染物为 pH、总镍、总铬、六价铬、化学需氧量、五日生化需氧量、石油类、悬浮物、磷酸盐、氨氮、氰化物、氟化物、肼、一甲基肼、偏二甲基肼、三乙胺、二乙烯三胺、甲醛、苯胺类、阴离子表面活性剂等。

而对于表面处理（涂装）排污单位，依据《污水综合排放标准》（GB 8978）、《汽车维修业水污染物排放标准》（GB 26877）等确定排污单位水污染物许可排放浓度，许可排放浓度污染物为 pH、总镍、总铬、六价铬、化学需氧量、五日生化需氧量、悬浮物、磷酸盐、氨氮、氟化物、总磷、总氮等。

二是对于许可排放量，重点管理排污单位许可总排放口化学需氧量、氨氮排放量以及车间或车间处理设施总镍、六价铬排放量。对位于《“十三五”生态环境保护规划》及生态环境部正式发布的文件中规定的总磷和总氮总量控制的区域内的排污单位，还许可总磷、总氮排放量。

13．本标准中工业炉窑包括哪些？排放口类型界定原则是什么？

本标准中，工业炉窑包括三类：锻件加热的燃气（油、煤）加热炉；工件热处理用的燃气（油、煤）热处理炉；烘干室燃气（油）加热装置。

本标准中，对于工业炉窑排放口，均确定为一般排放口。

14．未采用本标准推荐的污染防治可行技术，是否影响发证？

对于排污单位采用本标准所列污染防治可行技术的，或者新建、改建、扩建建设项目排污单位采用环境影响评价审批意见要求的污染治理技术的，有核发权的地方生态环境主管部门可以认为排污单位采用的污染防治设施或者措施有能力达到许可排放浓度要求。本标准附录 C 给出了废气、废水污染防治可行技术参考表。对于未采用的，排污单位提供相关证明材料（如已有污染物排放监测数据；对于国内外首次采用的污染防治技术，还应当提供中试数据等说明材料），能够证明可达到与污染防治可行技术相当的处理能力的，不影响发证。

15．本标准中废气和废水污染物项目中，哪些需要设置自动监测设施？

本标准中，对于废气，要求重点管理排污单位废气主要排放口挥发性有机物设置自动监测设施，以满足《国务院关于印发打赢蓝天保卫战三年行动计划的通知》（国发〔2018〕22 号）中“三十二　完善环境监测监控网络”中提出的“强化重点污染源自动监控体系建设。排气口高度超过 45 米的高架源，以及石化、化工、包装印刷、工业涂装等 VOCs 排放重点源，纳入重点排污单位名录，督促企业安装烟气排放自动监控设施，2019 年年底前，重点区域基本完成；2020 年年底前，全国基本完成”的要求。

对于废水，要求重点管理排污单位废水总排放口流量、pH、化学需氧量、氨氮、磷酸盐设置自动监测设施，该要求与《排污单位自行监测技术指南　涂装》（HJ 1086）一致。

稀有稀土金属冶炼排污许可申请与核发十五问

2020-04-02

为帮助大家更好地了解《排污许可证申请与核发技术规范　稀有稀土金属冶炼》（HJ 1125—2020）的编制思路、主要内容和重点、难点，相关技术专家对本标准进行了详细解读。

1．本标准的适用范围是什么？

本标准适用于稀有稀土金属冶炼排污单位排放的大气污染物、水污染物的排污许可管理，具体包括《2017 国民经济行业分类注释》（网络版）（国统办设管字〔2018〕93 号）中 3231 钨钼冶炼、3232 稀土金属冶炼、3239 其他稀有金属冶炼。属于 3239 其他稀有金属冶炼的钽、铌冶炼排污单位排放的大气污染物、水污染物的排污许可管理适用本标准；锆、铍冶炼排污单位排放的大气污染物、水污染物的排污许可管理参照本标准执行；除钽、铌、锆、铍以外的属于 3239 其他稀有金属冶炼的排污单位排放的大气污染物、水污染物的排污许可管理参照其原料伴生矿主金属冶炼过程对应的行业排污许可证申请与核发技术规范执行。

稀有稀土金属冶炼排污单位中，执行《锅炉大气污染物排放标准》（GB 13271）的生产设施和排放口，适用《排污许可证申请与核发技术规范　锅炉》（HJ 953）。

2．重点管理和简化管理排污单位是如何确定的？

稀有稀土金属冶炼排污单位的排污许可管理类别依据《固定污染源排污许可分类管理名录（2019 年版）》确定，全部为重点管理。

3．本标准执行的主要污染物排放标准有哪些？

钨钼冶炼排污单位和钽铌冶炼排污单位废气执行《大气污染物综合排放标准》（GB 16297）、《工业炉窑大气污染物排放标准》（GB 9078）、《恶臭污染物排放标准》（GB 14554），稀土金属冶炼排污单位废气执行《稀土工业污染物排放标准》（GB 26451）；钨钼冶炼排污单位和钽铌冶炼排污单位废水执行《污水综合排放标准》（GB 8978），稀土金属冶炼排污单位废水执行《稀土工业污染物排放标准》（GB 26451）。

4．废气的主要排放口和一般排放口是如何划分的？

钨钼冶炼排污单位的浓缩结晶器、煅烧炉、回转窑、多膛炉和烧结炉的烟气排放口纳入主要排放口管理，许可污染物排放浓度和排放量。

稀土金属冶炼排污单位的焙烧窑、煅烧窑纳入主要排放口管理，许可污染物排放浓度和排放量。

钽铌冶炼排污单位的分解槽、洗涤槽、煅烧炉纳入主要排放口管理，许可污染物排放浓度和排放量。其他废气排放口按一般排放口管理，仅许可污染物排放浓度。

5．废水的主要排放口和一般排放口是如何划分的？

稀有稀土金属冶炼排污单位的车间或车间处理设施废水排放口、废水总排放口均为主要排放口，许可污染物排放浓度和排放量。对于单独排入公共污水处理设施的生活污水仅说明排放去向即可。

6．主要排放口排放的哪些因子需要许可排放量？

针对国家主要废气控制因子的烟尘（颗粒物）、二氧化硫、氮氧化物、化学需氧量、氨氮以及氨、总铅、总砷、总镉、总汞设置许可排放量，排污单位许可排放量为各有组织主要排放口年许可排放量之和。排污单位承诺的排放量严于本标准要求的，在排污许可证中载明。

7．主要排放口许可排放量的确定原则是什么？

依据本标准规定的许可排放量核算方法和依法分解落实到排污单位的重点污染物排放总量控制指标，从严确定许可排放量。2015 年 1 月 1 日（含）以后取得环境影响评价审批意见的排污单位，许可排放量还应同时满足环境影响评价文件及审批意见确定的要求，即“三者取严”。

本标准给出了钨钼冶炼排污单位和钽铌冶炼排污单位年许可排放量核算方法，主要根据污染物许可排放浓度限值、设计排气（排水）量和年设计运行小时数计算废气主要排放口的烟尘（颗粒物）、二氧化硫和氨，废水主要排放口的化学需氧量、氨氮、总铅、总砷、总镉、总汞的年许可排放量。

本标准给出了稀土金属冶炼排污单位本年度许可排放量核算方法，主要根据产品年度实际产量和单位产品污染物排放量计算废气主要排放口的烟尘（颗粒物）、二氧化硫和氮氧化物，废水主要排放口的化学需氧量、氨氮、总铅。

8．未采用本标准推荐的污染防治可行技术，是否影响发证？

对于未采用本标准推荐的污染防治可行技术的排污单位，提供相关证明材料（如已有污染物排放监测数据；对于国内外首次采用的污染防治技术，还应当提供中试数据等说明材料），能够证明可达到与污染防治可行技术相当的处理能力的，不影响发证。

9. 稀有稀土金属冶炼排污单位废气无组织排放控制要求有哪些？

稀有稀土金属冶炼排污单位的运输、贮存工序应满足以下无组织排放控制要求：①运输产生粉尘的物料，其车辆应采取密闭、苫盖等措施。厂区道路应硬化，并采取洒水、喷雾等降尘措施。运输车辆出厂前应清洗车轮，或采取其他控制措施。②产生粉尘的物料应贮存在有硬化地面和完整围墙（围挡）及屋顶结构的储库或仓库中。③产生粉尘的物料转运点、落料点应采用清扫、吸尘、洒水等方式控制堆场扬尘。

冶炼分离工序应满足以下无组织排放控制要求：①原料和辅料的预处理应在厂房中进行，产生粉尘的工序应设置集气罩，并配备除尘设施。②焙烧、煅烧、萃取、离子交换、沉淀、还原、破碎、成型等工序的操作应在厂房中进行。炉窑的加料口、出料口应设置集气罩，并配备袋式等高效除尘设施。萃取槽上部应设置集气罩，并配备废气净化设施。

此外，钨钼冶炼排污单位的金属制备工序应满足以下无组织排放控制要求：①原料和辅料的预处理应在厂房中进行，产生粉尘的工序应设置集气罩，并配备除尘设施。②焙烧、煅烧、还原、碳化、烧结等工序的操作应在厂房中进行。炉窑的加料口、出料口应设置集气罩，并配备袋式等高效除尘设施。破碎、成型、机械加工等产生粉尘处应设置集气罩，并配备废气净化设施。

10. 排污单位自行监测方案主要包括哪些内容？

排污单位自行监测污染源和污染物应包括排放标准、环境影响评价文件及其审批意见和其他环境管理要求中涉及的各项废气、废水污染源和污染物。排污单位应当开展自行监测的污染源包括有组织废气、无组织废气、废水等全部污染源，污染源的监测点位、主要监测指标、最低监测频次按本规范要求执行。

11. 实行简化管理的排污单位环境管理台账需要记录哪些内容？

稀有稀土金属冶炼排污单位的排污许可管理类别依据《固定污染源排污许可分类管理名录（2019 年版）》确定，全部为重点管理，不实行简化管理。

12. 排污单位应提交哪些执行报告？

稀有稀土金属冶炼排污单位应提交年度执行报告和季度执行报告。地方生态环境主管部门根据环境管理需求，可要求排污单位提交月度执行报告，并在排污许可证中明确。

13. 在什么情形下采用产污系数法核算污染物实际排放量？

对于排污许可证中要求采用自动监测的排放口或污染物而未采用的，采用产污系数法核算实际排放量；自动监测季度数据有效捕集率不到 75%的，自动监测数据不能作为核算实际排放量的依据，实际排放量按照“要求采用自动监测的排放口或污染物项目而未采用”的相关规定进行核算；排污单位自动监测数据缺失或数据异常等情况是排污单位责任的，采用产污系数法核算污染物实际排放量。

14．排污单位废水和废气污染物排放浓度达标应符合什么条件？

排污单位废水污染物的排放浓度达标是指任一有效日均值（除 pH 外）均满足许可排放浓度要求，废气污染物排放浓度达标是指任一小时浓度均值均满足许可排放浓度要求。

15．排污单位合规判定包括哪些内容？

合规是指排污单位许可事项和环境管理要求符合排污许可证规定。许可事项合规是指排污单位排放口位置和数量、排放方式、排放去向、排放污染物项目、排放限值符合排污许可证规定，其中排放限值合规是指排污单位污染物实际排放浓度（速率）和排放量满足许可排放限值要求。环境管理要求合规是指排污单位按排污许可证规定落实自行监测、台账记录、执行报告、信息公开等环境管理要求。排污单位可通过环境管理台账记录、按时提交执行报告和开展自行监测、信息公开，自证其依证排污、满足排污许可证要求。

三

地方实践类

星旗电戟，向“全覆盖”目标出征

——生态环境部排污许可保障工作专班纪实

2020-04-08

2020 年是完成覆盖所有固定污染源排污许可证核发登记工作的收官之年，能否实现全覆盖，是排污许可制实施成败的关键，更是固定污染源管理的核心问题。

围绕国务院《控制污染物排放许可制实施方案》提出的“全覆盖”目标，生态环境部积极动员、全面部署，迅速成立了以生态环境部为核心，生态环境部环境工程评估中心、各省级生态环境部门为支撑力量的排污许可保障工作专班。专班由环评司、评估中心主要负责同志挂帅，环评司、执法局、普查办、评估中心、信息中心各部门凝心聚力、各展所长，在专班的领导下，联合组建综合组、技术组、信息化组 3 个工作组，设立了 8 个包保组，全力保障排污许可“全覆盖”目标的顺利实现。

行动指挥部统筹部署

运筹帷幄，决胜千里。

综合组是专班排污许可保障工作的前线指挥部，全面统筹技术组、信息化组、8 个包保组的各项工作。综合组围绕固定污染源排污许可清理整顿通知的要求，将“全覆盖”工作划分为 4 月和 9 月两个时间节点，制定了固定污染源排污许可“全覆盖”工作保障方案、宣传方案、培训方案等具体工作框架，明确各组职责和任务，将工作流程化、规范化，构建起一套排污许可保障体系。

综合组每周组织召开例会，调度 8 个包保组对口地区工作进展，掌握全国各省、直辖市、自治区、新疆生产建设兵团的排污许可相关工作情况，实时调整工作重心和任务安排；针对地方关心的重点问题集中讨论、研究对策，帮助地方解决工作难题、消除工作顾虑，规范工作方法；总结地方的先进做法和经验，积极分享、努力推广，协助不同地区互相促进、齐头并进。

综合组还通过生态环境部微信公众号、中国环境报等渠道，积极推进排污许可相关宣传工作。2020年以来，在“中国排污许可”发布讯息90余篇，其中既包括排污许可相关政策宣传，还包括清理整顿、名录等常见问题解答、技术规范解读，以及各地区先进经验分享等，聚焦当前阶段排污许可工作的热点问题，进行实时追踪。

专职参谋部技术支撑

集思广益，精益求精。

技术组是专班排污许可保障工作的专职“参谋部”，汇集了评估中心各个业务部门的骨干力量，还受到各行业技术规范编制组和排污许可专家的鼎力支持。技术组围绕排污许可清理整顿技术支撑总体方案，制订了清单完整性检查、分类准确性检查、技术答疑指南等多项工作方案和规程，科学严谨、周密安排，将工作细化到每一个要点，为排污许可相关工作部署提供扎实的技术支持。

在数据分析方面，技术组结合各类信息数据，将全国3 000余万条固定污染源信息分地区、分行业进行梳理统计，形成多口径的底数清单，做到心中有“底”；根据阶段工作要求，每日统计分析各地工作完成情况，做到胸中有“数”；按照部署安排，全面铺开底单完整性检查和准确性检查工作，做到手中有“术”；自2020年2月中旬以来，每日完成32省（区、市、兵团）、470余地市、约1.5万个数据统计，累计筛查各类清单数据超过2 000万个，分析导入数据超过1 000万个。

在技术支持方面，技术组持续深化技术答疑和宣传培训工作，制定技术答疑指南，规范答疑口径和答疑方法，组建两个名录答疑群，安排专人值班，全天候回应地方技术问题。同时，对答疑问题进行汇总梳理，通过微信公众号等形式公开发布。还联合技术规范编制单位，推进规范重点内容解读和许可证申请表模板的汇编工作。截至3月23日，技术组已完成名录答疑近千次，整理发布常见问题解答45期；并录制发布了“溶剂型涂料及用量解读”“塑料汽车零部件行业解读”等14条排污许可云讲堂视频，将枯燥的问题形象化、生动化。

后方工程部平台保障

工欲善其事，必先利其器。

信息化组肩负着保障全国排污许可证管理信息平台稳定运行的艰巨使命。“排污许可工作需要平台有什么功能，我们就马上开发什么功能。”信息化组围绕排污许可申请与核发系统、清理整顿系统、登记管理系统、实施与监管系统四大板块，不断完善、优化功能模块，持续维护平台和数据稳定安全，全力支撑起排污许可的信息化工作。

在平台运营方面，信息化组结合各项工作需要，持续开发新功能、新模块，2020 年以来，已上线申请与核发系统 28 个行业模块，清理整顿系统、登记管理系统各项功能均已实现，并根据各地反馈的意见建议，及时优化调整系统功能，将各类标记、统计、分类功能逐一开发落实。持续开展全国排污许可证管理信息平台运维工作，2 月以来，针对导入数据量大、系统响应慢的问题，连续 4 次升级优化数据库和服务器资源，将下载速度提升至 2 兆/秒。

信息化组还加强培训答疑，结合清理整顿通知具体工作要求，编制了平台操作手册，录制了培训视频，并于 1 月 10 日以远程培训班的形式，向全国各地区核发工作人员细致入微地讲解了平台操作。同时，指导答疑，工作人员分区入驻各省工作群，实时解答、处理各类平台问题，部分工作人员还亲自下场，手把手帮助地方完成各类清单导入、数据处理工作。

前线联络部督导帮扶

责任所在，使命必达。

包保组是联系专班与各地方生态环境部门的桥梁，承担着进度督导、决策传达、问题反馈、技术帮扶等多项具体工作任务。专班共设置 8 个包保组，各组成员由生态环境部、评估中心、各省生态环境主管部门工作人员构成，环评司、执法局、评估中心司局级领导任组长，分区包片负责全国 31 个省、自治区、直辖市以及新疆生产建设兵团，直接开展排污许可督导帮扶工作。

包保组积极开展督导，与各地方建立起工作对接，将专班的各项决策及时向地方传达，根据负责地区的工作特点，制订每周工作计划，部署各省具体任务安排。采用日调度、周报告的形式，每日通报负责地区工作进度，按周汇总各地区的工作完成情况，对进度滞后的地区实时监督，对工作完成质量好的地区进行充分宣传。召开组内调度会，邀请负责地区排污许可相关工作人员参会，将工作中的要点、重点，统一向各地区宣贯。

同时，开展帮扶工作。包保组开展精准帮扶指导，在对接各省的基础上，将帮扶工作持续下沉到市、县，选取任务量大、技术薄弱的地市作为重点帮扶地区，挖掘各地方关注的堵点、难点，分析梳理共性问题，积极向上汇报反馈。通过各省工作群，协调解答各类技术问题，不少组内同志还对地方核发人员手把手、一对一地进行工作指导。开展多种形式的组内帮扶活动，部分组结合手中掌握的数据资料，帮助地方进行清单完整性检查、分类准确性检查等工作，将检查结果推送地方参考，帮助地方查漏补缺，及时纠错。

“哪里工作做得好，我们就宣传哪里。”包保组除了负责督导帮扶工作外，还深挖地方工作亮点，对先进的经验和做法进行提炼总结，每周在专班会议上汇报、推广应用；对优秀的人和事迹大力征集、积极宣传，持续在微信公众号上推送。截至3月23日，包保组已总结上报地方工作亮点110余条，征集人物风采30余条。

为保障排污许可“全覆盖”目标顺利实现，生态环境部排污许可保障工作专班仍将全力以赴。

（中国环境报　2020年4月8日　第02版：要闻　记者：王达菲）

摸清底数，许可全覆盖

——什么是“底数”，怎么摸“底数”，如何摸到“底”

2020-04-25

不平凡的2020年已经过去了四分之一，新冠肺炎疫情防控阻击战与排污许可全覆盖工作齐头并进，各级生态环保铁军齐心协力，齐抓共管，谋思路、出实招、抓推进，取得了清理整顿阶段性成果。

清理整顿的“摸、排、分、清”四个阶段中，最基础的环节就是“摸清底数”，截至3月30日共有365万家排污单位基本信息导入全国排污许可证管理信息平台，其中“二污普”数据近332万家、新增数据近33万家。到底什么是“底数”，怎么摸“底数”，如何摸到“底”，且看各地生态环境部门出奇招、亮真招。

什么是“底数”

“到2020年，完成覆盖所有固定污染源的排污许可证核发工作”，这是国务院办公厅印发的《控制污染物排放许可制实施方案》中明确提出的目标任务。“底数”就是纳入排污许可管理的所有固定污染源。

分类管理，“抓大抓小”。不管是一直占据污染物排放量前列的重点行业，还是污染物排放量小的行业，不管是一直走在污染治理前端的大企业，还是存在污染物排放行为的个体工商户，只要是属于分类管理名录中的固定污染源，全部都要纳入“底数”，并根据分类管理名录相关要求，实行重点管理、简化管理和登记管理。

统筹兼顾，“抓点抓面”。除污染物排放量大、排放特征明显的重点行业外，对于生态影响类为主的以及排污量少的企业，也要通过对锅炉、工业炉窑、表面处理、水处理等“通用工序”等进行管控，纳入“底数”，通过行业类别进行“面”的管控，也通过通用工序进行“点”的管控。

全面监管，“抓好抓坏”。在“固定污染源清理整顿和2020年排污许可发证登记视频专题培训班”上，黄润秋同志提出，“只有把所有固定污染源梳理清楚了，把排污许可证发下去，将之前游离在监管外的企业管起来，将之前不运行的污染治理设施运行起来，将之前超标排放的排放口规范起来，环境质量才会逐步改善，才能做到满足人民美好生活需要”。除了一直在生态环境部门监管名单中的企业，对于游离于生态环境管理体系之外的排污单位，也要全部纳入“底数”中。

怎么摸“底数”

清理整顿以“二污普”清单为基础，各地补充新建企业清单，形成了固定污染源的初步底单，在此基础上依据地方特点，多口径、全方位地摸清固定污染源，汇聚形成最终的固定污染源管理底单。总结各地摸“底数”的做法，有以下几个方面的先进经验：

“二污普”是清理整顿强有力的工作基础

“二污普”作为全面摸清生态环境“家底”的一次行动，掌握各类污染源的数量、行业和地区分布情况，了解主要污染物产生、排放和处理情况，建立全国重点污染源档案、污染源信息数据库，为清理整顿工作提供强有力的工作基础。通过“一次调查，数据共享”，一是将“二污普”中的固定污染源数据清单全部导入排污许可平台，奠定重要的基础“底单”，二是通过数据共享，优化营商环境，减轻企业负担，方便企业填报许可证信息，便于管理部门复核申报数据。

通过生态环境部门自身找“底数”

生态环境部门主管建设项目环评和竣工环保验收，其中 2017 年后建成投产的排污单位信息可用于“底数”的补充和完善。例如，江西省南昌市首先通过环评审批系统和登记备案系统，将 2018—2019 年的企业数据导出，形成初步新增数据，共计 1 049 家，其次通过环评审批系统和登记备案系统，将 2016—2017 年的企业数据导出，并与“二污普”数据进行对比剔除重复数据，作为 2017 年年底未投产企业名单，共计 186 家；海南省借助已经建成的海南省生态环境数据中心的固定污染源库，获取除国家普查任务外省内自加压力并自行开展普查的内容（包括水产养殖、机动车维修、医疗机构等行业）、排污费征收企业、环评审批和验收企业、登记表备案企业等纳入生态环境管理的排污单位清单，共计 1 万余家，作为新增企业补充完善“底数”。

通过部门联动找“底数”

企业从成立到运行离不开工商、工信、电力、税务等相关部门的管理，因此工商、工信、电力、税务等部门掌握着大量企业信息。例如，宁夏回族自治区积极协调电力部门提供年用电量在 10 000 度以上的工业企业名单，从中梳理出新增企业清单，查遗补漏，最大限度查找出未纳入生态环境管理的排污单位；吉林省从省级层面与工商、税务、电力等部门沟通，形成初步清单下发地方进行补充校核；山西省整合行政审批、税务等 9 套数据资源共计 44.8 万余家企业，全面梳理并进行固定污染源企业清单的核实补充；上海市宝山区对接经信委、交通委、应急局和卫健委获取企业名单，新增 1 000 家排污单位。

通过地方行业特点找“底数”

各省（区、市）根据自身行业特色，对企业数量多、占比大的行业重点关注，协商主管部门调取数据，补充新增污染源清单。例如，天津市针对畜禽养殖行业小微企业多的特点协调农业部门梳理出各区规模化养殖单位名单，从中筛选新增养殖单位；安徽省针对本省水泥行业较多以及水资源丰富等特点通过对尾矿库环境基础信息、长江“三磷”专项排查整治、日常执法检查发现问题企业名单和大气源解析清单进行查遗补漏。

如何摸到“底”

从目前各地生态环境部门执行情况来看，仅仅通过“摸清底数”阶段来完善“底数”清单还远远不够，还需要在接下来几个阶段的工作中不断开展“回头看”来完善“底数”清单。如上海市在分类处置阶段从以下方面开展“底数”“回头看”工作：一是清单完整性检查。主要通过调取建设项目竣工环境保护验收、重点排污单位、环境执法、环保税等数据，对导入平台的固定污染源基础信息清单信息开展再复核，查缺补漏，新增导入排污单位 2 832 家。二是清单重复率检查。将固定污染源基础信息清单中重名的排污单位共计 550 余家，分区域下发地方进行人工现场核对。最终对核查的结果进行汇总并进行修改区分。

排污许可全覆盖没有捷径，在时间紧、任务重、压力大的情况下，“摸清底数”这块“硬骨头”必须要“啃”。“摸清底数”是全覆盖的首要环节，是能否实现排污许可全覆盖的关键。岁月不居、天道酬勤；百舸争流、千帆竞发。各地、各部门要共同参与拧成一股绳，充分发扬生态环保铁军的精神，不断提高政治站位，确保 2020 年全覆盖目标的实现。

（生态环境部环境工程评估中心　杨栋）

方寸之间显功力　细微之处见真章

——固定污染源排污许可清理整顿排查无证经验回顾

2020-07-15

为了实现固定污染源排污许可全覆盖，生态环境部全面组织开展了清理整顿和 2020 年发证登记工作，提出“摸、排、分、清”四项工作任务，其中“排查无证”是工作任务中的关键一环。“排查无证”就是从“摸清底数”阶段形成的全国固定污染源 300 余万家排污单位基础信息清单中剔除已发证排污单位，并按照 2020 年之前发证登记、2020 年发证登记、非固定源分类，以及重点管理、简化管理、登记管理一一梳理分级。

“排查无证”期间各地的诸多工作亮点，是固定污染源排污许可清理整顿和 2020 年发证登记工作的宝贵经验。细节决定成败，只有抓准小节、抓好细节，保证分类准确性，才能有效推动实现后续的“整改清零”。

（一）谦虚好学，研读名录“铸金身”

打铁还需自身硬，无须扬鞭自奋蹄，不断加强自身业务学习一直是生态环保铁军的优良习惯。“排查无证”工作涉及《固定污染源排污许可分类管理名录（2019 年版）》中 108 个行业类别（国民经济行业分类中 49 个大类、212 个中类、706 个小类）和 4 个通用工序，要将固定污染源基础信息清单中的每家排污单位与行业分类及管理类别一一对应，既要对各排污单位产品、工艺进行梳理，又要对名录理解吃透，技术水平要求较高。各级生态环境主管部门一直在主动探讨学习，组织开展多种方式的宣贯培训，为快速提升基层工作人员业务技能创造了良好的条件。山东省枣庄市以录音形式分行业讲解排查无证情形判定与注意事项，将名录分为七部分，对每个三位行业代码下的各个四位行业代码如何分类进行讲解，上下联动同步学、全员学习共进步。聊城市编制《清单使用及工作要求说明》，以图文解读的方式，明确不同情形企业在排查无证环节的操作流程，列举错误原因及解决方法，切实提高了工作效率。

（二）拓宽思路，激活上下“一盘棋”

一人难挑千万担，众人能移万座山。面对时间紧、任务重和疫情防控的三重挑战，如何力保各阶段节奏不变？这需要创新工作方式方法，充分调动所有能调度人员的积极性，借力出招，充分利用疫情防控工作中对各类企业调查积累的情况和环境执法人员对辖区企业的摸排了解。辽宁省大连市充分发挥属地“环境监察网格员—乡镇街道环保助理—农村社区环保员”的积极性，全方位、多部门协同推进排查无证工作。广西壮族自治区玉林市针对全市中小企业量多面广的特点，联合全市 103 个乡镇政府，成立清理整顿工作推进包干组，分门别类进行分组指导，在开展“排查无证”的同时指导排污单位开展发证填报和登记工作。山东省日照市充分发挥生态环保执法“局队合一”的改革优势，将排污许可管理与环境执法无缝衔接、有机结合，每个区县环境执法大队环境执法人员负责对所在乡镇辖区内企业开展技术指导，同时积极调度乡镇政府、园区管委工作积极性，通过部门数据共享等途径开展核实，极大提高了排查无证阶段的工作效率。

（三）精益求精，抓住细节“保精准”

“固定污染源基础信息清单”的排污单位数据中，有少部分存在行业类别填报错误、生产工艺和产品信息缺失、无统一社会信用代码等问题，给管理类别判定增加了不少难度。态度决定一切，细节决定成败。各地市不惧庞大工作量，精益求精、严抓细节，通过无人机勘察、平台比对、现场核查等多种方法，确保不遗漏、不出错。海南省乐东县、白沙县针对联系不到的排污单位，采取无人机实地勘察的方式核实其生产设备、设施等情况，准确确定分类情形。山东省泰安市根据产品原辅料信息、产品信息等原始资料，结合环评比对、电话核实等手段，逐一核对排污单位行业代码等关键信息，确保分类准确。上海市技术支撑队伍通过信息比对排查出 300 多家改过名称的持证单位，并逐一完成人工匹配，确保“无证排查”工作高效准确。山东省潍坊市确定了“全市统领，县区比对，下沉镇街”的工作策略，市局利用平台比对排查，县区利用“二污普”基础材料初步分类比对，镇街利用网格员进行现场核实，通过各级协同配合，切实保证排查无证环节的统一性和准确性。

（四）用好载体，发现问题“补短板”

工欲善其事，必先利其器。为加快排查无证工作进度，广西壮族自治区生态环境厅主动担当作为，查找短板，解决平台问题。一是派出信息中心技术骨干协助解决信息平台管理端和企业端首页打不开、无法登录账号等问题；二是协调区电信公司对全区 14 个地市和全区 122 个区（县）的环保专线提速保障，其中 14 个地市由原来的 10 兆提速到 20 兆，区（县）由原来的 4 兆提速到 10 兆，大大缓解了系统登录上传的压力。

在“排查无证”工作过程中，多省市领导予以高度重视，健全机制、强化措施、优化方法，在做好疫情防控工作的同时，率先完成排查无证工作，为后续分类处置赢得了宝贵的时间。“清理整顿数据多，多管齐下行举措，确保企业全囊括，分类排查不出错”，“排查无证”工作过程中所积累的丰富经验将会持续推进排污许可相关工作，成为构建以排污许可制为核心的固定污染源监管制度体系、推动生态文明建设的不竭动力。

（中国环境报　2020 年 7 月 15 日　第 01 版：要闻
作者：生态环境部环境工程评估中心　杨虎　吴鹏）

通“关”秘笈！锅炉、汽车行业绿色“身份证”申领这么做

2019-05-13

日前，通州区生态环境局排污许可证申请平台接到 18 家锅炉、1 家汽车行业企业的排污许可证申请，但经审核，达到发放条件的企业少之又少，返工率近乎 100%。

难道，申请排污许可证很难吗？恰恰相反，事实上，做好以下 N 步，get 排污许可证 so easy。

排污许可证并非一发了之

排污许可证是载明排污单位污染物排放及控制有关信息的绿色“身份证”，是排污企业守法、生态环境部门执法、社会监督护法的依据之一，自排污许可证工作开展以来，2019 年通州区生态环境部门共接听了 2 000 余个咨询电话，涉及 40 余家企事业单位，现场指导了 30 余家申报单位填报申请。

为了精准实现“核发一个行业、清理一个行业、规范一个行业、达标一个行业”的工作目标，通州区生态环境部门针对申报过程中发现的共性问题、薄弱环节，集中业务骨干力量在机关、乡镇等锅炉、汽车行业重点区域开展排污许可证申请与核发培训会。

在让企业尽快取得排污许可证的同时，实现申请、核发、执行、监管所有环节全部打通，坚决拒绝“带病发放”。

下面就让我们一起来看看排污许可证申请与核发信息平台常见问题及标准答案，get 排污许可证申领的正确打开方式，一次过！

常见问题见下表。

附件部分	工艺流程图照搬环评报告上的流程图； 工艺流程图中无规模，申报的生产设施数量与现场环评不一致； 平面布置图无进水口和污染物排放口位置； 监测点位示意图缺少监测点； 图件不清晰

主要产品及产能信息表及补充表	未填写完整的生产线或设备（注：水处理行业除外，此处应填报原料从进来到成品出去中间的所有环节）
废水类别、污染物及污染治理设施信息表	废水类别识别不全，存在漏项； 废水污染物种类填报不完整； 废水排放口类别未根据行业技术规范进行判别，填写错误
一般排放口总许可量	按照技术规范要求，一般排放口可不核算排放总量（水处理行业除外）
主要排放口排放许可量	核算未提供详细计算过程，或未按要求取严
受纳污水处理厂信息	信息遗漏或错误：受纳污水处理厂信息的排放控制污染物种类和浓度限值，不是排污单位的排放控制要求
固体废物排放信息表	未填报或者不正确，应按技术规范相关要求填写
执行标准	选择错误，或者污染物类型填写错误或不全
环境管理台账	记录的填写不符合技术规范要求
热力生产和供应	此项为涉及锅炉的企业“其他行业类别”必填项。如未填写将导致后面相关联的表格无锅炉燃料信息和锅炉废气信息

get✔这 9 个送分点！

1．通州区生态环境建设部门全称：北京市通州区生态环境局。

2．登录“全国排污许可证管理信息平台公开端”（http：//permit.mee.gov.cn/）下载承诺书，抬头、单位名称和时间除外，承诺书其他内容不可改动；下载“排污许可证申领信息公开情况说明表”，内容不能改动（注：盖章日期应在公示时间之后）。

3．北京市属于什么流域？答：北京市属于海滦河流域。

4．北京是否属于大气重点控制区？是否属于总磷控制区？是否属于总氮控制区？是否属于重金属污染特别排放限值实施区域？答案依次为“是、否、否、否”。

5．正确理解是否位于工业园区。

【工业园区】是指各级人民政府设立的工业园区、工业集聚区等，切勿误认为产业园区就是工业园区。

6．排污单位基本信息表中，分期投运的，投产日期以先期投运时间为准。

【主要污染控制因子】指应控制许可排放量限值的污染因子：

系统默认水污染控制因子为化学需氧量和氨氮，不用再做选择；

系统默认大气污染控制因子为颗粒物、二氧化硫、氮氧化物和 VOCs，不用再做选择。

7．排污口规范化设置文件主要为：申请单位排放口情况是否规范并附照片；排污口应按照执行的排放标准、环监〔1996〕470 号、DB 11/1195—2015 等文件进行规范化设置，排污口规范化说明应包括所有废水、废气排放口的规范化建设。

8. 自行监测方案应包含：

✔监测点位及示意图、监测指标、监测频次；

✔ 使用的监测分析方法、采样方法；

✔ 监测质量保证与质量控制要求；

✔监测数据记录、整理、存档要求等。

主要错误为监测项目缺失、监测频次错误、缺乏雨水监测点位等。

9.“噪声排放信息表”可不填写。

想要排污许可申请一次过，掌握要点是关键。企业绿色“身份证”的发放到位只是第一步，未来还有很多事需要做。主动服务，建立高效畅通的协同核发机制，实现企业从“要我守法”为“我要守法”的观念转变，让企业主动拧紧生态阀门，是通州区实现排污许可制度真正“立”起来的责任担当。通州区将继续在行业清理整顿和衔接环境管理制度等方面下功夫，让依证监管持续发力，为打好污染防治攻坚战提供坚实的制度支撑。

（北京市通州区生态环境局）

“后等生”晋升“优等生”

—— 湖南分阶段、分行业有序有力推进排污许可证发放，逐步实现行业“全覆盖”

2020-02-28

今年春节，湖南省生态环境厅副厅长潘碧灵在微信工作群中发了一条 500 字的拜年信息。除拜年外，另一项重要内容就是对排污许可证管理工作的安排。“今年，我们要完成 91 个行业、6.2 万家左右企业的发证工作，实现对所有固定污染源发证的全覆盖……”

2 月 4 日，湖南省人民政府副省长陈文浩主持召开专题会议，明确将排污许可发证和管理纳入湖南省今年对市（州）党委、政府考核的工作内容，纳入全省污染防治攻坚战，纳入全省生态环保重点工作。

2020 年春节新年后上班第一天，湖南省副省长陈文浩召开会议专题研究固定污染源清理整顿和排污许可发证登记工作，会上明确了今年的工作任务和时间计划

2 月 21 日，湖南省生态环境厅召开省、市、县三级全省环境影响评价与排污许可工作视频会议，并邀请省发改委、省工信厅等 8 个省直部门参加，在一手抓抗疫工作的同时，一手全面安排部署全省环境影响评价与排污许可工作。

……

如此紧密的步伐，是建立在湖南省 3 年多排污许可证改革成果基础上的。

截至 2019 年年底，湖南省共计核发火电、造纸、钢铁等 33 个行业排污许可证 3 462 张，圆满完成阶段性工作任务。2017 年、2018 年，湖南省排污许可核发工作进度跨入全国先进行列。同时，湖南省排污许可核发工作的做法被生态环境部作为典型经验在“中国排污许可”微信公众号向全国推介。

后进变先进，秘诀在哪里

湖南省排污许可证改革开始并不是一帆风顺。

“2017 年 3 月，湖南省排污许可证改革进展并不顺利。”潘碧灵告诉记者，当时，湖南省在全国排名倒数。

湖南省痛定思痛，迅速调整思路。在省委、省政府的正确领导下，湖南省生态环境厅党组首先将排污许可发证登记工作纳入年度工作重点，按照“分阶段、分行业”总体思路有序有力推进排污许可证核发工作。

为了加强组织领导，湖南省建立排污许可领导协调机制。

2017 年，湖南省生态环境厅成立了以分管副厅长为组长、各相关业务处室负责人为副组长的排污许可领导小组，明确各生态环境要素管理部门各司其职、协同推进。2019 年，省厅党组印发《湖南省生态环境保护工作“四严四基”三年行动计划》，明确要将排污许可制度建设成为固定污染源环境管理核心制度，实现“一证式”管理，并细化了 2019—2021 年排污许可证制度建设时间表、路线图，每月进行调度、通报和督导。

2019 年 2 月，湖南省生态环境厅环评与排污许可工作暨党风廉政建设工作视频会议召开，厅党组书记、厅长邓立佳提出必须认清当前形势和改革方向，坚定不移地完成全省固定污染源清理整顿和排污许可全覆盖

其次是理顺机构，加强技术支持。针对个别市（州）没有明确工作牵头部门、缺乏专职工作人员负责排污许可工作、部分地区行政资源严重不足、大部分市（州）几乎没有专项工作经费也没有固定的工作团队支持改革制度的推进等问题，湖南省开始组建技

术团队，以原环境工程评估中心、长沙环保学院、省环科院为主要技术支撑单位，组建各行业技术支持专家团队，赴试点企业指导填报，以示范证书指导全行业发证。

同时，开展技术培训。3 年共举办 15 期培训班，合计培训 2 200 人次。创新“理论+实操”培训模式，提高许可审核能力水平。

此外，湖南省还引进第三方技术支持，与 3 家社会化环保咨询机构签订合作协议，加大发证前期指导、发证过程审核、证后现场核查等工作力度，为企业提供技术支持与技术服务，提高企业许可证填报质量和环保管理能力。

2019 年 8 月，为确保全省水处理排污许可证的核发，湖南省生态环境厅组织专家组对 14 个市（州）进行现场指导。图为专家组对郴州企业指导培训现场

这些措施立竿见影。到 2017 年 10 月，湖南颁发了全国首批有色行业排污许可证，对全国有色冶炼行业排污许可工作的全面铺开起到了引领示范作用。

短短半年时间，湖南省实现了从后进向先进的转身。

加强质量管理，开展清理整顿

湖南省高度重视排污许可证的质量管理工作，严格审查把关，制定《湖南省排污许可证质量审核表》，明确对 15 大类共 35 项许可内容逐项进行复核检查。

湖南省生态环境厅开展已发证质量核查，组织对已核发的许可证开展质量抽查，抽查比例达到 40%，对抽查审核发现的问题形成审核意见，及时反馈并要求各市（州）根据反馈意见逐一核实整改。

利用排污许可证改革的机会，湖南省对一些行业开展清理整顿。按照“核发一个行业、清理一个行业、规范一个行业、达标一个行业”的总体要求，对 2017 年和 2018 年核发行业初步开展清理排查，推动企业全覆盖。对 2017 年核发的火电、造纸等 15 个行业共计 559 家企业开展摸底排查，对其中 54 家企业提出了限期整改要求；对 2018 年核发的屠宰、淀粉等 7 个行业共计 741 家企业开展清理排查，对 90 家企业已经停产或者不符合发证条件的全部纳入排污许可管理平台，实行备案管理。

严厉查处无证排污。郴州、株洲、衡阳等市（州）针对未在规定时限内申领许可证以及存在重大环境问题的屠宰、淀粉、陶瓷等 100 余家企业，依法进行处罚，并责令企业停产整治，坚决查处无证排污违法行为，营造持证排污、按证排污的良好氛围。

督促发证企业整改。各市（州）生态环境主管部门通过排污许可证核发，梳理企业存在的主要环境问题，提出整改要求，促进企业环境管理能力的提升，特别是针对陶瓷、屠宰等行业企业管理水平普遍较低、存在问题较多的实际情况，加大现场审核力度，共计指出 1 020 家排污单位存在的环境问题。

按期实现“全覆盖”，强化证后监管

随着国家对排污许可证核发思路的调整，湖南省有近 7 万家固定污染源须在 2020 年前全面进行清理整顿并逐一核发许可证，时间紧、任务重，各级生态环境主管部门面临着严峻考验。

面对挑战，湖南省迎难而上。首先，成立了由省生态环境厅党组书记、厅长邓立佳为组长的湖南省固定污染源排污许可工作领导小组。

湖南省生态环境厅始终坚持“先发证后到位”，做到企业“全覆盖”，按照“摸清底数、排查无证、分类处置、整改清零”的工作步骤，在全省范围内开展固定污染源清理整顿工作，如期完成排污许可发证和登记任务，实现行业“全覆盖”。

“在 2020 年 4 月底前，完成已核发行业的清理，做到逐个销号、应发尽发。2020 年 6 月底前，基本完成省级以上工业园区固定污染源排污许可发证。2020 年 9 月底前，全面完成省级以上工业园区固定污染源排污许可发证，基本完成 2020 年应发行业的排污许可发证和登记任务，年底前全面完成所有行业清理整顿，确保实现保质保量完成所有固定污染源排污许可全覆盖。”潘碧灵说。

在加强排污许可证核发的同时，湖南省生态环境厅还不忘强化证后监管，对已发许可证执行情况进行抽查。为了抓好对各市（州）许可证核发工作的督导，湖南省还明确各市（州）生态环境部门要将排污许可执行情况纳入专项执法检查内容，依证开展证后监管执法。

（中国环境报　2020 年 2 月 26 日　第 02 版：要闻　记者：文雯）

陕西省开展政策宣贯，就如何开展好清理整顿做解答

2020-03-01

完成覆盖所有固定污染源的排污许可证核发工作，是党中央、国务院作出的重要决策部署，是打好污染防治攻坚战的重要支撑。能否实现全覆盖，是排污许可制实施成败的关键。为确保实现全覆盖，陕西省在去年完成24个重点行业固定污染源排污许可清理整顿的基础上，今年按照环办环评函〔2019〕939号文件及《固定污染源排污许可分类管理名录（2019年版）》，要求开展全行业清理整顿。

那有什么政策要求？

平台如何操作？

小编一一为你解答。

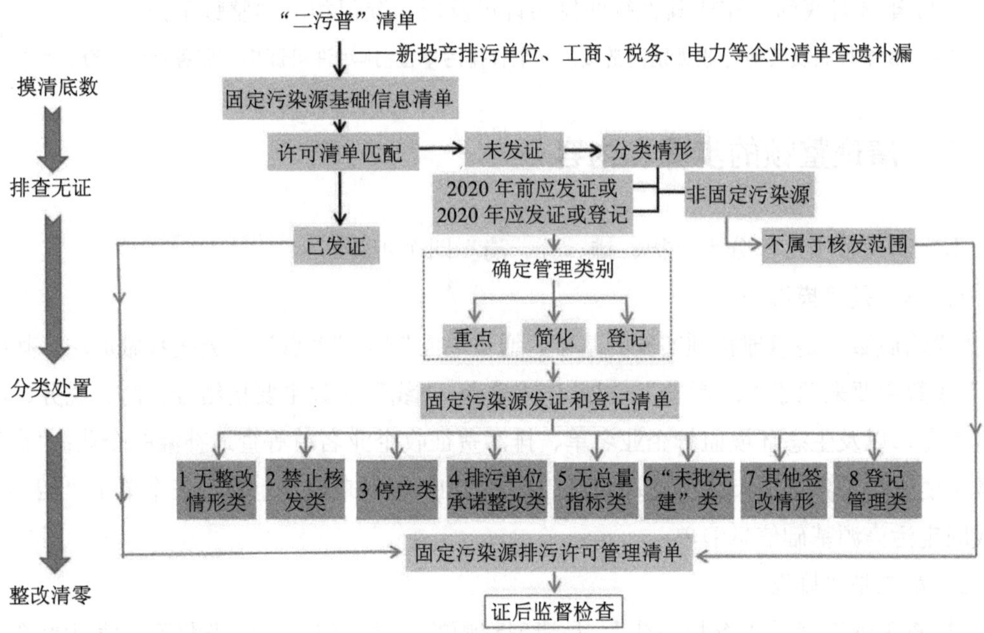

图1 固定污染源清理整顿流程

一、为什么要开展固定污染源排污许可清理整顿

为切实做到“核发一个行业、清理一个行业、规范一个行业、达标一个行业”，实现固定污染源排污许可全覆盖，2019 年，生态环境部在北京、天津、河北、山西、江苏、山东、河南、陕西等 8 个省（市）部署开展了固定污染源清理整顿试点工作，通过试点排查出近 5 000 家未按期领证排污单位。试点表明，在清理整顿前只管控了应发证企业的“十之七八”，存在大量“漏网之鱼”。为此，要继续通过开展清理整顿确保《固定污染源排污许可分类管理名录（2019 年版）》覆盖的排污单位全部纳入监管。

二、陕西省清理整顿内容和时间安排

陕西省生态环境厅印发《关于开展固定污染源清理整顿和排污许可发证登记工作的通知》（陕环排管函〔2020〕4 号），要求全面摸清本地区排污单位情况，清理无证排污单位，做到排污许可证应发尽发。

2020 年 4 月 15 日前，完成 2017—2019 年已完成排污许可证核发的火电、造纸等 33 个行业清理整顿，清理无证排污单位，做到排污许可证应发尽发。

2020 年 8 月底前，完成其他行业排污许可发证、登记和清理整顿工作。

（注：33 个行业及其他行业类别请链接：@全省排污单位 排污许可证申请服务指南请查收！）

三、清理整顿的步骤和内容

本次清理整顿工作分为“摸、排、分、清”四个步骤。

1．第一是“摸”。

“摸清底数”是清理整顿实施的基础。通过“面”“线”“点”三类底数做加法，其中“面”底数主要来源于“二污普”，以此作为底单；“线”底数主要指结合工商、税务、电力等信息，以及生态环境监管企业名单、排污费征收企业名单等查遗补漏的企业；“点”底数主要来源于各地区市级生态环境部门梳理 2018 年以来投运企业，三个单子“相加”形成固定污染源基础信息清单。

2．第二是“排”。

“排查无证”就是“查找病灶”，是清理整顿的关键。将固定污染源基础信息清单与许可证档案库中已获得许可证的企业，进行“减法”，将有证的从清单中剔除，剩余的对照 2019 年版名录，先分为 2020 年前应发证或登记、2020 年应发证或登记、非固定污染

源三类情形，再逐个确定管理类别，明确应实行重点管理、简化管理或登记管理，形成固定污染源发证和登记清单。需要说明的是，2019 年版名录实施前已经按照规定申请的排污许可证依然有效，对于排污单位申请变更的，应当按照 2019 年版名录规定的管理类别执行。

3．第三是“分”。

“分类处置”就是“对症下药”，是清理整顿的核心。通过调研、梳理和归纳，将发证和登记清单的排污单位分为“不能发证、应发证、应登记”三种情形，共包括 8 个类别，即无整改情形类、禁止核发类、停产类、排污单位承诺整改类、无总量指标类、“未批先建”类、其他整改情形类、登记管理类，排污许可证核发部门将纳入固定污染源发证和登记清单的排污单位及时移交执法部门，由环境执法部门通知到户，根据现场检查情况在全省环境监管移动执法系统中形成问题线索清单，并依法依规分类实施执法处罚等行政监管。各相关部门根据职能配合落实分类处置。

（注：分类处置的 8 个类别详见链接：疫情期如何进行固定污染源排污许可发证登记和清理整顿？答案在这里！）

第一种是不能发证的。主要包括位于饮用水水源地保护区等生态环境法律法规禁止建设区域的，或生产设施或产品属于产业政策立即淘汰类的排污单位，这些是坚决不予核发许可证的。对无排污许可证仍然排放污染物的，生态环境部门应依法处罚直至报请有批准权的人民政府依法责令停业、关闭。

第二种是应当发证的。要提高效率、加快办理；更多是或多或少存在一些问题的，总体上按照“先发证再到位”的原则，给予合理过渡期。

对“未批先建”的，以及采用的污染防治设施或措施暂不具备达标排放能力的，由排污单位提出整改承诺和整改方案，生态环境部门应当下达排污限期整改通知书，记载其存在的问题，规定承诺整改内容和整改期限，整改完成后变更为正式的排污许可证。

“未批先建”排污单位补充编制的环评文件应与新建项目的环评文件有所区分，重点关注环境质量现状、污染防治措施论证、达标可行性分析、环境风险防范等污染物排放相关内容。

对未分配主要污染物排放总量控制指标的，由排污单位做出通过交易取得总量指标承诺后，生态环境部门核发排污许可证，其许可排放量按照排污许可证申请与核发技术规范计算结果、环境影响评价文件及其批复（如有明确要求）从严确定进行发证。

对 2020 年 12 月底前可能恢复生产的临时停产排污单位也要发证，生态环境部门应通知到户，要求其申领排污许可证。停产期间无须开展自行监测和提交执行报告，恢复生产前应向核发部门报告。

（注：排污限期整改通知书规定的整改期限原则上为 3 个月至 1 年。）

第三种是应当登记的。为确保实现固定污染源全覆盖的同时减轻企业负担，生态环境部在原有固定污染源排污许可分类管理基础上，对污染物产生量、排放量都很小的企业实行排污登记，登记管理不属于行政许可，不需要申请取得排污许可证。对实行登记管理的排污单位（含停产的），生态环境部门应通知到户，要求其尽快登录全国排污许可证管理信息平台，填报排污登记表。对长期停产的排污单位，生态环境部门暂不核发排污许可证，通知其先填报排污登记表并应在恢复生产前申请排污许可证，同时需在排污登记表中注明；对登记类的企事业单位，除位于禁止建设区域或属于落后淘汰类的不予登记外，其他的不论是否已停产，一律要求其登记。

（注：根据《关于印发〈固定污染源排污登记工作指南（试行）的通知〉》（环办环评函〔2020〕9号）执行。）

4. 第四是“清”。

“整改清零”就是“药到病除”，要求在规定的时限内，做好“清零法”，对待查排污单位做到逐个销号、应发尽发，注明整改要求；对无法核发排污许可证的，应注明原因，不留死角。最终形成固定污染源排污许可管理清单，实现本地区固定污染源全覆盖。

限期申领、登记排污许可证通知（样本）

×××单位：

为贯彻落实《国务院办公厅关于印发控制污染物排放许可制实施方案的通知》（国办发〔2016〕81号）以及生态环境部《关于开展固定污染源排污许可清理整顿和2020年排污许可发证登记工作的通知》（环办环评函〔2019〕939号）等相关文件要求，你单位应在2020年　月　日之前完成排污许可证申领工作。

申领过程中，须按照原环保部印发的《排污许可管理办法（试行）》和你单位所属行业对应的排污许可证申请与核发技术规范等规定，在全国排污许可管理信息平台（网址：http://permit.mee.gov.cn）上填报《排污许可证申请表（试行）》、签署《承诺书》，通过平台向××××市生态环境局正式提交申请，同时提交通过平台印制的书面申请等材料。具体事宜请联系×××市生态环境局，联系电话×××-××××。

特此通知。

×××市生态环境局

2020年　月　日

四、清理整顿系统平台操作常见问题解答

1．去年导入清理整顿系统的数据，今年开展工作是否需要先进行删除然后再开展导入工作，避免重复出现企业？

答：去年导入的数据不可进行删除，今年应将“二污普”数据全部导入，系统有自动去重功能，导入后去年的数据不重复显示。导入后污普数据如果有遗漏请在污普数据导入模块继续进行导入，污普中未包含的企业请在新增企业中进行导入。

2．部分企业导入时提示系统内重复，该类企业该如何处理？

答：系统提示系统内重复，则该企业的名称与系统内已有企业名称有重复情形。需在企业名称后以加后缀的形式进行备注说明后再进行导入。

3．油库、加油站该如何进行导入？

答：油库、加油站应当用清理整顿系统新上传的模板进行导入，如各地市已有用工业企业模板导入的请删除后用新模板进行导入。

4．导入时提示省、市、区或县名称不正确该怎么办？

答：省、市、县必须填写全称，如西安市、长安区等，仅填写西安、长安无法识别；区、县名称须与平台一致，可通过平台任意查询页面检索区、县名称；新增有行政审批权限的区、县，如开发区等，需省管理员统一填写《××省行政区划变更说明》文档，联系平台增设。

5．污普清单中企业属于A区县，目前实际属于B区县（因行政区划名称修改、行政区划变化、行政职能修改等原因），导入时按污普导入还是按实际情况导入？

答：污普清单中企业按原市县导入。导入后可在固定源清单维护模块修改区县。

6．导入时提示单位名称重复该怎么办？

答：单位名称相同、生产经营场所不同，“二污普”记为多源，则导入时将单位名称修改为单位名称+分厂/地址等标识再导入；本省/市污普信息中单位无重复，但其他省/市已导入信息中存在相同单位名称，导入时将单位名称修改为单位名称+分厂/地址等标识再导入。

7．导入时提示行业代码错误该怎么办？

答：行业名称的括号统一替换成英文半角格式；行业代码如4411、D4411、C31、3100都能识别，C3100这种不能识别；通过平台任意查询页面检索行业名称/代码，检查导入的行业名称/代码与平台是否一致。

8．清理整顿要求“导入‘二污普’底单别动”，但答疑过程又说某些数据可修改，是否矛盾？

答：要求“二污普”底单不可修改的根本目的是污普企业数量与清理整顿污普导入的数量一致、可考核，因此，不可擅自增加或删除企业信息。发生以下情况可适当修改：单位名称重复，可加地点/序号/分厂等标识；省、市、县名称不准确，可完善；行业名称的括号格式非英文半角格式，代码格式不符合导入要求。

9．“二污普”清单工业源产品产能、原辅材料、燃料表格与基本信息表格数据顺序不一致/条数不一致等，是否需要手动调整再导入？

答：无须调整，平台根据单位名称进行匹配。（注：因单位名称重复，加地点/序号/分厂等标识的，产品产能、原辅材料、燃料表格单位名称尽量同步修改单位名称。）

10．导入“二污普”数据后显示导入完成，系统也没有提示需要校核，但最终导入的数量比表格少 n 家怎么办？

答：同一家企业同时出现在不同的表单，如某养殖场同时有屠宰，在工业企业、畜禽养殖表格均出现，且企业名称重复，则不可重复导入。解决方法是将畜禽养殖表格单位名称增加行业类别/序号等标识。

11．导入过程中，一直提示“排队中”怎么办？

答：点击“刷新”按钮查看进展，正常情况隔 1～3 分钟点击“刷新”，导入数据量应增加；正常情况 15 分钟内应完成导入；超过 15 分钟，点击“刷新”按钮无任何数据导入时，联系平台在线客服。

12．点击管理端“清理整顿”按钮，提示系统正在建设中怎么办？

答：请管理员为账号设置“清理整顿”角色。

13．污普中，每台锅炉算一个源，同一单位多台锅炉导入几次？

答：锅炉包括两张表，其中基本信息表不含锅炉具体信息，去重导入即可。补充表填每个单位的锅炉信息。

14．污普中，畜禽养殖行业多个养殖种类算多个源，同一排污单位导入几次？

答：畜禽养殖仅一张导入表格，按“二污普”导入。单位名称重复的，导入时按“单位名称+养殖种类”格式导入，如“×××养殖场+生猪”。

15．如企业排污许可证名称与“二污普”名称不一致，是否影响清理整顿系统内持证企业与“二污普”清单匹配，对后期分类处置是否有影响？

答：清理整顿系统平台自动匹配顺序为：许可证编码，统一社会信用代码，企业名称。许可证编码为第一匹配要素，不影响企业清单匹配、分类处置及整改清零。如遇特殊情况，管理人员可进行手动匹配：通过检索许可证编号、关键字等进行匹配。

（陕西省生态环境厅排污许可管理处）

全力以赴　攻坚克难　湖北省全面推进固定污染源清理整顿和2020年排污许可发证登记工作

2020-04-20

根据生态环境部《关于做好固定污染源排污许可清理整顿和2020年排污许可发证登记工作的通知》（环办环评函〔2019〕939号）要求，为确保完成湖北省固定污染源排污许可清理整顿和2020年排污许可发证登记工作任务，湖北省生态环境厅克服疫情以来的重重困难，成立了湖北省固定污染源清理整顿和2020年排污许可发证登记领导小组和工作专班，组织全省生态环境系统积极开展工作，全力推进固定污染源清理整顿和排污许可发证登记工作。

一、领导重视，合理部署，有力保障工作开展

新型冠状病毒感染肺炎疫情暴发以来，湖北省作为疫情重灾区，排污许可相关工作受到严重影响。生态环境部高度重视湖北省固定污染源清理整顿和排污许可证发证登记工作，时刻关注湖北省排污许可工作进展。

环评司、评估中心等湖北包保组专家领导加入湖北省排污许可工作群，对排污许可相关政策做出指导性解读；针对平台和网络问题，系统平台负责人员进群进行专业性指导，为湖北省排污许可工作提供了专业指导和有力支撑。受疫情影响，湖北省在近两个月的时间里难以正常开展工作，生态环境部因时制宜，结合实际积极支持，适当调整湖北省阶段性时间节点，为湖北省实现2020年总体任务提供了决策支撑。

湖北省生态环境厅领导高度重视，多次召开排污许可工作碰头会、推进会，对全省清理整顿和核发登记工作进行部署安排。厅党组成员、总工程师周水华亲自督办，多次召开调度会，督办全省工作进度。

在生态环境部的高度关切与支持下，省生态环境厅主动作为、积极协调，省内各级生态环境部门迅速响应、攻坚克难，强化排污许可相关服务措施，战“疫”、摸排两不误，把握双向平衡，全力以赴推进固定污染源清理整顿和排污许可发证登记工作。

二、聚焦重点，精准施策，全力推动工作落实

1 月 16 日，省生态环境厅编制了《固定污染源排污许可清理整顿和 2020 年排污许可发证登记工作手册》，下发各地指导工作，督促及时启动工作。

3 月 25 日，疫情刚刚缓解，厅长办公会讨论通过并印发了《湖北省固定污染源清理整顿和 2020 年排污许可发证登记工作方案》。随后，在湖北省厅官网和《湖北日报》发布了《湖北省生态环境厅关于全面实施排污许可及排污登记管理的公告》。

4 月 3 日上午，湖北省生态环境厅召开全省固定污染源排污许可清理整顿和 2020 年排污许可发证登记工作视频会议，周水华总工对湖北省今年的排污许可攻坚工作进行再动员、再部署，强调固定污染源清理整顿和 2020 年排污许可发证登记工作是今年的一项硬任务，必须结账，没有退路。在战胜疫情的同时，全面推进固定污染源清理整顿和排污许可发证登记工作，确保全省按时高质量完成 2020 年排污许可发证和登记任务。

4 月 3 日下午，省生态环境厅印发《省生态环境厅开展排污许可包保推进工作方案》，明确了厅领导工作联系点，全省分鄂东南、鄂中、鄂西和鄂北四个片区，由环境影响评价与排放管理处牵头、省环境工程评估中心协同包保推进，加大对各地检查、督导、帮扶和信息报送工作力度，为全省早日完成排污许可“全覆盖”的总目标奠定坚实的基础。

湖北省固定污染源排污许可清理整顿和 2020 年排污许可发证登记工作视频会议现场

三、不等不靠，迎难而上，奋力完成工作目标

面对严峻的突发疫情，湖北省各级生态环境部门主动作为，迎难而上，结合实际情况，积极开拓思维，采取网上办公新模式，创新工作方法，奋力完成排污许可各项工作任务目标。

疫情期间，湖北省生态环境厅及时组建全省排污许可工作微信群，精准细化部署，统筹督导支撑；建立健全调度通报机制，形成“日调度、周通报”制度，加强调度督办力度；持续扩大宣传范围，利用微信公众号、报纸、网站等媒体渠道提高排污许可的公众知晓率。湖北省环境工程评估中心通过多维渠道指导解决各地市疑问，形成答疑集定期发布。

湖北省鄂州市提前谋划，迅速成立固定污染源清理整顿和2020年排污许可发证登记工作专班，主动协调有关部门，做好“摸清底数”“排查无证”等工作，在全省较早完成“二污普”数据导入提交工作。随州市采取五项“硬核措施”，通过“抓政策宣传浓氛围、抓组织领导建机制、抓协同排查全覆盖、抓技术指导保质量、抓督办督导提效率”，按下污染源清理整顿“快进键”。

目前，全省已按计划完成“二污普”数据导入，截至4月13日，湖北省33个行业固定污染源分类率达92.97%。

下一步，湖北省将继续全力推进固定污染源清理整顿、排污许可发证登记工作，争取早日实现排污许可全覆盖总目标，全面助力打好打赢污染防治攻坚战。

（湖北省生态环境厅）

吉林省强化政策引领　提高固定污染源排污许可清理整顿工作质量

2020-05-18

编者按：为加快构建现代环境治理体系、建立以排污许可制为核心的固定污染源环境管理制度，各省（区、市）按照生态环境部总体部署，全力做好固定污染源排污许可清理整顿和发证登记工作，确保实现固定污染源排污许可“全覆盖”的年度总目标。在工作推进过程中，各地不断创新方式方法，累积了一些先进的经验，值得借鉴学习。现将吉林省工作经验转发给大家，供学习参考。

2020 年是国务院办公厅印发《控制污染物排放许可制实施方案》的收官之年。按照生态环境部的统一部署，要在 9 月底前全面完成所有固定污染源的清理整顿和排污许可发证登记任务，时间紧迫，任务繁重，为高质量完成 33 个行业排污许可清理整顿和 91 个行业发证登记工作任务，吉林省生态环境厅科学谋划、扎实推进，在确保时间进度的同时，高度重视质量把控，不断强化技术指导，深入一线开展包保帮扶，切实推进排污许可清理整顿各项政策落地实施。

一、对国家政策深度解读，因地制宜提出具体实施指南

在此次固定源清理整顿工作中，遇到的突出问题就是如何正确处理民营小微企业发展与清理整顿的关系。有很多排污单位是民营小微企业、个体工商户，甚至是农村小作坊。为避免出现 “一刀切”等简单粗暴的处理方式，防止各地生搬硬套政策法规文件，打通国家相关政策措施落实的“最后一公里”，便于全省各地市掌握相关政策的原则和导向，吉林省厅对存在的问题进行了调度汇总，结合吉林省实际统一研究提出解决方法。例如，农村小酒坊、豆腐坊等排污单位，是否需要纳入排污许可管理，是否需要进行环境影响评价，以及纳入管理的方式和方法，都根据具体情形逐一进行了明确，既保证固定污染源排污许可清理整顿工作的顺利推进，又对地方民营经济的发展起到优化作用。

同时，针对清理整顿工作中遇到的常见问题，印发了《排污许可发证和登记工作常见问题解答（第一批）》，对全省各地市、县区标准和要求予以统一。

二、制定出台省级政策，解决历史遗留问题

由于清理整顿工作是以“第二次污染源普查”（以下简称“二污普”）排污单位为基数，而“二污普”以 2017 年为基准年，普查时间节点至今时限较长，企业变化也较大，各类环境治理政策也随着污染防治攻坚战不断更新。例如，小型供热燃煤锅炉按照目前的产业政策，10 吨以下燃煤锅炉属于淘汰类，自 2013 年《大气污染防治行动计划》发布以来，很多纳入 2017 年普查使用燃煤锅炉的企业按要求对燃煤锅炉进行了气、电、生物质的替代，为明确这部分企业替代锅炉环评手续办理满足排污许可清理整顿的需要，吉林省厅印发了《关于锅炉有关问题的复函》，对纳入环评管理的锅炉使用企业分情形提出了具体解决方法。

三、及时发现问题、解决问题，确保政策实施不走样

省厅帮扶保障组定期召开调度会议，研究各阶段下沉各地督导帮扶的工作重点、注意事项，深入对接各地清理整顿和发证登记工作，准确识别和发现工作中存在的问题，对部分地方工作中存在的问题进行纠偏。部里下发几种特殊情形处理指南后，立即结合吉林省实际对具体操作方法进行了讨论，在把握核心原则的基础上，印发了《关于特殊情形认定的相关条件证明》，明确了各类特殊情形的认定需要的支撑证明材料。以实事求是的态度认真做好特殊情形的确认工作，防止情况不清、过多过滥，清理整顿工作中吉林省认定的属于特殊情形污染源占总数的 23.4%，低于全国平均 28.3%的认定率。

四、实行全流程工作质量管控

结合排污许可证后监管需要，针对已完成的清理整顿和发证登记工作质量开展自查。第一阶段的清理整顿工作结束后，省厅立即印发了《全面推进 2020 年排污许可发证登记工作的通知》，着重对第一阶段工作质量自查进行了部署，同时，将质量管控贯彻到第二阶段工作全流程过程中。一是开展固定污染源再筛查，对照分类管理名录对已纳入监管平台的固定污染源底数清单进行再补充、再完善，确保辖区内固定污染源全覆盖。对已纳入监管平台的排污单位所属行业和管理类别划分进行复核和修正。二是边发

证边复核，对各地排污许可发证质量及下发的整改通知书开展复核。对各排污单位依据和使用的行业技术规范准确性、完整性，自行监测、整改要求等环保要求进行复核。三是强化限期整改问题的调度督导，对存在整改情形的排污单位，做好整改类型分类统计和调度，督促排污单位按照整改期限尽快完成整改，并对整改完成情况进行现场检查，整改合格的依法依规核发排污许可证。逾期未完成整改的，提请当地政府和有关部门依法进行处理。

五、发布疫情期间到期许可证自动延期公告

生态环境部办公厅印发了《关于疫情期间固定污染源排污许可证延续变更换发有关事项的复函》（环办环评函〔2020〕166 号）后，省厅立即向各地市排污许可审批部门进行传达。为统筹做好疫情期间排污许可管理，稳妥推进企业复工复产，省厅与各地市充分进行了沟通，并征求了各地意见，在省厅门户网站上发布了《关于疫情期间延期办理固定污染源排污许可证延续变更换发业务的公告》，将疫情期间到期的排污许可证有效期延长至省政府发布疫情解除通告后 1 个月内。

党的十九届四中全会提出的“以排污许可制为核心的固定污染源监管制度体系”是对排污许可工作提出的更高要求，我们要不断提升排污许可管理水平，充分发挥省级层面的技术优势，主动担当作为，为基层减轻负担。以求真务实的态度，不断推动排污许可清理整顿工作向深处、向细处、向实处落地，为实现高质量完成排污许可“全覆盖”工作目标提供坚强保障。

（吉林省生态环境厅　李云飞）

跨界发力　智慧审核　山东多措并举开展排污许可“回头看”

2020-09-18

编者按：为加快构建现代环境治理体系、建立以排污许可制为核心的固定污染源环境管理制度，各省（区、市）按照生态环境部总体部署，全力做好固定污染源排污许可清理整顿和发证登记工作，确保实现固定污染源排污许可“全覆盖”的年度总目标。在工作推进过程中，各地不断创新方式方法，累积了一些先进的经验，值得借鉴学习。现将山东省工作经验转发给大家，供学习参考。

山东省于2020年8月7日基本完成排污许可发证登记工作任务，并于4天后印发通知，在全省部署开展排污许可“回头看”工作，探索开展了多项创新性工作，凝练总结出以下经验做法。

一、抽丝剥茧，多措并举

研究制订“回头看”工作通知，明确了“补底单、核分类、建档案、提质量”四项重点工作和“自查自纠、帮扶检查、总结复核”三个实施步骤。制订分行业审核模板，结合山东省金属铸造、黏土砖瓦及建筑砌块制造、建筑用石加工等行业企业数量较多的实际，先行制定行业审核模板，按照排污许可证表格内容，逐项明确填报要点及规范要求。细化筛查质量问题，组建数据质控工作组，将4项重点工作内容细化至30余个核查分项，逐一进行比对核实，目前已整理下发三批共16套“回头看”疑似问题清单，每套清单均附带问题处置原则和整改路径。指导提高操作技能，制作了“如何实现表间数据匹配”“如何去除表内重复项”“批量判定数值合理性”等操作指南，指导各市全面掌握电子化筛查方法并以此为基础自主开展质量复核。视频交流打通堵点，为摸清各市“回头看”工作具体开展情况，分片区组织召开5场视频交流会，了解各市、县工作进度，交流现阶段存在的困难，并听取了各市对“回头看”工作的意见建议，通过交流讨论及时纠正认识误区、精简复核程序、优化处置路径。

二、牵线搭桥，“跨界”发力

在质量复核过程中，充分依托和衔接各项环境管理制度及其产生的相关数据，通过用好这些“跨界”手段，使排污许可不断得到补充完善。一是打通数据，通过与工商、电力、税务数据比对，补全遗漏的固定污染源；与“企查查”数据库比对，批量补充关键信息不完整的企业联系方式和基本信息；与省电子证照库对接，比对检查排污单位社会信用代码填报正确性；与排污单位纳税记录比对检查排污单位上报的生产状态真实性；与重点排污单位名录比对检查排污许可证管理层级准确性；与生态环境在线监控数据库比对查找疑似超总量排污企业。二是打通政策，为确保相关政策通过排污许可落实到位，不断加强与要素处室（单位）的沟通协商，及时汇总形成问题集下发各市参照执行。针对核发过程中咨询较多、把握尺度不统一及质量复核中错误率较高的问题，邀请环评、监测、执法、水、气、土等各要素处室（单位），针对一条政策或者一个问题，录制 1 分钟左右的小视频，并通过“山东省排污许可直播培训”抖音号发布，在厘清政策要求的同时，积极发挥排污许可普及宣传作用。

三、横纵结合，“数”尽其用

在坚持开展常规质量审核的基础上，充分挖掘现有信息，探索建立横向“智慧审核”模式，以关键要素为单元横向拓展关联信息，将排污许可证内容转化为数据表单，实现分行业、分区域批量筛查错项和漏项。利用这种“智慧审核”方法，极大地提高了审核精准度和审核效率，并有效弥补了纵向审核尺度标准不统一的弊端。目前山东省已在管理层级、环评或备案手续、发证类型、大气重点控制区、台账和执行报告管理要求、执行标准等多项关键数据上实现了大数据批量审核。随着排污许可需求与大数据建设的不断深入衔接，将逐步实现更多数据项的“智慧审核”。

（山东省生态环境厅）

如何让排污许可证发挥真正作用？上海“三监联动”污染源监督体系初显成效

2019-05-09

上海宝山钢铁股份公司（以下简称宝钢）有 400 多个大气污染物排放口，不同排放口被允许排放的污染物种类和限值都不一样。无论是从卫星地图上搜索，还是穿行在这数十平方公里的钢铁城中去寻找，这些烟囱都犹如丛林中的一棵棵大树，看见容易，管理起来难。尤其是在过去传统的环境监管模式下，很难实现系统化、精细化的全过程、全覆盖管控。但是，历史性的变革正在悄然发生，新的环境管理理念凭借着信息化管理工具的辅助，犹如朝气蓬勃的徒步登山者插上了一对强健有力的翅膀。无论排污企业工序和排放口有多繁杂，监管用巧劲，四两拨千斤。

一、“三监联动”机制下的证后监管

2019 年 3 月 20 日，宝山区雨过天晴，上海市环境监察总队的谢彦军一早就来到了宝钢。上海市环境监测中心污染源室的高翔和他的几位同事也扛着沉重的监测设备来到这里，与谢彦军等人在宝钢 70 吨低压锅炉连接的 DA072 排放口会合。

DA072 排放口看起来高耸入云，是一根高达 120 米的大烟囱，是宝钢安装了污染源在线监测设备的一个主要排放口，它被许可排放的主要污染物是二氧化硫、氮氧化物和颗粒物。除这个大烟囱之外，宝钢的主要排放口还有 60 多个，监控的污染物各不相同。如电厂机组的烟气排放口还要管控汞及其化合物，电炉的废气排放口还要管控二噁英类污染物，烧结机机头的排放口还要管控氟化物和多种重金属等。

究竟哪根烟囱连接着哪些生产设施，它的生产工艺会产生哪些污染物，法律和标准又允许它排放多少，管理者应当如何判断它的排放是否合规？许可证的“一证式”管理已经把这些都梳理清楚了，在纸质的许可证副本上就是一页一页的表格，在电子化的系统上就是一节一节的数据，要落实到发证之后的实际监管上，还需要新的工作机制与之匹配。

谢彦军拿出自己随身携带的平板电脑，电脑上安装了上海市排污许可证证后监管系统的客户端 App，他通过这个 App 可以随时查看自己收到的监察任务，可以给自己的下属分派任务，还可以提交执法过程中需要监测部门配合完成的工作要求。系统平台上显示，就在前一日，上海市生态环境局总量控制处和环境监测处按照年度计划，联合发起了 2019 年 3 月对宝钢的证后监管工作。工作任务分为两部分，专项监察任务传到了监察总队，专项监测任务传到了监测中心，这就是 3 月 20 日这天谢彦军和高翔等人在宝钢会合的原因。

他们会合的地点正是 DA072 大烟囱下面的在线监控小屋旁边，监察总队和监测中心的工作人员一起拿出平板电脑或者手机，扫描挂在小屋墙壁上的排污口信息二维码，屏幕上很快就弹出了这个烟囱对应的许可排放信息。其中，“排放口基本信息”对应着排污许可证中与这个排放口相关的登记事项，包括排放口的名称、污染物种类、排放口类型、排放筒的高度和内径、经纬度坐标，以及这个排放口对应的生产设施和产污环节——也就是说，这根烟囱里出来的污染物是从哪儿来的，一目了然。

“许可排放限值”对应着排污许可证中与这个排放口相关的许可事项，包括每一种污染物被许可排放的限值，以及该限值对应的排放标准等法律依据。从这个页面上，还能下载企业的排污许可证副本和相关附件资料，可以查看过往的监测数据和监察记录。上海市生态环境局要求开展监察和监督性监测的工作人员每一步操作都要即时上传记录和工作照片，这不仅是保留证据的规范化工作流程，也是对工作质量进行有效控制的重要手段。

任务和现场情况都了然于胸之后，谢彦军和企业的环保管理人员一起走进在线监测小屋，一边查看在线监测仪器上的历史数据，翻看监测台账，一边与企业的环保管理人员进行交流，了解污染治理设施运行维护的情况和企业自身的管理现状。而高翔和他的同事则扛着设备，绕着大烟囱上的铁扶梯往上爬，去采样平台开展监督性监测。

二、让许可证"活"起来

"对发证企业，我们的执法检查全部是许可证检查。它可以叫作专项检查，也可以叫作双随机抽查，但全部是在许可证框架下进行的。" 上海市环境监察总队杨红军告诉记者，"如大气专项检查，这次我就检查大气污染物排放控制情况，包括检查企业治污设施运行怎样，执行标准情况怎样，重污染天气下应该有怎样的减排要求等，都是以许可证为唯一依据的。排污许可证是管理指南、执法指南、守法指南，国家推进这项改革一开始就是这么定位的，我们也是按照这个思想贯彻下去的。"除此之外，依证执法的过程中，如果发现许可证本身存在问题，或者是存在不够明确、可操作性不强的地方，执法人员也可以在证后监管系统向发证部门即时提交反馈意见，有的还会在许可证工作小组的会议上进一步讨论，进而协调企业对许可证进行变更完善，目的就是要让许可证真正成为能用又好用的工具。

许可证工作组是上海市生态环境局建立起来的专门推进排污许可制度改革和制度融合的工作组，发证、监察、监测和技术支持部门都有专人负责参与联席会议，是上海市"三监联动"的重要机制。杨红军在这个工作组已经待了 3 年，主要负责许可证的改革过程与执法工作的有效衔接。他告诉记者，他很敬重参与这项工作的同事，大家都特别敬业，也很务实。如工作组中主要牵头的总量控制处调研员沈亦龙，他多次告诉大家，许可证存在什么问题都直接说，没考虑到位的都可以改，发证人员不能闭门造车，这个证发出来要让监测人员、执法人员都能用才行。

“许可证要是不能用起来，许可证的要求得不到落实，那就是废纸一张，证就白发了。”沈亦龙告诉记者，“所以我们要从一开始就保证这个证发下去能用，而且还能够在使用过程中不断更新和完善，许可证不是一张‘死’的证，它应该是‘活’的。”

所以，上海市每一家排污单位的许可证申请材料还在审核阶段时，环境执法部门和监测部门就全面参与了讨论和最后的许可决定。不是泛泛讨论每一个行业怎么发证，而是一个企业一个企业地过、一根骨头一根骨头地啃，根据具体情况和各类特殊状况，讨论商定每一张许可证应该怎么发。正如没有任何两家企业的情况是一模一样的，上海发出的排污许可证也找不到两家雷同的，真正实现了“一企一证”。

三、精细化管理的良性互动

在上海市的排污许可证证后监管系统上，所有纳入排污许可管理的排污单位都有一套自己的档案。不仅对接了全国排污许可信息管理系统上的数据资料，也集成着这个排污单位的执行报告、监测数据和监管记录。管理者可以通过这个系统看到哪些排污单位正在被检查或者已经完成了检查，是谁发起的任务，谁去执行的，执行任务有没有超期，现场情况是怎样，执法过程是不是规范等；宏观决策者更是可以通过这个系统对发证情况、执行报告完成率、各区县污染源情况等进行统计分析。这又能进一步推动许可证管理的目标更加明确，使监管无死角。

此外，因为管理部门依证监管逐渐精细化，企业也开始意识到自身的环境管理需要不断提升。在3月20日现场检查的过程中，宝钢能环部一位管理人员告诉记者，宝钢在2017年拿到许可证之后，已经将许可证的要求网格化，分解到企业下属各个厂和生产车间。分解后的许可证要求被他们称作“小许可证”，成了各个工段要履行并满足其要求的工作任务。不仅如此，宝钢还利用自己的环保信息化管理系统，实时监管自己各部门“按证执行”是否到位。现在，企业内部的环境管理已经更加精细化。许可证本身也成为企业做好自身环境管理工作的有力工具。

“以前，企业要提交的报表有很多，现在虽然各部门还是有不同的报表要求，但是我们自己已经按照许可证，以一套数据往外出了。”该管理人员说。

“一套数据”看起来是客观存在的事实，也是依据唯一的许可证管理的必然结果，然而，这却是几代环保人孜孜以求的目标，是在一场凝聚了无数人心血和努力的大改革过程中乍现的胜利曙光。

一位参与排污许可证申请与核发技术规范编制工作的专家告诉记者，工业污染源的排放是造成雾霾等环境污染的重要原因，而对工业污染源的管理是环保的本职工作和看家本领。要确保企业排放的污染物种类、浓度和总量在允许的范围内，监管落实到每一个有组织排放口和每一个无组织排放源。这位专家说：“尤其是对总量的控制，我们有多项环境管理制度涉及污染源排放量的计算和统计，由于判断方法、时间尺度、空间范围、统计依据和管理目的都不同，所以造成多种口径、多套数据。这直接导致了我国环境管理长期以来家底摸不清、监管存在漏洞的被动局面。企业做得好坏可能差别不大，甚至逃避环保责任还能降低成本获得市场竞争优势，这就会打击守法企业主动减排的积极性。但是，排污许可证作为基础制度，在整合了其他管理制度的要求，并且将对污染源的监管落实到了每一个具体的排放口上之后，‘一套数据’成为可能，建立完善‘企事业单位的总量控制制度’也成为可能。”

专家告诉记者，在发证之后的调研过程中他们发现，企业减排的积极性进一步被调动了起来，尤其是以许可证为依据的排放数据与环境税挂钩之后，企业的污染物实际排放量不是全厂根据排放系数粗略估算，而是优先采用监测数据，无论是有组织排放口还是无组织排放源，企业通过增加设施、改进技术或者强化管理，实现削减的排放量可以直接成为计税依据。

在全国排污许可管理信息平台上，每一个独立编码的排放口数据都被汇聚成一个地区、一个流域、一个行业的准确、唯一的数字，管理重点一目了然；在企业自己的管理账本上，花在每一个排放口的减排投入都立刻得到了认可和回报。环保和企业双方的管理都不再被动。

四、上海试点启示

改革大方向正确、机制创新是前提。

生态环境部相关负责人告诉记者，早在2013年，党的十八届三中全会就已经提出完善排污许可制度的要求；2015年，当中央政治局会议将排污许可制度写入《生态文明体制改革总体方案》时，上海市就开始了建立排污许可制度的地方探索和实践。2016年国务院《控制污染物排放许可制实施方案》的发布，吹响了全国范围全面推进排污许可制度改革的号角。而这时候，上海市作为改革试点之一，积极先行先试，无论在重点行业排污许可制度改革，还是在环境管理制度融合或者机制创新的试验田上，都耕耘不辍，贡献出难能可贵的智慧、经验与启发。

该负责人表示，上海的改革实践至少可以给我们三个启示：

其一，排污许可制度改革的大方向是正确的，需要坚定不移贯彻到底。我们依据《控制污染物排放许可制实施方案》，建立“归一”的固定源管理基础制度的初心不能忘，这是我们实现环境管理现代化的必经之路。

其二，实现“一证式”改革和制度融合的前提是机制创新。如上海的“三监联动”，打破了以往部门条框的藩篱，这就是“刀刃向内”的改革，无论是发证部门，还是监测部门、执法部门，都要重新调整自己以往的工作思路，积极参与并适应新的工作模式，在无间的合作中消除不同制度在执行环节的矛盾和分歧。各项环境管理制度的决策者、执行者都统一思想，才能进一步推动制度间的改革完善和最终融合。

其三，改革前景值得期待。上海的地方试点实践初显成效，更令人振奋的是它呈现出了排污许可制度本身的生命力，无论是管理者、企业，还是社会公众，都能看到制度改革带来的不一样的改变，并逐渐接受它、推动它。历史会产生内生动力去突破改革中必然会出现的“瓶颈”和困难，排污许可制度改革也是开弓没有回头箭，我们终究会获得成功。

（中国环境报　2019年5月9日　第02版：要闻　记者：郭薇）

落实管理要求　做好证后监管

——江西省南昌市开展排污许可证后监管探索与实践

2020-05-29

编者按：为加快构建现代环境治理体系、建立以排污许可制为核心的固定污染源环境管理制度，各省（区、市）按照生态环境部总体部署，全力做好固定污染源排污许可清理整顿和发证登记工作，确保实现固定污染源排污许可“全覆盖”的年度总目标。在工作推进过程中，各地不断创新方式方法，累积了一些先进的经验，值得借鉴学习。现将江西省工作经验转发给大家，供学习参考。

有效的证后监管，是排污许可环境管理核心制度作用发挥的关键，江西省南昌市生态环境局在排污许可证后监管方面做了有益的探索和实践，通过线上平台监管、现场执法检查、反馈整改落实，2019 年排污许可证核发质量抽查率达 30%，2017—2018 年领证企业执行报告填报上传率达 96.7%、环境管理台账落实率达 80%以上，2019 年自行监测方案完成率达 95.6%，较好地落实了各项环境管理要求。

一、明确职责分工，形成监管合力

印发南昌市生态环境局排污许可工作方案，在方案中明确各内设处室、局属单位证后监管职责分工，执法局负责开展持证排污、按证排污、排污许可证执行情况执法检查；监测处、监测站负责企业自行监测方案发证联审及证后自行监测核查；评估中心提供技术支撑服务等；核发部门负责牵头管理执行报告线上平台审核等。在证后监管过程中，各处室、各局属单位各司其职，持证排污、执行报告、环境管理台账、自行监测检查都能较好地落到实处。

二、筹措专项资金，提供经费保障

2019 年、2020 年，南昌市局分别从环保专项资金预算中安排 250 万元、260 万元用于全市排污许可证后监管，通过招标，委托有实力的第三方中介协助完成排污许可技术规范培训、许可证质量和真实性抽查，以及执行报告、环境管理台账检查等证后监管，较好地解决了管理人员不足、证后监管缺位等问题。

三、利用线上平台，完善管理要求

（一）核发质量抽查。对南昌市 2019 年核发的共 17 个行业合计 245 张排污许可证的核发质量进行抽查，抽查比例达 30%，共抽查排污许可证 75 张，形成了《南昌市排污许可证核发质量审核报告（2019 年度）》，要求各级核发部门对发现的问题及时改正。通过核发质量抽查，纠正了 2019 年发证过程中存在的问题，为今年的发证工作提供了参考。

（二）执行报告核查。对 2017—2018 年持证、正常生产的 59 家企业，全覆盖在线核查执行报告。一是督促提交执行报告。针对企业提交执行报告不主动、不积极的现象，自 2019 年年底开始，通过电话逐家告知排污单位执行报告填报内容和提交要求，2020 年 2 月企业复工后，多次电话催促填报、提交执行报告。二是提供技术咨询。在催促后提交执行报告的同时，询问排污单位是否存在填报困难，通过电话、邮件、微信等方式提供技术咨询帮扶服务。三是平台线上审核。截至目前 59 家排污单位中已有 57 家排污单位提交了 2017—2019 年度执行报告，填报上传率达 96.7%，对其中的 49 家已完成审核，8 家正在审核，2 家未提交执行报告的企业已聘请第三方填报。四是确定核查重点。在线上核查过程中，重点核查企业填报执行报告的规范性、合理性，与排污许可证要求的符合性，企业自行合规判定的逻辑性。五是总结存在的问题。在核查过程中对问题进行归类总结，形成报告。

（三）监测方案审核。企业在申领排污许可证时，监测方案实行联审；企业领证后，结合行业自行监测技术规范，在全国污染源监测信息管理与共享平台上再次审核检查。目前，2019 年发证的企业自行监测方案完成率达 95.6%。

四、开展现场检查，落实企业责任

（一）环境管理台账。按证排污现场核查工作，按照“行业类别、管理类别、行政区域全覆盖”原则，抽取 2017—2018 年发证企业 33 家，核查环境管理台账的真实性和完整性。

（二）自行监测情况。对在平台录入信息的企业，进行了自行监测情况现场抽查。2019年发证企业抽查比例为10%，覆盖所有的县区、开发区，兼顾所有的行业和排污许可管理类别。

（三）许可证真实性。由核发部门牵头，联合执法局、驻市监测中心站、市环境工程评估中心、辖区生态环境局，对2017年已发证的印染、造纸、水泥、燃煤发电等重点行业，进行了持证排污证后监管检查。

（四）证后执法监管。执法局将持证排污情况纳入日常执法检查和“双随机、一公开”执法检查，持证排污已成为执法部门对企业执法检查的必查内容。

五、督促整改落实，促成良性互动

（一）通过线上平台对核发质量、执行报告进行审核，形成检查报告，分别主送各核发部门和监管部门，要求及时整改完善；特别是针对管理类别错误、排放标准执行有误、增加企业负担的情形，及时协助企业提出申请变更，修改到位。

（二）现场对环境管理台账、自行监测实施情况、现场联合执法检查形成综合报告，主送被检查企业，责成整改到位，要求企业落实持证排污的主体责任，同时要求辖区生态环境局加以督促检查，落实生态环境部门的监督责任。

江西省南昌市生态环境局在证后监管方面进行了一些探索和实践，落实了资金，委托了技术机构，明确了分工，形成了合力，取得了一定经验，初步形成了体系，为排污许可制度成为固定污染源监管核心制度打下了基础，有效地助力了污染防治攻坚战。

（江西省南昌市生态环境局　黄禄星）

夯实证后管理 惩戒失信行为 辽宁省大连市推进排污许可与环境信用实现有机衔接

2020-08-20

8 月 11 日，辽宁省大连市生态环境局将全市 121 家未按时提交排污许可执行报告的排污单位失信行为录入“大连市公共信用信息管理平台”。这是大连市生态环境局在探索排污许可制度与环境信用制度相衔接、将排污许可信用承诺失信行为纳入社会信用体系监管道路上做出的有力举措。

图 1 大连市生态环境局工作人员正在将信息录入“大连市公共信用信息管理平台”

排污许可执行报告是排污单位自证守法的重要依据，提交执行报告是排污单位落实环保主体责任的重要环节。当前部分排污单位对排污许可仅满足于完成登记发证，对取得排污许可证后落实环保主体责任重视程度不够，存在不主动提交执行报告或者执行报告数据缺失等现象。

为解决这一问题，实现登记发证与证后管理的无缝衔接，大连市生态环境局积极探索排污许可制度与环境信用制度相衔接，对已核发排污许可证的 1 768 家排污单位进行了逐一核查，梳理出 613 家未按时提交执行报告的排污单位名单。为督促相关排污单位尽快完成报送，大连市生态环境局于 6 月 24 日发布通知，要求各地区立即开展督办工作；于 7 月下旬分别通过市生态环境局官网、官方微信公众号及相关媒体等对仍未提交执行报告的排污单位进行了通报，并要求其务必于 7 月底前完成提交，否则将其列入“信用承诺失信行为”名单。

图 2　大连市公共信用信息管理平台界面

失信惩戒的震慑效果立竿见影。在截止日期前，492 家排污单位加紧编制并提交了排污许可执行报告，对于未按时提交执行报告的排污单位，大连市生态环境局已按通报要求将上述单位列入“信用承诺失信行为”名单，转至大连市信用中心进行备案审查。对于上述失信单位，大连市生态环境局将依法依规对其未按时报送执行报告的行为进行查处，并加强日常环境监管，确保其做到按证排污。

短评

在证后监管环节用好失信惩戒的“利剑”

健全多种体系制度衔接，是“十四五”排污许可制度改革的重点思路和要求。在探索排污许可制度与环境信用制度相衔接方面，辽宁省大连市做出了积极探索与尝试，有其深刻周密的考虑。

在建立体制机制上，排污许可、环境信用分别作为固定源环境管理的核心制度和环境管理的基础手段，建立两者的协同机制对于确立排污许可制度固定源环境管理“核心地位”意义重大。目前我国排污许可制度和社会信用体系建设均处于探索健全阶段，推动排污许可与环境信用形成有效协同机制，将排污许可纳入社会信用体系建设内容，有利于不断提升以“排污许可制”为核心的固定污染源监管制度体系现代化管理水平。

在契合监管理念上，排污许可制度与社会信用体系建设均为贯穿市场主体“事前、事中、事后”全生命周期的新型监管机制，两者的改革理念高度契合。特别是在事后监管即证后监管环节，对守信者“无事不扰”，对失信者“利剑高悬”，不断提升固定污染源环境管理效能，能够让监管力量真正“好钢用在刀刃上”。

在推动企业自律上，以信用评价为依据实施精准监管，对排污单位起到了震慑作用，492 家排污单位加紧编制报送执行报告就是最好的例证。

下一步，大连市继续研究将无证排污、超浓度超总量排污、违反自行监测、违反台账记录、违反执行报告、违反信息公开等排污许可各类环境违法行为纳入排污单位环境信用管理体系，推动排污单位持续做出改善生态环境的行为，不断提升生态环境保护成效。

（辽宁省大连市生态环境局　成英俊、邢欣荣、谈跃、任弘道）

后记

改革之路从无坦途，但除了改革别无他途。

从党的十八届三中全会开始，排污许可之路逐渐画好“蓝图”。在许可证的发证过程中，各种历史遗留问题、制度之间的矛盾都开始暴露出来，以往的固定源管理制度存在各行其是的问题，唯有改革才是解决之法。

目前我国排污许可依据国情和企业情况在不断实践探索，自身仍有很多不完备之处，未实施差别化、精细化管理，与其他生态环境制度未深度衔接融合，依证监管执法刚刚起步。而且因为企业环保管理水平参差不齐，部分企业仍存在“自证守法”认识不到位、许可证申报质量偏低、企业承诺整改落实不到位、自证管理不规范等一系列问题。

党中央将排污许可制定位为固定污染源环境管理核心制度，凸显了这项制度的极端重要性，是坚持和完善生态文明制度体系、推进环境治理体系和治理能力现代化的重要内容，是落实企事业单位治污主体责任、推动生态环境质量改善的有力举措，同时也有利于整合衔接固定污染源环境管理相关制度、减轻企事业单位负担，给企业以明确稳定的污染排放管控要求和预期、推动形成公平规范的环境执法守法秩序。排污许可制改革是整个经济社会成熟化的必经之路，是打赢打好污染防治攻坚战的必由之路，是构建党委领导、政府主导、企业主体、社会组织和公众共同参与的现代环境治理体系的必由之路。

历史的车轮滚滚向前。有理由坚信，紧跟党中央、国务院决策部署，排污许可制改革之路会越走越宽，改革步伐会越来越坚定。

后记